全国BIM技术应用
校企合作系列规划教材

总主编 金永超

BIM模型集成应用

土建大类相关专业适用

主　　编 李　刚
主　　审 冯为民
副 主 编 刘在今

西安交通大学出版社
XI' AN JIAOTONG UNIVERSITY PRESS
国家一级出版社
全国百佳图书出版单位

内容提要

本书旨在普及 BIM 在土建中的基础知识，以帮助读者了解更多 BIM 在土建中的优势，展现更多的重要成果和带来更多的价值。本书共 9 章，分为基础入门篇、专业实践篇、综合实训篇三个部分。基础入门篇(第 1～4 章)：前 4 章为 BIM 概论和 Navisworks 软件操作基础，以及 Navisworks 如何实现数据整合。专业实践篇(第 5～8 章)：第 5 章首先对传统建设项目流程和问题进行分析，然后介绍 BIM 的项目建设流程和 BIM 的工作架构；第 6 章介绍 BIM 在整个生命阶段的数据集成应用；第 7 章讲述如何实现多专业之间的 BIM 应用集成，如何通过 BIM 实现 4D、5D 的应用，以及 BIM 数据可视化应用、数字化交付和运维管理的操作方法；第 8 章介绍 BIM 综合管线的深化和施工以及如何实现物业管理的数字资产管理。综合实训篇(第 9 章)：第 9 章利用一个综合案例，帮助读者完整地了解 BIM 模型集成应用的步骤和方法。

本书可作为高等院校建筑、土木、工程管理等专业的参考教材，也可作为建筑行业管理人员和技术人员的学习参考用书，以及 BIM 相关培训用书。

图书在版编目(CIP)数据

BIM 模型集成应用/李刚主编. —西安：西安交通大学出版社，2018.6
ISBN 978-7-5693-0699-6

Ⅰ.①B… Ⅱ.①李… Ⅲ.①模型(建筑)-计算机辅助设计-教材 Ⅳ.①TU205-39

中国版本图书馆 CIP 数据核字(2018)第 139896 号

书　　名 BIM 模型集成应用
主　　编 李　刚
责任编辑 王建洪　祝翠华
策划编辑 祝翠华

出版发行 西安交通大学出版社
(西安市兴庆南路 10 号　邮政编码 710049)
网　　址 http://www.xjtupress.com
电　　话 (029)82668357　82667874(发行中心)
(029)82668315(总编办)
传　　真 (029)82668280
印　　刷 西安明瑞印务有限公司

开　　本 787mm×1092mm　1/16　**印张** 20.5　**字数** 488千字
版次印次 2019 年 1 月第 1 版　2019 年 1 月第 1 次印刷
书　　号 ISBN 978-7-5693-0699-6
定　　价 52.50元

读者购书、书店添货，如发现印装质量问题，请与本社发行中心联系、调换。
订购热线：(029)82665248　(029)82665249
投稿热线：(029)82668526　(029)82668133
读者信箱：BIM_xj@163.com

“全国 BIM 技术应用校企合作系列规划教材”
编写委员会

“全国 BIM 技术应用校企合作系列规划教材”编审单位

天津大学
华中科技大学
西安建筑科技大学
北京工业大学
天津理工大学
长安大学
昆明理工大学
沈阳建筑大学
云南农业大学
南昌航空大学
西安理工大学
哈尔滨工程大学
青岛理工大学
河北建筑工程学院
长春工程学院
西南林业大学
广西财经学院
南昌工学院
西安思源学院
桂林理工大学
黄河科技学院
北京交通职业技术学院
上海城市管理职业技术学院
广东工程职业技术学院
云南工程职业技术学院
云南开放大学
云南工商学院
昆明冶金高等专科学校
陕西铁路工程职业技术学院
南通航运职业技术学院
昆明理工大学津桥学院
石家庄铁道大学四方学院
中国建筑股份有限公司
清华大学建筑设计研究院有限公司
中国航天建设集团
中机国际工程设计院有限公司
上海东方投资监理有限公司
云南工程勘察设计院有限公司
云南城投集团
陕西建工第五建设集团有限公司
云南云岭工程造价咨询事务所有限公司
中国建筑科学研究院北京构力科技有限公司
东莞市柏森建设工程顾问有限公司
香港图软亚洲有限公司北京代表处
广东省工业设备安装有限公司
金刚幕墙集团有限公司
上海赛扬建筑工程技术有限公司
福建省晨曦信息科技股份有限公司
译筑信息科技(上海)有限公司
云南比木文化传播有限公司
北京筑者文化发展有限公司
江苏远统机电工程有限公司
昆山远通建筑咨询有限公司
上海谦亨网络信息科技有限公司
北京中京天元工程咨询有限公司
香港互联立方有限公司
筑龙网
中国 BIM 网

总序 Preface

当前，中国建筑业正处于转型升级和创新发展的重要历史时期，以数字信息技术为基本特征的全球新一轮科技革命和产业变革开启了中国建筑业数字化、网络化、精益化、智慧化发展的新阶段。BIM 则是划时代的一项重大新技术，它引导人们由二维思维向三维思维甚至是虚拟的多维思维的转变，并以此广泛应用于建设开发、规划设计、工程施工、建筑运维各阶段，最终走向建筑全寿命周期状态和性能的实时显示与把控。第四次工业革命已经悄然来临，BIM 技术在推动和发展建筑工业化、模块化、数字化、智能化产品设计和服务模式方面起到了独特的作用，特别是它可以实时反映和管控规划、设计和建造甚至运行使用中建筑物产品的节能、减排效应的状况。因此，BIM 在建筑产业中的推广应用，已经成为当今时代的必然选择。

随着国家和地方相关行业政策和技术标准的相继出台，更是助推了 BIM 深入发展和广泛应用。

在迎接日益广泛推广应用 BIM 和进一步研发 BIM 的当下，以及在今后相当长的一段时间里，都必须积极采取措施，强化培养从事 BIM 实操应用和研究开发的专业人才。相关高等和专科学校，应当根据不同学科和专业的需要，开设适当层级的 BIM 课程（选修课和必修课）。同时，有效地开展不同形式的 BIM 培训班和专门学校，也是必要的可行的，以应现实之所需。

有鉴于此，以金永超教授为首的几位教授、专家和西安交通大学出版社，于去年夏天，联合邀约从事 BIM 教学工作的教授老师和在企业负责担任 BIM 实操领导工作的专家里手一起，经过多次会商研讨后，共推金永超教授为总主编，在他统筹策划和主持下，"全国 BIM 技术应用校企合作系列规划教材"应运而生，内容分别为适用于建筑学相关专业、土木工程相关专业、机电工程相关专业、项目管理相关专业、工程造价相关专业、工程管理相关专业、风景园林相关专业和建筑装饰相关专业的教材一套共八本，其浩繁而艰巨的编写、编辑、出版工作就积极紧张地开始了。在不到一年的时间里，本人有幸在近日收到了其中的四本样书。如此高效顺利付梓出版，令我分外高兴和不胜钦佩之至，对此人们不能不看到作者们和编辑出版同仁们所付出的艰辛功劳，当然它也是校企与出版社密切合作的结果成果。我从所见到的这四本样书来看，这套教材总体编辑思路是清楚的，内容选取和次序安排符合人们的一般思维逻辑和认知规律。而本套教材的每一本书均针对一种特定的相关专业，各本书均按照基础入门篇、专业实践篇和综合实训篇三部分内容和顺序开展叙述和讲解。这是一项具有一定新意的尝试，以尽力符合本套教材针对落地实操的基本需求。

至于 BIM 多维度概念、全寿命周期理念，以及其具体实操的程序和方法，则是尚需我们努力开发的目标和任务，同时在产业体制、机制上，也需要作相应的改革和变化，为适应和满足真正开通实施全寿命周期管理创造基本条件和铺平道路。我们期望人们在学习这套教材的同时，或是学习这套教材之后，对 BIM 的认知思维必定有所升华，即能从二维度思维、立体思维扩大至多维度思维，经过大家的不懈努力，则我们追求的"全生命周期管理"目标定当有望矣！其实本人后面这些话语，乃是我本人对中国 BIM 技术发展的遐想和对学习 BIM 课程学子们的殷切期望。

这套系列教材实是校企双方在 BIM 技术教学和实操应用过程中交流合作，联合取得的重要成果，是提供给广大院校培养 BIM 人才富含新意内容的教材。同时，它也是广大工程专业人员学习 BIM 技术的良师益友。参与编著出版者对这套规划系列教材所付出的不懈努力和他们的敬业精神，令人印象十分深刻，为此本人谨表敬意，同时本人衷心期望，这套规划系列教材能一如既往地抓紧抓好，不忘初心方得始终地圆满完成任务。这套作为普及性的 BIM 教材，内容简练并具有一定的特色，但全书内容浩繁，估计全书不足之处在所难免，本人鼓励各方人士积极提出批评意见，以期再版时，得到进一步改进和充实。

特欣然为之序！

许溶烈

住建部原总工程师、

瑞典皇家工程科学院院士

2017 年 4 月 1 日于北京

总前言 Foreword

建筑业信息化是建筑业发展的一大趋势，建筑信息模型(Building Information Modeling，BIM)作为其中的新兴理念和技术支撑，正引领建筑业产生着革命性的变化。时至今日，BIM已经成为工程建设行业的一个热词，BIM应用落地是当前业界讨论的主要话题。人才匮乏是新技术进步与发展的重大瓶颈，当前BIM人才缺乏制约了BIM的应用与普及，学校是人才培养的重要基地，只有源源不断的具备BIM能力的毕业生进入工程行业就业，方能破解当前企业想做BIM而无可用之人的困境，BIM的普及应用才有可能。然而，现在学校的BIM教育并没有真正地动起来，做得早的学校先期进行了一些探索，总结了一些经验，但在面上还没能形成气候。究其原因有很多，其中教师队伍和教材建设是主要原因。从当前BIM应用的实际，我们的企业走在前头，有了很多BIM应用的经验和案例，起步早的企业已有了自己的BIM应用体系，故此在住建部、教育部相关领导的关心指导下，在西安交通大学出版社和筑龙网的大力支持下，我们联合了目前学校研究BIM和开展BIM教学的资深老师和实践BIM的知名企业于2016年8月13日启动了这套丛书的编制，以期推动学校BIM教育落地，培养企业可用的BIM人才，力争为国家层面2020年BIM应用落地作点贡献！

本套教材定位为应用型本科院校和高等职业院校使用教材，按学科专业和行业应用规划了8个分册，其中《BIM建筑模型创建与设计》《BIM结构模型创建与设计》《BIM水、暖、电模型创建与设计》注重BIM模型建立，《BIM模型集成应用》《BIM模型算量应用》《BIM模型施工应用》则注重BIM技术应用。结合当前BIM应用落地的要求，培养实用性技术人才是当前的迫切任务，因此本套教材在目前理论研究成果下重视实践技能培养。基于当前学校教学资源实际，制定了统一的教育教学标准，因材施教。系列教材第一版分基础入门篇、专业实践篇、综合实训篇三个部分开展教授和学习，内容基本涵盖当前BIM应用实际。课程建议每专业安排3学分48学时，分两学期或一学期使用，各学校根据自身实际情况和软硬件条件开展教学活动。

教法：基础入门篇为通识部分，是所有专业都应该正确理解掌握的部分，通过探究BIM起缘，AEC行业的发展和社会文明的进步，教学生认识到BIM的本质和内涵；通过对BIM工具的认识形成正确的工具观；对政策标准的学习可以把脉行业趋势使技术路线不偏离大的方向。学习Revit基础建模是为了使学生更好地理解BIM理念，形成BIM态度，通过实操练习得到成就感以激发兴趣、促进专业应用教学。BIM应用离不开专业支撑，专业实践部分力求体现现阶段成熟应用，不求全但求能开展教学并使学生学有所获。综合实训是对课时不足的有益补充，案例多数取材实际应用项目，可布置学生在课外时间完成或作为课程设计使用，以提高学生实战能力。

学法：学生须勤动手、多用脑，跟上教学节奏，学会举一反三，不断探究研习并积极参与工程实践方能得到BIM真谛。把书中知识变成自己的能力，从老师要我学，变成我要学，用

BIM 思维武装自己的头脑，成长为对社会有益的建设人才。

BIM 是一个新生的事物，本身还在不断发展，寄希望一套教材解决当前 BIM 应用和教育的所有问题显然不合适。教育不能一蹴而就，BIM 教育也不例外，需要遵循教育教学规律循序而进。本系列教材为积极推进校企合作以及应用型人才培养工程而生，充分发挥高校、企业在人才培养中的各自优势，推动 BIM 技术在高校的落地推广，培养企业需要的专业应用人才，为企业和高校搭建优质、广阔的合作平台，促进校企合作深度融合，是组织编写这套教材的初衷。考虑到目前大多数高校没有开展 BIM 课程的实际，本套教材尽量浅显易教易学，并附有教学参考大纲，体现 BIM 教育 1.0 特征，随着 BIM 教育逐渐落地，我们还会组织编写 BIM 教育 2.0、3.0 教材。我们全体编写人员和主审专家希望能为 BIM 教育尽绵薄之力，期待更多更好的作品问世。感谢我们全体策划人员和支持单位的全力配合，也感谢出版社领导的重视和编辑们的执着努力，教材才能在短时间内出版并向全国发行。特别感谢住建部前总工程师许溶烈先生对教材的殷殷期望。

本套教材为开展 BIM 课程的相关院校服务，既可满足 BIM 专业应用学习的需要又可为学校开展 BIM 认证培训提供支持，一举两得；同时也可作为建设企业内训和社会培训的参考用书。

最后需要强调：BIM，是技术工具，是管理方法，更是思维模式。中国的 BIM 必须本土化，必须与生产实践相结合，必须与政府政策相适应，必须与民生需要相统一。我们应站在这样的角度去看待 BIM，才能真正做到传道授业解惑。

金永超

2017 年 4 月于昆明

前言 Forword

以 BIM 为核心的最新信息技术，已经成为支撑建设行业技术升级、生产方式变革、管理模式革新的核心技术。采用 BIM 技术可使整个工程项目在设计、施工和运营阶段实现项目可视化、管理信息化，可以有效提升项目生产效率、提高建筑质量、缩短工期、降低建造成本、控制资金风险。目前我国建筑工程行业在各个领域对 BIM 的应用越来越广泛。国务院办公厅 2017 年 2 月发布的《关于促进建筑业持续健康发展的意见》中指出：加快推进建筑信息模型(BIM)技术在规划、勘察、设计、施工和运营维护全过程的集成应用，实现工程建设项目全生命周期数据共享和信息化管理，为项目方案优化和科学决策提供依据，促进建筑业提质增效。2018 年，越来越多关于 BIM 的推进政策陆续推出，BIM 技术将逐步向全国各城市推广开来，真正实现在全国范围内的普及应用。因此，随着企业和工程项目对 BIM 的快速推进，BIM 应用人才的培养也变得非常迫切。

"BIM 模型集成应用"是高校课程教育体系中，土建类相关专业的一门必修课程。课程的内容涉及项目由方案阶段、设计阶段、施工阶段到运维管理、物业资产管理等全生命周期的管理，其目标是在结合传统与 BIM 新型技术的管理模式下，全面培养土建类新型人才。如何基于 BIM 技术进行更好的项目管理，如何应用 BIM 技术协调工程各参与方，如何基于 BIM 技术提高工程项目管理能力和劳动生产率，是目前建筑工程行业需要解决的问题和研究重点。

本书的编写旨在为读者普及 BIM 在土建中的基础知识，帮助读者了解更多 BIM 在土建中的优势，展现更多的重要成果和带来更多的价值。要求读者学会 BIM 在全生命周期项目管理中各项目阶段间的搭接管理，并且不断创新，优化素质，努力成长为时代需要的高质量人才。本书面向的读者对象为建筑行业管理人员和技术人员，包括建筑工程各阶段的专业人员和 BIM 工程师。本书也可作为高等院校建筑、土木、工程管理等专业的参考教材。本书的案例资料大部分来自编者单位的实际项目，兼备理论性和实践性。本书不同于一般软件教材之处在于提供了建筑学相关专业的学生实现全生命周期管理的操作流程，分享了教学过程中的相关经验和案例，相信读者可以从中受到一定的启发。

全书共 9 章，分为基础入门篇、专业实践篇、综合实训篇三个部分。基础入门篇(第 1～4 章)：前 4 章为 BIM 概论和 Navisworks 软件操作基础，以及 Navisworks 如何实现数据整合。专业实践篇(第 5～8 章)：第 5 章首先对传统建设项目流程和问题进行分析，然后介绍 BIM 的项目建设流程和 BIM 的工作架构。第 6 章介绍 BIM 在整个生命阶段的数据集成应用。第 7 章讲述如何实现多专业之间的 BIM 应用集成，如何通过 BIM 实现 4D、5D 的应用，以及 BIM 数据可视化应用、数字化交付和运维管理的操作方法。第 8 章介绍 BIM 综合管线的深化和施工以及如何实现物业管理的数字资产管理。综合实训篇(第 9 章)：第 9 章利用一个综合案例，帮助读者完整地了解 BIM 模型集成应用的步骤和方法。

本书由李刚担任主编，南昌工程学院刘在今担任副主编，广东工业大学冯为民教授负责主审。编写团队有香港互联立方有限公司的张凤、毕崇磊、张纬生、列梓文、何颖辉、易家建、卓惠龙、黄小雨、梁佩欣、林涛以及中铁第一勘察设计院集团有限公司的赵乐。全书主要由香港互联立方有限公司和中铁第一勘察设计院集团有限公司提供案例素材。

衷心感谢广东工业大学冯为民教授对本书进行严谨、细致的审阅，并提出了宝贵的意见和建议。衷心感谢本系列教材的总主编金永超教授在本书编写过程中给予的支持和鼓励。最后，也衷心感谢西安交通大学出版社及祝翠华编辑的大力支持，使我们能够完成本书的出版。

BIM 这项新的技术在我国的应用还处在不断发展的初级阶段，书中一定会有很多不尽完善的内容，我们衷心希望得到广大读者的批评和指正，促进建设行业 BIM 应用水平的不断提高。

编者

2018 年 4 月于广州

目录 Contents

专业实践篇

综合实训篇

教学大纲

课程性质：专业选修课

适用专业：土建大类相关专业

先行课：房屋建筑学、计算机辅助设计 CAD、暖通空调、给排水工程、建筑电气

后续课：多专业联合毕业设计及项目综合训练

开课学期：第三、四学期(或第二至第四学期)

学时学分：48 课时(理论课时 24、实践课时 24),3 学分

一、课程性质和任务

"BIM 模型集成应用"是高校课程教育体系中土建类相关专业的一门必修课程。课程的内容涉及项目由方案阶段、设计阶段、施工阶段到运维管理、物业资产管理等全生命周期的管理,旨在结合传统与 BIM 新型技术的管理模式下,全面培养土建类新型人才。

本课程旨在普及 BIM 在土建中的基础知识,帮助学生了解更多 BIM 在土建中的优势,展现更多的重要成果和带来更多的价值。本课程要求学生学会 BIM 在全生命周期项目管理中,各项目阶段间的搭接管理,并且不断创新,优化素质,努力成长为时代需要的高质量人才。

二、教学目的及要求

通过对 BIM 模型集成应用的学习,将达成以下的教学目的及要求:

1. 教学目的

(1)知识及技能。通过本课程的学习,掌握建筑项目在各阶段的项目管理基础知识及项目管理流程,且掌握 BIM 在建筑项目上各阶段的应用流程及价值体现。

(2)过程与方法。通过本课程的学习,掌握项目管理过程中问题出现的应对处理及解决问题的方案决策。

(3)态度与价值。通过本课程的学习,掌握及体验实战项目中应有的处事态度及磨练学生面对项目压力的意志,锻炼学生的意志品质。

2. 教学要求

(1)专业能力。对 BIM 技术在各个环节的应用有更深一步的了解,掌握相关软件及理论的基础知识和实操技巧,进一步了解 BIM 市场化的发展方向,从而具备在实际项目中解决问题的能力。

(2)就业能力。可完全胜任当前与 BIM 工作相对应的系列岗位,成为企业相关工作的核心人员,同时具备了相关岗位超强竞争力优势,提高自己本身核心竞争力,为学习成绩优异的学生提供高薪就业机会。

(3)学员经过系统性的学习,能考取 BIM 相关证书。

三、教学重点及难点

教学重点:通过对本课程的学习,掌握 BIM 在项目管理全生命周期中的应用实践及带

来的价值。

教学难点：本课程涵盖的工程知识甚广，需要有一定的专业基础知识，及专业的基础理解，以辅助学习理解。

四、教学内容

第 1 章　BIM 概论

掌握 BIM 技术相关标准；熟悉 BIM 基本概念；了解 BIM 的发展与应用。

第 2 章　BIM 工具与相关技术

熟悉 BIM 相关技术；GIS、FM、3D 打印、装配式建筑；了解 BIM 相关工具软件。

第 3 章　Navisworks 应用基础

掌握 Navisworks 软件的基本操作。

第 4 章　Navisworks 数据整合应用

掌握 Navisworks 对项目数据的整合。

第 5 章　BIM 项目建设流程架构

学习传统项目建设的实施流程；掌握基于 BIM 的项目建设流程。

第 6 章　BIM 的数据集成

学习 BIM 在整个生命阶段的数据集成；掌握各阶段间、专业间的数据应用对接。

第 7 章　BIM 集成应用

学习 BIM 在不同专业间的工作流；掌握 BIM 与各个专业间的集成应用。

第 8 章　BIM 的专业化集成

学习 BIM 对物业管理的影响；掌握 BIM 下专业间的工作流及 BIM 下的物业资产管理。

第 9 章　实训案例

通过前 8 章的基础知识学习，在理论知识的基础上增加实践性环节，将 BIM 技术运用到项目的实训中，全面掌握项目的实施准备、实施步骤和方法、实施的经验总结。

五、教学方式

课堂讲授、理论＋实践(根据课程实际情况选择)。

六、教学安排及方式

课程学时分配

课程内容 \ 教学时数 \ 教学环节	讲课	练习	合计	课外或综合实践	备注
第 1 章 BIM 概论	1	0	1		
第 2 章 BIM 工具与相关技术	1	1	2		
第 3 章 Navisworks 应用基础	4	4	8		
第 4 章 Navisworks 数据整合应用	4	4	8		
第 5 章 BIM 项目建设流程架构	2	2	4		
第 6 章 BIM 的数据集成	2	2	4		
第 7 章 BIM 集成应用	2	2	4		

续表

教学环节 / 教学时数 / 课程内容	讲课	练习	合计	课外或综合实践	备注
第 8 章 BIM 的专业化集成	2	2	4		
第 9 章 实训案例	6	7	13		
合计	24	24	48		

七、课程考核与成绩评定方法

(1)考试方式:考试(笔试＋实操)。

(2)成绩评定办法:平时成绩×30% ＋ 期末成绩×70% ＝ 总成绩(比例各院系可自行调整)。

八、参考教材和主要参考资料

1. 张江波. BIM 模型算量应用[M]. 西安:西安交通大学出版社,2017.

2. 王茹. BIM 结构模型创建与设计[M]. 西安:西安交通大学出版社,2017.

3. 武乾,冯弥. BIM 模型项目管理应用[M]. 西安:西安交通大学出版社,2017.

4. 韩风毅,薛菁. BIM 机电工程模型创建与设计[M]. 西安:西安交通大学出版社,2015.

5. 许蓁. BIM 建筑模型创建与设计[M]. 西安:西安交通大学出版社,2017.

6. 建筑工程施工 BIM 应用指南[S]. 北京:中国建筑工业出版社,2014.

7. 清华大学 BIM 课题组. 中国建筑信息模型标准框架研究[M]. 北京:中国建筑工业出版社,2011.

8. 李邵建. BIM 纲要[M]. 上海:同济大学出版社,2015.

9. BIM 工程技术人员专业技能培训用书编委会. BIM 技术概论[M]. 北京:中国建筑工业出版社,2016.

10. 何关培. BIM 总论[M]. 北京:中国建筑工业出版社,2011.

11. 何关培,葛文兰. BIM 第二维度[M]. 北京:中国建筑工业出版社,2011.

12. 刘占省,赵雪锋. BIM 技术与施工项目管理[M]. 北京:中国电力出版社,2015.

13. 金睿. 建筑施工企业 BIM 应用基础教程[M]. 杭州:浙江大学出版社,2016.

14. 金永超,张宇帆. BIM 与建模[M]. 成都:西南交通大学出版社, 2016.

基础入门篇

第1章　BIM概论

教学导入

建筑信息模型(Building Information Modeling)是以建筑工程项目的各项相关信息数据作为模型的基础,进行建筑模型的建立,通过数字信息仿真模拟建筑物所具有的真实信息。本章在介绍BIM起源、定义的基础上,介绍了BIM的特点及主要应用价值,并展望了BIM良好的应用前景。

学习要点

- BIM的基本概念
- BIM的发展与应用
- BIM技术相关标准

1.1　BIM的基本概念

1.1.1　BIM的来源与定义

1975年,"BIM之父"——佐治亚理工学院的Chunk Eastman(查克·伊斯特曼)教授(见图1-1)创建了BIM理念。至今,BIM技术的研究经历了三大阶段:萌芽阶段、产生阶段和发展阶段。BIM理念的启蒙,受到了1973年全球石油危机的影响,美国全行业需要考虑提高行业效益的问题,1975年"BIM之父"伊斯特曼教授在其研究的课题"Building Description System"中提出"a computer-based description of a building",以便于实现建筑工程的可视化和量化分析,提高工程建设效率。

图1-1

当前社会发展正朝集约经济转变,建设行业需要精益建造的时代已经来临。当前,BIM已成为工程建设行业的一个热点,在政府部门相关政策指引和行业的大力推广下迅速普及。

BIM是英文"Building Information Modeling"的缩写,国内比较统一的翻译是:建筑信息模型。BIM是以建筑工程项目的各项相关信息数据作为模型的基础,进行建筑模型的建立,通过数字信息仿真模拟建筑物所具有的真实信息。BIM在建筑的全生命周期内(见图1-2),通过参数化建模来进行建筑模型的数字化和信息化管理,从而实现各个专业在设计、建造、运营维护阶段的协同工作。

国际智慧建造组织(building SMART International,简称bSI)对BIM的定义包括以下三个层次:

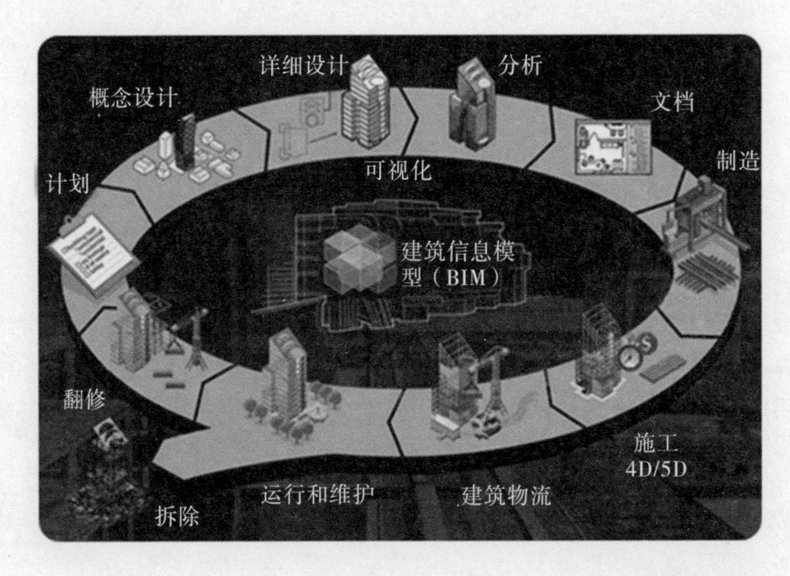

图 1-2

(1)第一个层次是“Building Information Model”,中文可称之为“建筑信息模型”,bSI 对这一层次的解释为:建筑信息模型是一个工程项目物理特征和功能特性的数字化表达,可以作为该项目相关信息的共享知识资源,为项目全生命周期内的所有决策提供可靠的信息支持。

(2)第二个层次是“Building Information Modeling”,中文可称之为“建筑信息模型应用”,bSI 对这一层次的解释为:建筑信息模型应用是创建和利用项目数据在其全生命周期内进行设计、施工和运营的业务过程,允许所有项目相关方通过不同技术平台之间的数据互用在同一时间利用相同的信息。

(3)第三个层次是“Building Information Management”,中文可称之为“建筑信息管理”,bSI 对这一层次的解释为:建筑信息管理是指通过使用建筑信息模型内的信息支持项目全生命周期信息共享的业务流程组织和控制过程,建筑信息管理的效益包括集中和可视化沟通、更早进行多方案比较、可持续分析、高效设计、多专业集成、施工现场控制、竣工资料记录等。

不难理解,上述三个层次的含义互相之间是有递进关系的,也就是说,首先要有建筑信息模型,然后才能把模型应用到工程项目建设和运维过程中去,有了前面的模型和模型应用,建筑信息管理才会成为有源之水、有本之木。

1.1.2 BIM 的特点

BIM 具有可视化、协调性、模拟性、优化性和可出图性五大特点。

(1)可视化。可视化即“所见所得”的形式,对于建筑行业来说,可视化的真正运用在建筑业的作用是非常大的,例如经常拿到的施工图纸,只是各个构件的信息在图纸上采用线条的绘制表达,但是其真正的构造形式就需要建筑业参与人员去自行想象了。对于一般简单的东西来说,这种想象也未尝不可,但是近几年建筑业的建筑形式各异,复杂造型在不断推出,那么这种光靠人脑去想象的东西就未免有点不太现实了。所以 BIM 提供了可视化的思路,让人们将以往的线条式的构件形成一种三维的立体实物图形展示在人们的面前。建筑业也有设计方出效果图的事情，但是这种效果图是分包给专业的效果图制作团队进行识读设计制作出的线条式信息，并不是通过构件的信息自动生成的，缺少了同构件之间的互动性和反馈性，然而 BIM 提到的可视化是一种能够同构件之间形成互动性和反馈性的可视，在 BIM 建筑信息模型中，由于整个过程都是可视化的，所以可视化的结果不仅可以用于效果图的展示及报表的生成，更重要的是，项目设计、建造、运营过程中的沟通、讨论、决策都在可视化的状态下进行。

(2)协调性。协调性是建筑业中的重点内容，不管是施工单位还是业主及设计单位，无不在做着协调及相配合的工作。一旦项目在实施过程中遇到了问题，就要将各有关人士组织起来开协调会，找出问题发生的原因及解决办法，然后作出变更，或采取相应补救措施等，从而使问题得到解决。那么这个问题的协调真的就只能在问题出现后再进行协调吗？在设计时，往往由于各专业设计师之间的沟通不到位，而出现各种专业之间的碰撞问题，例如暖通等专业中的管道在进行布置时，由于施工图纸是各自绘制在各自的施工图纸上的，真正施工过程中，可能在布置管线时正好在此处有结构设计的梁等构件在此妨碍着管线的布置，这种问题就是施工中常遇到的。像这样的碰撞问题的协调解决就只能在问题出现之后再进行解决吗？BIM 的协调性服务就可以帮助处理这种问题，也就是说 BIM 可在建筑物建造前期对各专业的碰撞问题进行协调，生成协调数据，提供出来。当然 BIM 的协调作用也并不是只能解决各专业间的碰撞问题，它还可以解决如电梯井布置与其他设计布置及净空要求的协调、防火分区与其他设计布置的协调、地下排水布置与其他设计布置的协调等。

(3)模拟性。模拟性并不是只能模拟设计出建筑物模型，还可以模拟不能够在真实世界中进行操作的事物。在设计阶段，BIM 可以对设计上需要进行模拟的一些东西进行模拟实验，例如：节能模拟、紧急疏散模拟、日照模拟、热能传导模拟等；在招投标和施工阶段可以进行 4D 模拟(三维模型加项目的发展时间)，也就是根据施工的组织设计模拟实际施工，从而来确定合理的施工方案来指导施工。同时还可以进行 5D 模拟(基于 3D 模型的造价控制)，从而来实现成本控制；后期运营阶段可以模拟日常紧急情况的处理方式，例如地震发生时人员逃生模拟及火警时消防人员疏散模拟等。

(4)优化性。事实上整个设计、施工、运营的过程就是一个不断优化的过程，当然优化和 BIM 也不存在实质性的必然联系，但在 BIM 的基础上可以做更好的优化、更好地做优化。优化受三样东西的制约：信息、复杂程度和时间。没有准确的信息做不出合理的优化结果，BIM 模型提供了建筑物的实际存在的信息，包括几何信息、物理信息、规则信息，还提供了建筑物变化以后的实际状况。复杂程度高到一定程度，参与人员本身的能力无法掌握所有的信息，必须借助一定的科学技术和设备的帮助。现代建筑物的复杂程度大多超过参与人员本身的能力极限，BIM 及与其配套的各种优化工具提供了对复杂项目进行优化的可能。基于 BIM 的优化可以做下面的工作：

①项目方案优化：把项目设计和投资回报分析结合起来，设计变化对投资回报的影响可以实时计算出来；这样业主对设计方案的选择就不会主要停留在对形状的评价上，而更多的可以使得业主知道哪种项目设计方案更有利于自身的需求。

②特殊项目的设计优化：例如裙楼、幕墙、屋顶、大空间到处可以看到异型设计，这些内容看起来占整个建筑的比例不大，但是占投资和工作量的比例和前者相比却往往要大得多，而且通常也是施工难度比较大和施工问题比较多的地方，对这些内容的设计施工方案进行

优化，可以带来显著的工期和造价改进。

(5)可出图性。运用BIM技术，可以进行建筑各专业平、立、剖、详图及一些构件加工的图纸输出。但BIM并不是为了出大家日常多见的设计院所出的这些设计图纸，而是通过对建筑物进行可视化展示、协调、模拟、优化以后，可以帮助建设方出如下图纸：综合管线图（经过碰撞检查和设计修改，消除了相应错误以后）；综合结构留洞图（预埋套管图）；碰撞检查侦错报告和建议改进方案。

1.1.3 BIM技术的优势

BIM所追求的是根据业主的需求，在建筑全生命周期之内，以最少的成本、最有效的方式得到性能最好的建筑。因此，在成本管理、进度控制及建筑质量优化方面，相比于传统建筑工程方式，BIM技术有着非常明显的优势。

1.成本

美国麦格劳-希尔建筑信息公司(McGraw-Hill Construction)指出，2013年最有代表性的国家中，约有75%的承建商表示他们对BIM项目投资有正面回报率。可以说BIM对建筑行业带来的最直接的利益就是成本的减少。

不同于传统工程项目，BIM项目需要项目各参与方从设计阶段开始紧密合作，并通过多方位的检查及性能模拟不断改善并优化建筑设计。同时，由于BIM本身具有的信息互联特性，可以在改善设计过程中确保数据的完整性与准确性。因此，可以大大减少施工阶段因图纸错误而需要设计变更的问题。47%的BIM团队认为施工阶段图纸错误与遗漏的减少是最直接影响高投资回报的原因。

此外，BIM技术对造价管理方面有着先天性优势。众所周知，价格是随经济市场的变动而变化的，价格的真实性取决于对市场信息的掌握。而BIM可以通过与互联网的连接，再根据模型所具有的几何特性，实时计算出工程造价。同时，由于所有计算都是由计算机自动完成，可以避免手动计算时所带来的失误。因此，项目参与方所获得的预算量非常贴近实际工程，控制成本更为方便。

对于全生命周期费用，因为BIM项目大部分决策是在项目前期由各方共同进行的，前期所需费用会比传统建筑工程有所增加。但是，在项目经过某一临界点之后，前期所做的努力会给整个项目带来巨大的利益，并且将持续到最后。

2.进度

传统进度管理主要依靠人工操作来完成，项目参与方向进度管理人员提供、索取相关数据，并由进度管理员负责更新并发布后续信息。这种管理方式缺乏及时性与准确性，对于工期影响较大。

对于BIM项目，由于各参与方是在同一平台，利用同一模型完成项目，因此可以非常迅速地查询到项目进度，并制定后续工作。特别是在施工阶段，施工方可以通过BIM对施工进度进行模拟，以此优化施工组织方案，从而减少施工误差和返工，缩短施工工期。

3.质量

建筑物的质量可以说是一切目标的前提，不能因为赶进度而忽视。建筑质量的保障不仅可以给业主及使用者带来舒适环境，还可以大幅降低运营费用、提高建筑使用效率，最终贡献于可持续发展。BIM的信息化与协调化都是以最终建筑的高质量为首要目标，即通过最优化的设计、施工及运营方案展现出与设计理念相同的实际建筑。

设计阶段，设计师与工程师可通过 BIM 进行建筑仿真模拟，并根据结果提高建筑物性能。施工阶段的施工组织模拟，可以为施工方在实际施工前提出注意点，以防止出现缺陷。

当然，建得再好的建筑物，如果没有后期维护将很难保持其初期质量。运维阶段，通过 BIM 与物联网的合作，可以实时监控建筑物运行状态，以此为依据在最短时间内定位故障位置并进行维修。

4. 安全

BIM 与安全的结合使得项目安全管控上升一个新高度。在重大项目方案编制阶段已经运用 BIM 技术进行模拟施工，可以直观地了解到重大危险源的具体施工时间、进度、施工方式以及存在的安全隐患，有针对性地制定安全预防控制措施，确保重大危险源施工安全。同时在日常安全管理中，应用 BIM 模型可以全面地排查现场四口五临边的位置及大小，对照模型检查现场防止缺漏保障防护安全。同时依据 BIM 中的施工时间可以及时安排防护设备的进场和搭设等，确保防护及时到位。

5. 环保

BIM 在实现绿色设计、可持续设计方面有着天然的技术优势，BIM 可用于分析包括影响绿色条件的采光、能源效率和可持续性材料等建筑性能的方方面面；可分析、实现最低的能耗，并借助通风、采光、气流组织以及视觉对人心理感受的控制等，实现节能环保；采用 BIM 理念，还可在项目方案完成的同时计算日照、模拟风环境，为建筑设计的“绿色探索”注入高科技力量。

1.2 BIM 的发展与应用

1.2.1 AEC 行业的发展历程

AEC 为“Architecture Engineering and Construction”的缩略词，即建筑、工程与施工。从人类开始建造房屋起到现在，随着技术发展与管理需求，AEC 行业迎来了多次翻天覆地的变化。与根据时代背景而频繁出现不同建筑思想与建筑技术相反，建筑流程只有过三种不同形式。

在古代社会，建筑设计与施工的分化并不像现在如此明确，两项均由一名建筑师或工匠所负责。建筑师会根据自己所在地区自然条件与生活习惯等进行设计与施工。即便项目非常复杂，建筑相关所有信息均出自建筑师一人的头脑。因科技水平的限制，建筑师或工匠较少采用设计图纸，大多数情况下设计与施工是在现场同步实施的。

第一次重要变化出现在文艺复兴时期。这期间设计与施工逐渐分离，建筑师脱离现场手工制作，专门从事建筑艺术创作，而后期施工则由专门工匠负责。在这个分离过程中，建筑过程及建筑工具都发生了根本性改变。建筑师需要把自己的设计概念完整地灌输到工匠脑中，因此设计图纸变得尤为重要，并且成为了最重要的施工依据。同时随着造纸技术的发展，图纸在整个建筑业运用的非常频繁。而这也衍生出了除设计与施工以外的交付过程。之后随着科技的发展，建筑运用了大量的机电设备，同时也分化出多个专业，如暖通、给排水、电气等。可是对于建筑过程的变化则少之又少。这时还是以手绘图纸为基础，设计师进行设计并交到施工方手中进行施工。

直到 1980 年以后，个人计算机的普及对 AEC 行业带来了又一波巨大的冲击，其主要以

CAD(Computer Aided Design,计算机辅助设计)为主。第一台电子计算机早在1946年就被制造成功,而CAD也诞生于20世纪60年代。可是由于当时硬件设施昂贵,只有一些从事汽车、航空等领域的公司自行开发使用。之后随着计算机价格的降低,CAD得以迅速发展,AEC行业也开始经历信息化浪潮。计算机代替手工作业带来的不仅是设计工具的升级,细节与效率上的提升同样非常显著。比如利用CAD修改设计不再容易出现错误,对图作业也不需要传统对图方式,传递设计文件更加方便。虽然此次改变对建筑工具带来根本性改变,可是对于整个建筑过程,与之前形式相差无几。建筑师设计方案敲定之后由多专业工程师依次进行后续设计,最后交付到施工团队。由于各团队间协调配合工作不够完善,在后期施工期间,依然有大量问题出现。

在这种背景下,随着项目复杂度的提升,对于整个工程项目全程协调与管理的重要性也同样逐渐提高。1975年,查理·伊斯特曼博士在《AIA杂志》上发表一个叫建筑描述系统(Building Description System)的工作原型,被认为是最早提及BIM概念的一份文献。在随后的30年时间中,BIM概念一再被提起并由许多专家进行研究,但由于技术所限还是只停留于概念与方法论研究层面上。直到21世纪初,在计算机与IT技术长足发展的前提下,应AEC市场需求,欧特克(Autodesk)在2002年将“Building Information Modeling”这个术语展现到世人面前并推广。而BIM的出现,也正逐渐带来第三次建筑流程改变。

1.2.2 BIM在国外的发展路径与相关政策

1.美国

美国作为最早启动BIM研究的国家之一,其技术与应用都走在世界前列。与世界其他国家相比,美国从政府到公立大学,不同级别的国营机关都在积极推动BIM的应用并制定了各自目标及计划。

早在2003年,美国总务管理局(General Services Administration,GSA)通过其下属的公共建筑服务部(Public Building Service,PBS)设计管理处(Office of Chief Architect,OCA)创立并推进3D-4D-BIM计划,致力于将此计划提升为美国BIM应用政策。从创立到现在,GSA在美国各地已经协助200个以上项目实施BIM,项目总费用高达120亿美元。以下为3D-4D-BIM计划具体细节:

①制订3D-4D-BIM计划;

②向实施3D-4D-BIM计划的项目提供专家支持与评价;

③制定对使用3D-4D-BIM计划的项目补贴政策;

④开发对应3D-4D-BIM计划的招标语言(供GSA内部使用);

⑤与BIM公司、BIM协会、开放性标准团体及学术/研究机关合作;

⑥制定美国总务管理局BIM工具包;

⑦制作BIM门户网站与BIM论坛。

2006年,美国陆军工程师兵团(United States Army Corps of Engineers,USACE)发布为期15年的BIM发展规划(A Road Map for Implementation to Support MILCON Transformation and Civil Works Projects within the United States Army Corps of Engineers),声明在BIM领域成为一个领导者,并制定六项BIM应用的具体目标。之后在2012年,声明对USACE所承担的军用建筑项目强制使用BIM。此外,他们向一所开发CAD与BIM技术的研究中心提供资金帮助,并在美国国防部(United States Department of Defense,DoD)内部

进行 BIM 培训。同时美国退伍军人部也发表声明称，从 2009 年开始，其所承担的所有新建与改造项目全部将采用 BIM。

美国建筑科学研究所(National Institute of Building Sciences，NIBS)建立 NBIMS-USTM 项目委员会，以开发国家 BIM 标准，并研究大学课程添加 BIM 的可行性。2014 年初，NIBS 在新成立的建筑科学在线教育上发布了第一个 BIM 课程，取名为 COBie 简介(The Introduction to COBie)。

除上述国家政府机构以外，各州政府机构与国立大学也相继建立 BIM 应用计划。例如，2009 年 7 月，威斯康星州对设计公司要求 500 万美元以上的项目与 250 万美元以上的新建项目一律使用 BIM。

2.英国

英国是由政府主导，与英国政府建设局(UK Government Construction Client Group)在 2011 年 3 月共同发布推行 BIM 战略报告书(Building Information Modeling Working Party Strategy Paper)，同时在 2011 年 5 月由英国内阁办公室发布的政府建设战略(Government Construction Strategy)中正式包含 BIM 的推行。此政策分为 Push 与 Pull，由建筑业(Industry Push)与政府(Client Pull)为主导发展。

Push 的主要内容为：由建筑业主导建立 BIM 文化、技术与流程；通过实际项目建立 BIM 数据库；加大 BIM 培训机会。

Pull 的主要内容为：政府站在客户的立场，为使用 BIM 的业主及项目提供资金上的补助；当项目使用 BIM 时，鼓励将重点放在收集可以持续沿用的 BIM 情报，以促进 BIM 的推行。

英国政府表明从 2011 年开始，对所有公共建筑项目强制性使用 BIM。同时为了实现上述目标，英国政府专门成立 BIM 任务小组(BIM Task Group)主导一系列 BIM 简介会，并且为了提供 BIM 培训项目初期情报，发布 BIM 学习构架。2013 年末，BIM 任务小组发布一份关于 COBie 要求的报告，以处理基础设施项目信息交换问题。

3.芬兰

对于 BIM 的采用，全世界没有其他国家可以赶得上芬兰。作为芬兰财务部(The Finnish Ministry of Finance)旗下最大的国有企业，国有地产服务公司(Senate Properties)早在 2007 年就要求在自己的项目中使用 IFC/BIM。

4.挪威

挪威政府在 2010 年发布声明将致力发展 BIM。随后众多公共机关开始着手实施 BIM。例如，挪威国防产业部(The Norwegian Defense Estates Agency)开始实施三个 BIM 试点项目。作为公共管理公司和挪威政府主要顾问，Statsbygg 要求所有新建建筑使用可以兼容 IFC 标准的 BIM。为了推广 BIM 的采用，Statsbygg 主要对建筑效率、室内导航、基于地理的模拟与能耗计算等 BIM 应用展开研发项目。

5.丹麦

丹麦政府为了向政府项目提供 BIM 情报通信技术，在 2007 年着手实施数字化建设项目(the Digital Construction Project)。通过此项目开发出的 BIM 要求事项在随后由政府客户，如皇家地产公司(the Palaces & Properties Agency)、国防建设服务公司(the Defense Construction Service)，相继使用。

6.瑞典

虽然BIM在瑞典国内建筑业已被采用多年，可是瑞典政府直到2013年才由瑞典交通部(Swedish Transportation Administration)发表声明使用BIM之后开始推行。瑞典交通部同时声明从2015年开始，对所有投资项目强制使用BIM。

7.澳大利亚

2012年澳大利亚政府通过发布国家BIM行动方案(National BIM Initiative)报告制定多项BIM应用目标。这份报告由澳大利亚building SMART协会主导并由建筑环境创新委员会(Built Environment Industry Innovation Council，BEIIC)授权发布。此方案主要提出如下观点：2016年7月1日起，所有的政府采购项目强制性使用全三维协同BIM技术；鼓励澳大利亚州及地区政府采用全三维协同Open BIM技术；实施国家BIM行动方案。

澳大利亚本地建筑业协会同样积极参与BIM推广。例如，机电承包协会(Air Conditioning & Mechanical Contractors' Association，AMCA)发布BIM-MEP行动方案，促进推广澳大利亚建筑设备领域应用BIM与整合式项目交付(Integrated Project Delivery，IPD)技术。

8.新加坡

早在1995年，新加坡启动房地产建造网络(Construction Real Estate NETwork，CORENET)以推广及要求AEC行业IT与BIM的应用。之后，建设局(Building and Construction Authority，BCA)等新加坡政府机构开始使用以BIM与IFC为基础的网络提交系统(e-submission system)。在2010年，新加坡建设局发布BIM发展策略，要求在2015年建筑面积大于五千平方米的新建建筑项目中，BIM和网络提交系统使用率达到80%。同时，新加坡政府希望在后10年内，利用BIM技术为建筑业的生产力带来25%的性能提升。2010年，新加坡建设局建立建设IT中心(Center for Construction IT，CCIT)以帮助顾问及建设公司开始使用BIM，并在2011年开发多个试点项目。同时，建设局建立BIM基金以鼓励更多的公司将BIM应用到实际项目上，并多次在全球或全国范围内举办BIM竞赛大会以鼓励BIM创新。

9.日本

2010年，日本国土交通省声明对政府新建与改造项目的BIM试点计划，此为日本政府首次公布采用BIM技术。

除开日本政府机构，一些行业协会也开始将注意力放到BIM应用。2010年，日本建设业联合会(Japan Federation of Construction Contractors，JFCC)在其建筑施工委员会(Building Construction Committee)旗下建立了BIM专业组，通过标准化BIM的规范与使用方法提高施工阶段BIM所带来的利益。

10.韩国

2012年1月，韩国国土海洋部(Korean Ministry of Land，Transport & Maritime Affairs，MLTM)发布BIM应用发展策略，表明2012年到2015年间对重要项目实施四维BIM应用并从2016年起对所有公共建筑项目使用BIM。另一个国家机构韩国公共采购服务中心(Public Procurement Service，PPS)在2011年发布BIM计划，并计划在2013年到2015年间对总承包费用大于5000万美元的项目使用BIM，并从2016年起对所有政府项目强制性应用BIM技术。

在韩国,以国土海洋部为首的许多政府机构参与 BIM 研发项目。从 2009 年起,国土海洋部就持续向多个研发项目进行资金补助,包括名为 SEUMTER 的建筑许可系统以及一些基于 Open BIM 的研发项目,如超高层建筑项目的 Open BIM 信息环境技术(Open BIM Information Environment Technology for the Super-tall Buildings Project)、建立可提高设计生产力的基于 Open BIM 的建筑设计环境(Establishment of Open BIM based Building Design Environment for Improving Design Productivity)。同样,韩国公共采购服务中心在 2011 年对造价管理咨询(Cost Management Consulting)研发项目提供资金支持。

1.2.3 BIM 在国内的发展路径与相关政策

2011 年,中华人民共和国住房和城乡建设部发布《2011—2015 年建筑业信息化发展纲要》,声明在"十二五"期间,基本实现建筑企业信息系统的普及应用,加快建筑信息模型、基于网络的协同工作等新技术在工程中的应用,推动信息化标准建设,促进具有自主知识产权软件的产业化,形成一批信息技术应用达到国际先进水平的建筑企业。这一年被业界普遍认为是中国的 BIM 元年。

2016 年,中华人民共和国住房和城乡建设部发布《2016—2020 年建筑业信息化发展纲要》,声明全面提高建筑业信息化水平,着力增强 BIM、大数据、智能化、移动通信、云计算、物联网等信息技术集成应用能力,建筑业数字化、网络化、智能化取得突破性进展,初步建成一体化行业监管和服务平台,数据资源利用水平和信息服务能力明显提升,形成一批具有较强信息技术创新能力和信息化应用达到国际先进水平的建筑企业及具有关键自主知识产权的建筑业信息技术企业。

此外,中华人民共和国住房和城乡建设部在 2013 年到 2016 年期间,先后发布若干 BIM 相关指导意见:

①2016 年以前政府投资的 2 万平方米以上大型公共建筑以及省报绿色建筑项目的设计、施工采用 BIM 技术。

②截至 2020 年,完善 BIM 技术应用标准、实施指南,形成 BIM 技术应用标准和政策体系;在有关奖项,如全国优秀工程勘察设计奖、鲁班奖(国家优质工程奖)及各行业、各地区勘察设计奖和工程质量最高的评审中,设计应用 BIM 技术的条件。

③推进建筑信息模型(BIM)等信息技术在工程设计、施工和运行维护全过程的应用,提高综合效益,推广建筑工程减隔震技术,探索开展白图代替蓝图、数字化审图等工作。

④到 2020 年末,建筑行业甲级勘察、设计单位以及特级、一级房屋建筑工程施工企业应掌握并实现 BIM 与企业管理系统和其他信息技术的一体化集成应用。

⑤到 2020 年末,以下新立项项目勘察设计、施工、运营维护中,集成应用 BIM 的项目比率达到 90%:以国有资金投资为主的大中型建筑;申报绿色建筑的公共建筑和绿色生态示范小区。

同时,随着 BIM 发展进步,各地方政府按照国家规划指导意见也陆续发布地方 BIM 相关政策,鼓励当地工程建设企业全面学习并使用 BIM 技术,促进企业、行业转型升级,以适应社会发展的需要。

1.2.4 BIM 的应用

BIM 发展至今,已经从单点和局部的应用发展到集成应用,同时也从阶段性应用发展到了项目全生命周期应用。

1.规划阶段 BIM 应用

(1)模拟复杂场地分析。随着城市建筑用地的日益紧张,城市周边山体用地将日益成为今后建筑项目、旅游项目等开发的主要资源,而山体地形的复杂性,又势必给开发商们带来选址难、规划难、设计难、施工难等问题。但如能通过计算机,直观地再现及分析地形的三维数据,则将节省大量时间和费用。借助 BIM 技术,通过原始地形等高线数据,建立起三维地形模型,并加以高程分析、坡度分析、放坡填挖方处理,从而为后续规划设计工作奠定基础。比如,通过软件分析得到地形的坡度数据,以不同跨度分析地形每一处的坡度,并以不同颜色区分,则可直观看出哪些地方比较平坦,哪些地方陡峭。进而为开发选址提供有力依据,也避免过度填挖土方,造成无端浪费。

(2)进行可视化能耗分析。从 BIM 技术层面而言,可进行日照模拟、二氧化碳排放计算、自然通风和混合系统情境仿真、环境流体力学情境模拟等多项测试比对,也可将规划建设的建筑物置于现有建筑环境当中,进行分析论证,讨论在新建筑增加情况下各项环境指标的变化,从而在众多方案中优选出更节能、更绿色、更生态、更适合人居的最佳方案。

(3)进行前期规划方案比选与优化。通过 BIM 三维可视化分析,也可对于运营、交通、消防等其他各方面规划方案,进行比选、论证,从中选择最佳结果。亦即,利用直观的 BIM 三维参数模型,让业主、设计方(甚至施工方)尽早地参与项目讨论与决策,这将大大提高沟通效率,减少不同人因对图纸理解不同而造成的信息损失及沟通成本。

2.设计阶段 BIM 应用

从 BIM 的发展可以看到,BIM 最开始的应用就是在设计阶段,然后再扩展到建筑工程的其他阶段。BIM 在方案设计、初步设计、施工图设计的各个阶段均有广泛的应用,尤其是在施工图设计阶段的冲突检测及三维管线综合以及施工图出图方面。

(1)可视化功能有效支持设计方案比选。在方案设计和初步分析阶段,利用具有三维可视化功能的 BIM 设计软件,一方面设计师可以快速通过三维几何模型的方式直接表达设计灵感,直接就外观、功能、性能等多方面进行讨论,形成多个设计方案,进行一一比选,最终确定出最优方案。另一方面,在业主进行方案确认时,协助业主针对一些设计构想、设计亮点、复杂节点等通过三维可视化手段予以直观表达或展现,以便了解技术的可行性、建成的效果,以及便于专业之间的沟通协调,及时作出方案的调整。

(2)可分析性功能有效支持设计分析和模拟。确定项目的初步设计方案后,需要进行详细的建筑性能分析和模拟,再根据分析结果进行设计调整。BIM 三维设计软件可以导出多种格式的文件与基于 BIM 技术的分析软件和模拟软件无缝对接,进行建筑性能分析。这类分析与模拟软件包括日照分析、光污染分析、噪声分析、温度分析、安全疏散模拟、垂直交通模拟等,能够对设计方案进行全性能的分析,只要简单地输入 BIM 模型,就可以提供数字化的可视分析图,对提高设计质量有很大的帮助。

(3)集成管理平台有效支持施工图的优化。BIM 技术将传统的二维设计图纸转变为三维模型并整合集成到同一个操作平台中,在该平台通过链接或者复制功能融合所有专业模型,直观地暴露各专业图纸本身问题以及相互之间的碰撞问题。使用局部三维视图、剖面视图等功能进行修改调整,提高了各专业设计师及负责人之间的沟通效率,在深化设计阶段解决大量设计不合理问题、管线碰撞问题,空间得到最优化,最大限度地提高施工图纸的质量,减少后期图纸变更数量。

(4)参数化协同功能有效支持施工图的绘制。在设计出图阶段,方案的反复修改时常发生,某一专业的设计方案发生修改,其他专业也必须考虑协调问题。基于BIM的设计平台所有的视图中(剖面图、三维轴测图、平面图、立面图)构件和标注都是相互关联的,设计过程中只要在某一视图进行修改,其他视图构件和标注也会跟着修改,如图1-3所示。不仅如此,施工图纸在BIM模型中也是自动生成的,这让设计人员对图纸的绘制、修改的时间大大减少。

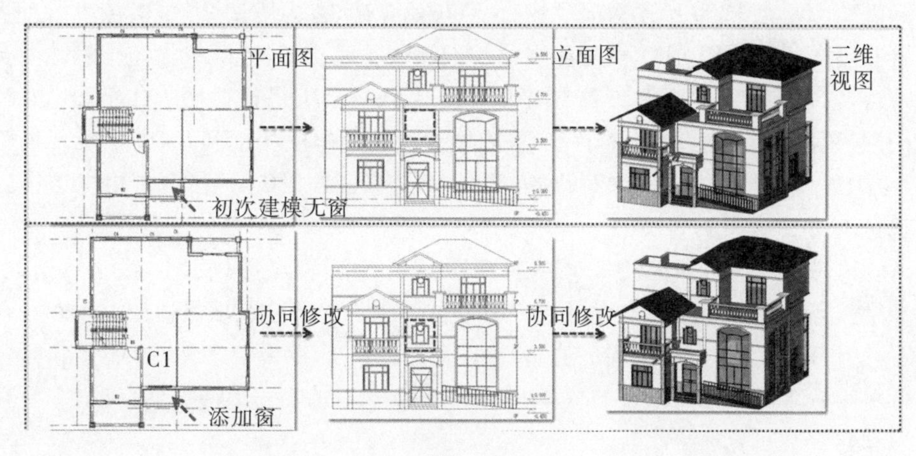

图1-3

3.施工阶段BIM应用

施工阶段是项目由虚到实的过程,在此阶段施工单位关注的是在满足项目质量的前提下,运用高效的施工管理手段,对项目目标进行精确的把控,确保工程按时保质保量完成。而BIM在进度控制与管理、工程量的精确统计等方面均能发挥巨大的作用。

(1)BIM为进度管理与控制提供可视化解决方法。施工计划的编制是一个动态且复杂的过程,通过将BIM模型与施工进度计划相关联,可以形成BIM 4D模型,通过在4D模型中输入实际进度,则可实现进度实际值与计划值的比较,提前预警可能出现的进度拖延情况,实现真正意义上的施工进度动态管理。不仅如此,在资源管理方面,以工期为媒介,可快速查看施工期间劳动力、材料的供应情况、机械运转负荷情况,提早预防资源用量高峰和资源滞留的情况发生,做到及时把控,及时调整,及时预案,从而防止出现进度拖延。

(2)BIM为施工质量控制和管理提供技术支持。工程项目施工中对复杂节点和关键工序的控制是保证施工质量的关键,4D模拟不但可以模拟整个项目的施工进度,还可以对复杂技术方案的施工过程和关键工艺及工序进行模拟,实现施工方案可视化交底,避免由语言文字和二维图纸交底引起的理解分歧和信息错漏等问题,提高建筑信息的交流层次并且使各参与方之间沟通方便,为施工过程各环节的质量控制提供新的技术支持。另外,通过BIM与物联网技术可以实现对整个施工现场的动态跟踪和数据采集,在施工过程中对物料进行全过程的跟踪管理,记录构件与设备施工的实时状态与质量检测情况,管理人员及时对质量情况进行分析和处理,BIM为大型建设项目的质量管理开创新途径和新方法提供了有力的支持。

(3)BIM为施工成本控制提供有效数据。对施工单位而言,具体工程实量、具体材料用量是工程预算、材料采购、下料控制、计量支付和工程结算的依据，是涉及项目成本控制的重要数据。BIM 模型中构件的信息是可运算的，且每个构件具有独特的编码，通过计算机可自动识别、统计构件数量，再结合实体扣减规则，实现工程实量的计算。在施工过程中结合 BIM 资源管理软件，从不同时间段、不同楼层、不同分部分项工程，对工程实量进行计算和统计，根据这些数据从材料采购、下料控制、计量支付和工程结算等不同的角度对施工项目的成本进行跟踪把控，使建筑施工的成本得到有效控制。

(4)BIM 为协同管理工作提供平台服务。施工过程中，不同参与方、不同专业、不同部门岗位之间需要协同工作，以保证沟通顺畅，信息传达正确，行为协调一致，避免事后扯皮和返工是非常有必要的。利用 BIM 模型可视化、参数化、关联化等特性，将模型信息集成到同一个软件平台，实现信息共享。施工各参与方均在 BIM 基础上搭建协同工作平台，以 BIM 模型为基础进行沟通协调，在图纸会审方面，能在施工前期解决图纸问题；在施工现场管理方面，实时跟踪现场情况；在施工组织协调方面，提高各专业间的配合度，合理组织工作。

4. 运维阶段 BIM 应用

运营阶段是项目投入使用的阶段，在建筑生命周期中持续时间最长。在运营阶段中，设施运营和维护方面耗费的成本不容小觑。BIM 能够提供关于建筑项目协调一致和可计算的信息，该信息可以共享和重复使用。通过建立基于 BIM 的运维管理系统，业主和运营商可大大降低由于缺乏操作性而导致的成本损失。目前 BIM 在设施维护中的应用主要在设备运行管理和建筑空间管理两方面。

(1)建筑设备智能化管理。利用基于 BIM 的运维管理系统，能够实现在模型中快速查找设备相关信息，例如：生产厂商、使用期限、责任人联系方式、使用说明等信息，通过对设备周期的预警管理，可以有效防止事故的发生，利用终端设备、二维码和 RFID 技术，迅速对发生故障设备进行检修，如图 1-4 所示。

图 1-4

(2)建筑空间智能化管理。对于大型商业地产项目而言,业主可以通过 BIM 模型直观地查看每个建筑空间上的租户信息,如租户的名称、建筑面积、租金情况,还可以实现租户各种信息的提醒功能。同时还可以根据租户信息的变化,随时进行数据的调整和更新。

1.3 BIM 技术相关标准

1.3.1 BIM 标准概述

BIM 作为一个建筑工程领域全新的概念,目前被多数国家采用并推广,而各国政府在 BIM 的采用与推广过程中起到了主导性作用。各国政府先后建立 BIM 研究机构或者与其他公共机构合作,制定符合各国需求的国家 BIM 标准指南,并随着研发进度相继优化更新已出的条款。同时,各国大学与地方政府在政府大力支持下,各自研究推广地区 BIM 标准。

1.3.2 国外 BIM 标准

1. 美国

到 2015 年为止,美国各公共机构前后发布 47 份 BIM 标准与指南,其中 17 份来自政府机构,30 份来自非营利机构。其中大部分标准都包含项目实施计划(Project Execution Plan)、建模方法论(Modeling Methodology)与构件表达方式及数据组织(Component Presentation Style and Data Organization)。而最大的差异来自于细节程度(Level of Details),大约有一半的标准并未提供模型在各阶段所需要的精度指标。

47 份 BIM 标准与指南中有 24 份是由国家级组织机构主导发布。

GSA 为了支持 3D-4D-BIM 计划推广,先后发布 8 本 BIM 指南系列。分别为:

①第一册:3D-4D-BIM 简介(3D-4D-BIM Overview)。介绍 BIM 技术,尤其是 GSA 的 3D-4D-BIM 如何运用在建筑工程项目中,主要对象是 BIM 入门用户。

②第二册:检验空间规划(Spatial Program Validation)。介绍 BIM 如何用于设计并检验复核 GSA 要求的空间规划。

③第三册:三维激光扫描(3D Laser Scanning)。为三维成像与评价标准提供指南。

④第四册:四维工程计划(4D Phasing)。定义四维工程计划范围,并提供技术指南。

⑤第五册:能源效率(Energy Performance)。介绍项目各阶段能耗模拟重要性及模拟流程。

⑥第六册:人流与保安验证(Circulation and Security Validation)。介绍 BIM 如何用于设计决策,以保障满足相应要求。

⑦第七册:建筑因素(Building Element)。介绍不同构架的建筑信息,并为信息的建立、修改与维护提供指导意见。

⑧第八册:设施管理(Facility Management)。为设施管理提供 BIM 应用指南,并规定 BIM 模型需满足的最低技术要求。

美国建筑科学研究院在 2007 年与 2012 年相继发布美国 BIM 标准(National Building Information Modeling Standard)第一版与第二版,而在 2015 年末,发布此标准第三版。第三版包含从规划到设计、施工及运营的建筑全生命周期中的 BIM 标准。

美国建筑师协会(American Institute of Architects,AIA)在 2008 年发布《E202TM—2008 建筑信息模型展示协议》(E202TM-2008 Building Information Modeling Protocol Exhibit),制定五类开发等级(Levels of Development)与相应 BIM 应用要求。

2.英国

为了实现英国政府 2016 年开始在政府项目中全面使用 BIM 的目标,建设委员会(Construction Industry Council,CIC)与 BIM 任务小组合作推出多项 BIM 标准。在 BIM 任务小组的主导与技术支持下,建设委员会在 2013 年发布两项 BIM 标准:BIM 协议(BIM Protocol V1)与使用 BIM 过程中专业赔偿保险实践指南(Best Practice Guide for Professional Indemnity Insurance When Using BIMs V1)。前者确定项目团队在所有建设合同中所需达到的 BIM 要求,后者对 BIM 项目中所能遇到的专业赔偿保险的主要风险进行了概述。

同时,许多英国本地非营利机构,如英国标准机构(British Standards Institution,BSI)与 AEC - UK 委员会(the AEC - UK Committee),也发布了各自 BIM 标准。英国标准机构 B/555 委员会(BSI B/555 Committee)从 2007 年起,为建筑业全生命周期信息的数字化定义与交换出台多项标准。例如,PAS 1192 - 2:2013 说明信息管理流程以支持交付阶段的二等级 BIM(BIM Level 2);PAS 1192 - 3:2014 则将重点放在运营阶段中的资产。AEC - UK 委员会在 2009 年与 2012 年先后发布首版 BIM 标准(BIM Standard)与第二版 BIM 协议(BIM Protocol Version 2.0)。从 2012 年开始,AEC - UK 委员会将 BIM 协议扩展到各软件平台,包括 Autodesk Revit、Bentley AECOsim Building Designer 与 Grphisoft ArchiCAD。

3.芬兰

芬兰国有地产服务公司在建设公司、咨询公司等多家企业的协助支持下,在 2012 年发布全新 BIM 指南(The Common BIM Requirements 2012 V1.0)。这本指南包含由多家经验丰富的企业与组织提供的 13 个要求事项,因此其实用性非常高。同年芬兰混凝土协会发表制作混凝土结构物的 BIM 指南。

4.挪威

到 2013 年为止,挪威政府与非营利机构共发布 6 项 BIM 标准。为了准确说明兼容 IFC 标准的 BIM,Statsbygg 在 2008 年到 2013 年先后发布四个版本的 BIM 标准(Statsbygg Building Information Modeling Manual)。作为政府主导开发的标准,挪威政府项目将强制性应用该标准,同时它还适用于挪威所有建筑工程项目。挪威住建协会(Norwegian Home Builders' Association)也在 2011 年与 2012 年发布第一版与第二版的 BIM 标准,主要对常用软件工具进行了介绍,并对能耗模拟、造价计算、通风与屋架等四个部分进行了详细的说明。

5.丹麦

2007 年,国家企业建设局(the National Agency for Enterprise and Construction)发布四种 3D CAD/BIM 应用指南,分别为 3D CAD Manual 2006、3D Working Method 2006、3D CAD Project Agreement 2006 与 Layer and Object Structure 2006。

6.瑞典

瑞典非营利机构瑞典标准协会(Swedish Standards Institute,SSI)在 2009 年发布施工与设施管理的数字化交付(Digital Deliverables for Construction and Facilities Management)。由于此标准仅为管理指南,缺乏具体方法与案例,因此 2009 年 OpenBIM 机构(OpenBIM Organization)在瑞典成立并建立当地 BIM 标准。

7.澳大利亚

2009 年,澳大利亚合作研究中心(Cooperative Research Centre,CRC)建筑创新部发布国家信息模型指南(National Guidelines for Digital Modeling)以推广 BIM 技术在本国建筑与施工行业的应用。指南对模型的建造、开发、模拟及性能评测进行了详细的讲解。2011 年,由澳大利亚政府资助的非营利机构,建筑信息系统公司(Construction Information Systems Limited)发布 BIM 指南,并取名为 NATSPEC 国家 BIM 指南(NATSPEC National BIM Guide),指南包含 BIM 优势、建模方法论、展现方式与交付要求。一年之后,该机构再次发布一个辅助文档"BIM 项目管理计划模板"(Project BIM Management Plan Template)。

8.新加坡

作为全球发展 BIM 最前卫的国家之一,新加坡已出台 12 项 BIM 标准。大部分标准都对建模方法论与构件表达方式及数据组织进行了详细的解释,可是有一部分标准并未提起项目规划实施计划与细节程度。唯有建设部发布的 BIM 指南(BIM Guide)含有上述四个因素。

9.日本

相比于其他发达国家,日本在 BIM 标准开发进度上相对较慢。直到 2012 年,日本建筑师协会(Japan Institute of Architects,JIA)发布 BIM 标准指南,此标准对建筑师提供了 BIM 的流程化与交付要求。

10.韩国

到目前为止,韩国国土海洋部、韩国公共采购服务中心、韩国建设交通技术评价机构及韩国建设技术研究院先后发布 6 个 BIM 标准。

2009 年,韩国建筑 BIM 标准(National Architectural BIM Guide)项目在国土海洋部出资主导下,由韩国 buildingSMART 协会与庆熙大学(Kyung Hee University)合作开发。此标准含三个指南:BIM 工作指南、技术指南与管理指南。

韩国公共采购服务中心从 2010 年开始也主持建立 BIM 指南,由韩国 buildingSMART 协会、庆熙大学及熙林建筑事务所(Heerim Architecture)共同开发,已推出建筑 BIM 指南(PPS Guideline V1:Architectural BIM Guide)与基于 BIM 的造价管理指南(PPS Guideline V2:BIM based Cost Management Guide)。

1.3.3 国内 BIM 标准

1.国家级

中华人民共和国住房城乡建设部在 2011 年声明"十二五"期间大力发展 BIM 之后不久,在 2012 年批准了 5 个关于建筑工程的 BIM 国家标准编制。5 个标准为:《建筑工程信息模型应用统一标准》《建筑工程信息模型储存标准》《建筑工程信息模型分类和编码标准》《建筑工程设计信息模型交付标准》《建筑工程施工信息模型应用标准》。其中《建筑工程模型应用统一标准》(GB/T 51212—2016)正式发布,自 2017 年 7 月 1 日起实施。

2.行业级

为规范建筑工程设计信息模型的表达方式,协调建筑工程各参与方识别建筑工程设计信息,2014 年成立了《建筑工程设计信息模型制图标准》编委会,经历了两年的行业探索与研究,在 2016 年编委会决定将《制图标准》更名为《表达标准》,贴近模型实际,更适用于建筑工程设计和建造过程中建筑工程设计信息模型的建立、传递和使用,各专业之间的协同,工程设计各参与方的协作等过程。建筑装饰行业工程建设标准已制定并颁布,《建筑装饰装修工程 BIM 实施标准》(T/CBDA - 3—2016)自 2016 年 12 月 1 日起实施。

3. 地方级

各直辖市与各省政府陆续推出地方 BIM 标准供建筑工程单位使用。

(1)北京市:2014 年由北京市质量技术监督局与北京市规划委员会共同发布《民用建筑信息模型设计标准》,此标准涉及 BIM 的资源要求、模型深度要求、交付要求等 BIM 应用过程中所需的基本内容。

(2)上海市:2015 年由上海市城乡建设管理委员会发布《上海市建筑信息模型技术应用指南》。此指南在国家 BIM 标准基础上,针对上海地区建筑工程项目的特点,建立了相应技术标准,并界定各项目参与方权利与义务。上海专项行业标准也在积极制定中。

(3)深圳市:2015 年由深圳市建筑工务署发布《BIM 实施管理标准》。此标准对深圳市新建、改建、扩建项目在应用 BIM 时所需满足的职责、交付、协同等提出要求。

(4)香港特区:香港房屋委员会在 2009 年发布了香港首个 BIM 标准并推广到整个建筑工程行业,此标准包含 BIM 标准(BIM Standard)、用户指南(User Guide)、构件设计指南(Library Component Design Guide)和参考文献(Reference)。2013 年,香港建设部(Construction Industry Council,CIC)建立了一个 BIM 工作小组并指定由该组织开发 BIM 标准,最终在 2015 年初出版。

(5)浙江省:2016 年由浙江省住房和城乡建设厅发布《浙江省建筑信息模型(BIM)技术应用导则》,针对 BIM 实施的组织管理与 BIM 技术应用点提出了相应的要求。

第 2 章　BIM 工具与相关技术

教学导入

工欲善其事，必先利其器。想要认识 BIM，了解 BIM，掌握 BIM 技术的应用，离不开工具的支持。从设计到施工，从施工到运维管理，都需要建立和使用 BIM 模型，增强项目参与各方之间的沟通。因此以需求为导向，模型为基础，就需要对 BIM 工具及相关技术有一定的认识。

本章主要介绍 BIM 软硬件工具，并分析工具软件的应用方向。同时对 BIM 与其他相关技术的结合应用进行阐述与展望。

学习要点

- BIM 工具
- BIM 的相关技术

2.1　BIM 工具概述

BIM 应用离不开软硬件的支持，在项目的不同阶段或不同目标单位，需要选择不同软件并予以必要的硬件和设施设备配置。BIM 工具有软件、硬件和系统平台三种类别。硬件工具如计算机、三维扫描仪、3D 打印机、全站仪机器人、手持设备、网络设施等。系统平台是指由 BIM 软硬件支持的模型集成、技术应用和信息管理的平台体系。这里主要介绍软件工具。

BIM 软件的数量十分庞大，BIM 系统并不能靠一个软件实现，或靠一类软件实现，而是需要不同类型的软件，而且每类软件也可选择不同的产品。这里通过对目前在全球具有一定市场影响或占有率，并且在国内市场具有一定认识和应用的 BIM 软件（包括能发挥 BIM 价值的软件）进行梳理和分类，希望对 BIM 软件有个总体了解。

先对 BIM 软件的各个类型作一个归纳，如图 2－1 所示，BIM 软件分核心建模软件和用模软件。图中央为核心建模软件，围绕其周围的均为用模软件。

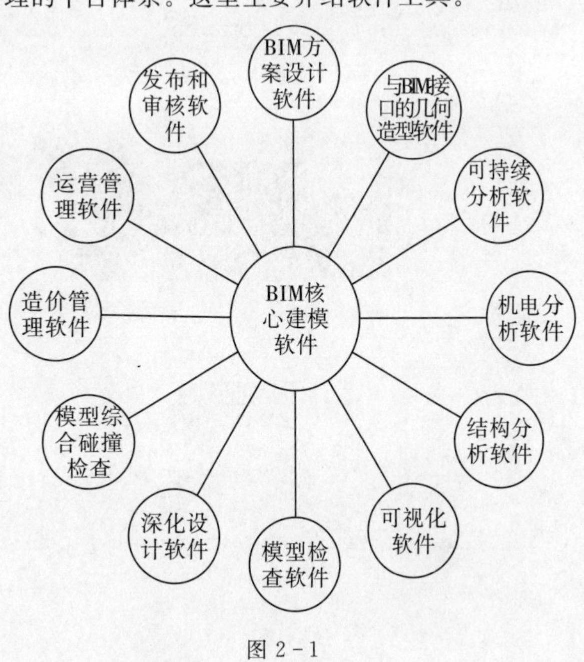

图 2－1

2.1.1　BIM 核心建模软件

这类软件英文通常叫“BIM Authoring Software”，是 BIM 的基础，换句话说，正是因为有了这些软件才有了 BIM，也是从事 BIM 的同行要碰到的第一类 BIM 软件。因此我们称它们为“BIM 核心建模软件”，简称“BIM 建模软件”。BIM 核心建模软件分类详见图 2-2。

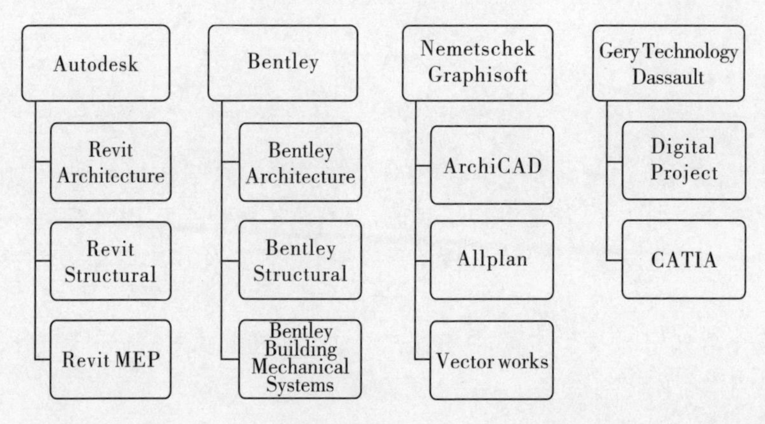

图 2-2

从图 2-2 中可以了解到，BIM 核心建模软件主要有以下 4 个方向：

(1) Autodesk 公司的综合性最强，包含 Revit 建筑、结构和机电系列，在民用建筑市场借助 AutoCAD 已有的优势，有相当不错的市场表现。Revit 平台的核心是 Revit 参数化更改引擎，它可以自动协调在任何位置（例如在模型视图或图纸、明细表、剖面、平面图中）所作的更改，针对特定专业的建筑设计和文档系统，支持所有阶段的设计和施工图纸，多视口建模如图 2-3 所示。

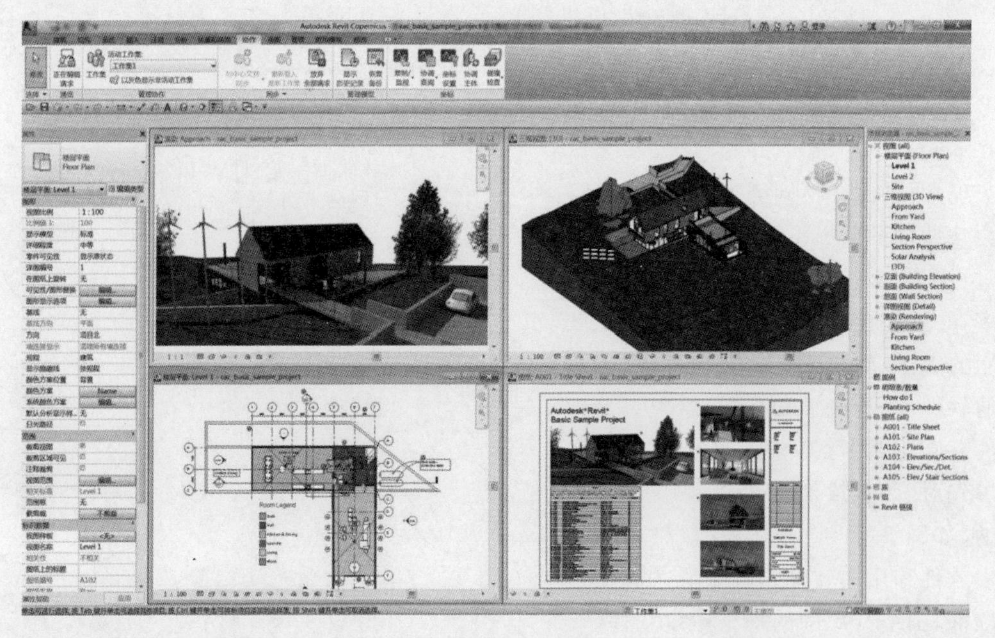

图 2-3

(2)Bentley 侧重专业领域的市场耕耘，包括建筑、结构和设备系列，Bentley 产品在工厂设计(石油、化工、电力、医药等)和基础设施(道路、桥梁、市政、水利等)领域有无可争辩的优势。开发出 MicroStation TriForma 这一专业的 3D 建筑模型制作软件(由所建模型可以自动生成平面图、剖面图、立面图、透视图及各式的量化报告，如数量计算、规格与成本估计)，如图 2-4 所示。

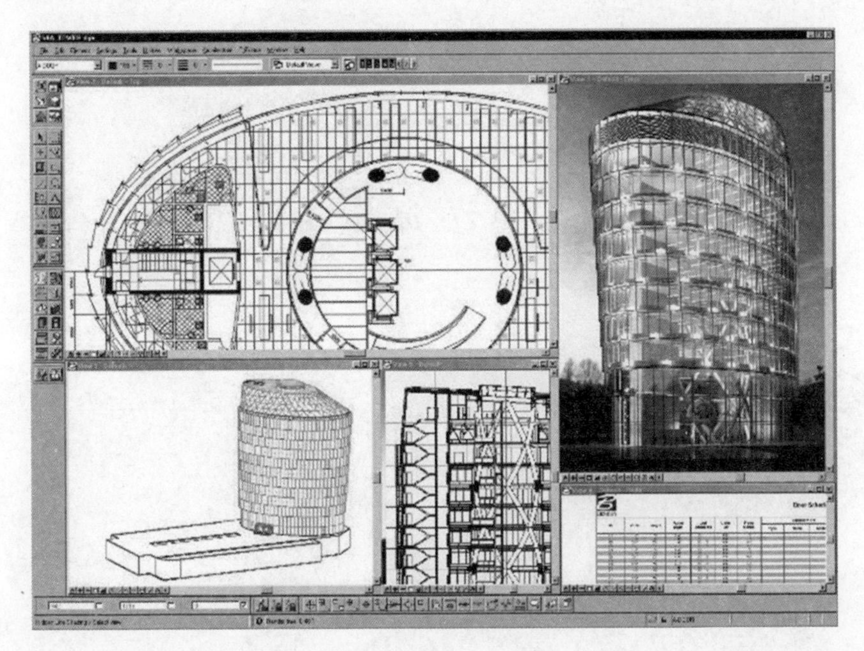

图 2-4

(3)ArchiCAD 最早普及了 BIM 的概念，自从 2007 年 Nemetschek 收购 Graphisoft 以后，ArchiCAD、Allplan、Vectorworks 三个产品就被归到同一个系列里面了，其中国内同行最熟悉的是 ArchiCAD(见图 2-5)，属于一个面向全球市场的产品，应该可以说是最早的一个具有市场影响力的 BIM 核心建模软件，但是在中国由于其专业配套的功能(仅限于建筑专业)与多专业一体的设计院体制不匹配，很难实现业务突破。Nemetschek 的另外 2 个产品，Allplan 主要市场在德语区，Vectorworks 则是其在美国市场使用的产品名称。

(4)Dassault 公司的 CATIA 是全球最高端的机械设计制造软件，如图 2-6 所示，在航空、航天、汽车等领域具有接近垄断的市场地位，应用到工程建设行业无论是对复杂形体还是超大规模建筑，其建模能力、表现能力和信息管理能力都比传统的建筑类软件有明显优势，而与工程建设行业的项目特点和人员特点的对接问题则是其不足之处。Digital Project 是 Gery Technology 公司在 CATIA 基础上开发的一个面向工程建设行业的应用软件(二次开发软件)，其本质还是 CATIA，就跟天正的本质是 AutoCAD 一样。

BIM 的核心建模软件除了这四大系列外，目前还有四个被广泛应用的后起之秀，它们是 Google 公司的草图大师 SketchUp、Robert McNeel 的犀牛 Rhino、FormZ 及 Tekla，SketchUp 和 Rhino 的市场更大。SketchUp 最简单易用，建模极快，最适合前期的建筑方案推敲，因为建立的为形体模型，难以用于后期的设计和施工图；Rhino 广泛应用于工业造型设计，简单快速，不受约束的自由造形 3D 和高阶曲面建模工具，在建筑曲面建模方面可大展身手；

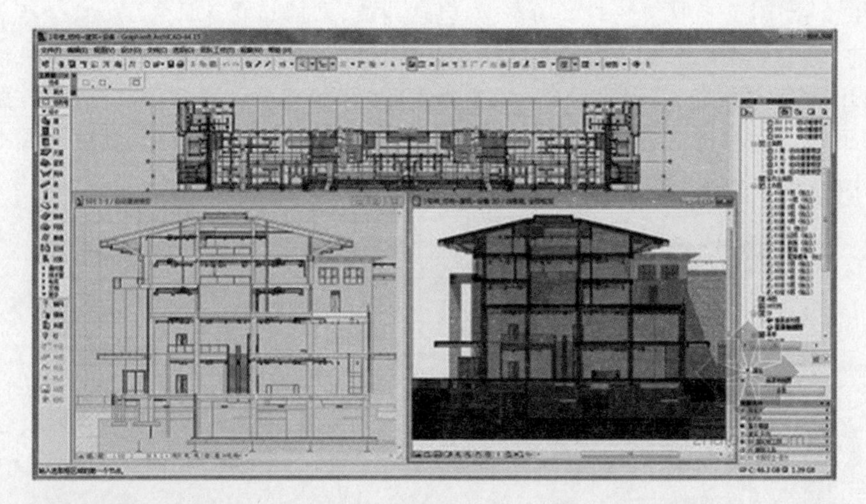

图 2-5

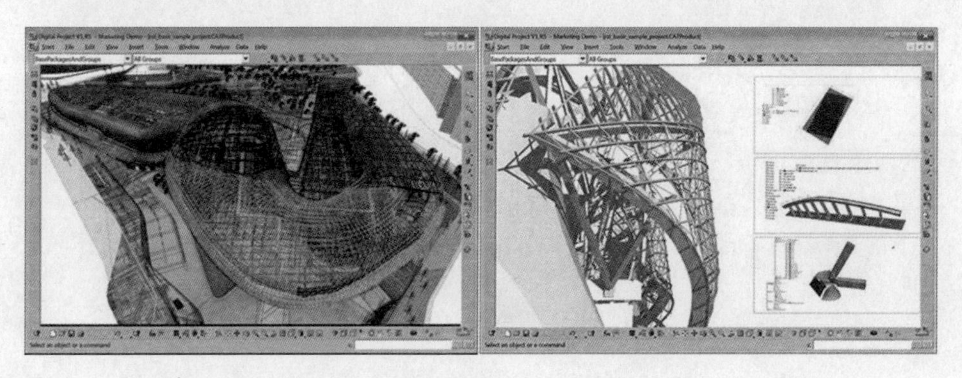

图 2-6

Formz 类似 AutoDesk 的 Max，也是国外 3D 绘图的常用设计工具；来自芬兰 Tekla 公司的 Tekla Structure(Xsteel)用于不同材料的大型结构设计，在国外占有很大市场份额，目前在国内发展迅速，但比较复杂，不易掌握，对异形结构支持弱。

因此，对于一个项目或企业 BIM 核心建模软件技术路线的确定，可以考虑如下基本原则：民用建筑用 Autodesk Revit；工厂设计和基础设施用 Bentley；单专业建筑事务所选择 ArchiCAD、Revit、Bentley 都有可能成功；项目完全异形、预算比较充裕的可以选择 Digital Project 或 CATIA。

2.1.2 BIM 可持续(绿色)分析软件

可持续或者绿色分析软件如图 2-7 所示，可以使用 BIM 模型的信息对项目进行日照、风环境、热工、景观可视度、噪音等方面的分析，主要软件有国外的 Ecotect、Green Building Studio、IES 以及国内的 PKPM 等。

2.1.3 BIM 机电分析软件

水暖电等设备和电气分析软件，如图 2-8 所示。国内产品有鸿业、博超等，国外产品有 Design Master、IES Virtual Environment、Trane Trace 等。

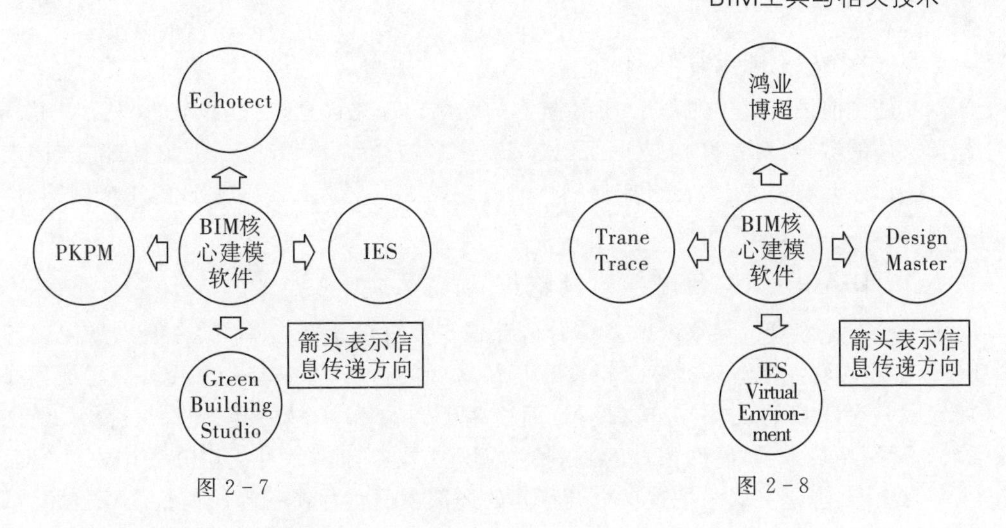

图 2-7　　图 2-8

2.1.4 BIM结构分析软件

结构分析软件是目前和 BIM 核心建模软件集成度比较高的产品，基本上两者之间可以实现双向信息交换，即结构分析软件可以使用 BIM 核心建模软件的信息进行结构分析，分析结果对结构的调整又可以反馈回到 BIM 核心建模软件中去，自动更新 BIM 模型。

ETABS、STAAD、Robot 等国外软件以及 PKPM 等国内软件都可以跟 BIM 核心建模软件配合使用，如图 2-9 所示。

2.1.5 BIM可视化软件

有了 BIM 模型以后，对可视化软件的使用至少有如下好处：

(1)可视化建模的工作量减少了；

(2)模型的精度和与设计(实物)的吻合度提高了；

(3)可以在项目的不同阶段以及各种变化情况下快速产生可视化效果。

常用的可视化软件包括 3ds Max、Artlantis、AccuRender 和 Lightscape 等，如图 2-10 所示。

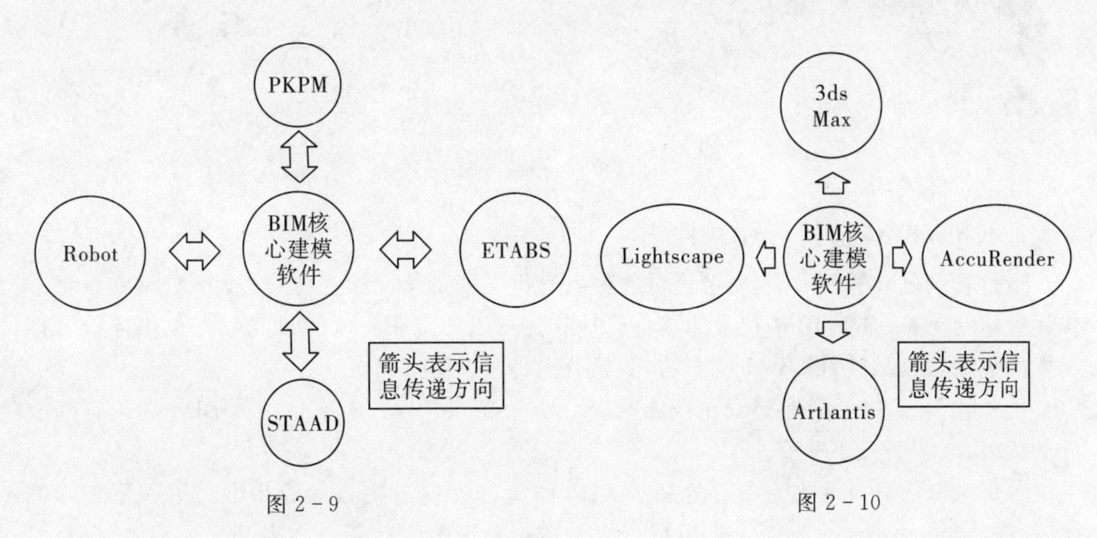

图 2-9　　图 2-10

2.1.6 BIM深化设计软件

Xsteel是目前最有影响的基于BIM技术的钢结构深化设计软件，该软件可以使用BIM核心建模软件的数据，对钢结构进行面向加工、安装的详细设计，生成钢结构施工图(加工图、深化图、详图)、材料表、数控机床加工代码等。图2-11是Xsteel设计的一个例子(由宝钢钢构提供)。

2.1.7 BIM模型综合碰撞检查软件

有两个根本原因直接导致了模型综合碰撞检查软件的出现：①不同专业人员使用各自的BIM核心建模软件建立自己专业相关的BIM模型，这些模型需要在一个环境里面集成起来才能完成整个项目的设计、分析、模拟，而这些不同的BIM核心建模软件无法实现这一点；②对于大型项目来说，硬件条件的限制使得BIM核心建模软件无法在一个文件里面操作整个项目模型，但是又必须把这些分开创建的局部模型整合在一起研究整个项目的设计、施工及其运营状态。

模型综合碰撞检查软件的基本功能包括集成各种三维软件(包括BIM软件、三维工厂设计软件、三维机械设计软件等)创建的模型，进行3D协调、4D计划、可视化、动态模拟等，属于项目评估、审核软件的一种。常见的模型综合碰撞检查软件有Autodesk Navisworks、Bentley Projectwise Navigator和Solibri Model Checker等，如图2-12所示。

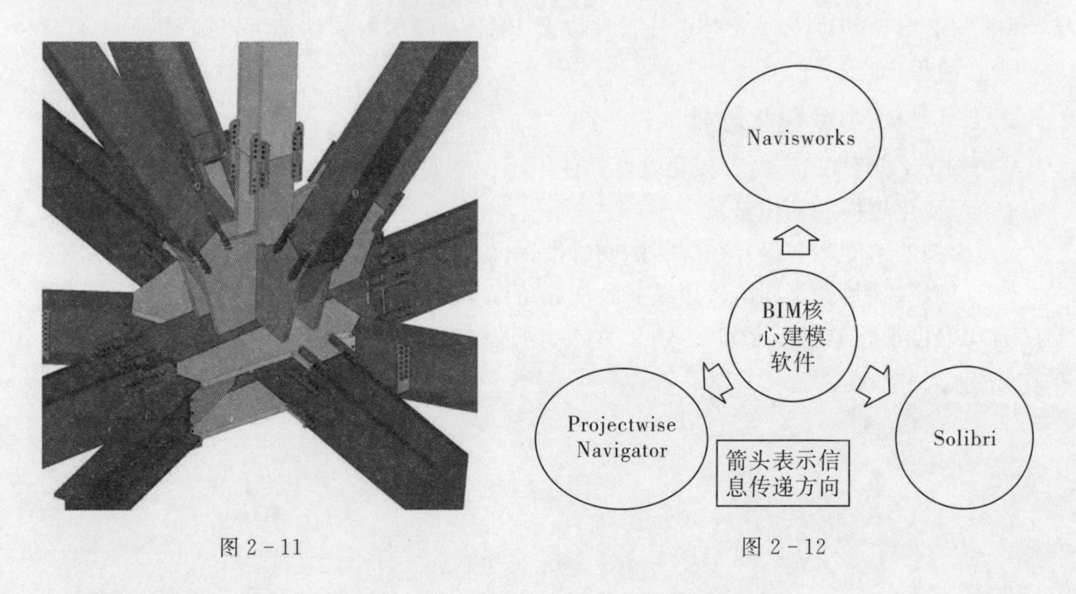

图2-11　　图2-12

2.1.8 BIM造价管理软件

造价管理软件利用BIM模型提供的信息进行工程量统计和造价分析，由于BIM模型结构化数据的支持，基于BIM技术的造价管理软件可以根据工程施工计划动态提供造价管理需要的数据，这就是所谓BIM技术的5D应用。

国外的BIM造价管理有Innovaya和Solibri、RIB iTWO，鲁班是国内BIM造价管理软件的代表，如图2-13所示。

鲁班对以项目或业主为中心的基于BIM的造价管理解决方案应用给出了如下整体框架，如图2-14所示，这无疑会对BIM信息在造价管理上的应用水平提升起到积极作用，同

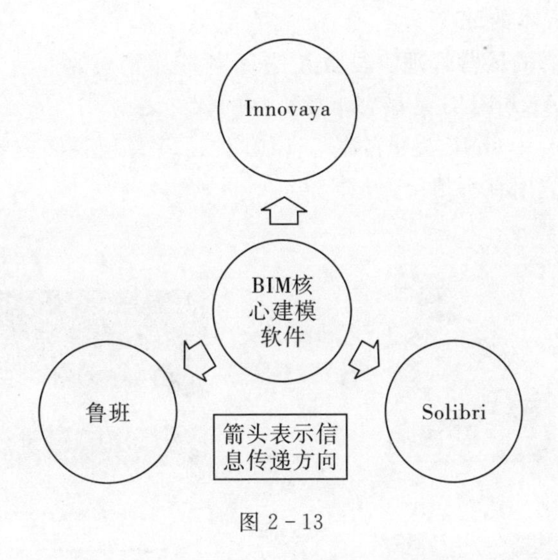

图 2-13

时也是全面实现和提升 BIM 对工程建设行业整体价值的有效实践，因此我们知道，能够使用 BIM 模型信息的参与方和工作类型越多，BIM 对项目能够发挥的价值就越大。

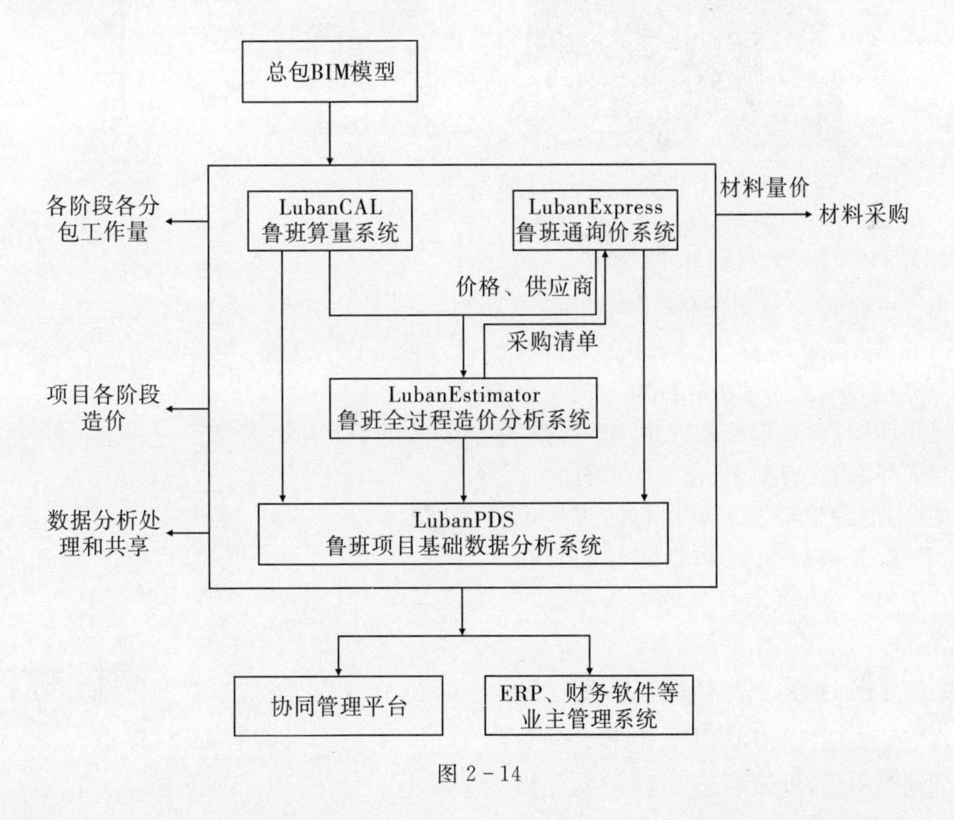

图 2-14

2.1.9 BIM 运营管理软件

可以把 BIM 形象地比喻为建设项目的 DNA。根据美国国家 BIM 标准委员会的资料，一个建筑物生命周期 75%的成本发生在运营阶段（使用阶段），而建设阶段（设计、施工）的成本只占项目生命周期成本的25%。

BIM模型为建筑物的运营管理阶段服务是BIM应用重要的推动力和工作目标，在这方面美国运营管理软件ArchiBUS是最有市场影响的软件之一。

图2-15是由FacilityONE提供的基于BIM的运营管理整体框架，对同行认识和了解BIM技术的运营管理应用有所帮助。

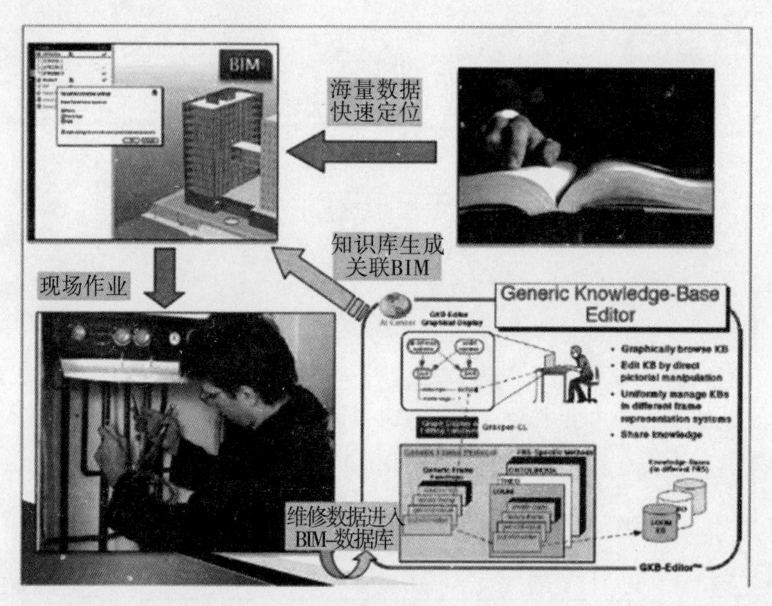

图2-15

2.1.10 BIM发布审核软件

最常用的BIM成果发布审核软件包括Autodesk Design Review、Adobe PDF和Adobe 3D PDF，正如这类软件本身的名称所描述的那样，发布审核软件把BIM的成果发布成静态的、轻型的、包含大部分智能信息的、不能编辑修改但可以标注审核意见的、更多人可以访问的格式如DWF、PDF、3D PDF等，供项目其他参与方进行审核或者利用，如图2-16所示。

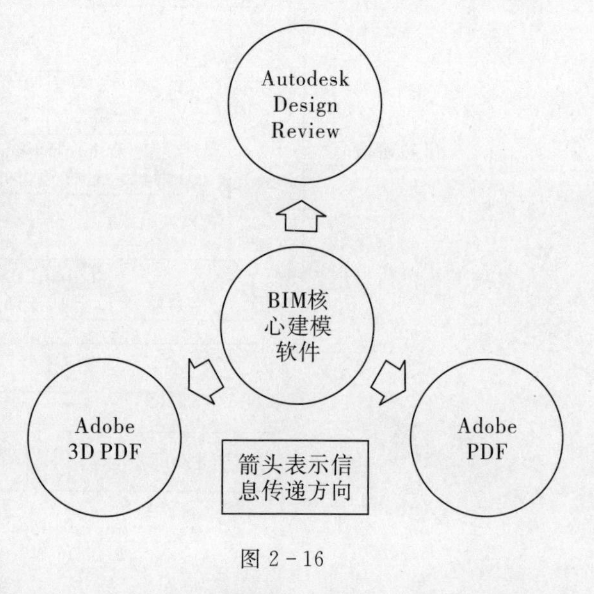

图2-16

2.1.11 BIM常用软件汇总

基于上文所述的BIM核心建模软件与应用软件的阐述，可见有关BIM的软件很多，体系很庞大，而且现在每个软件公司都在开发更多的功能，一个软件可能以项目周期中一个环节为主兼顾其他几个环节，因而下面我们通过用一张表来帮助理清软件分类，表中软件的排序依据是按照大多数建筑类高校师生使用的频率，并结合BIM生命周期从概念、设计、分析、量算和施工的顺序排列，同时又按地域性差异作出分类，如表 2－1 所示。

表 2－1 BIM 常用软件一览表

BIM 软件及所属公司				特 点
1	概念设计软件	Google 草图大师（美国）	SketchUp	简单易用，建模快，适合前期方案推敲
2		Autodesk（美国）	3ds Max	集 3D 建模、效果图和动画展示于一体，适用于方案后期效果展示
3	设计建模软件	Autodesk（美国）	Revit	集 3D 建模展示、方案和施工图于一体，集成建筑、结构和机电专业，市场应用较广，但对中国标准规范的支持不足
4		Graphisoft（匈牙利）	ArchiCAD	世界上最早的 BIM 软件，集 3D 建模展示、方案和施工图于一体，但对中国标准规范的支持不足
5		Bentley（美国）	Architecture 系列	基于 MicroStation 平台，集 3D 建模展示、方案和施工图于一体
6		Robert McNeel（美国）	犀牛 Rhino	不受约束的自由造形 3D 和高阶曲面建模工具，应用于工业造型设计，简单快速，在建筑曲面建模方面可大展身手
7		Dassault（法国）	CATIA	起源于飞机设计，最强大的三维 CAD 软件，独一无二的曲面建模能力，应用于复杂异型的三维建筑设计
8		Tekla Corp（芬兰）	Tekla/Xsteel	应用于不同材料的大型结构设计，但对异形结构支持不足
9		CSI（美国）	SAP2000	集成建筑结构分析与设计，SAP2000 适合多模型计算，拓展性和开放性更强，设置更灵活，趋向于“通用”的有限元分析；ETABS 结合中国规范比较好
10			ETABS	
11		中国建筑科学研究院建研科技股份有限公司（中国）	PKPM 系列	集建筑、结构、设备与节能为一体的建筑工程综合 CAD 系统，符合本地化标准
12		天正公司（中国）	天正系列	基于 AutoCAD 平台，遵循国标和设计师习惯，可完成各个设计阶段的任务，为建筑、结构与电气等专业设计提供了全面的解决方案
13		北京理正（中国）	理正系列	基于 AutoCAD 平台，遵循国标和设计师习惯，可在建筑、结构、水电、勘察与岩土系列进行施工图绘制
14		鸿业科技（中国）	鸿业系列	提供了基于 Revit 平台的建筑与机电专业的协同建模和基于 AutoCAD 平台的施工图设计与出图

续表 2-1

BIM软件及所属公司				特　点
15	环境能源分析	美国能源部与劳伦斯伯克利国家实验室共同开发(美国)	EnergyPlus	用于对建筑中的热环境、光环境、日照、能量分析等方面的因素进行精确的模拟和分析
16	环境能源分析	Autodesk(美国)	Ecotect Analysis	
17	施工造价管理	广联达股份有限公司(中国)	广联达系列	基于自主3D图形平台研发的系列算量软件,适合全国各省市计算规则与清单、定额库,可快速进行算量建模。其BIM 5D平台通过模型与成本关联,以此对项目商务应用进行管控
18	施工造价管理	上海鲁班软件(中国)	鲁班系列	基于AutoCAD平台开发的土建、钢筋、安装等专业算量软件,其Luban PDS系统以算量模型或BIM模型以及造价数据为基础,将数据与ERP系统对接,形成数据共享,从而对项目进行施工管理
19	施工造价管理	深圳斯维尔(中国)	斯维尔系列	基于AutoCAD平台进行开发,有设计、节能设计、算量与造价分析等功能,应用于进行编制工程概预、结算与招标投标报价
20	施工管理	Autodesk (美国)	Navisworks	可导入Autodesk AutoCAD与Revit等软件创建的设计数据,从而可实现动态4D模拟、冲突管理、动态漫游等
21	施工管理	RIB Software(德国)	iTWO	通过整合CAD与企业资源管理系统(ERP)的信息及其应用,依据建筑流程,实时获取施工过程的材料、设备信息
22	施工管理	Vico Software(美国)	Vico Office Suite	5D虚拟建造软件,包含多个模块,可进行工序模拟、成本估计、体量计算、详图生成、碰撞检查、施工问题检查等应用
23	施工管理	Aconex(美国)	Oracle	Aconex是被广泛采用的在线协作平台,应用于建筑、基础设施以及能源和资源项目。从设计、可行性研究到施工竣工的移交,所有项目参与者通过一个易于使用的平台管理信息和流程
24	施工管理	PMSbim(中国)	品茗	通过统一数据接口,覆盖投标建模、施工策划、工程进度、成本管控等全生命周期,产品轻模型、重应用,切实解决岗位实操人员的BIM应用困境

目前,BIM软件众多,可选择范围广,如何正确选择合适的BIM软件,并能学以致用,发挥BIM价值是摆在BIM应用单位和个人面前必须决策的问题。面对中国巨大的市场需求,

期待有更多更好的适合中国应用实际的 BIM 软件问世。

2.1.12 软件互操作性

目前，在我国市场上具有影响力的 BIM 软件有几十种，这些软件主要集中在设计阶段和工程量计算阶段，施工管理和运营维护的软件相对较少。而较有影响力的供应商主要包括 Autodesk（美国）、Bentley（美国）、Progman（芬兰）、Graphisoft（匈牙利）以及中国的鸿业、理正、广联达、鲁班、斯维尔等。

根据实验以及应用可以得出这样一个结论：这些 BIM 软件间的信息交互性是存在的，但是在项目运营阶段 BIM 技术并未得到充分应用，使得运营阶段在建设项目的全寿命周期内处于"孤立"状态。然而，在建设项目全寿命周期管理中是以运营为导向实现建设项目价值最大化。如何使得 BIM 技术最大限度符合全寿命周期管理理念，提升我国建设行业生产力水平，值得深入研究。进一步分析，就某一个阶段 BIM 技术而言，应用价值也未达到充分的实现，比如设计阶段中"绿色设计""规范检查""造价管理"三个环节仍出现了"孤岛现象"。当前，如何统筹管理，实现 BIM 在各阶段、各专业间的协同应用，软件互操作性是研究解决的关键。

这里需要指出：BIM 是 10%的技术问题加上 90%的社会文化问题。而目前已有研究中 90%是技术问题，这一现象说明，BIM 技术的实现问题并非技术问题，而更多的是统筹管理问题。值得欣喜的是，由中国建筑科学研究院主导的 P－BIM 体系对于提升国内外软件互操作能力，实现建筑全生命期的信息交换取得了阶段性成果。

2.2 BIM 相关技术

近些年随着 BIM 应用的发展，相关技术很多，本书在以下方面作简要介绍，如图 2－17 所示。

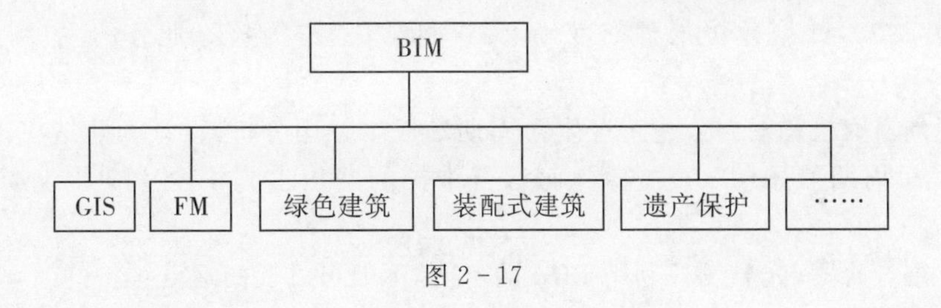

图 2－17

2.2.1 BIM 和 GIS

地理信息系统（GIS）是在计算机软、硬件支持下，对地理空间数据进行采集、输入、存储、操作、分析、建模、查询、显示和管理，以提供对资源、环境及各种区域性研究、规范、管理决策所需信息的人机模型，从而能够解决问题：某个地方有什么，符合那些条件的实体在哪里，实体在地理位置上发生了哪些变化，某个地方如果具备某种条件会发生什么问题等。它对于城市规划这样的宏观领域是一项重要的技术。它可以在城市规划的各个阶段发挥重要的作用，包括专题制图（图框、图例、风玫瑰）、空间叠加技术分析（现状容积率统计、城市用地适宜性评价）、三维分析技术（三维场景模拟、地形分析和构建、景观视域分析）、交通网络分析技术（交通网络构建、设施服务区分析、设施优化布局分析、交通可达性分析）、空间研究分析

(空间句法、空间格局分析)、规划信息管理技术(规划管理信息系统、规划信息资源库)等,可以方便制作各类专题图和三维模拟,而且软件模块丰富,可以嵌套编程,方便灵活嵌入其他系统中。

其缺点主要是:优点即是缺点,正因为ESRI定位大视角巨系统,所以系统比较庞大,前期数据整理比较费精力,所以上手比较慢。而且此软件在规划领域应用广泛,在建筑设计领域的具体视角体现较少,故主要用于环境分析。此外对硬件要求也比较高,价格昂贵。

BIM与GIS的契合性主要体现在技术方面,首先二者的专业基础技术相似,包括数据库管理和图形图像处理等技术,这为BIM和GIS的可视化功能提供了较好的基础;其次二者的数字化信息处理方式相同,二者的数据可以转换为统一标准下的数字化数据,因此可将BIM中的数据导入GIS中,同时也将GIS中的数据应用于BIM中,互为对方的数据源,用来确定施工场地的合理化布置和物料运输路线的最佳选择。BIM技术可以将施工阶段和设计阶段的物料属性信息(形状、大小、所占空间)进行相互比较,而GIS技术是对与建设项目相关的环境、现有建筑的分布和建设项目外形的客观描述,是一个具备查询和分析功能的平台。

2.2.2 BIM和FM

BIM技术的价值并不仅仅局限于建筑的设计与施工阶段,在运营维护阶段,BIM同样能产生极其巨大的价值,在运维阶段重要的一门技术就是FM,又叫设施管理系统,BIM模型中包含的丰富信息可以为FM的决策和实施提供有力的信息支撑。

现代设施管理的业务范围已超越了物业维修和保养的工作范畴,覆盖设施的全生命周期,其职能范围包括维护运营、行政服务、空间管理、建筑工程设计和工程服务、不动产管理、设施规划、财务规划、能源管理、健康安全等。它从建筑物业主、管理者和使用者的利益出发,对业务运营涉及的所有设施与环境进行全生命周期的规划、管理,对可预见性风险进行规避和控制。设施管理注重并坚持与新技术应用同步发展,在降低成本、提高效率的同时,保证了管理与技术数据分析处理的准确,促进科学决策,为核心业务的发展提供服务和支撑。

据某国外研究机构对办公建筑全生命周期的成本费用分析,设计和建造成本只占到了整个建筑生命周期费用的20%左右,而运营维护的费用占到了全生命周期费用的67%以上。

在运营维护阶段,充分发挥利用BIM的价值,不但可以提高运营维护的效率和质量,而且可以降低运营维护费用,基于BIM的空间管理、资产管理、设施故障的定位排除、能源管理、安全管理等功能实现,在可视化、智能化、数据精确性和一致性方面都大大优于传统的运维软件。大数据、传感器、定位系统、移动互联、社交媒体、BIM建筑等新技术的集成应用,也是智慧化运维的必然趋势。

国外FM管理系统软件主要有IBM TRIRIGA+Maximo、Archibus。TRIRIGA是IBM公司2011年收购的软件,基于WEB开发,与IBM Maximo资产管理软件结合为用户提供投资项目管理、空间管理、资产组合规划、能源管理等全面的设施和房地产管理解决方案。Archibus是全球知名的设施管理系统软件,可以管理所有不动产及设施,Archibus包含“不动产及租赁管理”“工作场所管理”“设备资产管理”“大厦运维管理”“可持续管理”等主要模块。它可以集中资产信息、控制支出和执行规范、优化设施使用、有效执行流程。目前国外的设施管理软件也已开始对 BIM 模型提供支持，并尝试向云平台服务模式转化。

虽然在国外 FM 管理体系已经比较成熟，但 FM 在国内还处在发展期，比如上海现代建筑设计集团率先通过申都大厦的运维管理平台实践。整体还缺少与 BIM 及物联网相结合的、适合国内 FM 运维管理需求的系统化管理云平台，这个云平台远期将以 BIM 和网络为基础，共用操作界面环节，将完美融合建筑的后期应用：物业及设施管理（PM＋FM）、建筑设备管理（BMS）、综合安全管理（SMS）、信息设施管理（ITSI），从而实现智慧化各应用系统之间信息资源的共享与管理、各应用系统的交互操作和快速响应与联动控制，以达到自动化监视与控制的目的。基于云计算和 BIM 的建筑管理信息平台如图 2－18 所示。

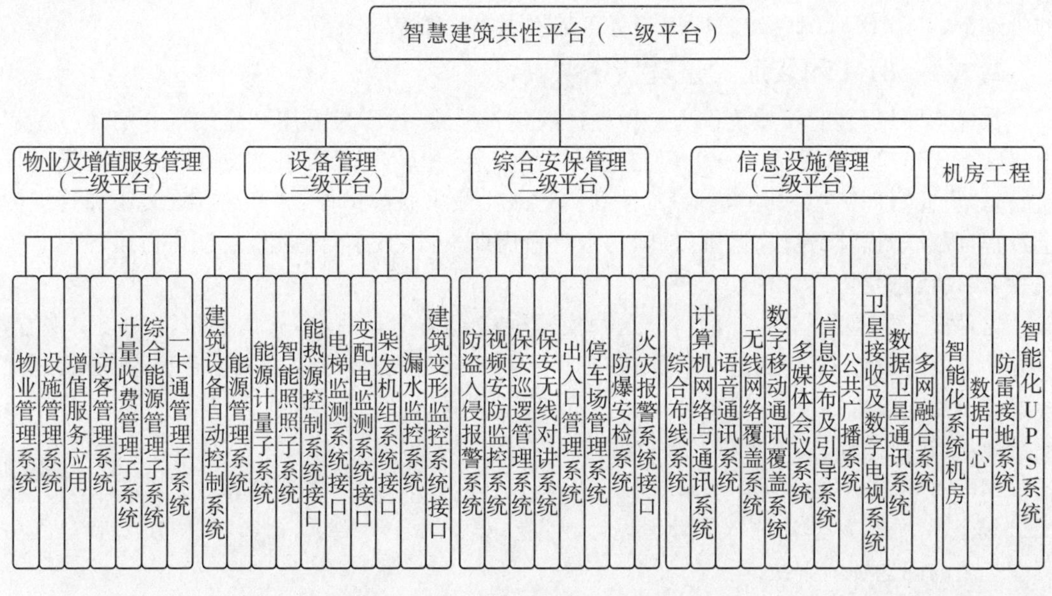

图 2－18

2.2.3 BIM 和绿色建筑

绿色建筑理念吹遍全球，国内近些年因为建筑污染、能源危机进而推行建筑节能设计，就是以绿色建筑为发展目标。绿色建筑的含义在于：高效利用周边的自然环境、气候条件等，减少建筑污染的排放，与生态环境良好共生，做到可持续发展。

随着 BIM 概念的普及，越来越多的项目开始尝试应用 BIM 技术融入绿色建筑的各个环节。就建筑生命周期而言，以规划设计阶段分析最重要，以建造施工阶段的整合部分最复杂，否则就会出现大量耗能设计并造成大量后期工序冲突。

1. 在规划设计方面

实现绿色设计、可持续设计方面 BIM 的优势是很明显的：BIM 方法可用于分析采光、热能、电能、噪声、气流、不同建材等绿建建筑性能的方方面面，去分析实现最低能耗的建筑设计，还可在项目大环境规划中完成群体间的日照时间、模拟风环境、热岛检测、景观模拟、排水模拟等，为规划设计的“绿色探索”注入高科技力量。

2. 在施工运维阶段

在施工过程中，借助 BIM 的冲突检测、施工模拟、工程量计算、人员物资调配，可以进一步达到避免浪费、节约资源的绿色建筑目的。运维阶段:绿建的设备运营管理、废弃物管理、物业管理强调高效管理,以达到回收利用等目标,BIM 模型的众多数据可以直接被物业管理的 FM 系统调用,从而提高管理效率,减少人力和物资的消耗。

我国绿色建筑设计处于起步阶段,缺少系统分析工具,绿色建筑规划设计软件存在以下问题:①国内绿建软件发展滞后,核心功能计算依赖于国外软件,还不能成体系的独立。②各绿建软件相互独立,数据共享性差。③绿建需要多专业多软件配合,软件都无法集成,所以绿色建筑评价标准的准确性和一致性有很大问题。

所以以前不少 BIM 应用单位都还是浅尝辄止,仅仅是起到辅助设计的作用或者作为项目招投标阶段的"噱头",并没有真正形成生产力,但 2016 年以来,在一些前沿大公司大项目的带动下,基于 BIM 绿色建筑应用趋势正势不可挡地袭来。

2.2.4 BIM 和装配式建筑

在施工领域,装配式建筑作为一种先进的建筑模式,被广为应用到建筑行业的建设过程中。装配式建筑模式是设计→工厂制造→现场安装,相较于设计→现场传统施工模式来说核心是"集成",BIM 方法是"集成"的主线。这条主线串联起设计、生产、施工、装修和管理的全过程,服务于设计、建设、运维、拆除的全生命周期,可以数字化虚拟,信息化描述各种系统要素,实现信息化协同。

这种模式优点是节约了时间,但这种模式推广起来仍有困难,从技术和管理层面来看,一方面是因为设计、工厂制造、现场安装三个阶段相分离,设计成果可能不合理,在安装过程才发现不能用或者不经济,造成变更和浪费,甚至影响质量;另一方面,工厂统一加工的产品比较死板,缺乏多样性,不能满足不同客户的需求。

BIM 技术的引入可以有效解决以上问题,它将设计方案、制造需求、安装需求集成在 BIM 模型中,在实际建造前统筹考虑设计、制造、安装的各种要求,把实际制造、安装过程中可能产生的问题提前解决。

在装配式建筑 BIM 应用中,模拟工厂加工的方式,以"预制构件模型"的方式来进行系统集成和表达,这就需要建立装配式建筑的 BIM 构件库。通过装配式建筑 BIM 构件库的建立,可以不断增加 BIM 虚拟构件的数量、种类和规格,逐步构建标准化预制构件库。在深化设计、构件生产、构件吊装等阶段,都将采用 BIM 进行构件的模拟、碰撞检验与三维施工图纸的绘制。BIM 的运用使得预制装配式技术更趋完善合理。

2.2.5 BIM 和历史街区与历史建筑保护

BIM 模型核心是将现实建筑的参数录入到计算机中,建立一个与现实完全相同的虚拟模型,这个模型本质是一个数字化的、信息完备的、与实际情况完全一致的建筑信息库。这个信息库应当包含建筑所有的数据信息,包括建筑构件的几何形体、物理特性、状态属性等。同时还应包括非构件对象的信息,如构件所围合的空间、处于对象内的人的行为、发生火灾时火势的蔓延等。这种高度集成的信息模型不但可以运用到建筑设计阶段,同样对已建成建筑的保护与研究有很大的帮助。因此能够通过 BIM 模型模拟历史街区及建筑在现实世界的状态以及在遇到突发问题时发生的变化,对研究古建筑的现状、变化规律以及发展趋势有很大帮助。

2.2.6 BIM 和 VR

VR(Virtual Reality,即虚拟现实技术)是一种可以创建和体验虚拟世界的计算机仿真系统，它利用计算机生成一种交互式的三维动态视景和实体行为的虚拟环境，从而使用户沉浸到其中。

BIM 是利用计算机与互联网技术将建筑平面图纸转成可视化的多维度数据模型，虽然 BIM 模型可以达到模拟的效果，但与 VR 相比在视觉效果上还有很大差距，VR 能弥补视觉表现真实度的短板。目前 VR 的发展主要在硬件设备的研究上，缺乏丰富的内容资源使得 VR 难以表现虚拟现实的真正价值，VR 内容的模型建立与内容调整上更需投入大量成本，新技术存在落地难的困境。而 BIM 本身就具有的模型与数据信息，为 VR 提供极好的内容与落地应用的真实场景。

BIM 已在建造方式上改变了传统的施工方法，VR 的诞生给人们带来了不一样的感知交互体验，因而 BIM 与 VR 的结合，可在虚拟建筑表现效果上进行更为深度的优化与应用，从而为项目设计方案的决策制定、施工方案的选择优化、虚拟交底、工程教育质量的提升等方面提供了强有力的技术支撑。

当前样板房、虚拟交底等应用只是 VR 与 BIM 相融合的开始，未来利用 BIM 与 VR 系统平台打造虚拟城市，为城市创造更多的新空间，推动超大型城市的形成与改变，才是其发展的长远道路。在此过程中，无论是在设备硬件研究上，还是在内容填充上，BIM 与 VR 都还有很长的道路需要走。当 BIM 与 VR 真正相互融合，带给我们的将不只是简单的虚拟建筑场景，而是一场全方位感知的盛宴，是一场建筑技术的新革命！

2.2.7 BIM 和三维激光扫描技术

BIM 具有可视化、协调性、模拟性、优化性和可出图性的特点，而三维激光扫描仪则具有数据真实性、准确特点。通过三维激光扫描施工现场得到真实、准确的数据；通过对比检测得知施工现场是否在施工质量控制范围之内；旧的建筑物因为图纸不齐全或长年累月的位移导致在对其改造时因无法获取准确的数据信息，也就无法正确地实施改造；通过三维激光扫描改造现场，建立 BIM 体系模型，通过 BIM 体系模型建立整套的 BIM 改造方案。目前参与的项目应用点：①三维激光扫描仪结合 BIM 施工环节；②检测控制施工质量；③根据现有的施工情况进行合理的二次设计；④三维激光扫描仪结合 BIM 翻新环节；⑤图纸不足造成改造方案不准确问题。图 2－19 为经三维扫描后拼接而成的 Revit 模型。

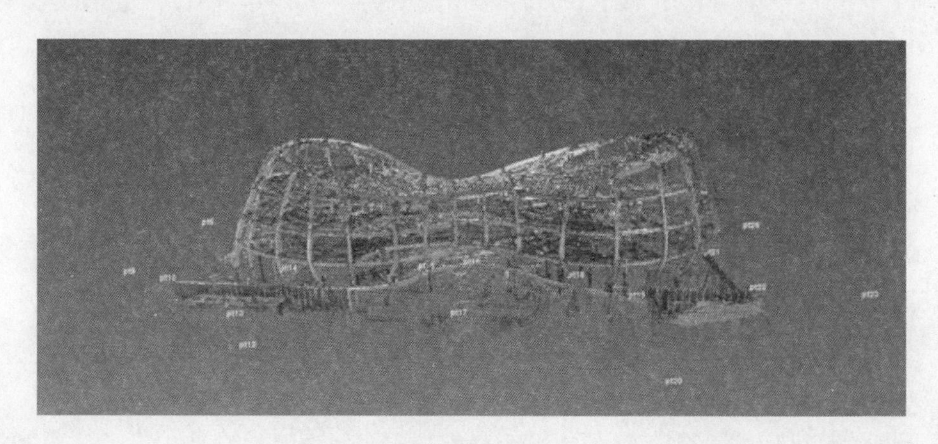

图 2－19

但是三维扫描的物体是大量的点云，一个小房子可能达到数以亿级的点数，对计算机的硬件要求会更高，后期处理的工作量也会增大，随着硬件和软件技术的进步，激光扫描技术将会成为 BIM 的数据测量利器。

2.2.8 BIM 与 3D 打印技术

3D 打印机(3D Printers)是一位名为恩里科・迪尼(Enrico Dini)的发明家设计的一种神奇的打印机。1995 年，麻省理工创造了“三维打印”一词，当时的毕业生 Jim Bredt 和 Tim Anderson 修改了喷墨打印机方案，把墨水挤压在纸张上的方案变为把约束溶剂挤压到粉末床的解决方案。

三维打印机被用来制造样品，节约了设计样品到产品生产时间，打印的原料可以是有机或者无机的材料，通过 3D 打印机打印出更实用的物品。3D 打印机广泛应用于政府、航天和国防、医疗设备、高科技、教育业以及制造业。

目前，已经国外有学者使用 3D 打印机成功地“打印”出一幢完整的建筑，以及所有房间内部立体物品。3D 打印技术的前景广阔，3D 打印的前提是有三维模型，BIM 技术与 3D 打印机技术相结合，扩展应用范围，如虎添翼，可以想象，在未来的工业 4.0 精细定制领域，大型的 3D 打印设备将会极大改变目前的建筑业态面貌。

第 3 章　Navisworks 应用基础

教学导入

Navisworks 是一个将渲染、动画漫游、管线碰撞及优化相结合的多功能软件。另外它还有一个强大的功能，即能进行四维施工模拟，通过制定准确的四维施工进度表，可以实现对施工项目的预先可视化，在施工开始前真实体验项目，从而更加全面地评估与验证设计方案是否能够可行及可建。

本章通过对 Navisworks 基础功能的学习，提高读者对 Navisworks 的操作水平和认识 Navisworks 的基本作用，并熟练使用 Navisworks 在设计和施工阶段加强对项目成果的控制，达到提高效益、节约成本的目的。

学习要点

- Navisworks 的功能模块
- Navisworks 的应用基础

3.1　建筑信息模型与 Navisworks

Navisworks 于 2007 年被 Autodesk 公司收购，之前一直是三维协同校审领域的领军公司。其原先主要应用于 AEC 和工厂设计中的三维检查、校审，收购后逐渐应用到各种建筑设计中来，进行更为直观的 3D 漫游、模型合并、碰撞检查，为建筑设计提供了完整的设计审查方案，延伸了设计数据的用途。Navisworks 目前版本是 Navisworks 2015 版。

在传统二维设计中，有一个很大的问题就是难以对各个专业所设计内容进行整合检查，从而导致各专业在绘图上发生碰撞及冲突，影响工程的施工。Revit 中虽然也有漫游、碰撞检查之类的功能，但其软件性质决定这类功能在应用上的局限，并且使用起来并不是那么方便。一个稍微大一点的项目如果要进行三维动态观察或者漫游，对机器的配置要求会非常高，而且效果不好，而 Navisworks 可以轻松地解决这些问题。

Navisworks 是一个集可视化和仿真、分析多种格式为一体的三维设计模型软件。Navisworks解决方案支持所有项目相关方可靠地整合、分享和审阅详细的三维设计模型，在建筑信息模型(BIM)工作流中处于核心地位。BIM 的意义在于，在设计与建造阶段及之后，创建并使用与建筑项目有关的相互一致且可计算的信息。

Naviswork软件是一个综合项目查看解决方案，可用于分析、模拟以及交流设计意图和可施工性，可以将建筑信息模型 (BIM)、数字化样机和化工装置设计应用中创建的多学科设计数据合并成一个集成的项目模型。干扰管理工具和碰撞检测工具可帮助设计专家和施工专家在施工开始之前预见并避免潜在问题，从而尽可能减少代价昂贵的延期和返工。Navisworks将空间协调与项目进度表相结合，提供四维模拟和分析功能。

Navisworks 软件能将 AutoCAD 和 Revit 等软件创建的数据在 Naviswork 中进行整

合，将其作为一个整体的三维项目，通过多种文件格式进行审阅，无需考虑文件的大小。软件能提高工作效率，减少在工程设计中出现的问题，是项目工程流线型发展的稳固平台。另外，Navisworks 支持多种数据格式，方便数据整合，在三维数字设计方面有巨大优势。

Navisworks 可以实现实时的可视化，支持漫游并探索复杂的三维模型以及其中包含的所有项目信息，而无需预编程的动画或先进的硬件。Navisworks 支持用户检查时间与空间是否协调，改进场地与工作流程规划。通过对三维设计的高效分析与协调，用户能够进行更好的控制，做到高枕无忧。及早预测和发现错误，则可以避免因误算造成的昂贵代价。该软件可以将多种格式的三维数据，无论文件的大小，合并为一个完整、真实的建筑信息模型，以便查看与分析所有数据信息。

Navisworks 将精确的错误查找功能与基于硬冲突、软冲突、净空冲突与时间冲突的管理相结合，快速审阅和反复检查由多种三维设计软件创建的几何图元，对项目中发现的所有冲突进行完整记录。检查时间与空间是否协调，在规划阶段消除工作流程中的问题。基于点与线的冲突分析功能则便于工程师将激光扫描的竣工环境与实际模型相协调。Navisworks 可以提高施工文档的一致性、协调性、准确性，简化贯穿企业与团队的整个工作流程，帮助减少浪费、提升效率，同时显著减少设计变更。

3.2 Navisworks 功能模块

3.2.1 软件界面介绍

Autodesk Navisworks 的界面干净简洁，易于使用者学习与使用。用户不仅可以根据原始的软件界面程序来使用软件，也可以按照自己的工作习惯，自定义应用程序的界面。例如，可以隐藏不经常使用的固定窗口，或者将经常使用的窗口固定。可以从功能区和快速访问工具栏添加和删除按钮，可以向标准界面应用其他主题，还可以切换回使用旧式菜单和工具栏的经典 Autodesk Navisworks 界面。

Navisworks 是标准的 Windows 应用程序，它可以像其他 Windows 软件一样通过双击快捷方式启动 Navisworks 的主程序。启动后，默认打开的界面如图 3－1 所示。

图 3－1

打开 Navisworks，我们可以看到左上角的“应用程序按钮”，点击之后便可以新建或打开一个新项目，也可以进行保存或另存为，或者发布、打印出来，如图 3-2 所示。点击右下角“选项”，可以对项目进行设置，如图 3-3 所示。

图 3-2

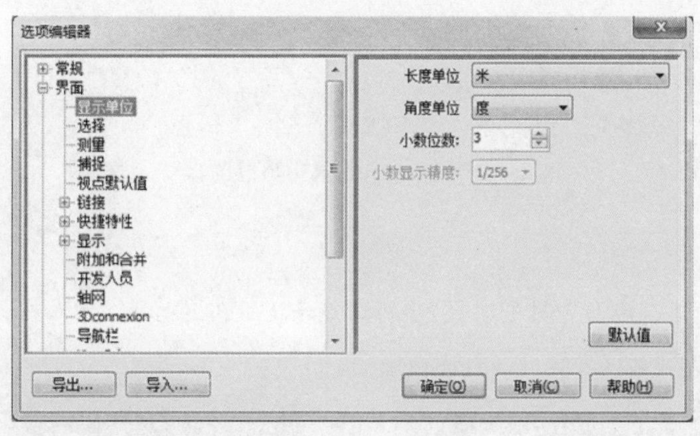

图 3-3

应用程序按钮旁边是快速访问工具栏，可以点击右边的三角形对快速访问工具栏进行设置，如图 3-4 所示。

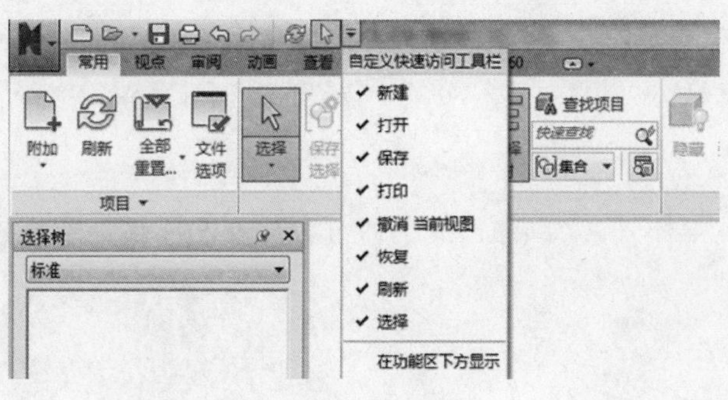

图 3-4

界面上方有 7 个不同的选项卡，分别是“常用”“视点”“审阅”“动画”“查看”“输出”“渲染”，单击便可以在各个选项卡之间进行切换，如图 3－5 所示。

常用 视点 审阅 动画 查看 输出 渲染

图 3－5

每选择一个选项卡便会弹出对应的面板，如图 3－6 所示。将鼠标指针移动至面板上的任意功能键上时，Navisworks 会弹出当前工具的名称以及文字的操作说明，放置 3 秒之后，Navisworks 会弹出更详细的说明。

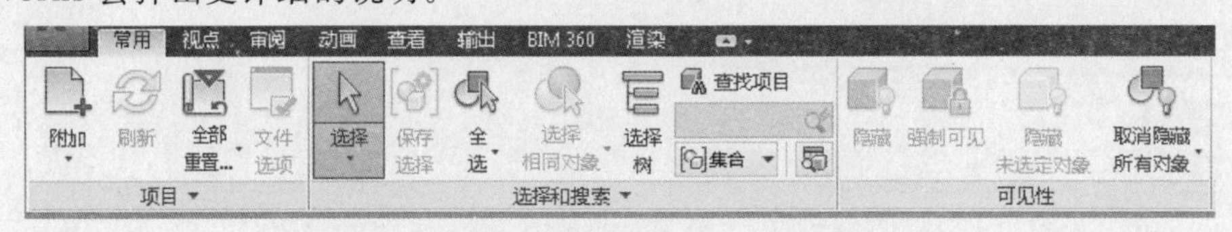

图 3－6

点击面板上的功能则会弹出相应的功能面板，例如单击“选择树”，便会弹出“选择树”的功能面板。当单击功能面板上的的时候，功能面板将被固定。假如我们不需要这个功能面板出现在此处，可以单击，使之变成自动隐藏，点击空白处，此功能面板将会隐藏。要再次打开这个面板，只要在侧边栏找到“选择树”，单击便可以再次打开，如图 3－7 所示。

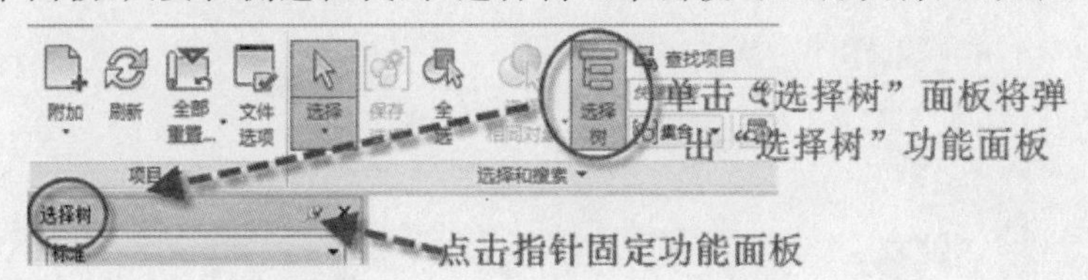

图 3－7

同样的，当面板有隐藏工具的时候，也可以点击下面的三角形展开，如图 3－8 所示。展开后点击，使之变成，便可以将面板固定。

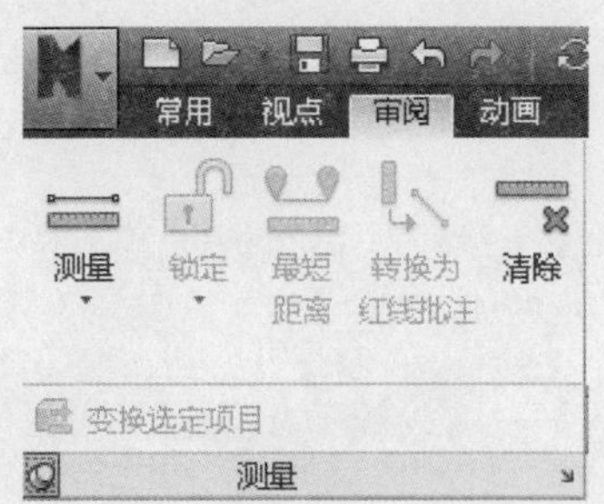

图 3－8

当面板右下角有一个箭头符号时，点击便可以展开此面板的选项设置面板，如图 3－9 所示。

图 3-9

界面的右边会有两个工具：跟 Revit 一样的 ViewCube（如图 3-10 所示）和三维观察导航栏（如图 3-11 所示）。

图 3-10　　　　图 3-11

ViewCube 是一个正方体，鼠标单击任意一个文字方向上的文字、端点或边线，可以将模型视图界面旋转至对应的方向。单击 ViewCube 右下角的三角形或者右键 ViewCube，点击“ViewCube 选项…”可对 ViewCube 进行选项设置，如图 3-12 所示。

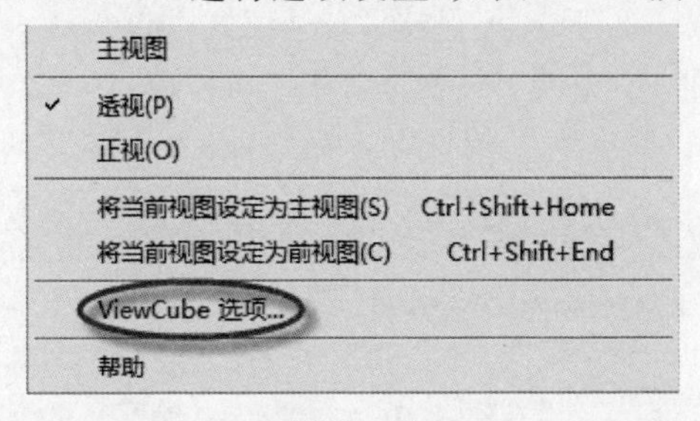

图 3-12

同样的，点击三维观察导航栏右下角的三角形，可对三维观察导航栏进行选项设置，如图 3-13 所示。或者直接右键三维观察导航栏的功能选项进行设置，如图 3-14 所示。

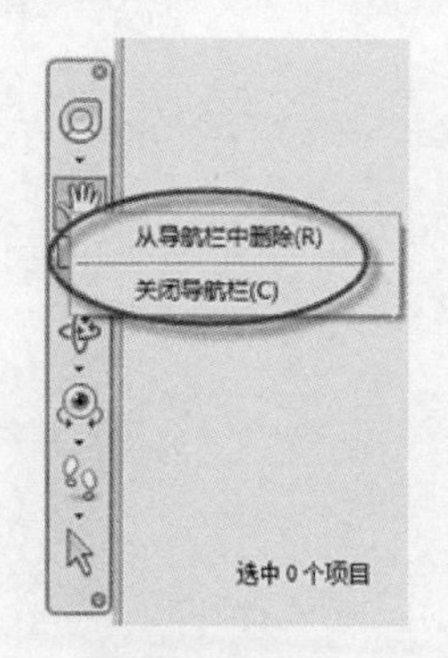

图 3 - 13

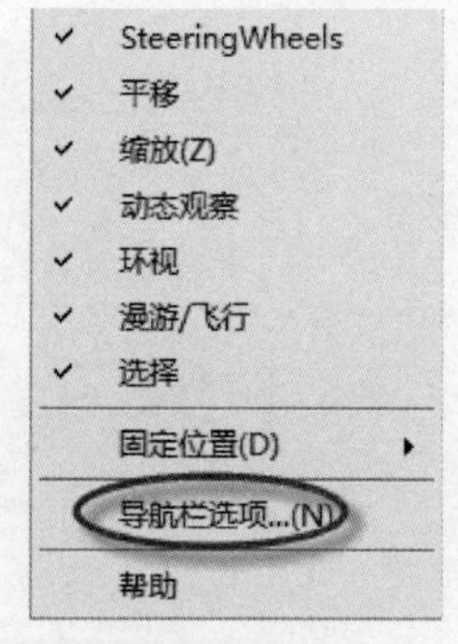

图 3 - 14

界面左下角是显示 XYZ 轴的导航辅助工具，如图 3 - 15 所示，其可利用“查看”选项卡“HUD”面板的下拉三角形中的 XYZ 轴进行开启与关闭，如图 3 - 16 所示。

图 3 - 15

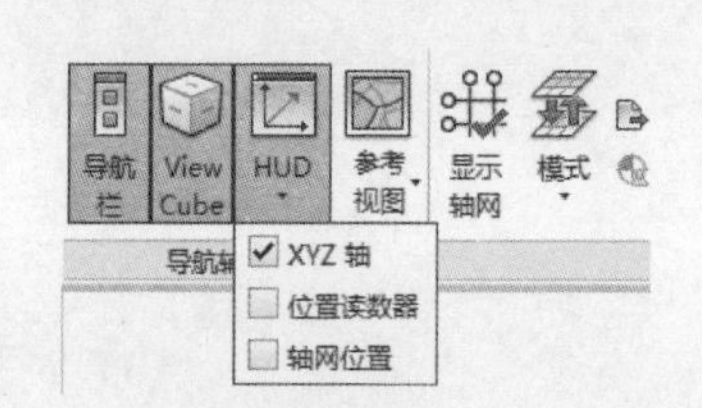

图 3 - 16

点击选取某个图元，Navisworks 会出现一个隐藏的绿色选项卡“项目工具”，如图 3 - 17 所示，项目工具面板可以对选取的图元进行修改。

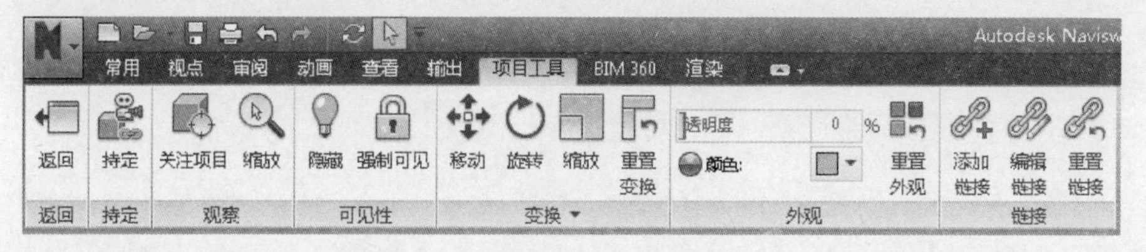

图 3 - 17

Navisworks 主界面可以自定义工作空间，在 Navisworks 软件里面已经附带了几个预先设置的工作空间，如图 3 - 18 所示，分别是“安全模式”“Navisworks 扩展”“Navisworks 标准”“Navisworks 最小”。通过“查看”→“载入工作空间”便可以载入工作空间。当自己设置好一个工作界面后，可以通过“查看”→“保存工作空间”对自定义的工作空间进行保存。

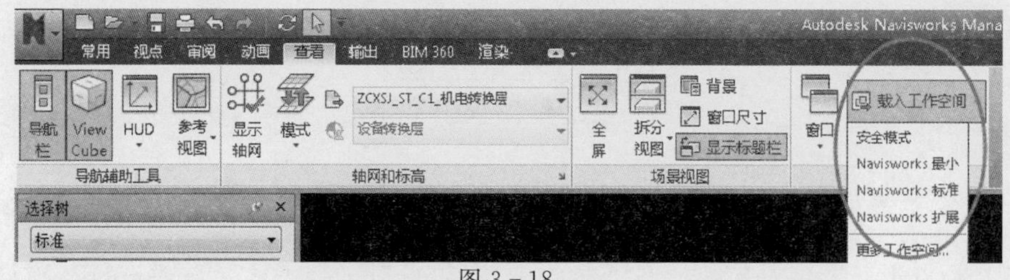

图 3 - 18

①安全模式：选择具有最少功能的布局。

②Navisworks 扩展：选择为高级用户推荐的布局。

③Navisworks 标准：选择常用窗口自动隐藏为标签的布局。

④Navisworks 最小：选择向“场景视图”提供最多空间的布局。

3.2.2 Autodesk Navisworks 选项

Navisworks 有两种类型的选项：“文件选项”和“全局选项”。

(1)文件选项：可以对 Navisworks 文件进行六个方面的设置，其中包括“消隐”“方向”“速度”“头光源”“场景光源”“DataTools”，可以调整模型外观和围绕模型导航的速度。设置好的文件选项可以与 Navisworks 文件一起保存。

单击“常用”面板，在“项目”选项卡中单击“文件选项”启用文件选项样板，如图 3-19 所示。

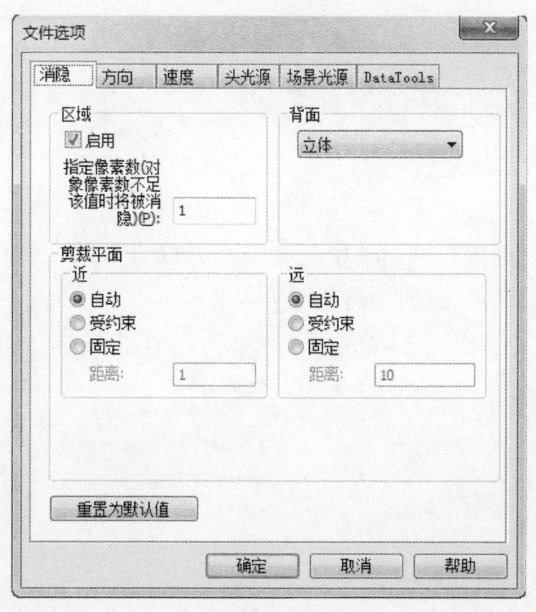

图 3-19

(2)全局选项：是为所有 Navisworks 任务设置的，设置好的全局选项将会调整所有导入 Navisworks 的文件。

单击左上角“应用程序按钮”，再点击右下角“选项”，可以进行全局设置，如图 3-20 所示。

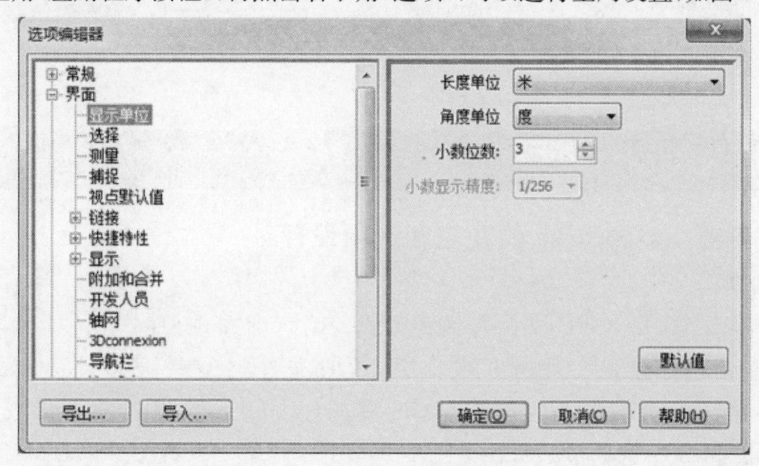

图 3-20

设置好的全局选项可以进行保存，之后方便在每一个 Navisworks 中进行导入与导出，使 Navisworks 的设置都是一致的。

单击左上角“应用程序按钮”，再点击右下角“选项”，在“选项编辑器”中选择“导出”，如图 3-21 所示，在“选择要导出的选项…”栏中选择要导出的设置，如果选项无法导出，它将显示灰色不可勾选。

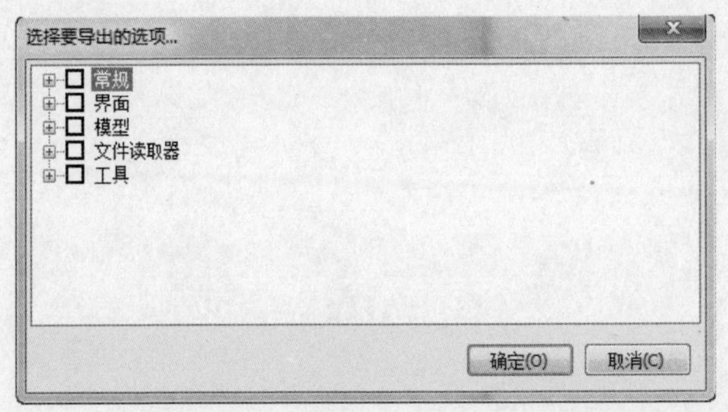

图 3-21

选择完成之后点击“确定”，导出选定设置，在“另存为”对话框中，输入设置文件的名称之后，便可以保存导出的全局选项设置，如图 3-22 所示。

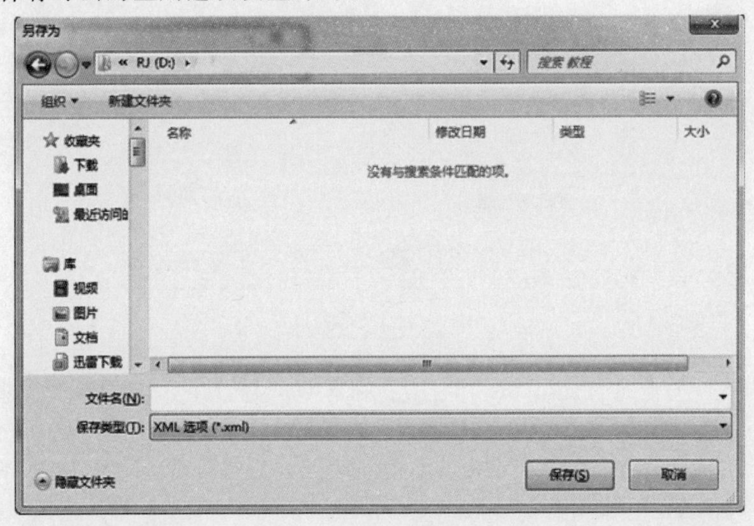

图 3-22

3.3 初始 Navisworks

3.3.1 熟悉 Navisworks 的开启和选项设置

1. 打开文件

在 Navisworks 打开 NWC 文件有两种方式。第一种方式为：单击左上角“应用程序按钮”，点击“打开”之后找到文件所在文件夹，此时文件类型默认为“Navisworks 文件集(*.nwf)”，需将文件类型改为“Navisworks 缓冲(*.nwc)”，界面便会出现已经导好的 NWC 文件。选择“教学案例_建筑.nwc”，打开，如图 3-23 所示，便可以打开“教学案例_建筑”模型。第二种方式则是直接在文件夹中选中两个文件，之后用鼠标将两个文件拖拽进入选择树的功能面板，NWC 文件便打开了。

图 3-23

2.整合文件

Navisworks 是一个协作性解决方案，尽管用户可能以不同的方式审阅模型，但其最终的文件都可以合并为一个 Autodesk Navisworks 文件，我们可以选择“附加”/“合并”功能。(附加:将选定文件中的几何图形和数据添加到当前的三维模型或二维图纸。附加操作会保留重复的内容，例如几何图形和标签。合并:将选定文件中的几何图形和数据添加到当前的三维模型或二维图纸。合并操作会删除重复的内容，例如几何图形和标签。)附加与合并的功能区别在于合并可以把重复的信息如标记删除掉，而附加不会，所以为了保证模型的完整性，一般选择附加。把各专业模型附加进去后，我们可以进行浏览、漫游、查找问题、三维校审、碰撞检测、动画模拟等。

附加文件的步骤如下:打开一个文件，单击“常用”选项卡→“项目”面板→“附加”，如图 3-24所示。

图 3-24

3.保存文件

将所有文件附加完毕之后，我们可以将它们保存为一个文件。单击左上角“应用程序按钮”，点击左边栏的“保存”或“另存为”，便可以进行保存。在保存 Navisworks 文件时，可以选择保存为 NWF 或 NWD 格式。一般情况下，我们会将文件保存为 NWF 格式。NWF 文

件存储指向原始文件的链接，NWF 文件将会自动更新，而 NWD 文件是存储文件的几何图形，是不会进行修改的，因此，我们会先将模型做成一个 NWF 的过渡文件，更新完最终的模型之后，再发布 NWD 文件给其他人共享，如图 3－25 所示。

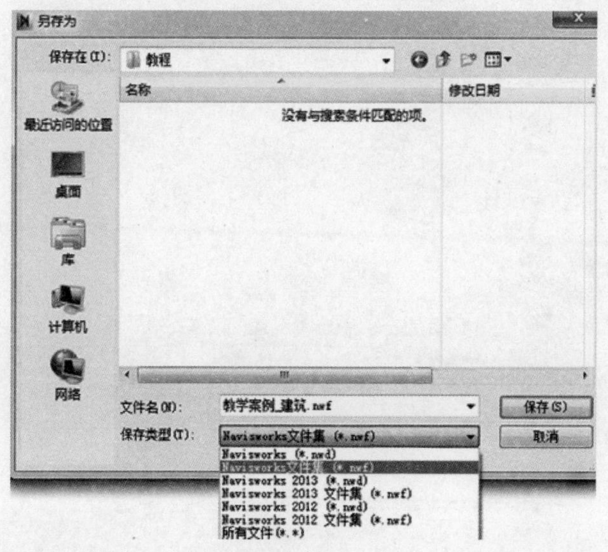

图 3－25

4. 更新文件

由于模型在不断的更新，为确保审阅的数据是最新的，我们在更新完 Revit 模型或其他文件之后会重新导出 NWC 文件。将新导出的 NWC 文件覆盖旧的 NWC 文件，重新打开 NWF 文件，NWF 文件便会自动更新。而 NWD 文件无法进行更新。

注意：在覆盖旧的 NWC 文件之前，需关闭 NWF 文件，否则无法覆盖。

5. 发布文件

将文件保存为 NWD 格式或直接发布，输入模型信息以便于记录保存，可以通过设置来管理 NWD 模型。例如，给 NWD 模型加密码，设置过期时间，NWD 模型过期则模型不能打开，具有很强大的保密功能。单击左上角“应用程序按钮”，点击左边栏的发布，便可以进行设置，如图 3－26 所示。

图 3－26

发布文件的特点：

(1)实现了项目中不同专业的设计人员间的协同合作。

(2)提供一个集中的统一模型，可将文件压缩至不到原来的 30%。

(3)有强大的安全性能。

(4)加强设计时的质量控制。

3.3.2 Navisworks 工作流程

一般项目上，我们可以将 Revit 文件先导成 NWC 格式文件，再用 Navisworks 打开，最后保存为 NWF 或 NWD 格式，如图 3－27 所示。

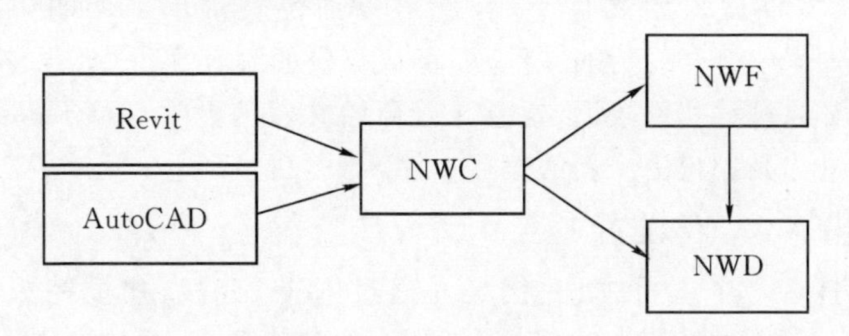

图 3－27

3.4 使用场景文件

3.4.1 认识场景文件

要使用 Navisworks 来观察 BIM 模型，那么便要将 BIM 模型文件转化为 Navisworks 所需要的文件。Navisworks 可以打开多种格式的文件，如图 3－28 所示。Navisworks 有三种原生文件格式：NWD、NWF 和 NWC。

Navisworks (*.nwd)
Navisworks文件集 (*.nwf)
Navisworks 缓冲 (*.nwc)
3D Studio (*.3ds;*.prj)
PDS 设计审阅 (*.dri)
ASCII Laser (*.asc; *.txt)
CATIA (*.model;*.session;*.exp;*.dlv3;*.CATPart;*.CATProduct;*
CIS/2 (*.stp)
MicroStation Design (*.dgn;*.prp;*.prw)
DWF (*.dwf; *.dwfx; *.w2d)
Autodesk DWG/DXF (*.dwg;*.dxf)
Faro (*.fls;*.fws;*.iQscan;*.iQmod;*.iQwsp)
FBX (*.fbx)
IFC (*.ifc)
IGES (*.igs;*.iges)
Inventor (*.ipt;*.iam;*.ipj)
JTOpen (*.jt)
Leica (*.pts; *.ptx)
Informatix MAN (*.man;*.cv7)
NX (*.prt)
Parasolid Binary (*.x_b)
Pro/ENGINEER (*.prt*;*.asm*;*.g;*.neu*)
Autodesk ReCap (*.rcs;*.rcp)
Revit (*.rvt; *.rfa; *.rte)
Riegl (*.3dd)
RVM (*.rvm)
SAT (*.sat)
SketchUp (*.skp)
SolidWorks (*.prt;*.sldprt;*.asm;*.sldasm)
STEP (*.stp;*.step)
STL (*.stl)
VRML (*.wrl;*.wrz)
Z+F (*.zfc; *.zfs)

图 3－28

NWD 文件包含所有模型几何图形以及特定于 Autodesk Navisworks 的数据，如审阅标记。可以将 NWD 文件看作是模型当前状态的快照。NWD 文件非常小，因为它们将 CAD 数据最大压缩为原始大小的 80％。

NWF 文件包含指向原始原生文件（在“选择树”上列出）以及特定于 Autodesk Navisworks 的数据（如审阅标记）的链接。此文件格式不会保存任何模型几何图形，这使得 NWF

的大小要比 NWD 小很多。

默认情况下，在 Autodesk Navisworks 中打开或附加任何原生 CAD 文件或激光扫描文件时，将在原始文件所在的目录中创建一个与原始文件同名但文件扩展名为 .nwc 的缓存文件。由于 NWC 文件比原始文件小，因此可以加快对常用文件的访问速度。下次在 Autodesk Navisworks中打开或附加文件时，将从相应的缓存文件（如果该文件比原始文件新）中读取数据。如果缓存文件较旧（这意味着原始文件已更改），Autodesk Navisworks 将转换已更新文件，并为其创建一个新的缓存文件。

3.4.2 导出 NWC 及设置

以 Revit 为例，在一个项目中，我们是先通过 Revit 建模，建模完成之后便可以导出 NWC 文件。我们打开“教学案例_建筑.rvt”文件，先安装 Revit 再安装 Navisworks 的话，就会在附加模块工具栏的外部工具里多一个 Navisworks 2015 按钮，如图 3-29 所示。点击进入导出界面，如图 3-30 所示，可进行必要的设置，如图 3-31 所示。

图 3-29

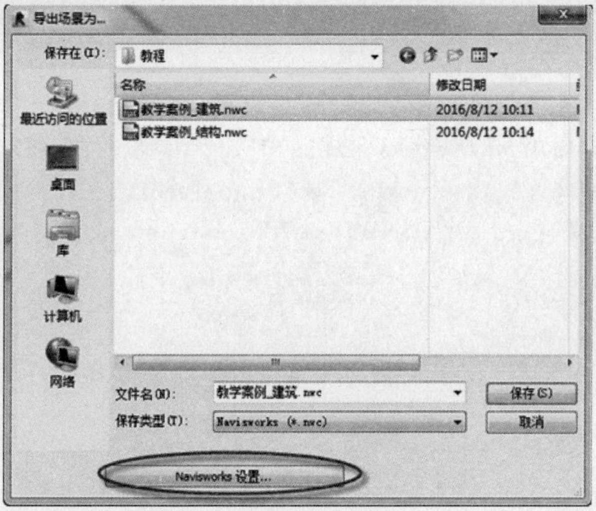

图 3-30

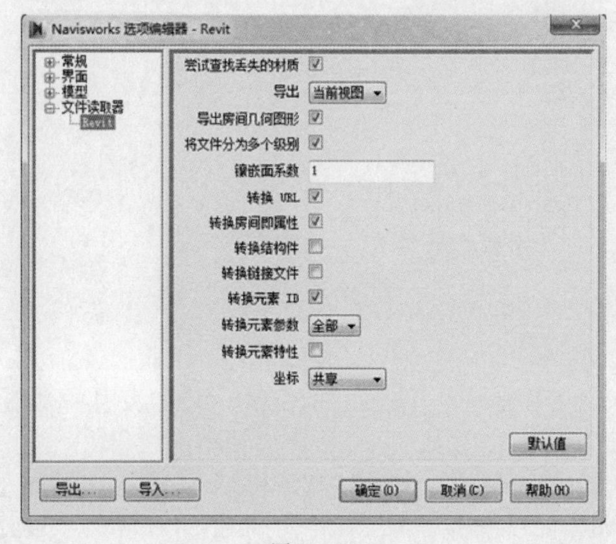

图 3-31

一般我们只需采用其默认设置就可以，但需要注意导出范围，一般会选择当前视图，之后我们在三维视图中便能导出 NWC 格式的模型。

假如需要导出的模型中包含链接文件，勾选转换链接文件便可以进行导出。

注意：同一个项目样板中，导出 NWC 时选择的坐标一定是一致的，如图 3-32 所示。

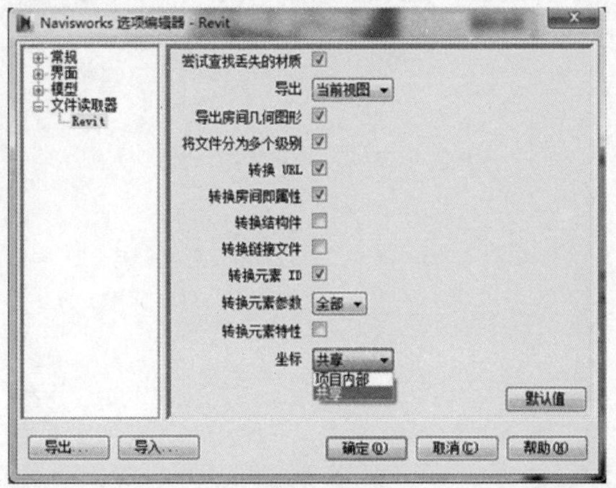

图 3-32

3.5 Navisworks 显示控制

3.5.1 控制模型外观

在 Navisworks 中，我们可以通过调整"视点"选项卡中的"渲染样式"面板来控制模型在"场景视图"中显示的方式，如图 3-33 所示。并且，可以使用四种渲染模式来控制在"场景视图"中渲染项目的方式。

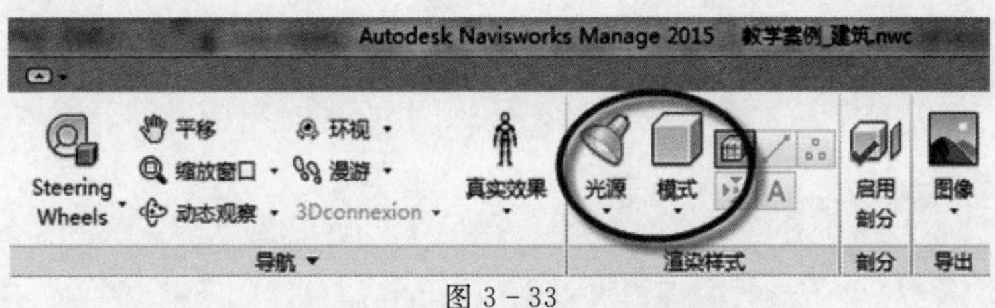

图 3-33

显示光源：全光源、场景光源、头光源、无光源，如图 3-34 所示。

显示模式：渲染、着色、线框、隐藏线，如图 3-35 所示。

图 3-34　　图 3-35

在 Navisworks 中，我们也可以修改头光源与场景光源。右键模型界面空白处，选择“文件选项”，便会弹出一个“文件选项”对话框，如图 3-36 所示。点击中间的滑块便可以调节环境光以及头光源。

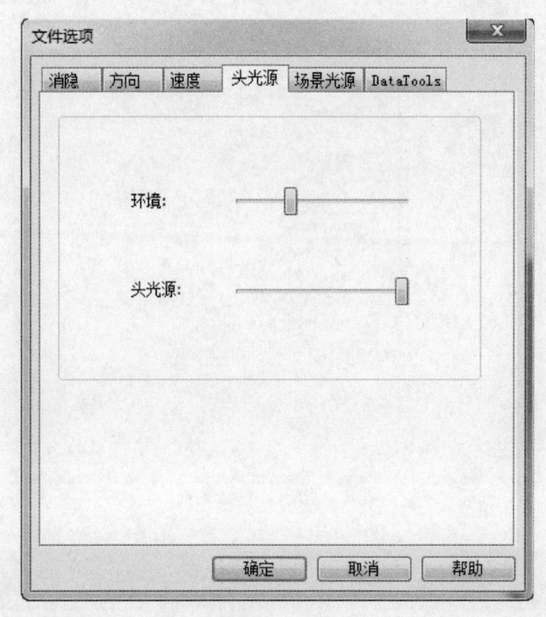

图 3-36

3.5.2 修改背景效果

在 Navisworks 中，不同的背景颜色会给渲染带来不同的效果。当场景的显示模式处于“完全渲染”时，背景会一直是地平线的颜色，如图 3-37 所示。

图 3-37

修改“视点”选项卡→“渲染样式”面板→“模式”，将“完全渲染”模式改为“着色”。之后右键模型界面的空白处，选择“背景”，便会弹出“背景设置”对话框，如图 3-38 所示，点击“模式”旁边的黑色三角形便可以选择颜色模式。

“单色”：可以使背景全部改成同一个颜色。

“渐变”：可以设置两个颜色，背景为从顶部颜色变到底部颜色的过程，如图 3-39 所示。

“地平线”：三维场景的背景在地平面分开，从而生成天空和地面的效果。生成的仿真地平仪可指示我们在三维世界中的方向。地平线模式可以设置天空颜色、地平线天空颜色、地平线地面颜色和地面颜色四个颜色。背景为四个颜色变化的过程，如图 3－40 所示。

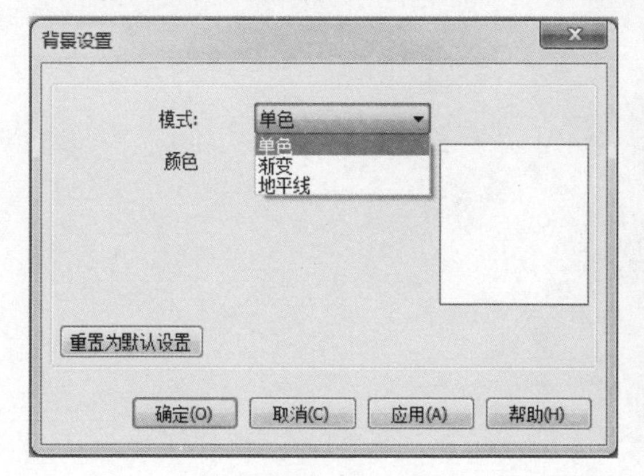

图 3－38

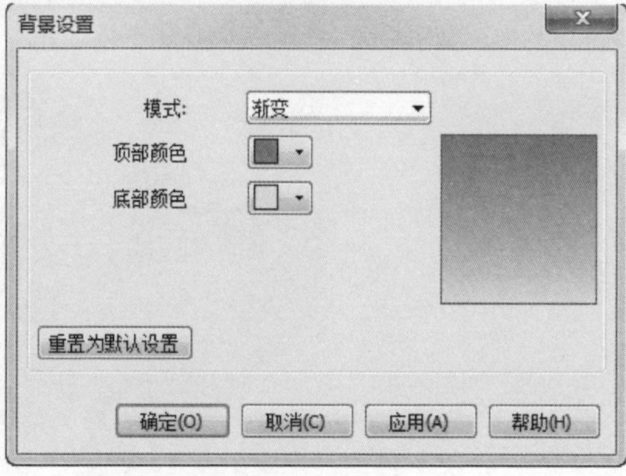

图 3－39

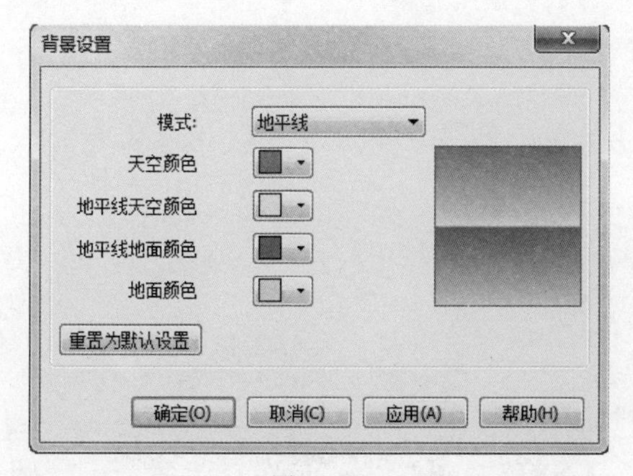

图 3－40

3.5.3 剖分工具

在 Navisworks 中，为了方便观察模型的内部结构，可以在模型界面中使用剖分工具，创建模型的横截面。通过单击“视点”选项卡→“剖分”面板→“启用剖分”，功能区便出现一个“剖分工具”的选项卡，如图 3－41 所示。

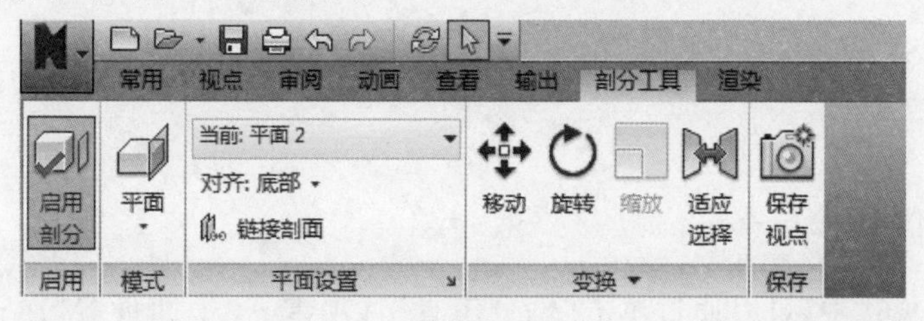

图 3－41

剖分工具有两种模式：一种是平面模式，如图 3－42 所示。此模式最多可在任何平面中生成六个剖面，同时仍能够在场景中导航，从而使我们无须隐藏任何项目即可查看模型内部。通过单击“剖分工具”选项卡→“模式”面板→“平面”来启用平面剖分工具。另一种是长方体模式,如图 3-43 所示。剖面是通过模型可见区域的中心创建的。通过单击“剖分工具”选项卡→“模式”面板→“长方体”来启用平面剖分工具。

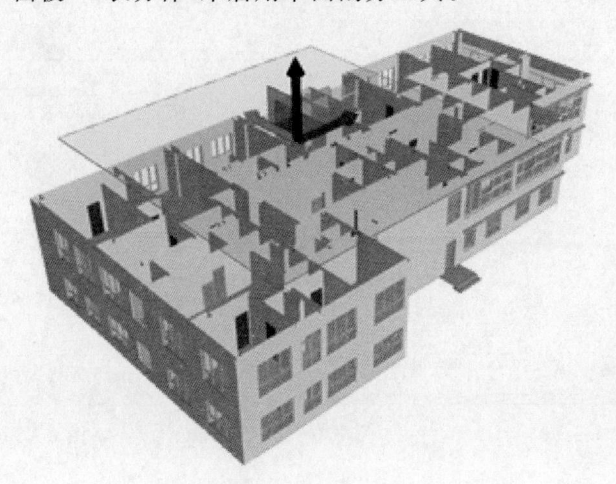

图 3-42

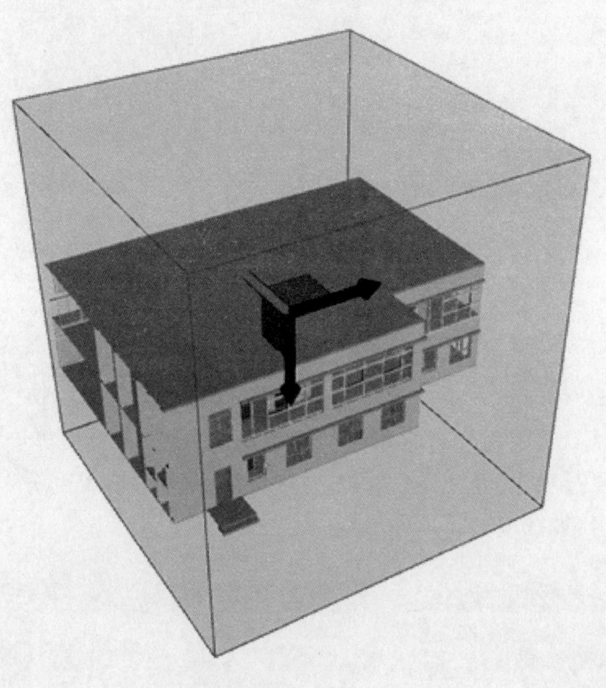

图 3-43

在平面剖分模式中,可以通过单击“剖分工具”选项卡→“平面设置”面板来设置平面剖分工具,如图 3-44 所示。点击“当前:平面 1”下拉菜单,然后单击需要的平面旁边的灯泡图标,便可以启用需要的平面,注意可以同时启动 6 个剖面框。当蓝色选择框位于某个平面时,会启用相应的剖面并穿过 BIM 模型。

鼠标单击“对齐:顶部”的下拉菜单,可以自由选择蓝色剖面框的对齐位置,如图 3 - 45 所示。选择“顶部”“底部”“前面”“后面”“左侧”“右侧”,剖面框将会对应模型的顶部、底部、前面、后面、左侧、右侧进行剖切。选择“与视图对齐”,剖面框会根据当前视角的角度对模型进行剖切。选择“与曲面对齐”“与线对齐”,再单击选取一个曲面或线,剖面框会与选取的曲面或线进行对齐。

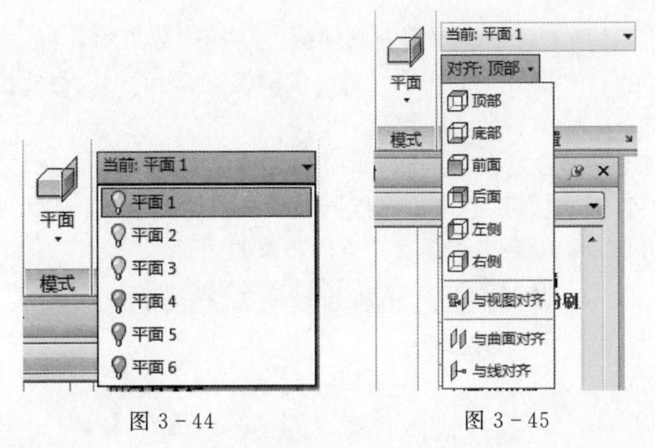

图 3 - 44　　　　图 3 - 45

在 Navisworks 软件自带的几个剖切面角度都不满足实际所需要求的时候,我们可以移动和旋转剖面,使其满足要求。单击“剖分工具”选项卡→“变换”面板→“移动”/“旋转”,如图 3 - 46 所示。通过拖动模型界面出现“坐标轴”,便可以移动/旋转剖面框。

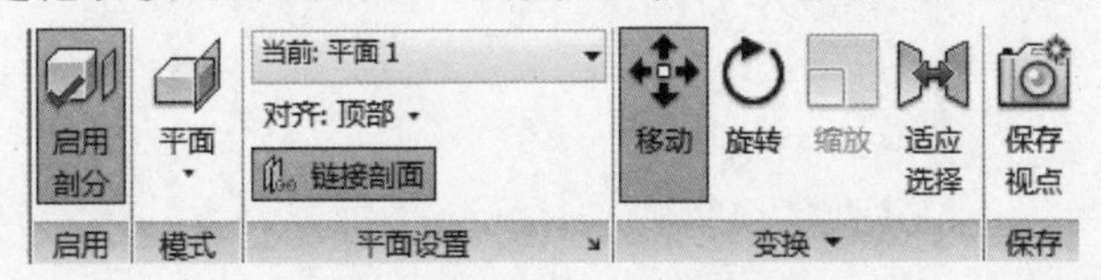

图 3 - 46

单击“剖分工具”选项卡→“平面设置”面板右下角的小箭头符号,可以打开隐藏的“剖面设置”对话框,如图 3 - 47 所示。此外,可以预先设置每个平面对齐的位置。

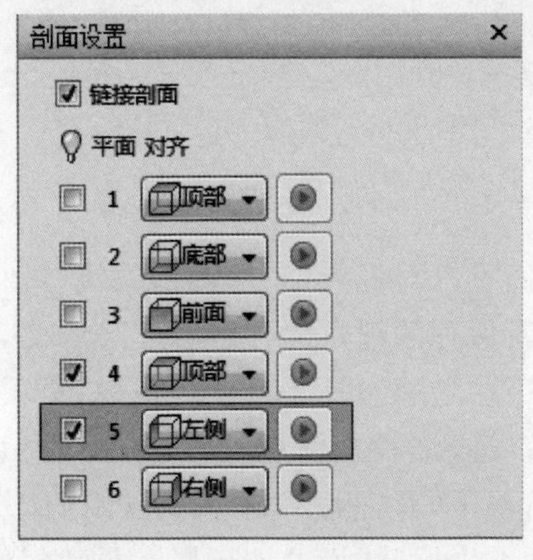

图 3 - 47

3.5.4　控制视点

1. 编辑视点

在视点保存完毕之后，我们可以对视点进行编辑。根据使用的是二维工作空间还是三维工作空间，可以编辑以下全部或部分视点属性，包括相机位置、视野、运动速度和保存的属性。

通过单击“视点”选项卡→“保存、载入和回放”面板→“编辑当前视点”，便可以弹出“编辑视点-{名称}”对话框，如图 3－48 所示。通过编辑视点，我们可以修改视点的位置与观察点的位置。

注意：当我们保存的视点有隐藏的图元时，可以在“编辑视点-{名称}”对话框中“保存的属性”栏对“隐藏项目/强制项目”的选项前打上“√”，这样我们在其他“场景视图”切换至这个视点的时候，便可以自动隐藏之前保存视点时隐藏的项目。

图 3－48

2. 修改视点默认选项

通过编辑视点的介绍，我们可以对视点的“保存的属性”进行设置，但是这些属性设置只是单纯指向这个视点，不会与新保存的视点储存在一起。因此，我们可以修改视点的默认选项，将视点的设置进行保存。这些选项包括是否启用碰撞、重力、蹲伏和第三人视图，这些设置仅用于三维工作空间。通过以与编辑视图属性相同的方式编辑视点，可以将该视点设置为保存其中任一设置。一般情况下，碰撞设置是不会启用的。如果所有的视点都要保存首选的默认碰撞设置，通过“选项编辑器”的设置便可以满足我们的要求。

单击 Navisworks 左上角“应用菜单按钮”→“选项”，打开选项编辑器，如图 3－49 所示。

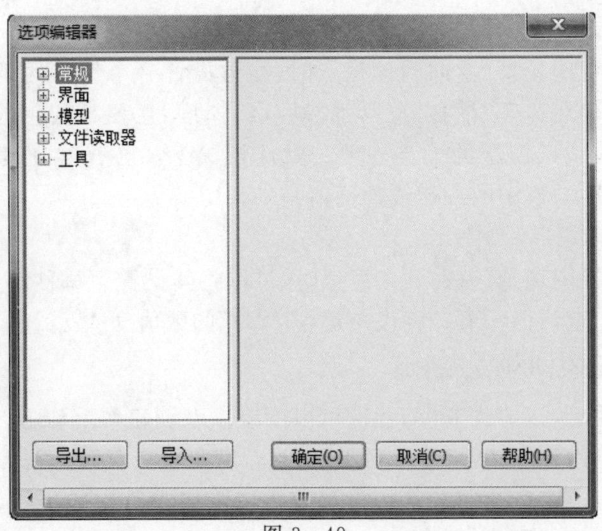

图 3-49

在“选项编辑器”中，点击“界面”左边的“+”号展开，单击“视点默认值”，如图 3-50 所示。

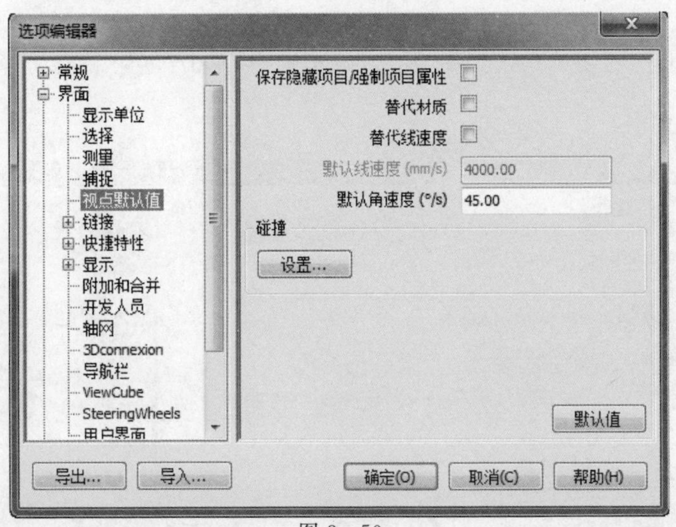

图 3-50

(1)“保存隐藏项目/强制项目属性”。

如果要将隐藏项目和强制项目与保存的视点一起保存，要在“保存隐藏项目/强制项目属性”框后面打“√”。当我们从任意“视图场景”返回到这些视点时，保存该视点时隐藏的项目将再次隐藏，并且当该视点有红线与批注时，红线与批注都会出现。默认情况下，“保存隐藏项目/强制项目属性”框不会打开，因为将该状态信息与每个视点保存在一起需要大量的内存，因此，当我们需要隐藏项目时，要对“选项编辑器”进行一系列的设置。

(2)“替代材质”。

如果要将材质重叠项与保存的视点保存在一起，要将“替代材质”框打“√”。当我们从任意“视图场景”返回到这些视点时，在保存视点时设置的材质重叠项将被再次使用。默认情况下，“替代材质”框不会打开，因为将该状态信息与每个视点保存在一起需要大量的内存，因此，当我们需要隐藏项目时，要对“选项编辑器”进行一系列的设置。

(3)“替代线速度(mm/s)”。

当我们从任意“视图场景”返回到该视点时,能够设置一个特定的线速度在模型中进行观察。如果不对“替代线速度”框打“√”,那“默认线速度”栏便是灰色的,不能进行编辑,模型的导航线速度将与载入模型的大小一致。默认情况下,“替代线速度(mm/s)”框不会打开,视点导航的线速度与模型的导航线速度值是一致的。

(4)“默认角速度(°/s)”。

当我们从任意“视图场景”返回到该视点时,可以将其设置为每秒的任意角度数,这将影响相机旋转的速度。默认情况下,“替代角速度(°/s)”的数值为 45。

3.5.5 创建和编辑视点动画

在 Naviswork 中,为了方便观察,我们可以围绕模型创建一个动画。

创建简单动画有两种方法:录制实时漫游、组合特定视点漫游。视点漫游是通过“动画”选项卡和“保存的视点”窗口控制的。视点漫游可以隐藏视点中的项目、替代颜色和透明度以及设置多个剖面。录制视点动画后,可以对其进行编辑以设置持续时间、平滑类型以及是否循环播放。

1. 录制实时漫游

先将视图旋转至想要的角度。在“动画”选项卡中,单击“创建”面板的“录制”按钮,如图 3-51 所示。

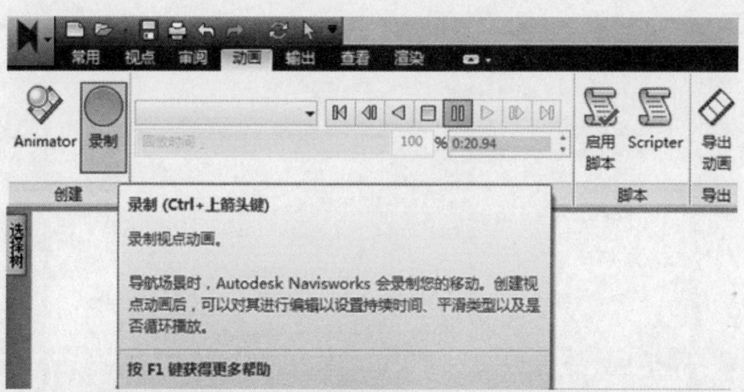

图 3-51

在视图中,沿着自己需要的漫游路径进行漫游或飞行。结束之后再重复点击“动画”选项卡中“创建”面板的“录制”按钮。此时,在“保存的视点”框中会出现一段动画“动画 1”,可以单击鼠标右键对其进行改名,如图 3-52 所示。

图 3-52

单击“动画”选项卡中，在“回放”面板的下拉菜单中选择“动画 1”，单击指向右边的三角形“播放”按钮进行播放，漫游视频便会开始回放，如图 3－53 所示。

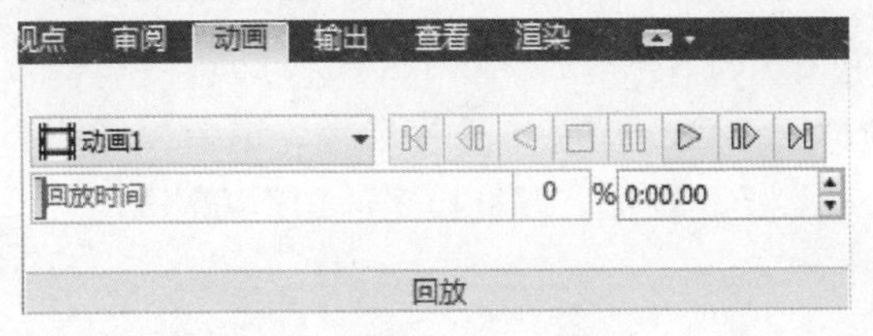

图 3－53

2. 组合特定视点漫游

单击“视图”选项卡，在“工作空间”面板的“窗口”下拉菜单中打开“保存的视点”窗口，如图 3－54 所示。

在“保存的视点”窗口上单击鼠标右键，然后选择“添加动画”，将创建新的视点动画“动画”，如图 3－55 所示。

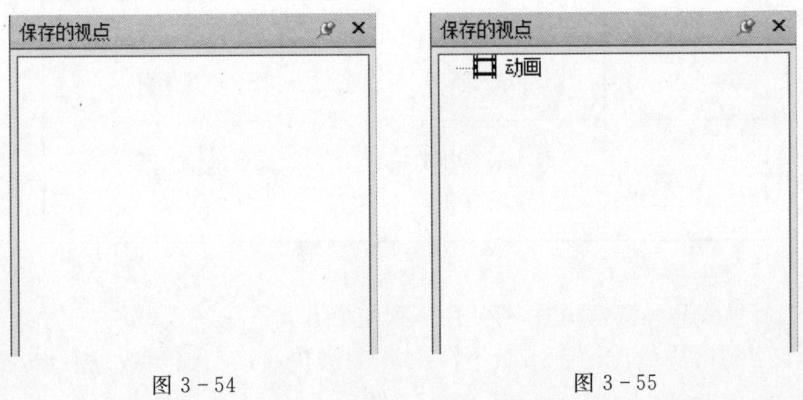

图 3－54　　图 3－55

在打算添加到动画中的模型中，导航到某个位置，然后将新位置另存为一个视点(在“保存的视点”窗口上单击鼠标右键，然后选择“保存视点”)。根据需要重复此步骤，如图 3－56 所示。

创建完所有视点之后，使用 Ctrl 键或 Shift 键全选所有视点。鼠标单击拖动这些视点，将它们拖动到“动画”中，每个视点将变成动画的一个帧。帧越多，视点动画将越平滑，如图 3－57所示。

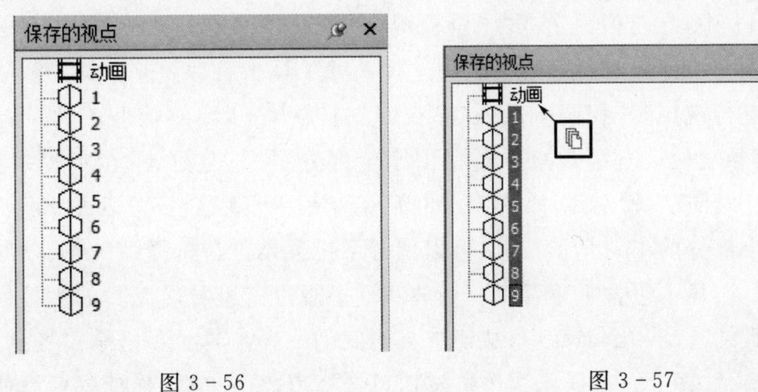

图 3－56　　图 3－57

3.6 浏览视图

在 Navisworks 中浏览视图有两种操作模式，一种是选择模式，另一种是漫游模式，这两种模式可以在界面右侧的三维观察导航栏进行选择。选择模式相当于 Revit 的操作模式，而漫游模式更适合用于观察模型内部。两种模型的操作方法如表 3－1 所示。

表 3－1 选择模式与漫游模式操作方法

模式 操作	选择模式	漫游模式
旋转	按住 Shift＋鼠标中键 上下左右移动	按住鼠标左键 左右移动，其他旋转工具配合
移动	按住鼠标中键 上下左右移动	按住鼠标中键 上下左右移动
缩放	滚动鼠标中键 前后缩放	按住鼠标左键 前后缩放

在使用选择模式与漫游模式时，可使用下列快捷方式：

第三人：Ctrl＋T；碰撞：Ctrl＋D；重力：Ctrl＋G；蹲伏：Ctrl＋C；更改轴心点：按住 Shift＋Ctrl，并按住鼠标中键，移动鼠标，中心点随鼠标移动。

注意：只有使用漫游模式的时候才能开启碰撞、重力、蹲伏的功能。

1. 三维观察导航栏

导航栏是一种用户界面元素，用户可以从中访问通用导航工具和特定于产品的导航工具。通用导航工具是在众多 Autodesk 产品中都提供的工具，特定于产品的导航工具为该产品所特有。

在 Navisworks 中，导航栏固定在“场景视图”右侧。通过单击导航栏中的一个按钮，或从单击分割按钮的较小部分时显示的列表中选择一种工具来启动导航工具。

对三维模型进行观察时，我们可以通过“视点”选项卡→“导航辅助工具”面板→“导航栏”开启三维观察导航栏。三维观察导航栏由 6 个部分组成，分别是“全局控制盘”“平移”“缩放”“动态观察”“环视”“漫游”，如图 3－58 所示。使用此观察栏，可以方便我们对模型进行查看。点击每个部分的小三角形符号，可以展开下拉菜单进行选择。

(1)全局控制盘：显示包含平移、缩放、回放和动态观察三维导航工具的大控制。它是将多个常用导航工具结合到一个界面中，从而节省时间的一种工具。单击全局控制盘，界面会出现全导航控制盘，如图 3－59 所示。单击按钮可选择所需的工具，拖动鼠标可使用导航工具，松开鼠标按钮可返回到控制盘并切换导航工具。全局控制盘有 6 个类型，可以根据不同的需求在"视点"选项卡→"导航"面板的"Steering Wheels"按钮中进行切换。

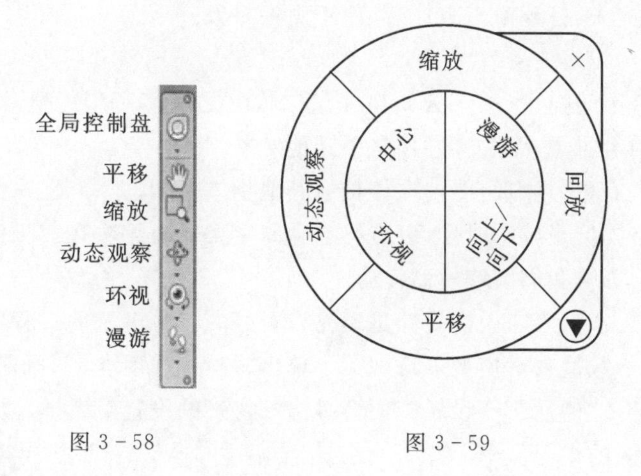

图 3-58　　图 3-59

(2)平移:单击"平移"按钮,在模型界面中按住左键不动,拖动鼠标,可上下左右移动模型。

(3)缩放:点击"缩放"按钮下方的三角形,展开全部四个缩放功能,分别是"缩放窗口""缩放""缩放选定对象""缩放全部"。

①缩放窗口:单击"缩放窗口"按钮,框选目标区域,模型界面会显示矩形窗口指定的区域。

②缩放:单击"缩放"按钮,在模型界面中按住左键不动,拖动鼠标,更改模型的缩放比例。

③缩放选定对象:鼠标选定某个项目,单击"缩放选定对象"按钮,缩放相机以使选定项目填充场景视图。

④缩放全部:单击"缩放全部"按钮,缩放相机以显示整个场景。

(4)动态观察工具:点击"动态观察工具"按钮下方的三角形,展开全部三个动态观察功能,分别是"动态观察""自由动态观察""受约束的动态观察"。

①动态观察:选择一个对象为焦点,点击"动态观察"按钮,相机会围绕模型的焦点移动。

②自由动态观察:点击"自由动态观察"按钮,在任意方向上围绕焦点旋转模型。

③受约束的动态观察:点击"受约束的动态观察"按钮,按住鼠标左键,相机可围绕不同方向的旋转模型。

(5)环视工具:点击"环视工具"按钮下方的三角形,展开全部三个环视功能,分别是"环视""观察""焦点"。

①环视:点击"环视"按钮,从当前相机位置环视场景。

②观察:点击"观察"按钮,观察场景中的某个点,相机与该点对齐。

③聚焦:点击"焦点"按钮,指定场景中的某个点为焦点。

(6)漫游工具:点击"漫游工具"按钮下方的三角形,展开全部三个漫游功能,分别是"漫游""飞行""真实效果:第三人"。

①漫游:点击"漫游"按钮,在模型中移动相机,就像在其中漫游一样。

②飞行：点击“飞行”按钮，在模型中移动相机，就像在飞行模拟器中一样。

③真实效果：第三人：打开第三人体现，便于观察对象。

2. 第三人

(1)碰撞：设置一个碰撞量(第三人)，碰撞量与模型之间能产生碰撞。碰撞量可以走上或爬上高度达到碰撞量对象，无法穿过场景中其他对象。

(2)重力：第三人有重力体现，能站在楼板或其他物体上面。

(3)蹲伏：在围绕模型漫游的时候，可能会遇到高度太低而无法在其下漫游的对象，用第三人进行蹲伏便不会影响我们围绕模型漫游。

当我们激活第三人时，第三人的属性是预先设置好的。在漫游的过程中，可以通过修改第三人的半径、高度等数值来对模型进行观察。单击“视点”选项卡→“保存、载入和回放”面板→“编辑当前视点”→“碰撞”→“设置”，便会弹出“碰撞”的设置对话框，如图3-60所示。

半径：调节第三人的半径。

高：调节第三人的高度。

视觉偏移：调节第三人的视角高度。

体现：调节第三人在Navisworks中的体现。

角度：调节第三人的视角角度。

距离：调节第三人距离屏幕的距离。

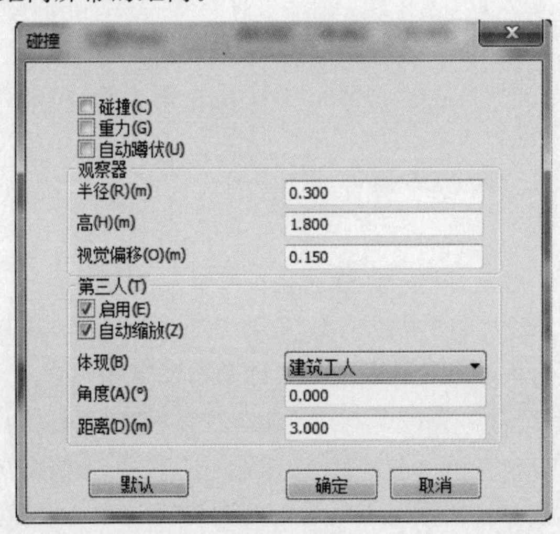

图3-60

3. 平视显示仪

Navisworks的平视显示仪元素是提供有关我们在三维工作空间中的位置和方向的信息的屏幕显示仪。此功能在二维工作空间中不可用。

打开/关闭“XYZ轴”的步骤，如图3-61所示。

①单击“查看”选项卡→“导航辅助工具”面板→“HUD”下拉菜单。

②选中或清除“XYZ轴”复选框。

打开/关闭“位置读数器”的步骤：

①单击“查看”选项卡 →“导航辅助工具”面板 →“HUD”下拉菜单。

②选中或清除“位置读数器”复选框。

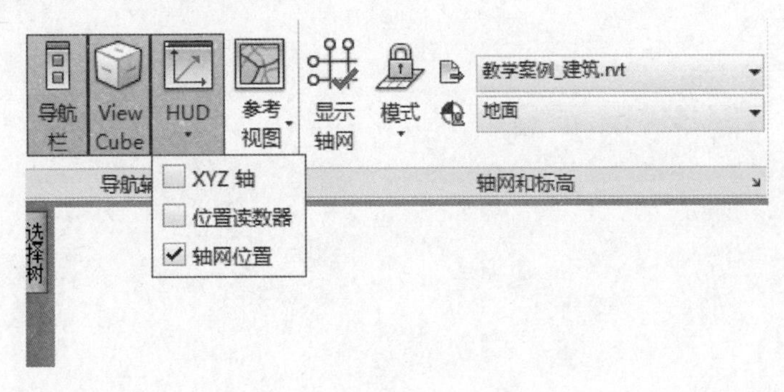

图 3-61

4. 参考视图

由于某些项目面积较大，我们在 Navisworks 的模型中漫游的时候定位比较麻烦。因此，参考视图在移动与定位中有巨大的作用。该功能在三维工作空间中可用。参考视图显示模型的某个固定视图。默认情况下，剖面视图从模型的前面显示视图，而平面视图显示模型的俯视图。参考视图显示在可固定窗口内部。使用三角形标记表示当前视点，在导航时此标记会移动，从而显示视图的方向。另外，也可以拖动鼠标直接移动相机的位置。

(1)使用平面视图的步骤。

①单击“查看”选项卡→“导航辅助工具”面板→“参考视图”下拉菜单→“平面视图”复选框，如图 3-62 所示。

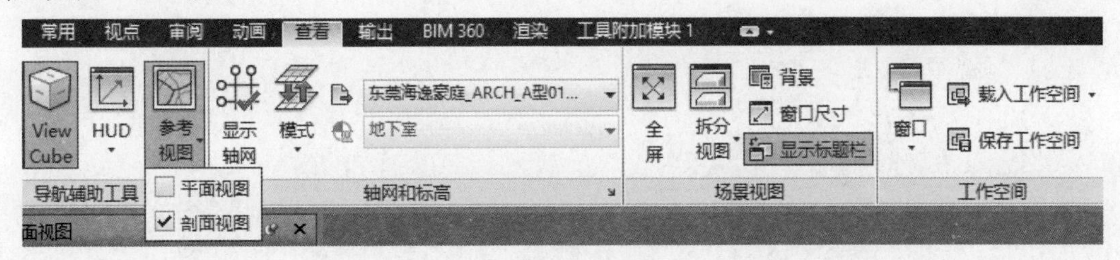

图 3-62

②将参考视图上的三角形标记拖动到一个新位置，“场景视图”中的相机会改变其位置以与视图中标记的位置相匹配。或者，在“场景视图”中导航到其他位置，参考视图中的三角形标记会改变其位置以与“场景视图”中的相机位置相匹配，如图 3-63 所示。

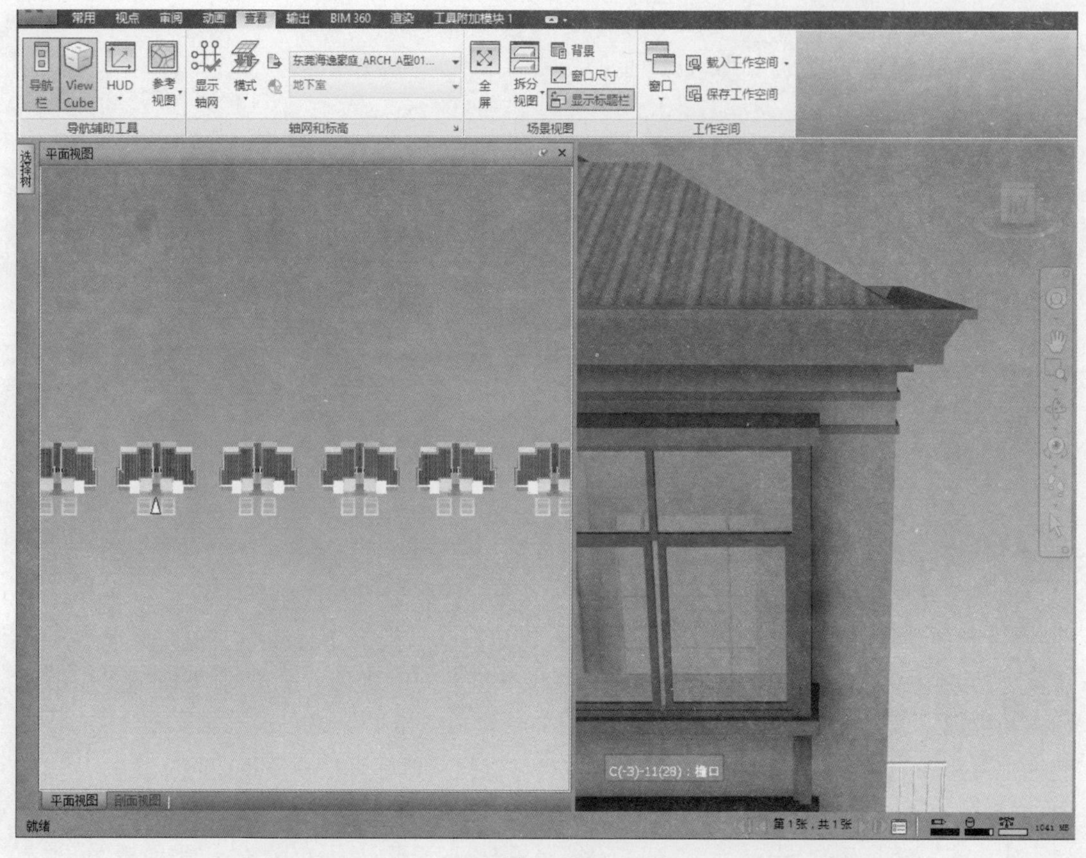

图 3-63

③要操纵参考视图，可以在“平面视图”窗口中的任意位置上单击鼠标右键，使用快捷菜单调整所需视图，如图 3-64 所示。

图 3-64

(2)使用剖面视图的步骤。

①单击“查看”选项卡 →“导航辅助工具”面板→“参考视图”下拉菜单→“剖面视图”复选框,如图 3-65 所示。

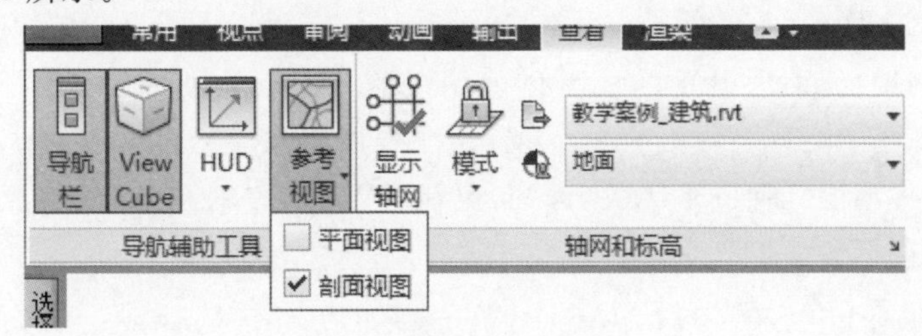

图 3-65

“剖面视图”窗口打开时,将显示模型的参考视图。

②将参考视图上的三角形标记拖动到一个新位置,“场景视图”中的相机会改变其位置以与视图中标记的位置相匹配。或者,在“场景视图”中导航到其他位置,参考视图中的三角形标记会改变其位置以与“场景视图”中的相机位置相匹配,如图 3-66 所示。

图 3-66

③要操纵参考视图,可以在“剖面视图”窗口中的任意位置上单击鼠标右键,使用快捷菜单调整所需视图,如图 3-67 所示。

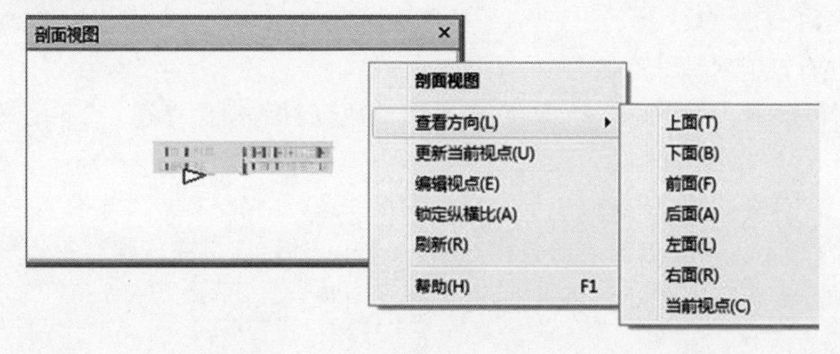

图 3-67

3.7 保存视点

3.7.1 视点概述

视点是为“场景视图”中显示的模型创建的快照。视点除了可以保存模型的视图信息外，还可以保存视图的注释与红线视图。视点、红线批注和注释都保存在 Navisworks 中的 NWF 文件中，与模型的几何图形无关，因此，更新 NWC 文件时，保存的视点保持不变，原模型的几何图形信息不会发生改变。

3.7.2 “保存的视点”窗口

在进行视点保存的时候要先打开“保存的视点”对话框，如图 3－68 所示。“保存的视点”窗口是一个可固定窗口，通过该窗口，可以迅速跳转到预设的视点。

打开“保存的视点”对话框有以下三种方法：

第一种：在“视点”选项卡中，单击“保存、载入和回放”面板中“未保存的视点”下拉菜单，点击“管理保存的视点…”，便可以打开“保存的视点”对话框，如图 3－69 所示。

第二种：在“视点”选项卡中，单击“保存、载入和回放”面板右下角的小箭头符号，便可以打开“保存的视点”对话框，如图 3－69 所示。

第三种：按“Ctrl＋F11”打开视点对话框，便可以打开“保存的视点”对话框。

单击视点可以直接跳转到该视点保存的场景。按住 Ctrl 键并单击鼠标左键，可以选择多个视点。单击第一个视点，然后在按住 Shift 键的同时单击最后一个视点，可以选择一整列视点。通过这种方法，可以把视点重新组织到文件夹中。

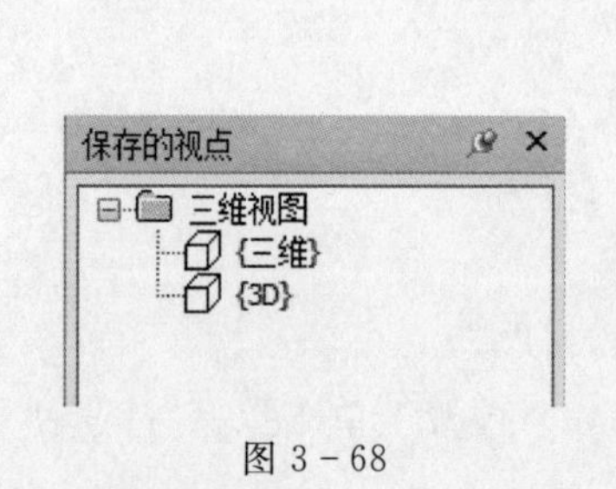

图 3－68

图 3－69

3.7.3 保存视点

保存视点有以下两种方法：

第一种：单击“视点”选项卡→“保存、载入和回放”面板→“保存视点”下拉菜单→“保存视点”。

第二种：在“保存的视点”窗口中单击鼠标右键并选择“保存视点”，即保存为一个新的视点，如图 3－70 所示。为视点键入新名称，然后按 Enter 键，即可完成保存视点。

“保存的视点”窗口将会处于焦点上，并会添加新视点。

在模型中调整好要保存的视角后，右键保存视点，之后就可以方便地查看所保存的视点了。

右键视点对话框可以导入/导出视点，如图 3－71 所示，以便于汇总不同文件中保存的视点。

图 3－70

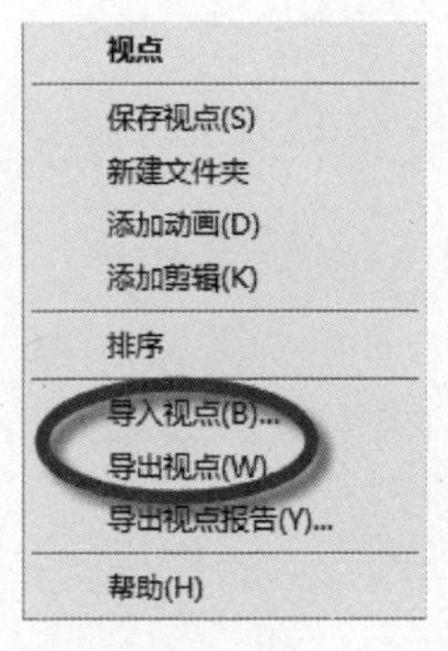

图 3－71

3.8 图元的选择

在 Navisworks 中，对于任意图元操作是不可避免的。当需要选择图元时，便涉及 Navisworks的层级选择。根据需要，在 Navisworks 中设置不同的层级，之后在“场景视图”中，将鼠标移动至要选择的对象上，单击便可以选择该图元。

3.8.1 层级的选择

点击“应用程序”按钮，打开“教学案例_建筑. nwc”文件。单击“常用”选项卡，在“选择与搜索”面板中选择“选择树”，打开“选择树”固定窗口，如图 3－72 所示。

在“选择树”固定窗口中，点击“＋”展开，可以见到“教学案例_建筑”文件已经按照不同的层级分好，如图 3－73 所示。

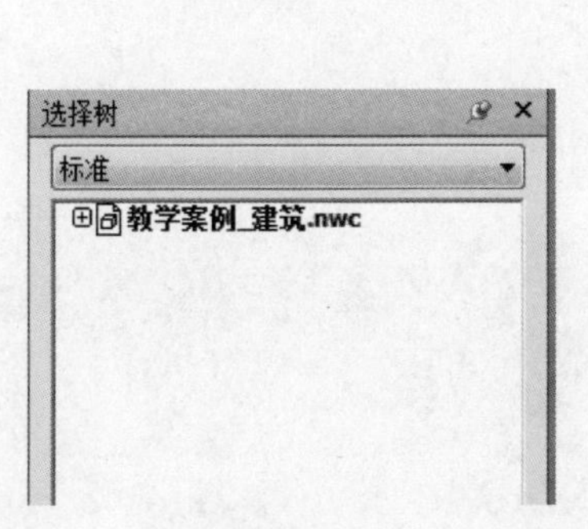

图 3－72

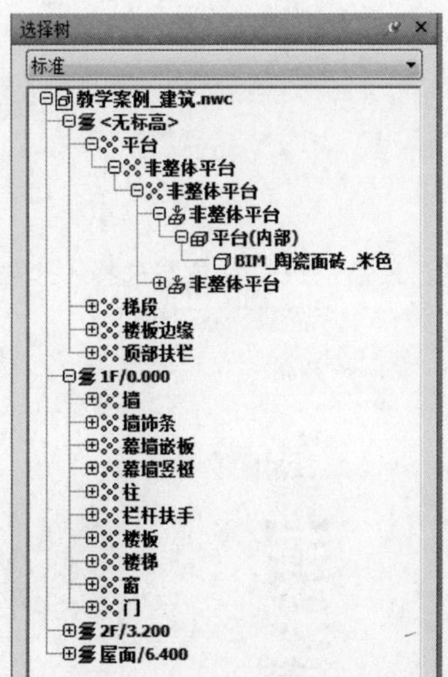

图 3－73

单击“常用”选项卡，在“选择与搜索”面板中，单击“选择”的下拉菜单，可以通过展开的面板选择“选择”工具，或者使用快捷键“Ctrl＋1”转换为“选择工具”，如图 3－74 所示。

单击“常用”选项卡，点击“选择与搜索”面板下方三角形按钮，展开“选取精度”面板，如图 3－75 所示。

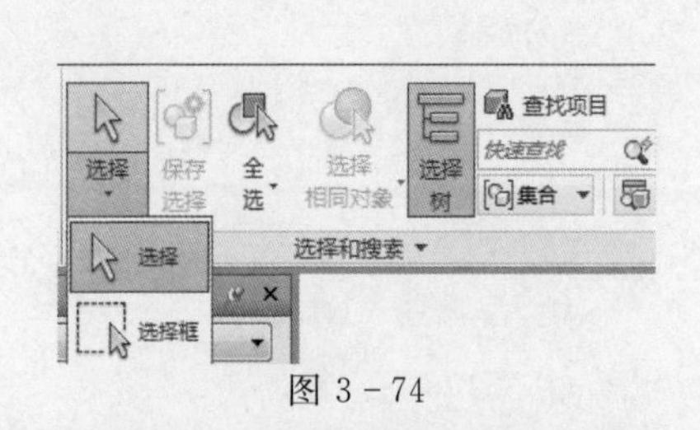

图 3－74

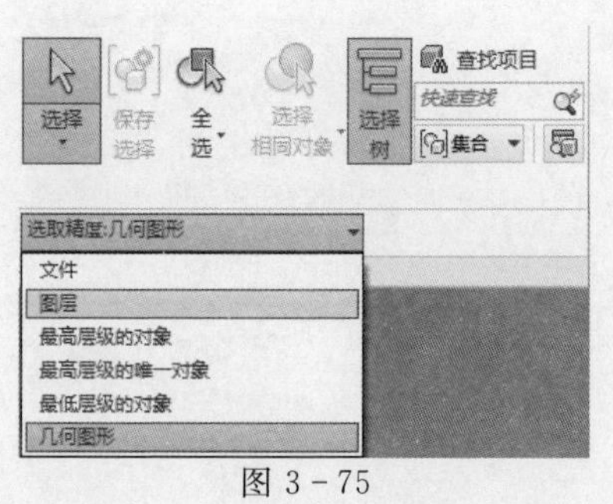

图 3－75

“选取精度:文件”:可以选择整个 NWC 文件，如图 3－76 所示。

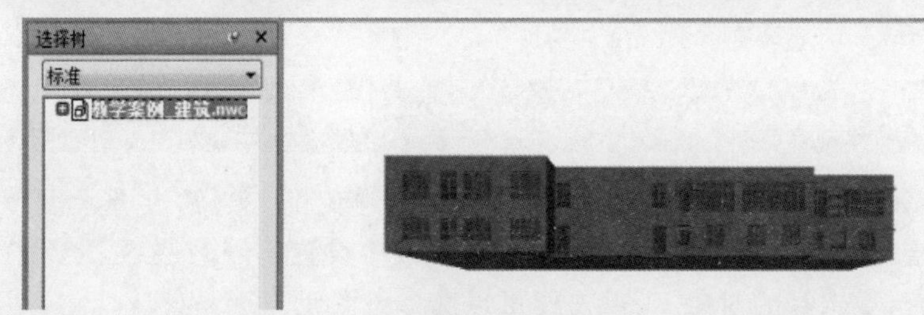

图 3－76

“选取精度:图层”:可以根据 Revit 模型的基准标高来选择文件，如图 3－77 所示。

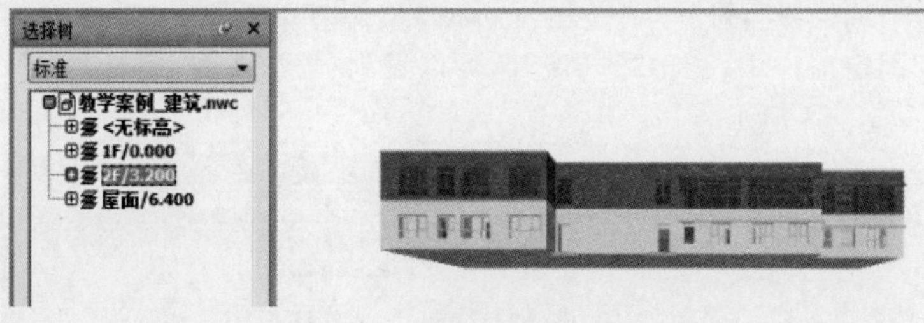

图 3－77

“选取精度:最高层级的对象”:选择一个图元的最高层级，如图 3－78 所示。

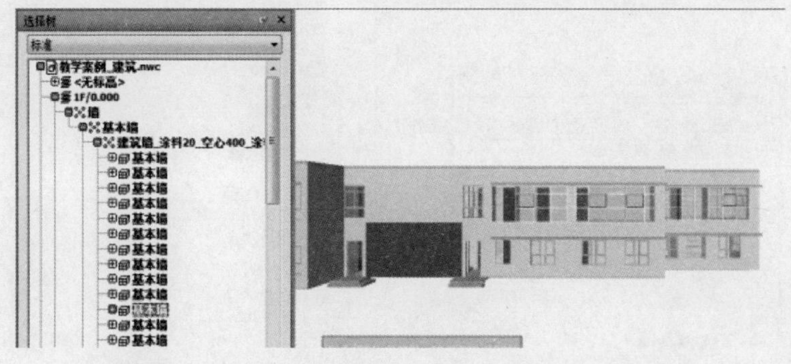

图 3－78

“选取精度:最高层级的唯一对象”:选择最高层级图元的组成部分,如图 3－79 所示。

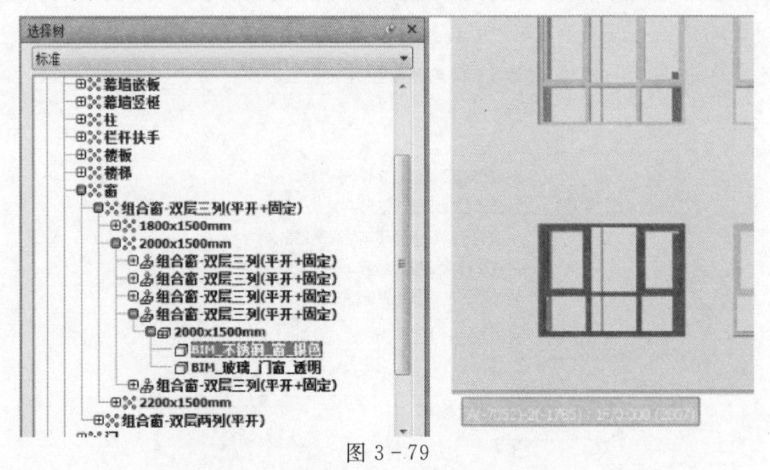

图 3－79

“选取精度:最低层级的对象”:选择最低层级的类型,如图 3－80 所示。

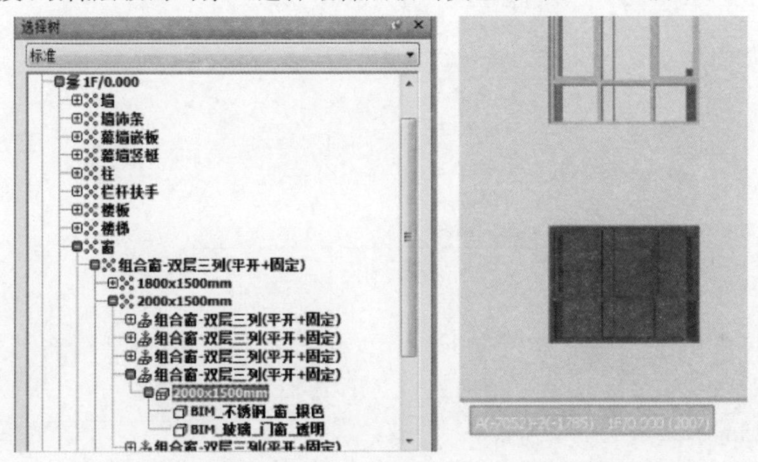

图 3－80

“选取精度:几何图形”:与“选取精度:最高层级的唯一对象”类似,选择单个构件,如图 3－81所示。

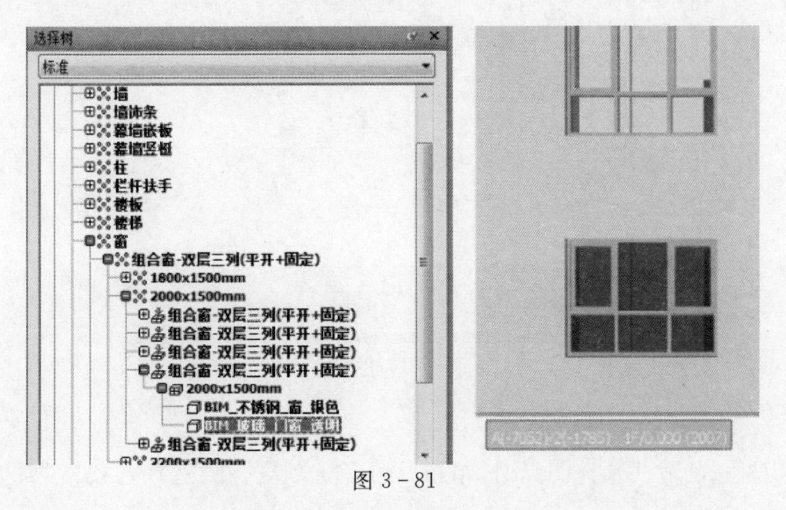

图 3－81

除了上述方法外，修改“选取精度”还有其他的方法。选择图元后再单击右键，在弹出的面板中选择需要的精度，如图 3-82 所示。

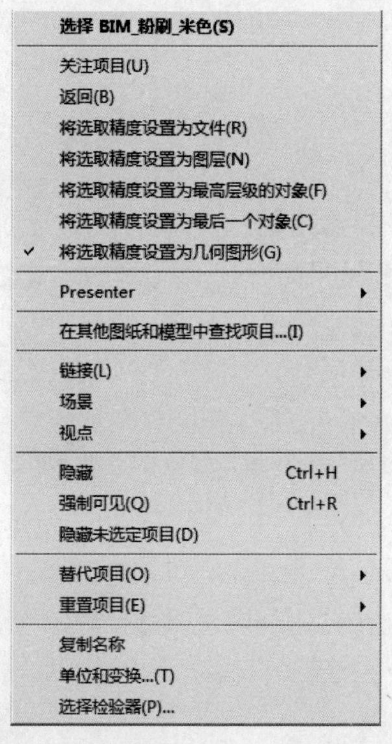

图 3-82

另外，也可以在“选项编辑器”中进行设置。单击“应用程序按钮”按钮，点击右下角“选项”打开“选项编辑器”对话框，在左边的列表点开“界面”，选择“选择”，在“方案”的下拉列表里选择需要的精度，如图 3-83 所示。

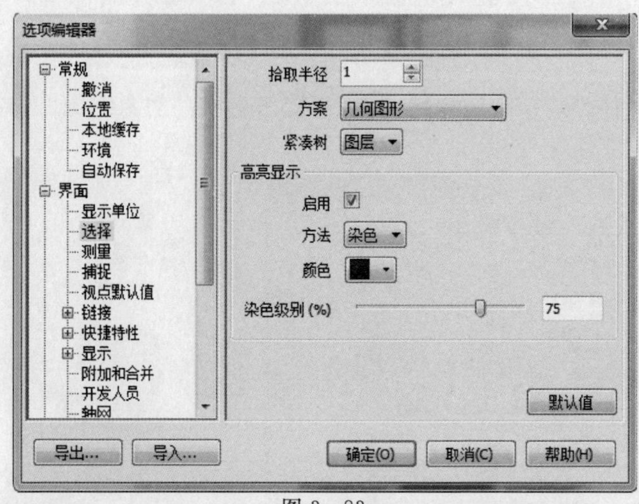

图 3-83

3.8.2 选择图元

当想要用框选的方式选择图元时，单击“常用”选项卡，在“选择与搜索”面板中单击“选择”下拉菜单中的“选择框”，如图 3－84 所示。

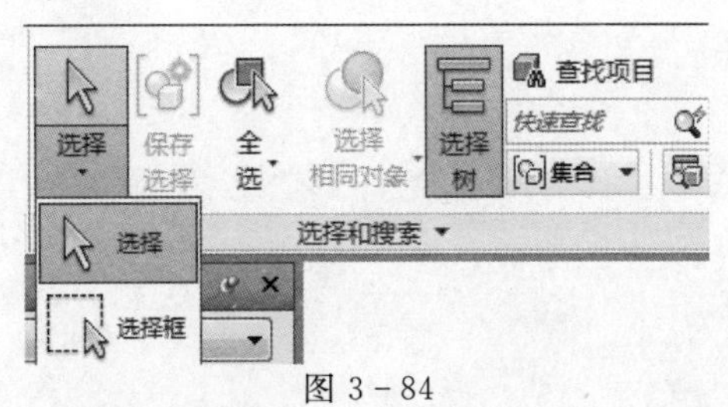

图 3－84

将“场景视图”调整至合适的角度，将鼠标放置在“场景视图”中要框选的内容的左上角，单击并长按鼠标左键，拖动鼠标至要框选的内容的右下角，然后松开鼠标，在框选范围内的图元将会被全部选到。

在 Navisworks 中，被选中的图元将会高亮显示，系统默认被选中的图元显示的高亮颜色为蓝色，如图 3－85 所示。

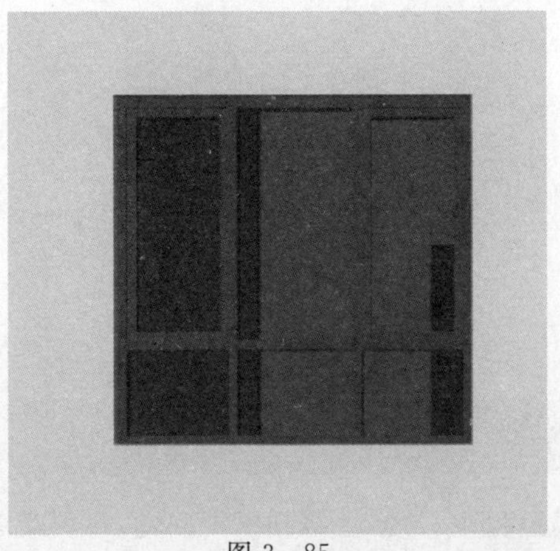

图 3－85

可以通过设置来修改被选中图元的显示颜色。单击“应用程序按钮”，点击右下角的“选项”按钮，打开“选项编辑器”对话框，点击“界面”选项左边的“＋”展开，单击“选择”，在右边面板中，修改“高亮显示”下方的“颜色”以及“染色级别”，设置完成之后点击“确定”，这样设置便完成了，如图 3－86 所示。

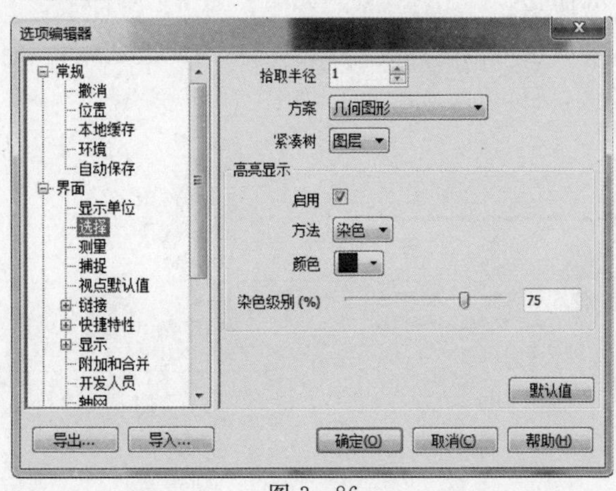

图 3－86

在“选择树”固定窗口，系统默认为“标准”的显示模式，即按照导入的 NWC 文件分类，点击“标准”展开下拉菜单，还可以切换为“紧凑”以及“特性”两个分类模型，如图 3－87 所示。

图 3－87

当显示模式切换时，对应的“系统编辑器”也会改变。因此，用户可以根据需要对“选择树”显示模式以及“选项编辑器”进行修改。Navisworks 还提供了快速选择的工具。单击“常用”，在“选择和搜索”面板中点击“全选”的下拉列表中，可以使用“全选”选择全部图元，使用“取消选定”取消选定所有已选定图元，使用“反向选择”选定场景中所有未选定图元，如图 3－88 所示。

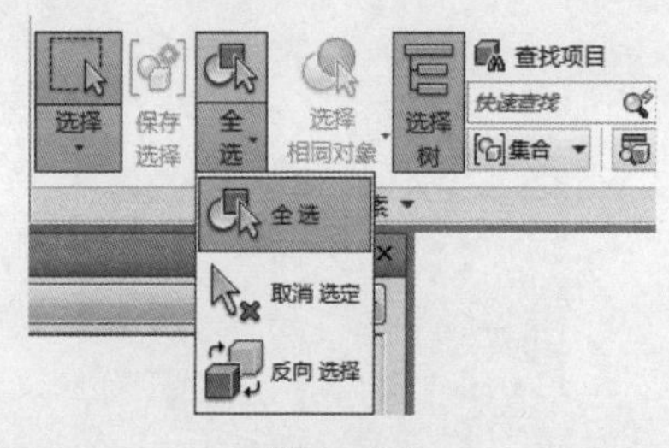

图 3－88

3.9 图元的控制

在 Navisworks 的使用过程中，常常会遇到一个问题：想要观察的位置被其他图元挡住，而调整角度也无法解决此问题。这就涉及了对图元可见性控制的问题。通过控制图元的可见性，我们可以对图元的显示与隐藏、颜色与透明度进行设置。

3.9.1 图元的可见性

选择需要隐藏的图元，然后单击“常用”选项卡，在“可见性”面板中选择“隐藏”，图元便可以隐藏了，如图 3－89 所示。

除此之外，还有两种方法可以将图元隐藏。选择图元之后单击鼠标右键，选择“隐藏”，或者直接按“Ctrl＋H”键，便可以隐藏图元了，如图 3－90 所示。

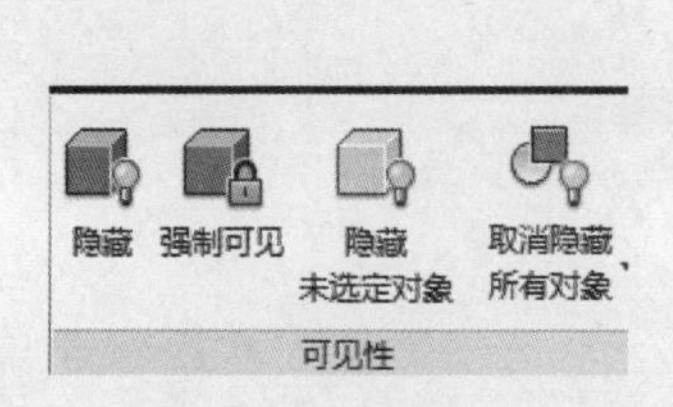

图 3－89

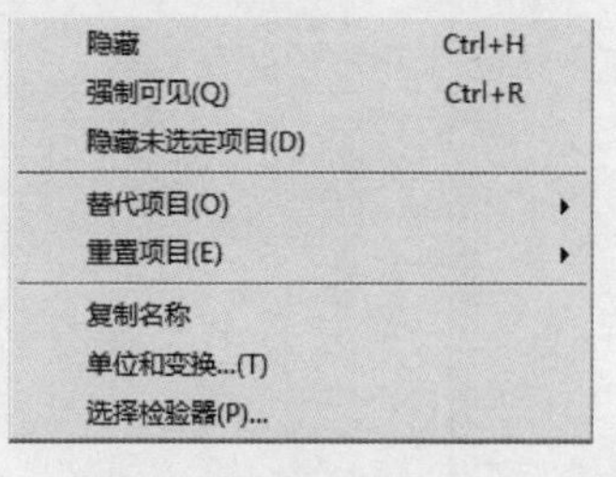

图 3－90

3.9.2 图元的颜色与透明度设置

选择图元之后单击鼠标右键，选择“替代项目”，可以对图元的颜色与透明度进行设置。修改颜色则点击“替代颜色”，修改透明度则点击“替代透明度”，如图 3-91 所示。

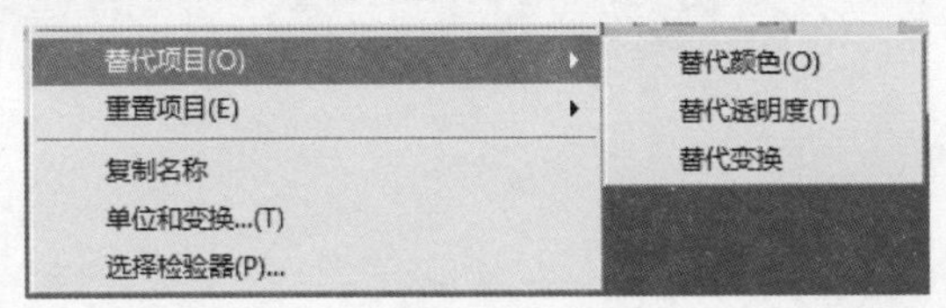

图 3-91

在保存的视点中，视图的“隐藏”“替代状态”都可以随视点一起保存。在“保存的视点”窗口，右键单击“编辑视点”，在弹出的“编辑视点”窗口中，激活“隐藏项目/强制项目”与“替代材质”两个选项，那么图中的“隐藏”与“替代状态”便能与视点一并保存，如图 3-92 所示。

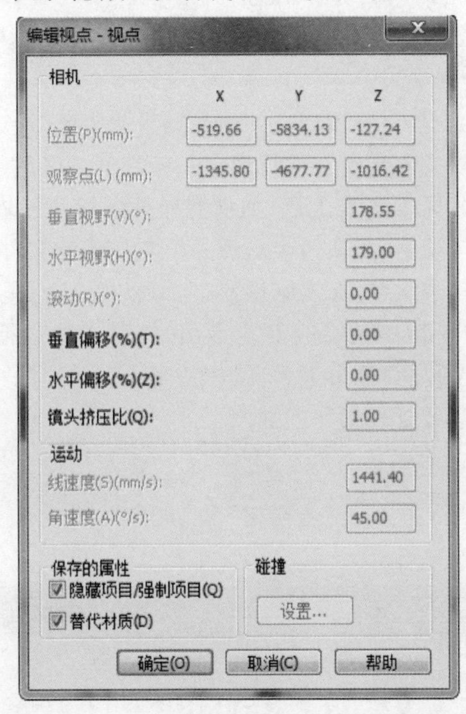

图 3-92

3.9.3 图元编辑

Navisworks 有一个隐藏的绿色选项卡“项目工具”，当我们选择任意图元的时候，“项目工具”选项卡便会出现在界面上，通过“项目工具”选项卡，我们可以对图元进行“观察”“可见行控制”“变换”“外观”的设置，如图 3-93 所示。

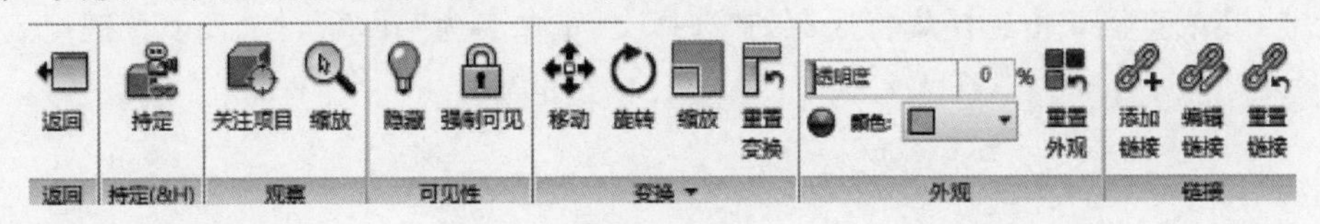

图 3-93

选中图元，单击“项目工具”，点击“变换”下面的小三角符号展开“变换”面板，可以调节图元的“旋转”“变换中心”，如图 3-94 所示。

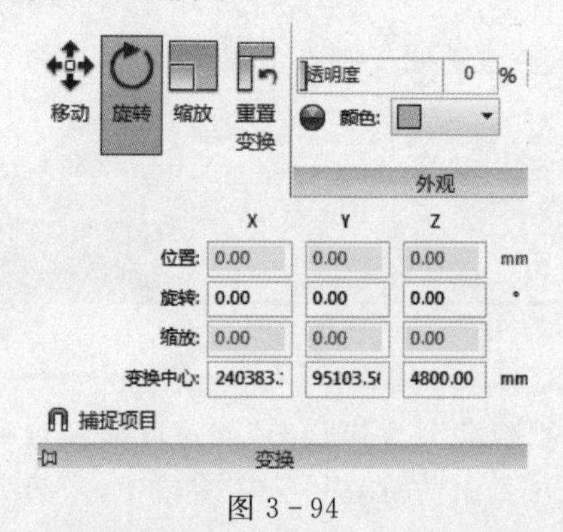

图 3-94

3.10 保存选择集

由于项目一般都比较大，其三维模型文件的信息量非常大，所以一般都会将项目进行拆分，以达到方便绘图、检查以及灵活组合的目的。一般都会按区域、楼层、系统等内容来拆分整个项目。那么将各个部分导入进来之后，如何有效便捷地进行查看呢？这时就需要用到选择树功能了。打开选择树功能后，左边会出现一个类似微软文件夹树形结构的边框，并简单载入了建筑、结构、设备三个文件，在实际操作中，可以把它分得更细以便后期管理。

点选任意一个内容，在模型中就会高亮显示出来，可以通过搜索或其他方式来细分模型，之后保存为一个集合。通过管理集来管理，你甚至可以迅速地查看到某一根柱子。

下面我们通过练习来学习管理集和搜索集。

3.10.1 管理集

打开练习文件，在“常用”中点击“选择树”和“集合”，确定选择树为“标准”状态，如图 3-95所示。

图 3-95

在选择树中按住“Ctrl”键，选择 1F 和 2F 的墙，在集合中选择“保存选择”，单击选择集按快捷键 F2 或直接双击选择集将保存的“选择集”重命名为“外墙”，按“Enter”键确定，如图 3-96 所示。

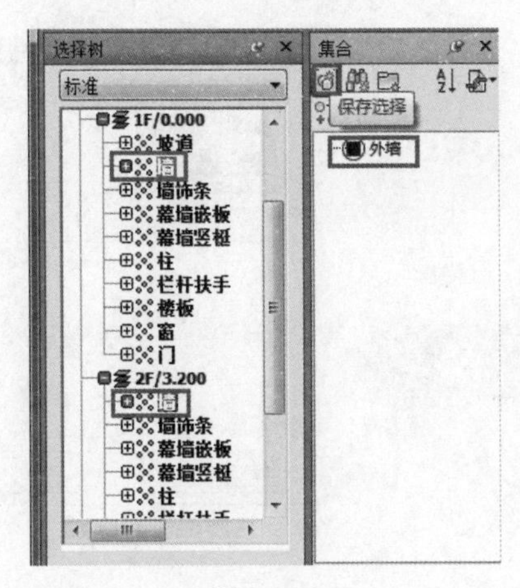

图 3－96

此时选择集已经包含了已选的图元，单击空白面板后再次选择“外墙”选择集可以快速选中选择的图元。

管理集可以随时添加新的图元，如图 3－97 所示。选中“外墙”选择集，按住“Ctrl”键，在选择树中选中 1F 和 2F 的墙饰条，在集合面板中“外墙”选择集名称处单击鼠标右键，在弹出的快捷对话框中选择“更新”，则 1F、2F 的墙饰条也包含在了“外墙”这个集合当中。

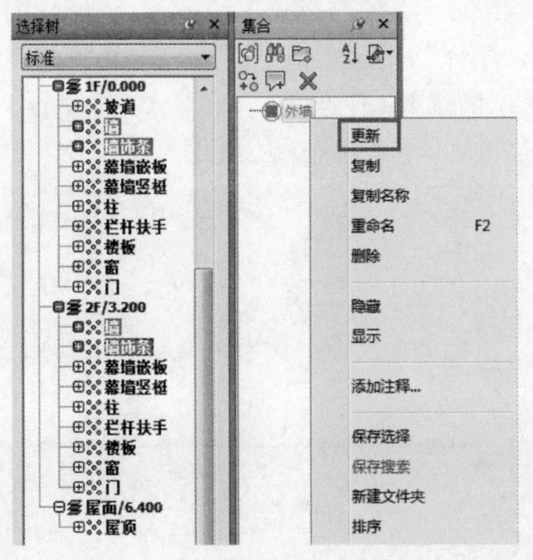

图 3－97

为方便对选择集进行进一步的分类和管理，Navisworks 提供了新建文件夹和复制等功能。新建文件夹后可以将几个选择集拖入文件夹中，方便管理，如图 3－98 所示。

为方便他人更容易理解每个管理集的意义，Navisworks 还提供了“添加注释”这一功能，Navisworks 会自动跟踪注释所在集合。将注释和文件夹等结合应用可以实现项目的完整讨论、记录，如图 3－99 所示。选中“外墙”集合，单击“添加注释”按钮，在弹出的“添加注释”对话框中输入“建筑外墙”等标识，单击“确定”完成添加。

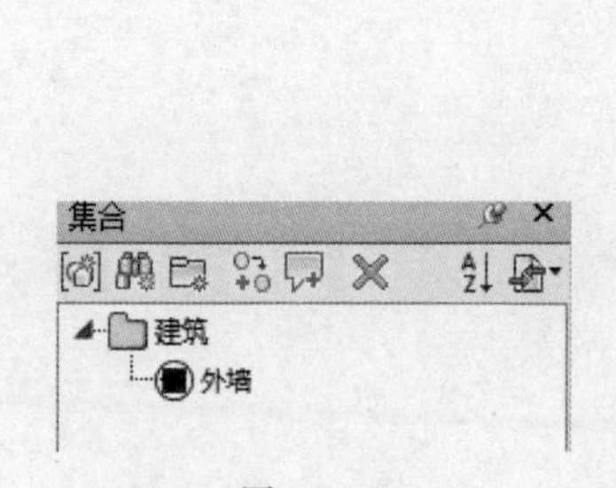

图 3－98

图 3－99

添加注释后切换到“审阅”面板，此时“查看注释”已为激活状态，如图 3－100 所示。

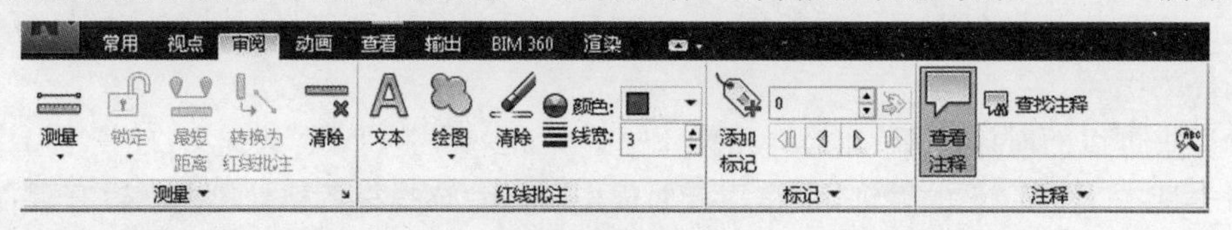

图 3－100

单击“查看注释”，弹出“注释”面板，在选中“外墙”选择集的状态下可以看到刚刚添加的注释，在注释中可以看到所填的注释、日期、作者和状态，选中注释单击鼠标右键，可以对注释进行添加、编辑或删除，如图 3－101 所示。

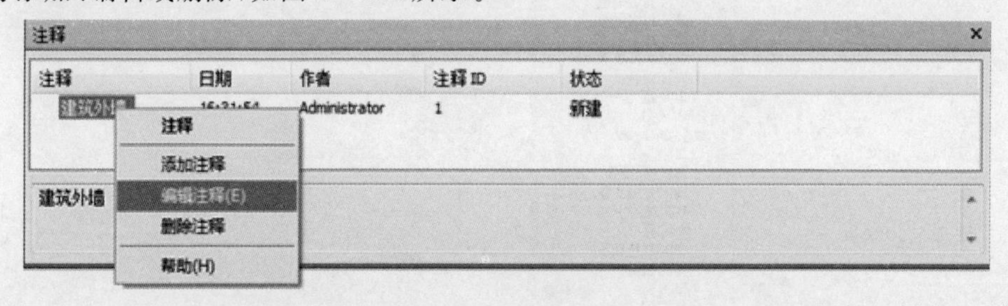

图 3－101

注释的状态有新建、活动、已核准和已解决几种，用于对注释讨论的意见进行记录，也可以直接在编辑注释中进行修改，如图 3－102 所示。

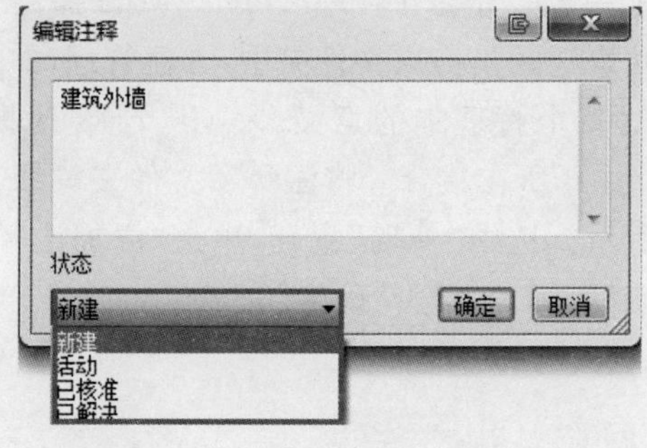

图 3－102

3.10.2 搜索集

当项目图元多且复杂时,手动选择图元建立管理集的方法过于烦琐,此时可以利用搜索集,通过定义不同的条件快速搜索图元。搜索集可以是单独的参数,也可以是多个参数的集合,如图 3-103 所示。切换到“常用面板”,单击“查找项目”按钮即可启动搜索集功能。

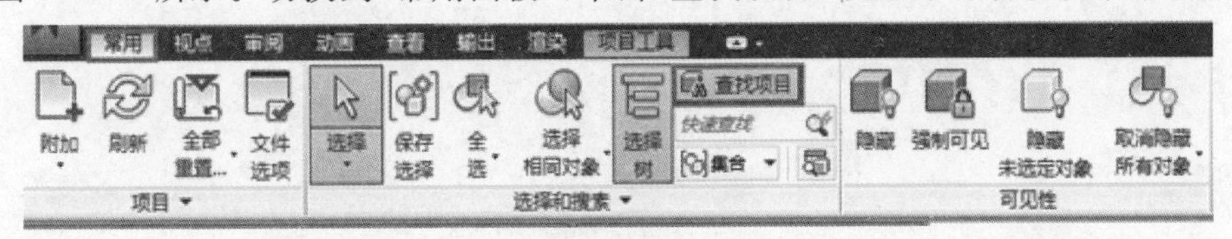

图 3-103

任意选中一个图元,对比弹出的“查找项目”面板和“特性”面板。类别即为图元特性中的“项目”“TimeLiner”等,特性和图元特性中的“名称”“类型”“图标”等对应,如图 3-104 所示。

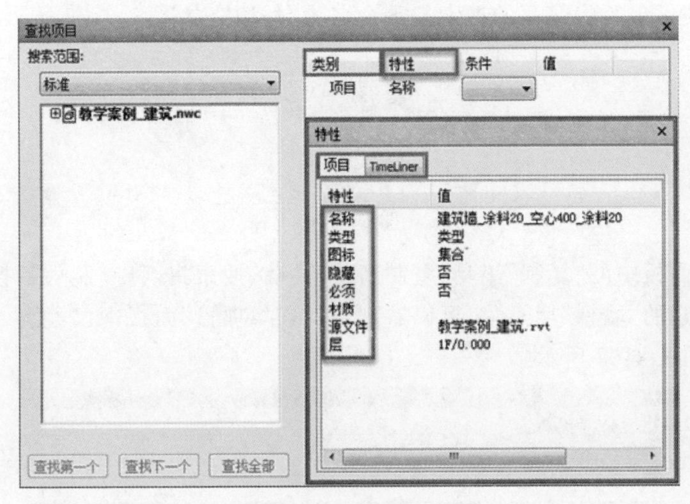

图 3-104

明确搜索范围可以加快搜索计算的速度,准确地找到需要的图元。在项目中,通常会将不同的图元用不同的名称以区分管理,所以,在进行搜索集时,我们也可以用图元的名称进行搜索,如图 3-105 所示。在“类别”下拉列表选中“项目”,在“特性”下拉列表选中“名称”,在“条件”下拉列表选择“包含”,在“值”下拉列表选择或输入“墙”,确定“搜索范围”为“教学案例_建筑.nwc”,确定选中“匹配字符宽度”“匹配附加符号”“匹配大小写”,确定搜索方式为“默认”,单击“查找全部”,即可将文档中所有的墙选中,墙会在选择树和视图中都高亮显示出来。

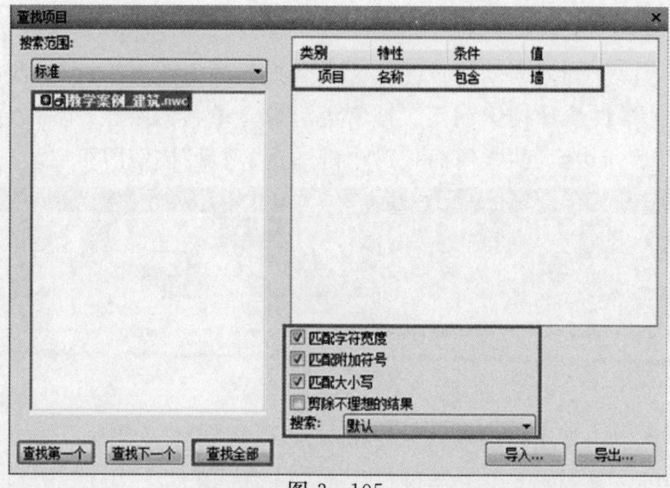

图 3 - 105

单击“保存搜索集”，将保存的搜索集重命名为“外墙”，如图 3 - 106 所示。

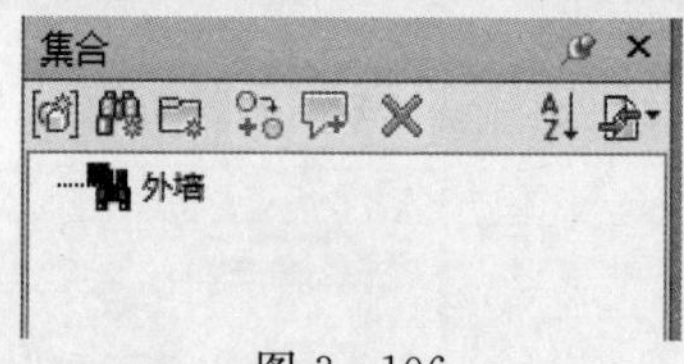

图 3 - 106

单击“集合”面板中的“复制”工具，复制新建的“墙”搜索集，将复制后的搜索集重命名为“墙柱”。选中新建的“墙柱”搜索集，可以看到，在“查找项目”面板中已经有了刚才我们定义的搜索条件，如图 3 - 107 所示。

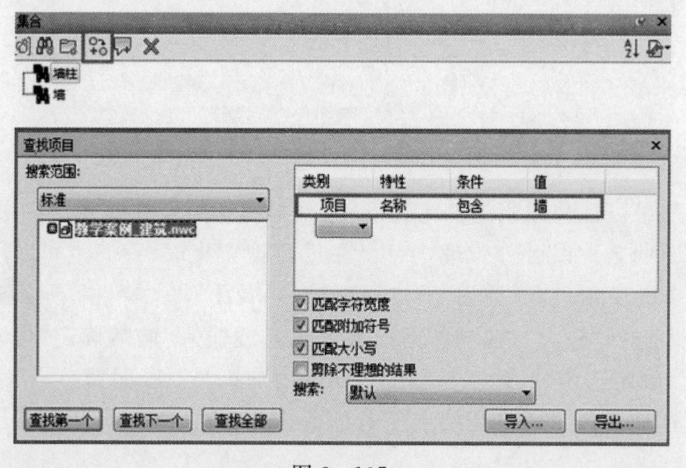

图 3 - 107

为搜索“墙柱”这个搜索集，我们需要再定义一个搜索“柱”的条件，在“查找项目”的“条件”面板中单击鼠标右键，在弹出的快捷菜单里有一系列条件，如图 3 - 108 所示。由于在此我们不是选择“墙”就是选择“柱”，所以在弹出的快捷菜单中选中“OR 条件”，选中之后，在“条件”面板中会出现“+”符号，表示将搜索包含第一条条件或第二条条件信息的图元，在“类别”下选择“项目”，在“特性”下方选择“名称”，在“条件”下方选择“包含”，在“值”下方输入“柱”，确定好搜索范围，单击“查找全部”，选中项目中所有的墙体和柱子，如图 3－109 所示。

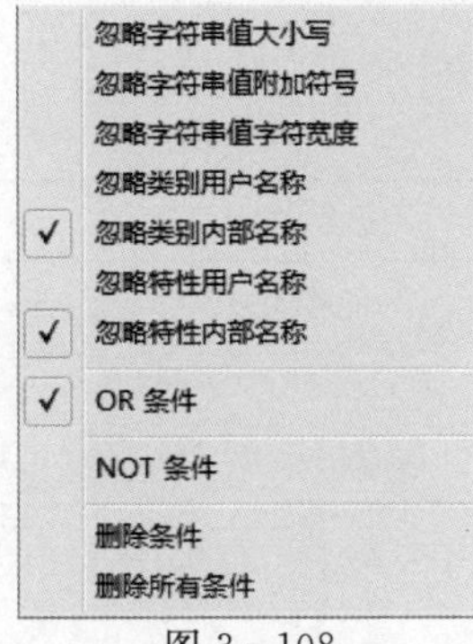

图 3－108

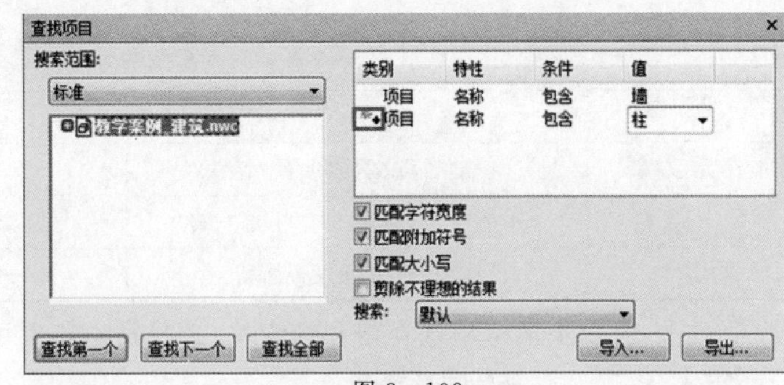

图 3－109

在“墙柱”搜索集处单击鼠标右键，在弹出的快捷菜单中选择“更新”，更新选择的搜索集，如图 3－110 所示。注意：在切换选择搜索集时，选择的图元会根据搜索集变换。

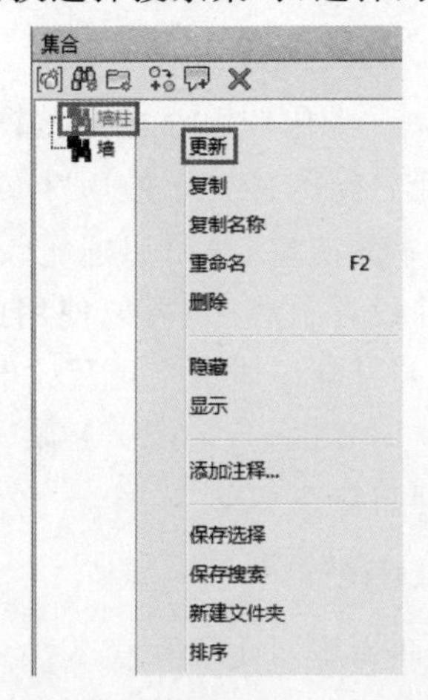

图 3－110

单击“集合”面板中的“导入/导出”按钮，选择“导出搜索集”并选择好指定的文件保存位置，单击“保存”按钮，可以将搜索集导出为 XML 格式文件，如图 3－111 所示。

导出的 XML 格式文件保存了搜索集里设置的条件，用户可以随时通过“集合”面板里的“导入/导出”功能将搜索集导入 Navisworks。注意，导入文件的只是各个搜索集对应的条件，并没有对应到文件里的图元，需要再次单击“查找项目”面板中的“查找全部”，选中满足搜索条件的图元后在“集合”面板里对应的搜索集处单击鼠标右键，在弹出的快捷菜单中选择“更新”，更新选择集。

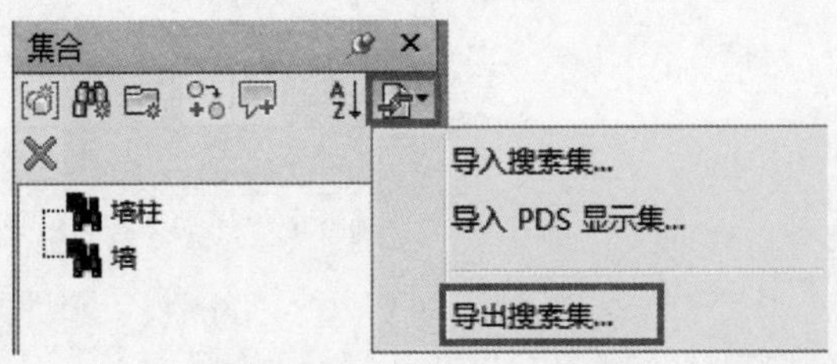

图 3－111

搜索集和选择集虽然都可以对图元选择进行管理，但二者管理方式有所不同，具体见表3-2。

表3-2　选择集和搜索集的管理方式

	选择集	搜索集
控制图元数量	随时增减，方便灵活	不能控制
导出 XML 文件	不能导出，场景变换可能失效	可以导出，场景变换可以重新导入
常用	动画制作、场景查看等	碰撞检查等

在项目中，可以灵活运用选择集和搜索集，选择搜索集后可以在“集合”面板中单击“保存选择”按钮，将搜索集保存为选择集。

3.11　冲突检测

3.11.1　“Clash Detective”工具概述

“Clash Detective”是 Navisworks 中比较重要也是比较常用的功能，碰撞检查是查找和报告在场景的任意两个选择集图元之间的冲突。使用“Clash Detective”工具不仅可以有效地识别、检验和报告三维项目模型中的碰撞，也可以通过设置的条件，检查任意两个选择集图元之间的距离是否满足要求。在设计过程中，可以使用此工具来协调主要的建筑图元和系统。使用该工具可以防止冲突，并可降低建筑变更及成本超限的风险，有助于降低模型检验过程中出现人为错误的风险。使用“Clash Detective”除了对项目进行完美的检查外，也可以在不断的更新中对项目进行管理与核查。

3.11.2　运行“Clash Detective”

单击“常用”选项卡，在“工具”面板中点击“Clash Detective”按钮打开“Clash Detective”窗口，如图3-112所示。

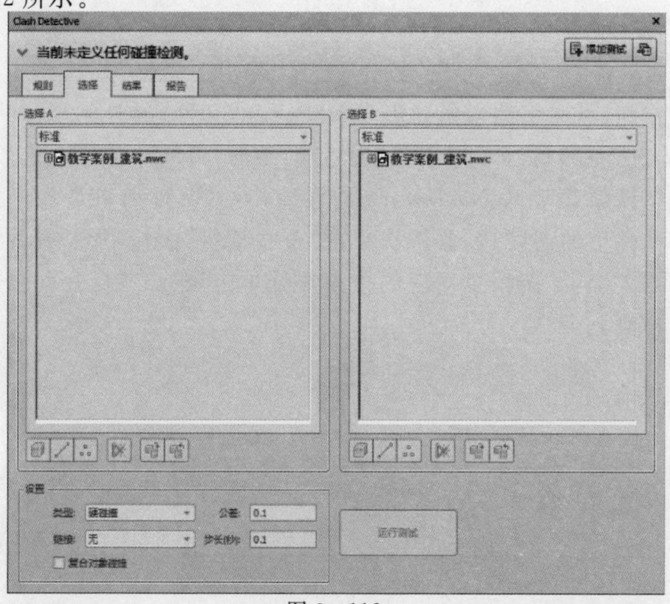

图3-112

单击“添加测试”，默认出现“测试 1”的测试。修改名称为“STRU vs MEP”，在“选择 A”面板里选择“教学案例_结构”，在“选择 B”面板里选择“教学案例_机电”，如图 3－113 所示。

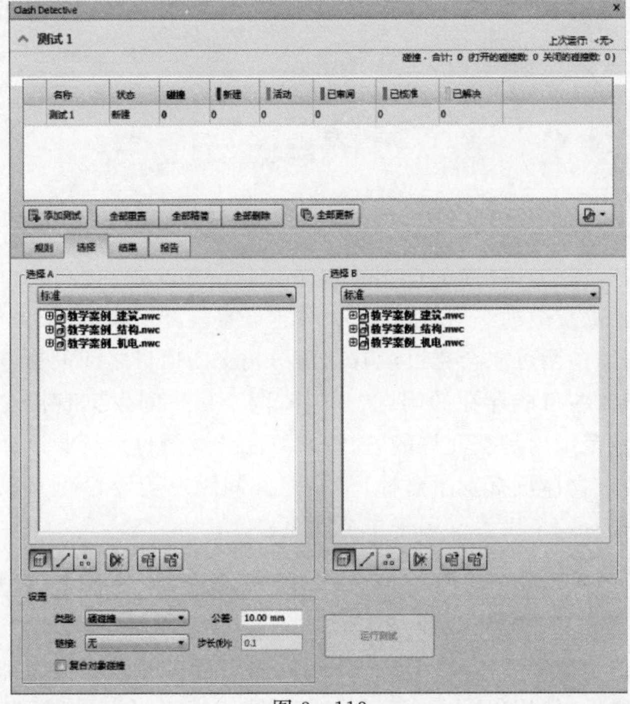

图 3－113

设置碰撞类型为“硬碰撞”，公差为“10.00mm”，单击“运行测试”便可以得出碰撞结果，如图 3－114 所示。

图 3－114

Naviswork的碰撞有四个设置，分别是硬碰撞、硬碰撞(保守)、间隙与重复项，如图3-115所示。

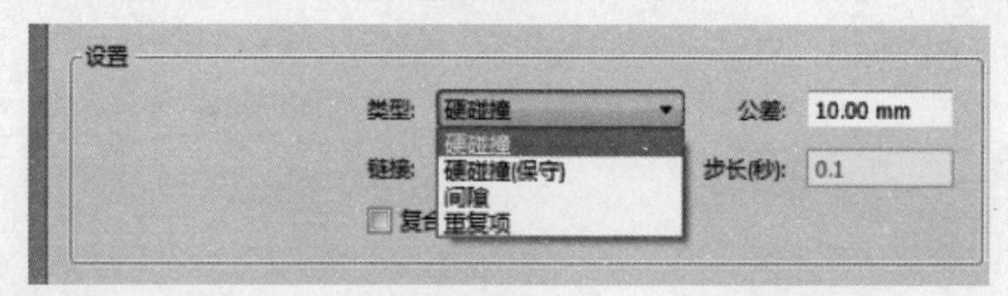

图3-115

硬碰撞与硬碰撞(保守):碰撞的严重性取决于两个相交项目的相交情况。硬碰撞被记录为负距离碰撞。距离负数的绝对值越大，碰撞越严重。Autodesk Navisworks几何图形均由三角形构成，硬碰撞检测可能会错过没有三角形相交的项目之间的碰撞，因此，选择“硬碰撞(保守)”便能找出这些可能存在的问题。另外，两个物体间发生直接交叉和碰撞，但是这种交叉和碰撞在一定范围内是被允许的，这时修改公差数值再运行测试即可。

间隙碰撞:指两个物体没有发生碰撞，但是之间间距小于设置距离，那么运行间隙碰撞之后便会被检查出来。这个设置常用于走道间距检查。

重复项:用于检查重叠几何对象。

3.11.3 “Clash Detective”窗口介绍

在未添加测试的情况下，“Clash Detective”可固定窗口的许多功能都是灰色的，无法进行设置。添加测试之后，使用“Clash Detective”可固定窗口可以设置碰撞检测的规则和选项、查看结果、对结果进行排序以及生成碰撞报告。

1.“规则”选项卡

“规则”选项卡用于定义和自定义要应用于碰撞检测的忽略规则，该选项卡列出了当前可用的所有规则，如图3-116所示。这些规则可用于使“Clash Detective”在碰撞检测期间忽略某个模型几何图形。可以编辑每个默认规则，并可以根据需要添加新规则，如图3-117所示。

图3-116

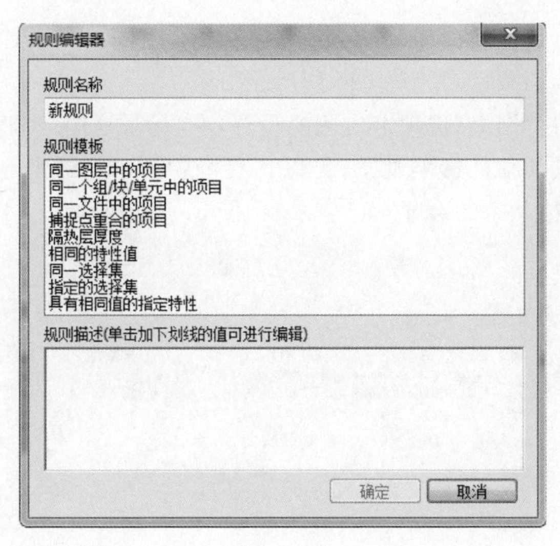

图 3－117

2.“选择”选项卡

“选择”选项卡分为“选择 A”“选择 B”两个窗口，两个窗口分别包含整个项目集的树视图。可以根据“标准”(按照 NWC 文件排序，细分至每个元素)、“紧凑”(按照 NWC 文件排序，细分至每个文件的不同标高)、“特性”(按照每个元素的属性进行分类)等分类来选择要碰撞的项目集，如图 3－118 所示。

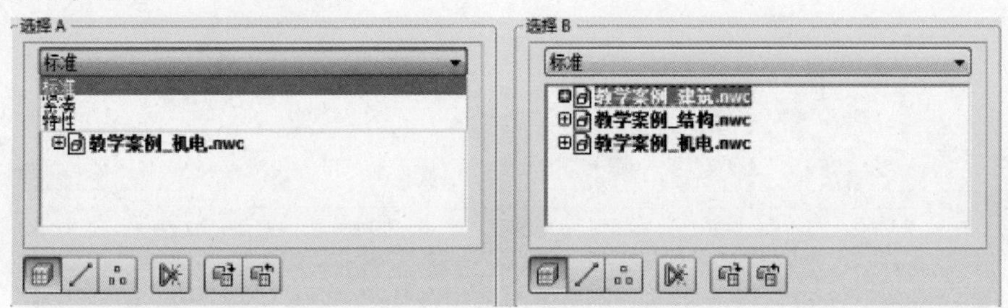

图 3－118

此外，也可以通过“集合”(通过搜索集保存后的集合)四个选项进行选择，快速查找所需要的碰撞检查。然后运行测试就可以了，如图 3－119 所示。

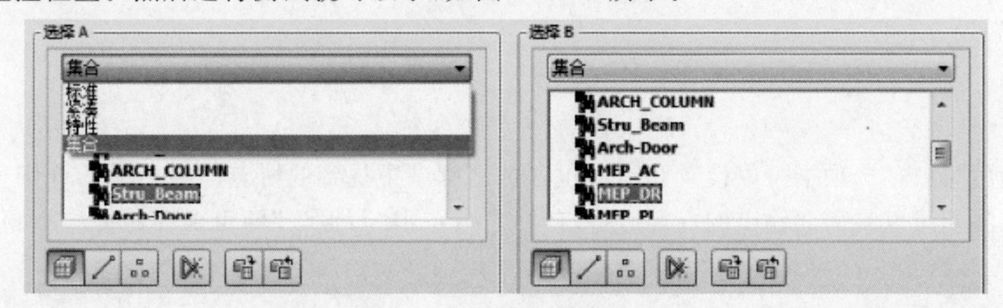

图 3－119

3.“结果”选项卡

通过“结果”选项卡，我们能够以交互方式查看已找到的碰撞。它包含碰撞列表和一些用于管理碰撞的控件。可以将碰撞组合到文件夹和子文件夹中，从而使管理大量碰撞或相关碰撞的工作变得更为简单，如图 3－120 所示。

另外，我们可以通过“结果”选项卡右侧的设置，在“场景视图”中将模型的碰撞元素高亮显示出来。为了防止其他构件影响观察，可以选择“暗显其他”或者“隐藏其他”。对模型进行修改后，解决了的碰撞状态便会显示已解决，如图 3－121 所示。

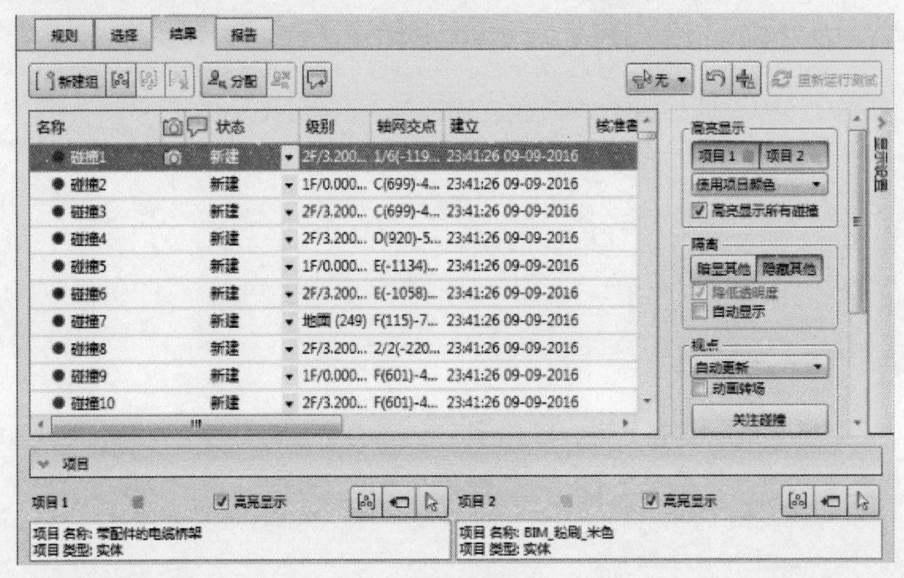

图 3－120

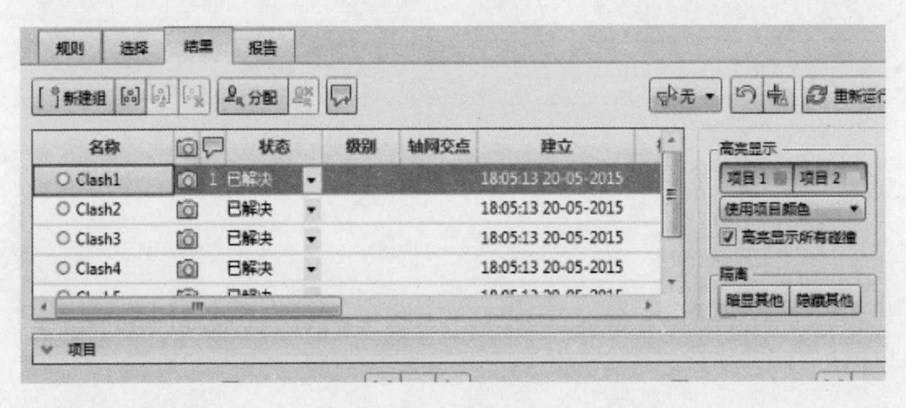

图 3－121

4．“报告”选项卡

使用“报告”选项卡可以设置和写入包含选定测试中找到的所有碰撞结果的详细信息的报告。我们可以将需要输出的内容进行打勾，之后点击“写报告”即可保存碰撞检查报告，如图 3－122 所示。

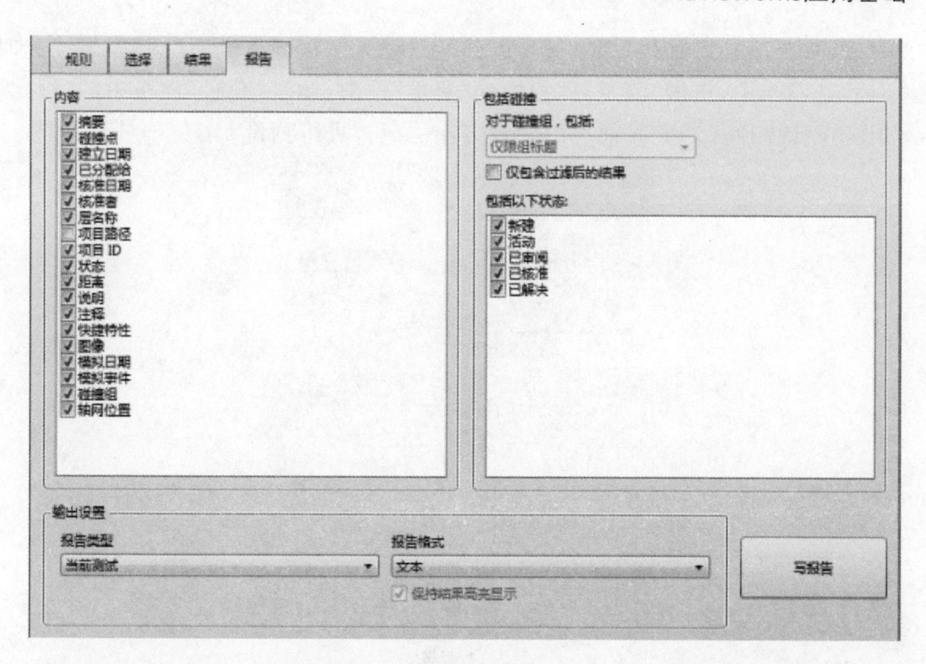

图 3 - 122

3.12 测量和审阅

3.12.1 “测量工具”概述

“测量工具”窗口是一个可固定的窗口，其顶部包含许多按钮，用于选择要执行的测量类型。可以使用测量工具进行线性、角度和面积测量，以及自动测量两个选定对象之间的最短距离。在“场景视图”中，标准测量线的端点表示为小十字符号，所有线都由记录点之间的一条简单线测量。

如果使用累加测量，如“点直线”或“累加”，则“距离”将显示在测量中记录的所有点的累加距离，如图 3 - 123 所示。

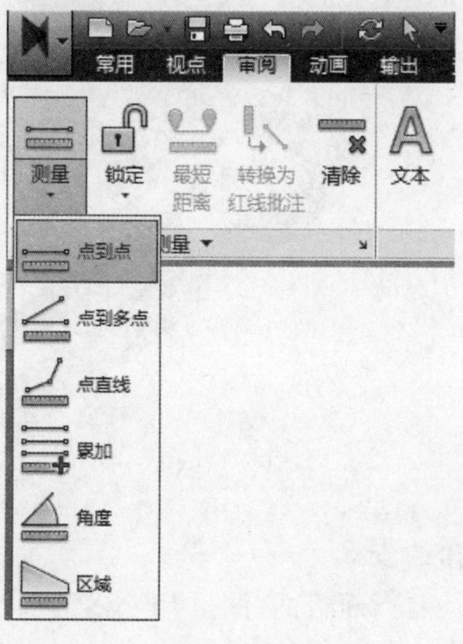

图 3 - 123

在测量时,如果不锁定轴线,那么选择管道的时候无法精确选到对应的位置。这时我们可以在“审阅”选项卡中,点击“测量”面板中的“测量”选项,此时“测量”面板中的“锁定”选项被激活,如图 3-124 所示。此时便可以锁定方向之后再进行测量。

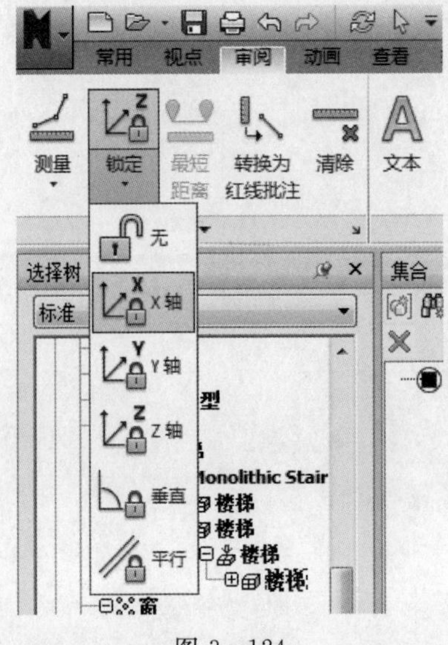

图 3-124

3.12.2 使用“测量工具”

(1)测量两点之间的距离的步骤。

①单击“审阅”选项卡,在“测量”面板的“测量”下拉菜单中选择“点到点”。

②之后在“场景视图”中单击要测量距离的起点和终点。可选标注标签显示测量的距离,如图 3-125 所示。

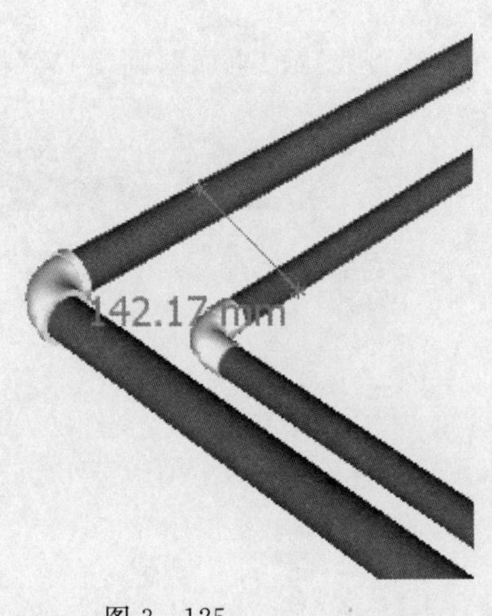

图 3-125

(2)计算两条线之间的夹角的步骤。

①单击“审阅”选项卡,在“测量”面板的“测量”下拉菜单中选择“角度”。

②单击第一条线上的点。

③单击第一条线与第二条线的交点。

④单击第二条线上的点。可选标注标签显示计算的两条线之间的角度，如图 3-126 所示。

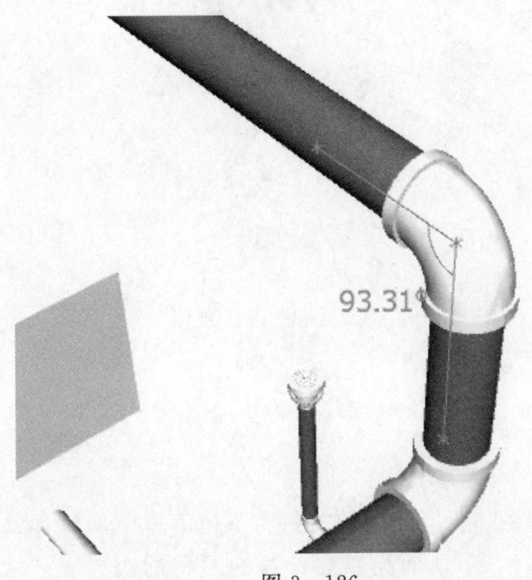

图 3-126

(3)计算多个点到点测量的总和的步骤。

①单击“审阅”选项卡，在“测量”面板的“测量”下拉菜单中选择“累加”。

②单击要测量的第一个距离的起点和终点，如图 3-127 所示。

③单击要测量的下一个距离的起点和终点，如图 3-128 所示。

④如果需要，请重复此操作以测量更多距离。可选标注标签显示所有点到点测量的总和。

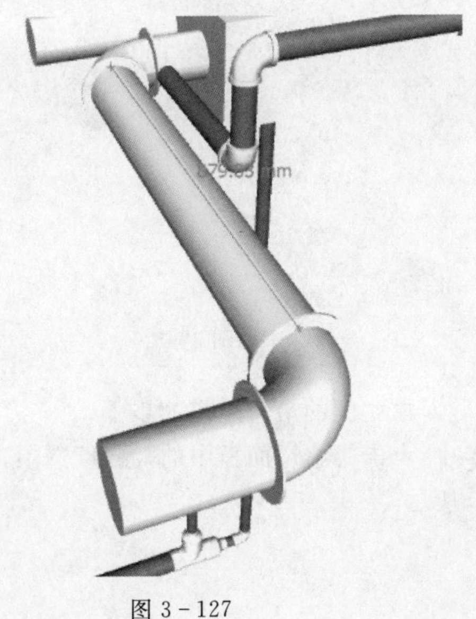

图 3-127

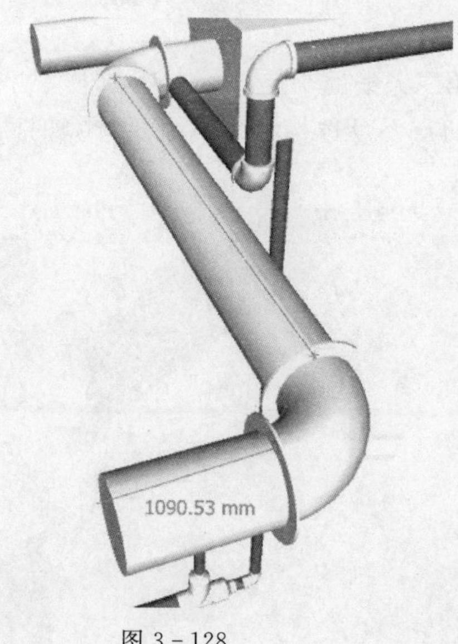

图 3-128

(4)计算平面上的面积的步骤。

①单击“审阅”选项卡，在“测量”面板的“测量”下拉菜单中选择“区域”。

②单击鼠标以记录一系列点，从而绘制要计算的面积的边界。记录的点会自动计算圈中部分的面积，如图 3-129 所示。

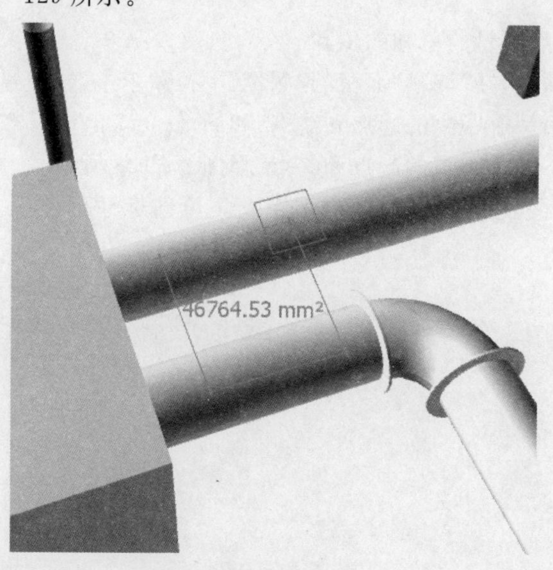

图 3-129

(5)测量两个参数化对象之间的最短距离的步骤。

①在“审阅”选项卡中，点击“测量”面板中的“测量”选项，此时“测量”面板中的“锁定”选项被激活，如图 3-130 所示。

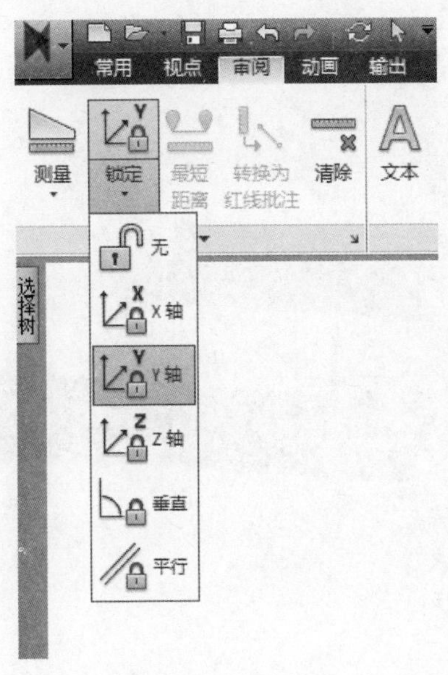

图 3-130

②根据需要修改“锁定”选项，选择任意两个图元，单击“测量”面板中的“最短距离”，便能测出两个图元的最短距离，如图 3-131 所示。

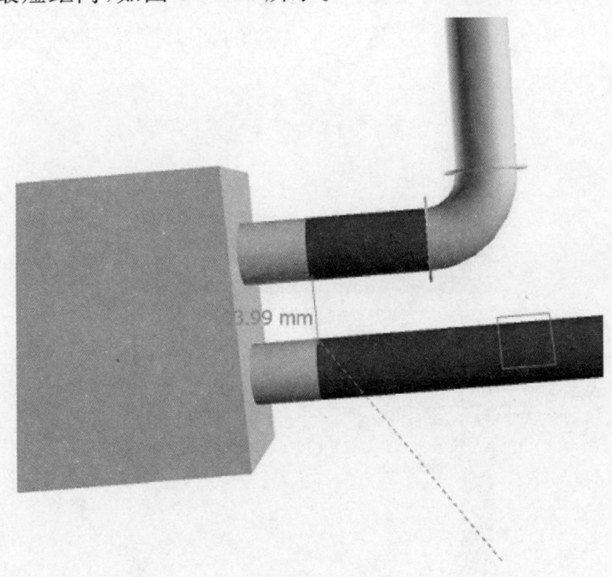

图 3-131

(6)将测量转换为红线批注。

将测量转换为红线批注时，将清除测量本身，并且生成一个视点。此时移动“场景视图”，红线标注将消失，如图 3-132 所示。

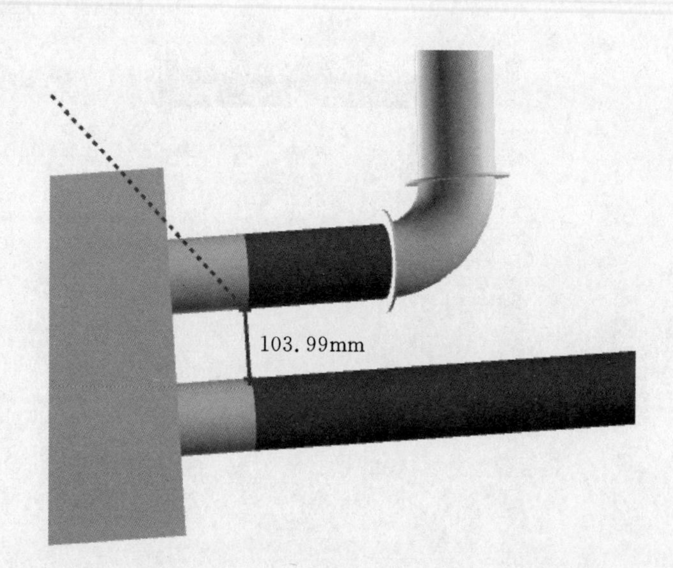

图 3 - 132

(7)更改测量线的线宽和颜色的步骤。

①在“审阅”选项卡中,单击“测量”选项卡右边的箭头符号,打开“测量工具”窗口,如图 3 - 133所示。

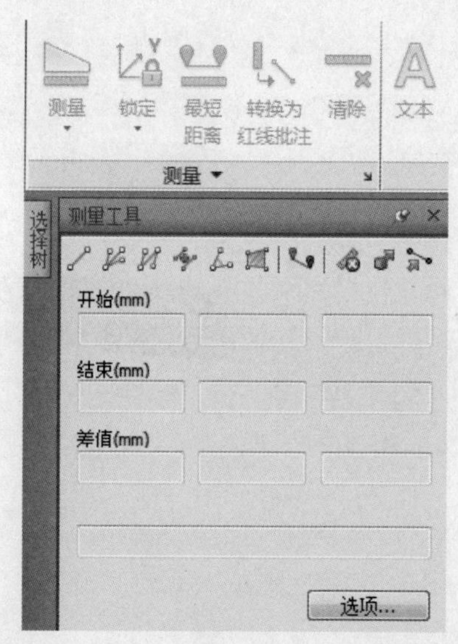

图 3 - 133

②点击“选项”,打开“选项编辑器”对话框,在“选项编辑器”中“界面”节点下的“测量”页面中,在“线宽”框中输入所需的数字,在“颜色”框中选中所需的颜色,如图 3 - 134 所示。

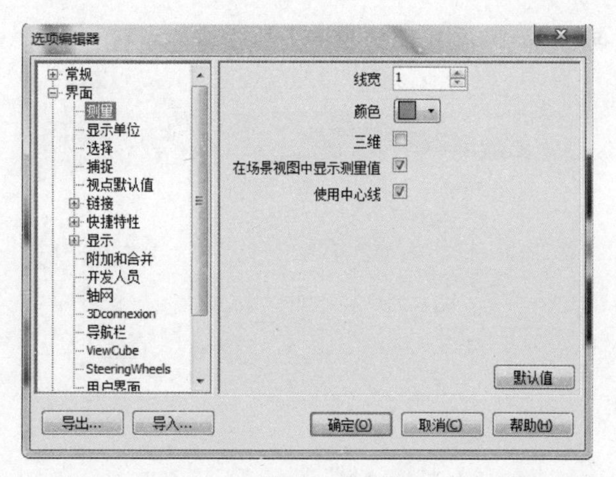

图 3-134

3.13 注释、红线批注和标记

在 Navisworks 中，可以将注释添加到视点、视点动画、选择集和搜索集、碰撞结果以及“Timeliner”任务中。也可使用审阅工具（红线批注和标记）向视点和碰撞检查结果添加注释。点击“审阅”选项卡，在“注释”面板中单击“查看注释”按钮，打开“注释”窗口。“注释”窗口，是一个可固定的窗口，通过该窗口可以查看并管理注释，如图 3-135 所示。

图 3-135

1.向视点添加注释

①单击“视点”选项卡，在“保存、载入和回放”面板中选择“保存的视点”工具启动器以打开“保存的视点”窗口，如图 3-136 所示。

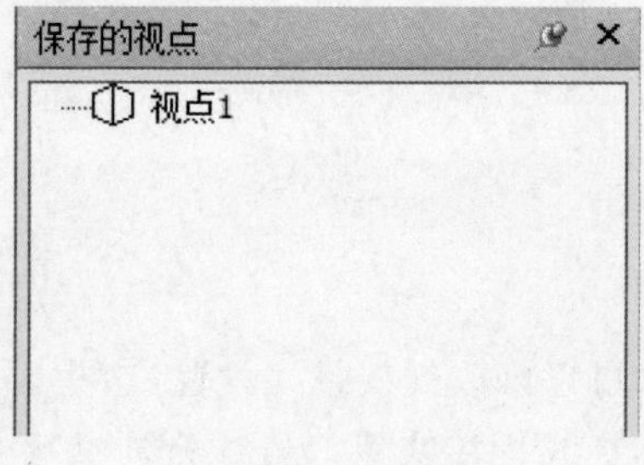

图 3-136

②在“保存的视点”窗口中，在所需的视点上单击鼠标右键，然后单击“添加注释”，如图3－137所示。

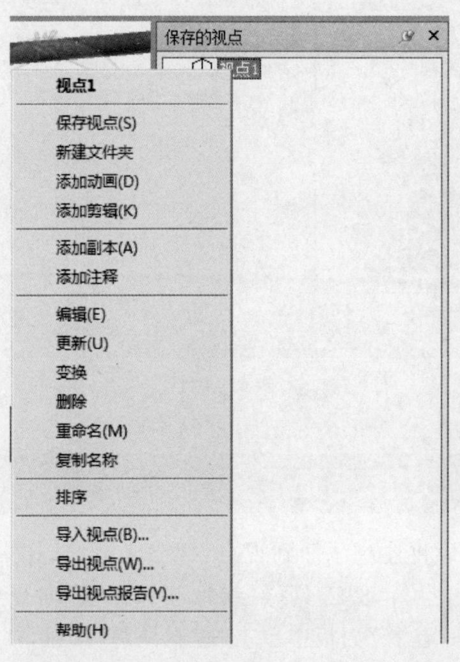

图 3－137

③在“注释”窗口中，键入注释。默认情况下，为其指定“新建”状态，如图 3－138 所示。

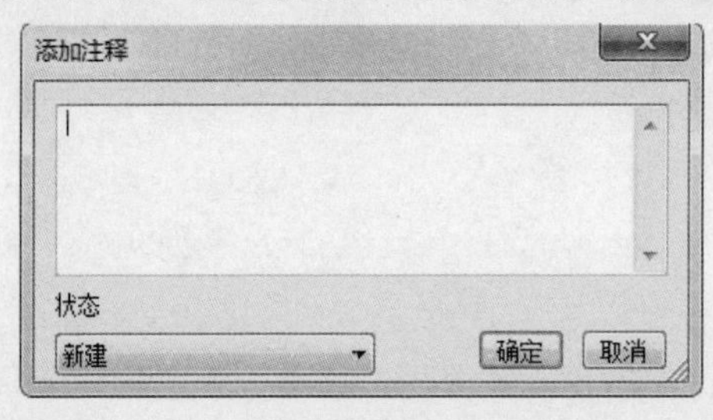

图 3－138

2.红线批注工具面板

使用“审阅”选项卡上的“红线批注”面板，可使用红线批注注释来标记视点和碰撞结果，如图 3－139 所示。

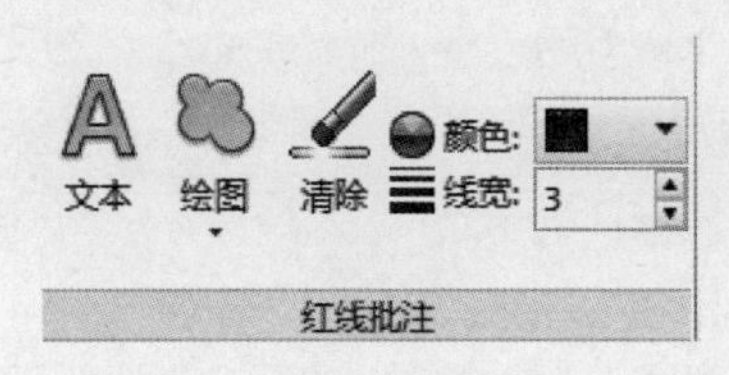

图 3－139

通过“线宽”和“颜色”控件可以修改红线批注设置，这些更改不影响已绘制的红线批注。此外，线宽仅适用于线，不影响红线批注文字。红线批注文字具有默认的大小和线宽，不能进行修改。所有红线批注只能添加到已保存的视点或具有已保存视点的碰撞结果。如果没有任何已保存的视点，则添加标记将自动创建视点并进行保存。

3.添加文字

①单击“视点”选项卡，在“保存、载入和回放”面板中点击“保存的视点”下拉菜单，然后选择要审阅的视点，如图 3－140 所示。

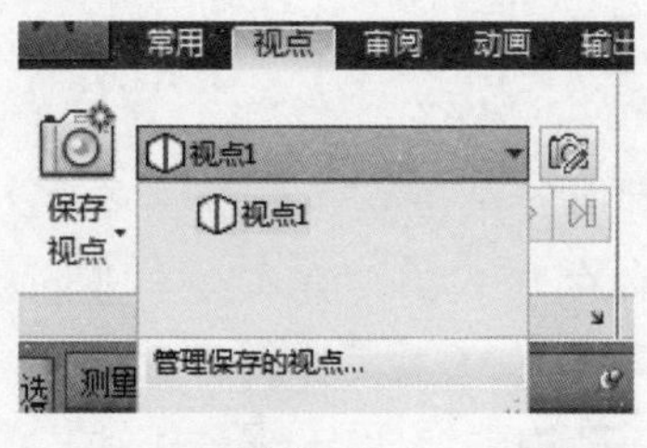

图 3－140

②单击“审阅”选项卡，在“红线批注”面板中选择“文本”，如图 3－141 所示。

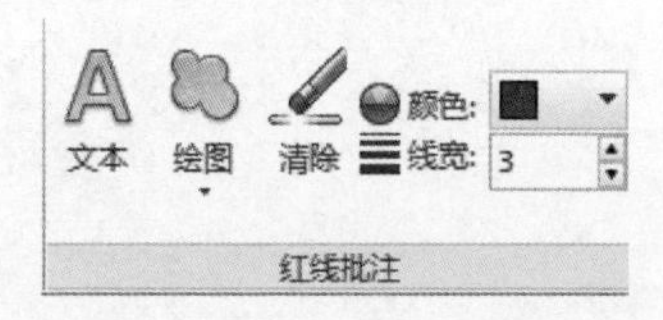

图 3－141

③在“场景视图”中，单击要放置文字的位置。在弹出的框中输入注释，然后单击“确定”。红线批注将添加到选定的视点，如图 3－142 所示。

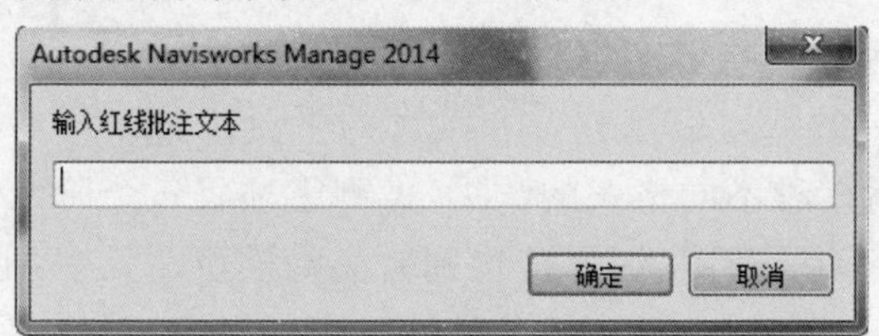

图 3－142

④如果要移动或者编辑注释，可以在红线批注上单击鼠标右键，然后单击“移动”或者“编辑”。单击“场景视图”中的其他位置会将文字移到此相应的位置或者对注释进行编辑，如图 3－143 所示。

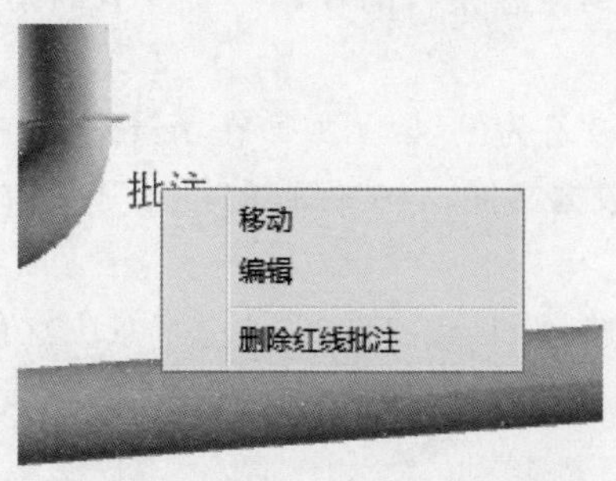

图 3－143

第 4 章　Navisworks 数据整合应用

教学导入

BIM 的核心在于将原来分工造成的信息孤岛及碎片高效的整合在一起，可节省因重复劳作而浪费的时间与成本。BIM 的应用将使建筑各专业间由传统的二维信息分散作业模式，迈向三维空间信息与建筑属性信息的共同协同作业模式，极大改善项目各参建相关单位的沟通效率，从而提升工程质量，节约建造成本，保障工期。

本章对数据整合的作用、链接外部数据和整合图纸信息做了详尽的讲解。此功能贯穿了 Navisworks 所有的工作流程，比如贯穿了渲染、碰撞检测、动画、进度模拟以及算量等所有功能模块。

学习要点

- BIM 数据整合
- BIM 数据管理应用

4.1　数据整合管理应用

1. 数据整合管理的作用

Navisworks 是 BIM 数据与信息整合和管理的平台工具。可在 Navisworks 中整合照片、表格、文档、超链接等多种不同格式的数据，做到将项目各个阶段的信息链接到模型中。例如：可以将设计阶段的问题截图、注释链接到对应的模型图元中，形成完整的设计调整方案；在施工阶段，可以建现场照片，形成完整的施工现场过程记录，也可以在 Navisworks 场景中的机电设备添加实景照片、性能参数等信息数据，形成运营维护数据库。

2. 链接外部数据

Navisworks 提供了链接工具，用于给场景中指定的图元和外部图片、文本、超链接等进行关联，以说明修改图元或起到信息整合的作用。要注意的是，添加外部数据链接，必须选中指定图元进行添加。

接下来，以场景中的机电设备为例，说明如何在场景图元中添加链接。

(1)打开“4 - 1 - 2. nwd”数据文件。在“保存的视点”中选择“链接”视点，该视点显示了部分机电管线布置。

在“常用”选项卡中使用“选择”工具，“单击”选择场景中红色标注管件，如图 4 - 1 所示。

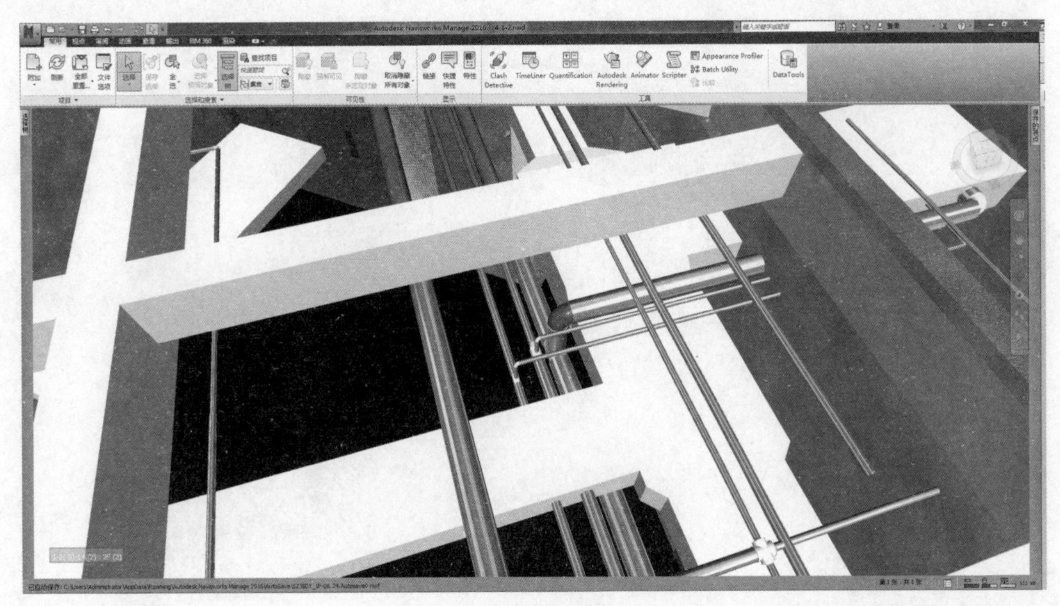

图 4－1

(2)选中文件后，切换至“项目工具”上下文选项卡，如图 4－2 所示，单击“链接”面板中的“添加链接”工具，打开“添加链接”对话框。

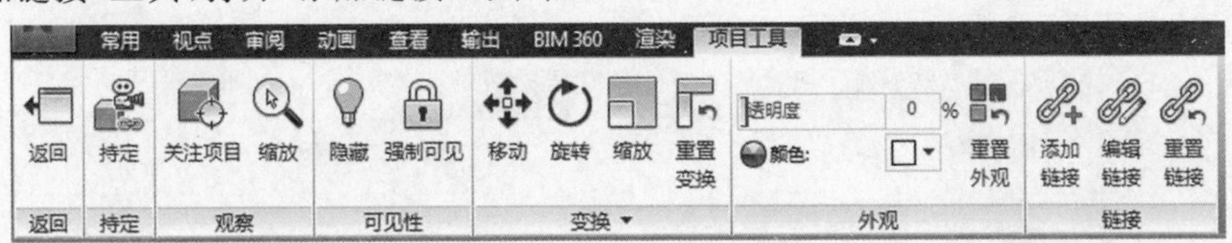

图 4－2

也可以在选择图元后单击鼠标右键，在弹出的快捷菜单中选择“链接→添加链接”，打开“添加链接”对话框，如图 4－3 所示。

(3)如图 4－4 所示，在“添加链接”对话框中，在“名称”中输入“管件图片”，在“类别”下拉列表中选择“标签”，即添加记录该图元的实际照片。

“超链接”和“标签”是定义链接数据的两种不同的形式，使用超链接形式将定义的连接点显示为链接图标，选择标签的方式，则将显示为带有名称的标签。不管用什么形式，单击超链接图标或标签时，都将打开链接的外部数据内容。

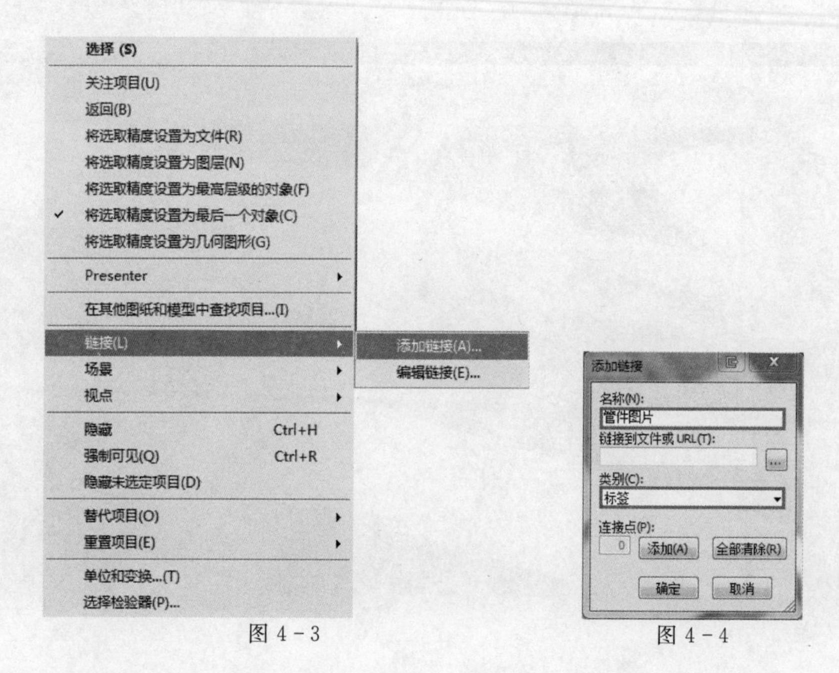

图 4-3　　　　　　图 4-4

(4)单击“链接到文件或 URL(T)”栏下方的 ... 按钮,弹出“选择链接”对话框,设置“文件类型”为“图像”格式,找到“教程_11-4_管件照片.jpg”图片文件,单击“打开”按钮返回“添加链接”对话框,如图 4-5 所示。

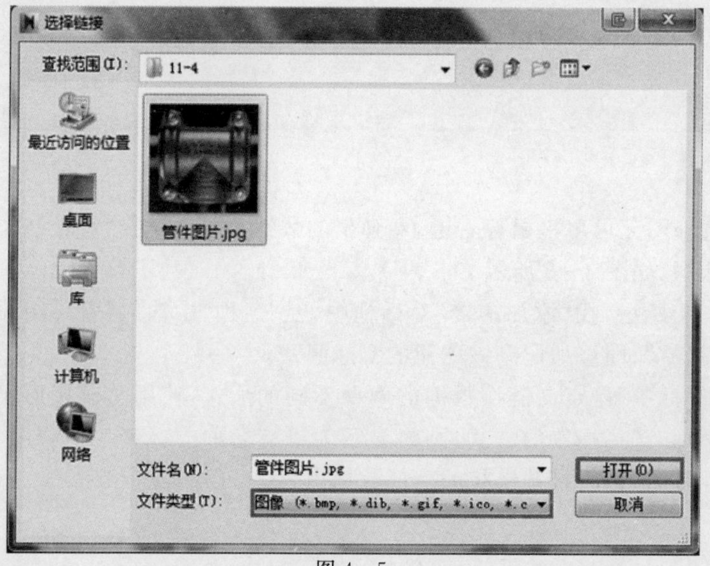

图 4-5

如图 4-6 所示,Navisworks 支持文档、HTML、音频、视频以及 Navisworks 文档等多种不同的外部数据格式。

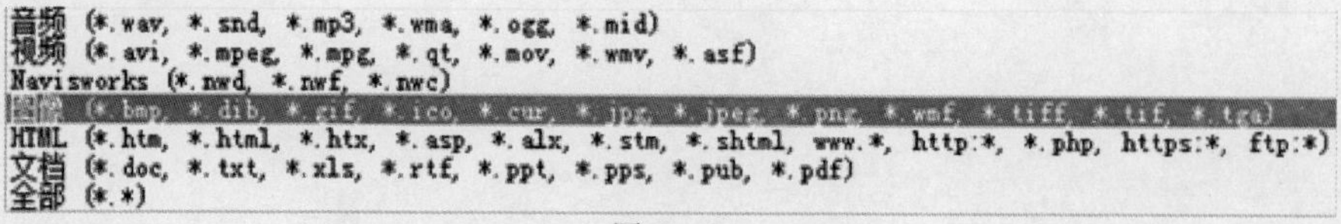

音频 (*.wav, *.snd, *.mp3, *.wma, *.ogg, *.mid)
视频 (*.avi, *.mpeg, *.mpg, *.qt, *.mov, *.wmv, *.asf)
Navisworks (*.nwd, *.nwf, *.nwc)
图像 (*.bmp, *.dib, *.gif, *.ico, *.cur, *.jpg, *.jpeg, *.png, *.wmf, *.tiff, *.tif, *.tga)
HTML (*.htm, *.html, *.htx, *.asp, *.alx, *.stm, *.shtml, www.*, http:*, *.php, https:*, ftp:*)
文档 (*.doc, *.txt, *.xls, *.rtf, *.ppt, *.pps, *.pub, *.pdf)
全部 (*.*)

图 4-6

(5)单击“连接点”中的“添加”按钮,进入链接添加模式,如图 4-7 所示。鼠标指针变成链接添加模式,移动鼠标指针到管件任意一点,单击放置连接点,注意,放置成功后在“添加链接”对话框的“连接点”下方将由“0”变为“1”,即已经添加了一个连接点,单击“确定”按钮,退出“添加链接”对话框。

(6)确认管件仍处于选择状态。继续使用“添加链接”工具,如图 4-8 所示,在“添加链接”对话框中将“名称”修改为“管件信息”,输入改管件的网址为 http://www.victaulic.com/en/,设置类别为“超链接”,单击“添加”按钮,在所选管件任意一点单击添加新的连接点,注意,此时“连接点”的数量自动修改为“2”。单击“确定”按钮,退出“添加链接”对话框。

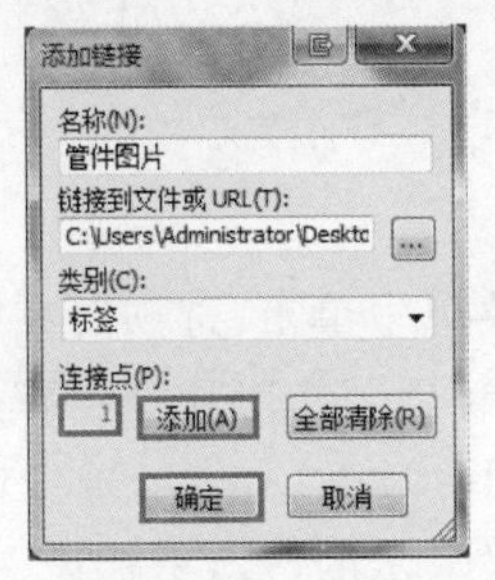

图 4-7

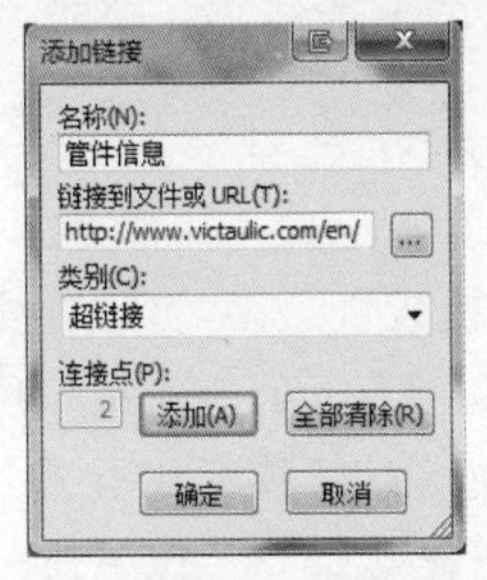

图 4-8

也可以在选择管件后,单击鼠标右键,在弹出的快捷菜单中选择“链接→添加链接”,或切换到“项目工具”选项卡,在“链接”面板中选择“编辑链接”。

(7)如图 4-9 所示,切换到“常用”选项卡的“显示”面板中,单击“链接”工具,视图中将显示全部链接的文件。

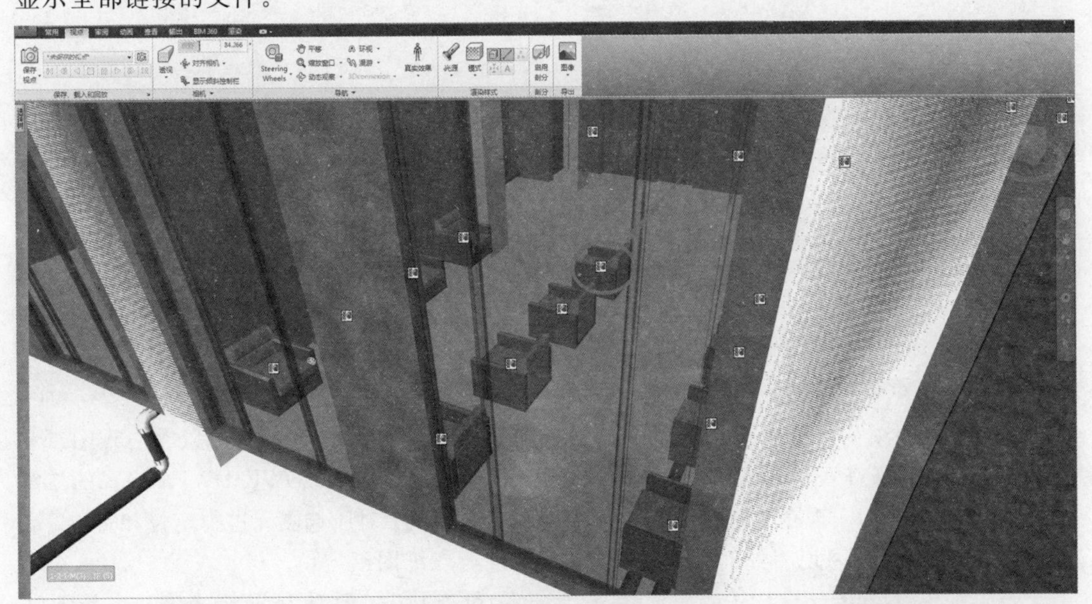

图 4-9

(8)切换到“项目工具”的“链接”面板中,单击选择“编辑链接”工具,弹出“编辑链接”对话框。选中其中链接,可以对其进行“添加”“编辑”“跟随”等命令,对当前图元添加新链接、编辑已有链接或删除已添加的链接；当同一个图元定义了多个超链接时，默认将显示第一个放置的超链接图标，可以通过“上移”“下移”按钮修改各链接符号的前后顺序，如图 4－10 所示。

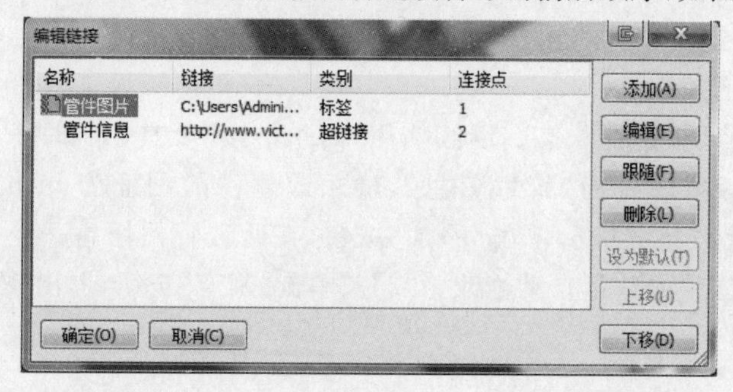

图 4－10

当场景中包含的链接数量过多，可以在主菜单中单击“选项”，在弹出的“选项编辑器”对话框中进行设置，如图 4－11 所示。勾选“显示链接”，作用和“常用”选项卡“显示”面板中的“链接”功能相似，可以使所有链接显示在视图中；勾选“三维”，链接图标将以三维的形式显示在视图中，其他图元可能会遮挡住以三维模式显示的链接图标；“消隐半径”是用于控制视点与链接图标的距离小于指定值时才会显示链接图标，否则将不显示该链接图元，以减少场景中的链接图标数量，并控制在漫游或浏览时只显示当前视点附近的链接图标。

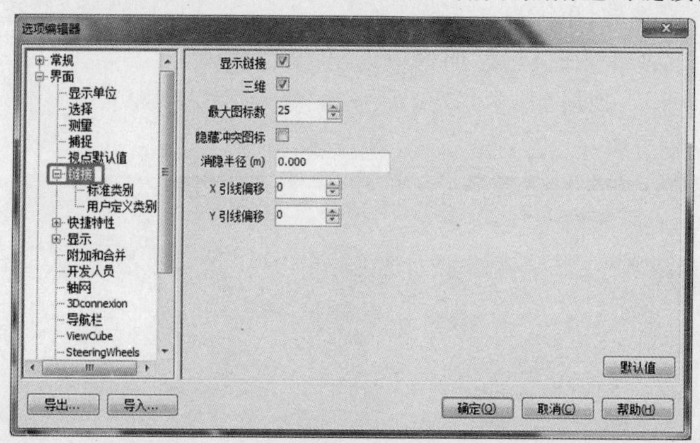

图 4－11

4.2　整合图纸信息

为了更好地浏览和查看三维场景，了解所选图元的更详细的设计信息，可以将二维图纸和三维场景组合起来查看和浏览。Navisworks 中提供了将三维场景和 DWF/DWFX 格式的二维图纸文档整合功能，实现在浏览三维场景时随时在二维图纸中对所选图元进行定位和查看。

接下来，通过练习说明如何在 Navisworks 中进行二维图纸定位。

要实现在 Navisworks 中对平面图进行定位和查找，需要满足两个条件，一是要用 DWF/DWFX 格式，二是 DWF 图纸和 Navisworks 中的场景模型必须要用同一个 Revit 模型产生。只有两个条件都满足，Navisworks 才能在其他图纸上查找并定位图元。

（1）打开“.RVT”文件，在“项目浏览器”中切换到楼层平面视图，在 Revit 主菜单中选择“导出”，导出 DWF 格式文件，如图 4－12 所示。

图 4－12

(2)在弹出的“DWF 导出设置”对话框中不更改默认设置,点击“下一步”,将文件保存为“1F 平面图”,如图 4－13 所示。

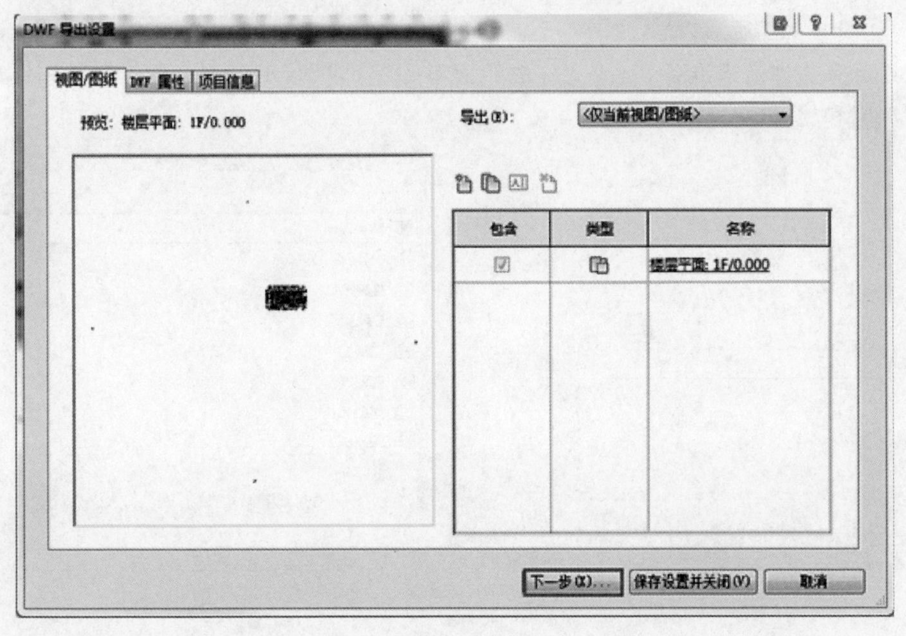

图 4－13

(3)亦可在“查看”选项卡中的“工作空间”面板中点击“窗口”下拉列表，勾选“项目浏览器”，如图 4－14 所示。

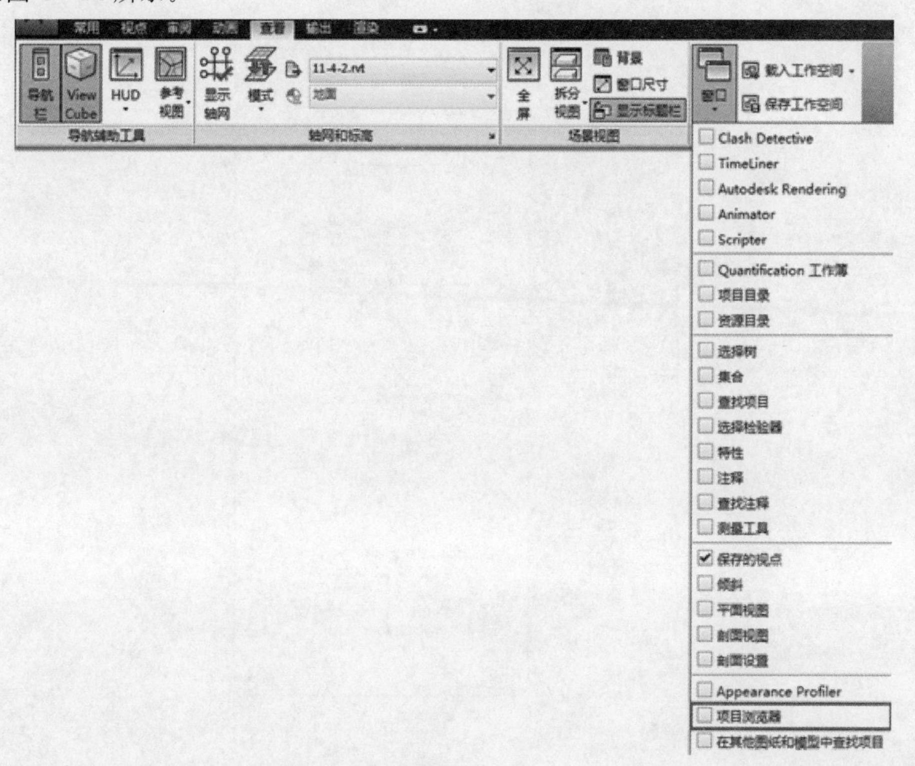

图 4－14

(4)在弹出的“项目浏览器”中选择“导入图纸和模型”按钮，如图 4－15 所示，在文件类型中选择“所有文件”导入在 Revit 中导出的 DWF 文件。

(5)如图 4－16 所示，导入文件后，可以通过按钮对图纸进行缩略图或列表方式显示，文件导入后所有文件尚未准备好，在文件的后面有标识，即 Navisworks 还不能对图纸中的图元进行浏览和检索。

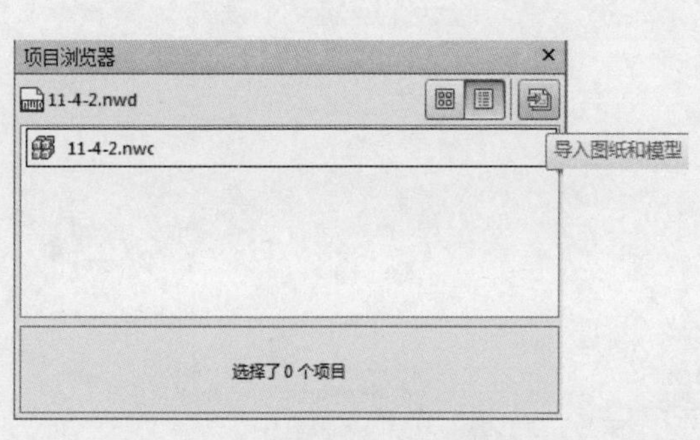

图 4－15

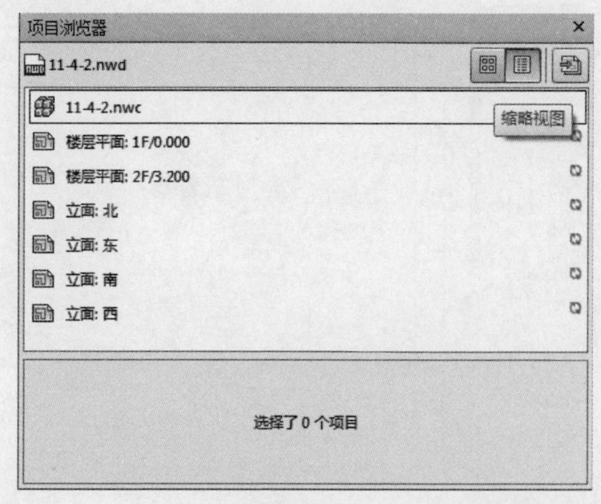

图 4－16

(6)任意选择场景中的门,在门选中的状态下单击鼠标右键,在弹出的快捷菜单中选择“在其他图纸和模型中查找项目”,如图 4-17 所示。

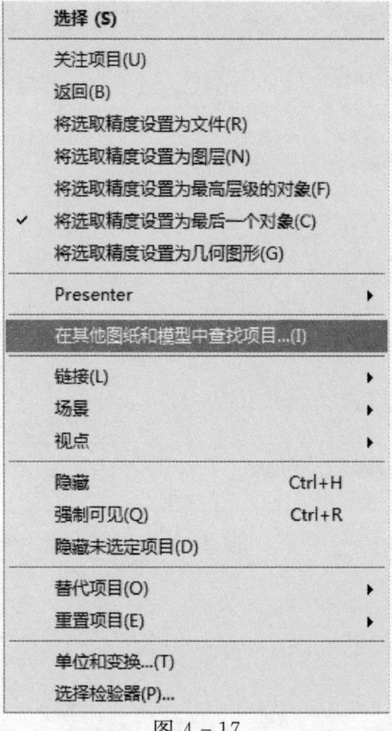

图 4-17

(7)如图 4-18 所示,在弹出的“在其他图纸和模型中查找项目”对话框中显示“必须准备某些图纸和模型才能进行搜索,单击‘全部备好’按钮”,单击选中“全部备好”按钮,Navisworks 将准备 DWF 文件中的所有图纸。

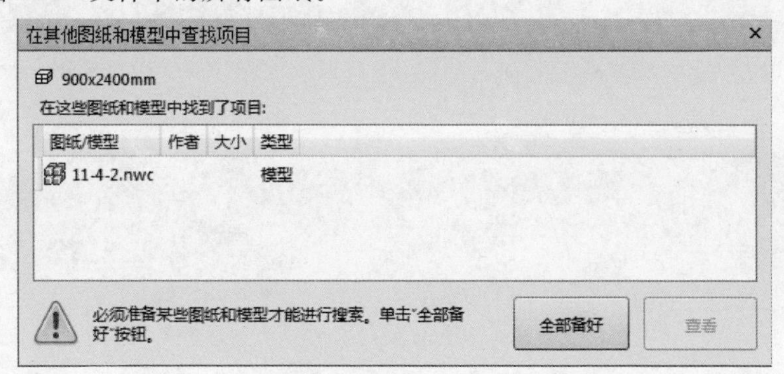

图 4-18

(8)Navisworks 将弹出如图 4-19 所示“正在转换”对话框,提示正在准备的 DWF 格式文件的进度。

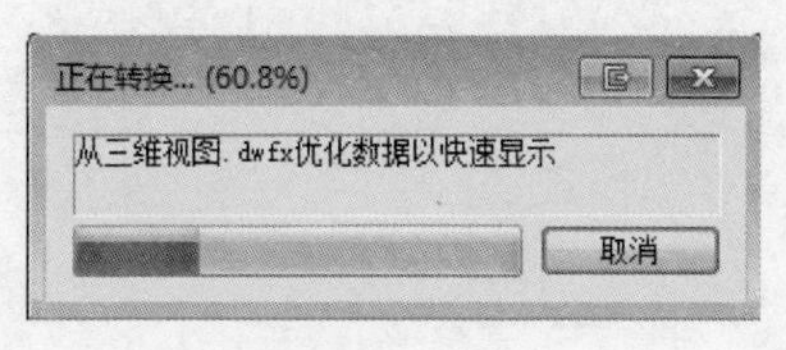

图 4-19

(9)转换完成后,“在其他图纸和模型中查找项目”对话框中显示“已对所有图纸和模型进行搜索”,且已将所有 DWF 文件转换成 NWC 文件,如图 4-20 所示。

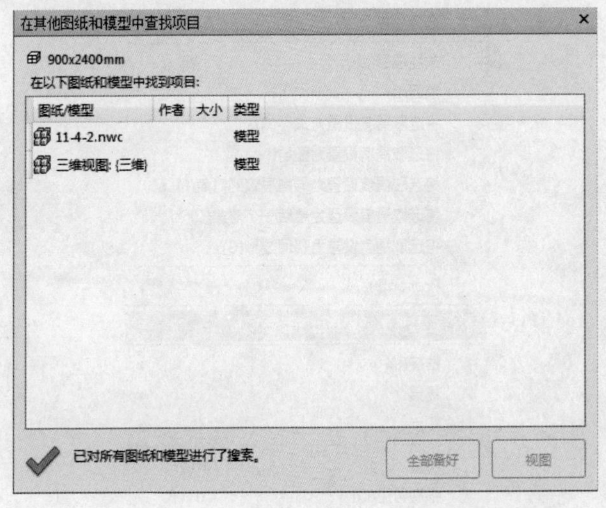

图 4-20

专业实践篇

第5章　BIM项目建设流程架构

教学导入

基于BIM的管理模式是创建信息、管理信息、共享信息的数字化方式。采用BIM技术，可使整个工程项目在设计、施工和运营维护等阶段都能够有效地实现建立资源计划、控制资金风险、节省能源、节约成本、降低污染和提高效率的目标。应用BIM技术，能改变传统的项目管理理念，引领建筑信息技术走向更高层次，从而大大提高建筑管理的集成化程度。

本章通过对传统建设项目流程和问题进行透彻的分析，并对基于BIM的项目建设流程和重构、BIM项目的工作架构体系进行了详细的讲解。

学习要点

- BIM建设项目流程及架构
- BIM技术的机构及技术体系

5.1　传统建设项目流程和问题分析

面对全球化市场经济和工程项目管理的发展趋势，任何管理都应有一个清晰的流程，并划分职责，建立以流程为中心的创新型组织，根据项目的规模、特点建立组织机构，划分管理级别，明确管理职责，使得下一个流程监控上一个流程。强调每个环节交接的文档管理，让管理过程在一种顺畅的流程中得以实现组织目标，提高组织的目标效率。本书将站在项目管理者的角度并结合实际的建设项目管理的案例，针对建设工程项目管理中的薄弱环节——流程管理，运用流程管理理论去分析管理现状及实际中存在的问题，提出在建设项目管理过程所进行的必要的改进方法。

5.1.1　传统建设项目实施流程

传统建设项目实施流程见图5-1。

1. 项目实施流程内容

(1)设计阶段。

①设计基础资料收集(客服提供产品建议书)；

②核定项目经济技术指标，出具规划设计草案；

③概念方案设计；

④项目设计指导书；

⑤规划方案设计任务书；

⑥委托设计单位，进行规划单体设计；

⑦方案评审(先组织设计部人员内审，如有必要可邀请外部专家进行内部评审)；

⑧确定规划、单体方案；

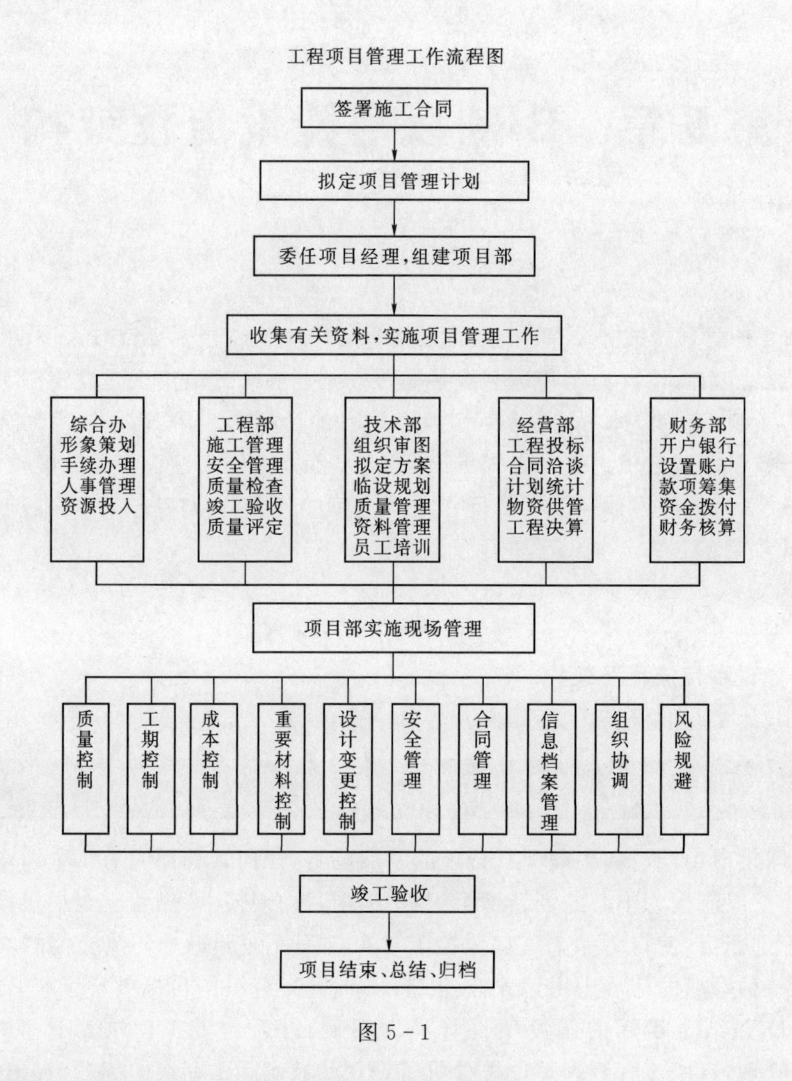

图 5-1

⑨出具规划方案报建图（可同时确定景观设计任务书）；

⑩出具初步设计文件（可同时委托景观设计）；

⑪形成实施方案（可同时进行景观设计方案评审，确定方案）；

⑫确定施工任务书（可同时确定景观设计任务书）；

⑬进行施工图设计（可同时进行景观施工图设计）；

⑭施工图审查（可同时进行景观施工图审查）；

⑮提交施工图（含景观施工图）；

⑯编制施工图预算书。

（2）招标程序（由公司投资部完成）。

①向招投标管理机构报建。

②核准招标方式和招标范围。

③编制招标文件。招标文件包括以下内容：

A. 投标须知；

B. 招标项目的性质、数量；

C. 招标工程的技术要求和设计文件；

D. 预算控制价的计算依据及其计算方式；

E. 评标的标准和方法；

F. 交货、竣工或提供服务的时间；

G. 投标人应当提供的有关资料和资信证明文件；

H. 投标保证金的货币数额、交纳形式、交纳截止时间、投标保证金的退还方式；

I. 投标文件的编制要求、投标文件的格式及附录；

J. 提供投标文件的方式、地点和截止时间；

K. 开标、评标的日程安排；

L. 拟签订合同的主要条款、合同格式及合同条件；

M. 要求投标人提交的其他材料。

以上内容完成之后，经投资部、财务部、工程部、公司领导审核后确定。

④发布招标公告或发出投标邀请书。

⑤对投标人进行资格审查(资格预审/资格后审)。

(3)签订施工合同(施工单位缴纳有关费用后由公司投资部完成)。

(4)签订监理委托合同(由公司投资部完成)。

(5)办理施工许可证。

办理施工许可证所需材料如下：

①施工图设计文件审查合格资料，即由审图机构到办证大厅办理备案经审查的全套施工图纸；

②消防设计审核意见书、防雷装置设计审核书、抗震设防要求核准意见书；

③中标通知书；

④建设工程质量安全监督登记书；

⑤廉洁协议书；

⑥建设工程施工许可申请表；

⑦工程地质勘察合同、工程设计合同；

⑧监理合同；

⑨施工合同，合同需签订计生条款；

⑩安全防护、文明施工措施费用支付计划；

⑪计生责任书(原件)，施工人员“流动人口婚育证明”；

⑫押项目经理证原件，押项目经理和专职安全员安全考核合格证书原件；

⑬其他(各种费用票据复印件)。

(6)项目施工管理。

①项目建设前期工作。

A. 由公司专人负责工程项目报建工作，工程部设计专员及其他相关工程专业人员给予必要的参与、配合。

B. 由公司投资部负责拆迁工作。

②项目施工前准备工作。

A. 项目组负责根据工程部设计研发专员提供的总平面方案安排场地“三通一平”的管

理工作。项目组负责向监理和施工单位移交场地和原始的水准点、坐标点，并办理交接手续。

B. 项目经理编制项目质量管理计划，确定项目工程的质量目标、管理计划、管理手段和奖惩办法，报工程部经理审阅，上报分管副总审批，行政部备案，并传递到总经理。

C. 工程部项目经理负责对“监理规划”“项目监理实施细节”进行审批，对不适合的内容要求调整和修改，报工程部经理审阅。

D. 项目经理负责组织施工图会审、交底工作，工程部经理参加。由工程部设计专员通知公司相关部门、设计单位、监理单位和施工单位参加。项目组负责组织召集相关工作，审核认可施工单位编写的会议纪要，由工程部设计专员负责完善相关的签字手续并发放给监理单位、施工单位，最终上报至工程部，由工程部负责发放至公司相关部门和设计单位。

E. 项目经理负责对总监理工程师审批通过的项目“施工组织设计”进行审核确认，并上报工程部及合同预算部会签后备案。

F. 项目经理负责组织相关人员对监理公司提交的“监理规划”进行研究，特别应注意针对特殊工序(分项工程的质量无法在施工中或采用后续检测手段进行验证，而工程缺陷在使用后才会暴露的工序)监理的审查，并且在细则目录表中会签。

G. 项目经理负责(公司相关部门及人员参加)召开第一次工地会议，组织监理单位与施工单位双方见面，落实各方职责，形成会议纪要，并上报工程部、预算部和行政部。

③项目施工过程。

项目组在项目施工过程中的主要管理工作是监督施工单位合同的履行，确保公司建设项目的开发成本、产品实现效果符合公司的预期要求。项目组通过现场监督检查和审核监理月报等手段对项目工程的质量、工期、投资和安全文明进行控制。

第一，质量控制。

A. 项目组在施工过程中，主要负责监督检查监理单位的日常工作，掌握现场施工的动态信息，并记录在《项目组工作日志》中。项目经理将现场发现的问题，通过例会或专题会议等形式进行针对性研究解决，并在相应的会议记录中记录问题的处理方式和执行结果情况。

a. 监理工作的监督。

项目组应该经常检查施工现场的质量监理实际情况和监理记录，检查施工质量和现场施工质量问题的整改落实情况。项目组对工地的集中巡检每周不少于三次，对于每个分部工程的抽检不少于三次，监督监理单位项目监理部的工作质量，并记录在《项目组工作日记》中。

b. 由项目经理监督配合监理部工程质量问题的解决。

对于一般的工程质量问题(不影响结构安全和使用功能，不影响交付使用)，可以由监督监理人员通过监理例会与监理表单通知施工单位，让施工单位提出修补改进方案，必要时由项目经理组织专题会议进行讨论。由监理公司按监理质量控制程序进行管理，项目经理对施工单位的整改情况反馈单进行检查核实。

如果发生了重大的工程质量问题(影响结构安全和使用功能，影响交付使用)，由项目组上报工程部，工程部召集公司有关部门，项目组召集监理单位、施工单位有关人员，各方集中召开专题会议，协商解决，协商结果记录在会议记录中，由项目组监督监理部执行解决，会议记录上报公司，必要时上报政府有关部门。所有会议均要形成会议记录，由项目组上报工程部备案。

B. 甲供材料、设备到场管理。

a. 项目经理对总监理工程师审核过的、由施工单位提供的甲供材料、设备进场计划（比进场的计划时间提前三个月提供）进行核实会签后，报送工程部，由工程部传递至公司相关部门。

b. 工程部向项目组提供甲供材料、设备合同和相关技术资料，由项目资料员保管。相关资料由项目组及时传递给监理、施工单位。

c. 工程部在甲供材料、设备到场前十个工作日，向项目组提供到场通知书。项目经理除负责在两个工作日内反馈接收意见外，还应通知监理和施工单位做好接收准备工作。

d. 如现场不具备甲供材料、设备的进场条件，项目组和监理单位应要求施工单位提交比计划时间提前一个月以上时间的第二次审报甲供材料、设备进场计划。经总监理工程师审核后，项目经理上报工程部，由工程部负责协调材料采购相关部门及时与供应商协调供货时间的推延。

e. 甲供材料、设备到场后，由项目经理主持，监理单位、施工单位、供应商到场，根据工程部提供的合同、技术资料和材料清单（或装箱单）进行检验，并在《甲供材料、设备进场检验单》上会签。项目经理将《甲供材料、设备进场检验单》上报工程部备案。

f. 项目组根据甲供材料、设备的安装和调试情况，将不合格的甲供设备情况以《甲供材料、设备进场检验单》上报工程部，由工程部协调材料采购部门开展清场或整改后使用的后续处理工作。

g. 项目竣工时，项目专业工程师应将甲供材料、设备在安装、调试阶段的评价意见填写在产品使用情况表中。

C. 乙供物资的监督管理。

a. 项目经理对监理单位审核过的由施工单位提供的乙供物资采购计划（施工单位按施工合同要求分阶段提交），进行确认，上报工程部，工程部应及时协助材料采购部门对材料、设备的品牌和标准进行确定，由预算部核定价格，项目组对影响建筑外观和使用功能的材料、设备进行确认。

b. 工程部确认后的乙供物资清单（其中均有三家以上供应商和价格）、质量标准、供应商质量承诺书、认价单和样品，及时下发到项目组，由工程部、监理单位、施工单位三方会签，最终确认其中一家供应商。

c. 项目组通过监理单位加强对乙供物资的质量和品牌的监控。项目组对于不合格的乙供物资负责监督或降级处理，对于乙供物资供应出现的经常性事件，必须在有关会议上做针对性研讨和处理。

D. 样品管理。

a. 由材料采购部门提供两份材料样品，一份存放在项目组样品房，一份提供给施工单位，作为监理公司对材料进场报验的检查依据。

b. 项目组成立样品保管室，对样品造册登记，进行样品实物标识。

c. 借出或归还样品，必须获得工程部经理、项目经理的批准。

E. 项目组必须督促施工单位及监理单位加强工程成品的保护工作。

F. 项目组对难以满足功能和质量要求的工程质量问题、施工单位的工作质量以及公司内部的工作配合等问题，必须做好信息采集和初步分析工作，并以项目经理报告的形式及时上报工程部经理及分管副总。

第二，进度控制。

A. 项目组应要求施工单位在工程开工令下达前，提供施工总进度计划，并经监理部总监理工程师审核，由项目经理确认后，上报工程部，由工程部传递到公司有关部门备案。

B. 项目经理负责对总监理工程师审核过的当月工程完成量和下月进度计划进行确认，上报工程部，由工程部向公司相关部门传递报告。

C. 当施工单位报送的当月工程完成量、下月进度计划与总进度计划对比有偏差时，或现场情况与进度计划有明显滞后迹象时，项目经理应通过监理例会或专题会议等形式进行针对性解决，并要求监理单位和施工单位采取措施，纠正进度偏差。

第三，投资控制(设立预算部，由项目组进行核查)。

A. 由预算部管理投资控制，每月审核工程进度，审核工程进度款，进行竣工决算。

B. 项目经理对监理单位报送的当月合格工程的形象进度进行审查，上报工程部及预算部。

a. 项目组收到施工单位和监理单位报送的月完成工作量报表，注明签收时间；

b. 项目组核查进度款资料，并表述当月完成工作形象进度，并于收到资料第二天上报工程部及预算部；

c. 预算部依据有关资料，在合同规定截止时间内提供进度款审核意见和甲乙双方商定的工程量确认清单，通知项目组；

d. 项目组在合同规定时间内将审核意见和工程量增减确认单送交施工单位，并办好签收记录。

C. 项目经理审查由监理单位审核上报的工程量增减确认单和经济类签证单，分专业编制流水号，分阶段报送工程部，由工程部传送到公司预算部。

D. 施工单位报送经监理人员审核后的竣工图及中间决算或竣工决算资料，由项目组专业工程师及项目经理确认后，由项目组上报工程部，工程部向公司预算部、行政部移交竣工决算资料。

E. 项目经理应注明收到施工单位报送的中间决算资料或竣工决算资料的签收时间，并在三天内核查资料和填写办理决算请示单，上传工程部，由工程部转交预算部，如施工单位报送的资料不完整，应退还施工单位。

a. 项目经理要求施工单位必须报送的决算资料：经监理单位审核，项目组签字、盖章的竣工图；设计单位提出的设计变更；公司会同设计单位提出的有关工程追加、削减、修改、变更等通知单；由项目组、监理单位、设计单位、施工单位共同会审的设计图纸会审纪要文件；经现场监理、项目经理、工程部经理、预算部相关人员共同签字的工程经济签证单；工程结算书；工程量计算书；钢筋配料表。

b. 由项目组上报的决算资料：购房者要求自理留待二次装修的甩项工程内容汇总表，并经项目经理签字；施工形象进度表：每半年度工作量化分析表，并经项目经理签字；甲供材料、设备清单，注明名称、规格、数量，并经项目经理签认。

第四，设计变更。

A. 施工图纸矛盾和欠缺部分。

a. 项目组将在现场施工过程中发现的施工图矛盾和欠缺部分及监理人员现场审图时发现的矛盾和欠缺部分，如果有影响工程造价、工期、使用功能、建筑外观等因素，在项目经理与总监理工程师审查后，提交工程部设计专员，由工程部设计专员根据内容要求与营销部沟通，确定变更方案。工程部设计专员及时与设计单位联系解决，将经确认的变更方案发给公司相关部门及项目组，由项目组分发至监理及施工单位。

b. 项目组将在现场施工过程中发现的施工图矛盾和欠缺部分及监理人员现场审图时发现的矛盾和欠缺部分，如果无影响工程造价、工期、使用功能、建筑外观等因素，在项目经理和总监理工程师审查后，直接与设计单位联系解决，将设计的“工程联系单”分发至监理单位和施工单位，并将变更传递至工程部设计专员、工程部备案，由设计专员再传递到公司相关部门。

B. 政府、客户、公司提出的要求变更部分，由设计专员负责与设计单位协商，出具设计变更或图纸变更，及时传递到工程部，由工程部送达项目组，由项目组分发至监理及施工单位。

第五，安全、文明施工控制。

项目组监督监理对安全、文明施工的管理，如发现存在安全隐患或违反文明施工要求的情况时，监督监理单位通知施工单位加以整改。

第六，分包单位的控制。

A. 由项目经理确认经监理单位审核的分包单位（由总承包商报送）的资质文件，并备案。

B. 项目经理发现施工单位的非法分包，应令其退场。

(7)工程验收。

①分部工程验收。

A. 项目经理负责审核监理公司报送的分部工程质量评价结果。

B. 分部工程不合格，项目经理应要求监理单位加强对施工质量整改的监督，保证分部工程达到合格要求。

②中间验收。

A. 项目经理根据施工合同的约定，要求施工单位组织进行中间验收。结构中间验收，由施工单位组织，项目组、监理单位、设计单位、政府相关机构及公司相关部门人员参加（基础验槽、基础验收、主体结构验收需地勘单位参加）；设备的单机试车和联动试车，由施工单位组织，项目组、监理单位、设计单位、供应商、政府相关机构以及公司相关部门人员参加，召开专题会议，会议记录由项目组上报工程部备案，由工程部传递公司相关部门。

B. 项目经理应要求监理单位监督施工单位处理施工验收中出现的不合格问题。

③竣工预验收。

A. 在工程施工结束后，项目组要求施工单位内部先行组织竣工预验收，编写施工单位内部竣工预验收报告，上报监理单位。

B. 监理单位根据施工单位提供的竣工报告，召集施工单位对工程进行初步预验收，出具初步预验收报告，项目经理签署意见，提交工程部。

C. 工程部经理根据施工单位提交的竣工初步预验收报告，报请当地建设主管部门安排正式的竣工预验收（或竣工验收准备会）。项目经理召集公司有关部门、设计单位、监理单位、施工单位、地勘单位和政府相关机构参加正式的竣工预验收（或竣工验收准备会）。

D. 项目经理应要求监理单位对竣工预验收（或竣工验收准备会）中出现的不合格问题，监督施工单位进行处理，直至工程质量符合竣工验收通过的要求。

E. 项目经理应要求施工单位及时完善正式竣工预验收（竣工验收准备会）会议记录，并及时将正式竣工预验收（竣工验收准备会）会议记录上传给工程部，由工程部传递到公司有关部门，并上报公司分管副总审核，再由工程部完善相关的签字盖章事宜。

F. 在正式竣工预验收（竣工验收准备会）结束后，施工单位向监理单位上报竣工图和竣工有关资料，由监理单位审核后，经项目组专业工程师及项目经理审查和确认，由工程部资料员将整理并装订好的竣工文字资料四份及竣工图七套上报工程部，由工程部传递到公司有关部门。

④单项验收及竣工验收。

A. 项目组根据项目实际进度，要求监理单位督促施工单位及时组织防雷、水质检测及工程竣工资料档案等单项验收，公司相关部门配合。

B. 项目的规划、人防、消防、绿化等单项验收由工程部组织，项目组、工程部设计专员及公司有关单位参与、协调、配合。

C. 在项目所有单项工程验收完成后，由工程部向当地建设主管部门申请工程项目竣工验收，项目经理召集公司有关部门、设计单位、监理单位、施工单位、地勘单位和政府相关机构参加正式的竣工验收，项目经理主持竣工验收会议。

D. 项目经理应要求监理单位对竣工验收中出现的不合格问题，监督施工单位进行处理，直至工程质量符合竣工验收通过的要求。

E. 项目经理应要求施工单位及时完善竣工验收会议记录，并及时将审核后的竣工验收会议记录上传工程部，由工程部传递到公司有关部门，并上报公司分管副总审核，再由公司设计专员完善相关的签字盖章事宜。

F. 工程部资料员在合同预算部的工程项目决算工作结束后，将工程竣工资料交公司行政部备案。

⑤工程竣工验收备案。

A. 由工程部资料员向建筑工程档案馆办理工程项目竣工资料档案移交工作。

B. 由工程部负责办理工程项目的竣工验收备案，公司外联办负责协调、配合。

(8)内部评价。

项目组在工程通过竣工验收后，必须针对工程的设计、施工、监理、设备以及质量和进度等情况，向工程部和分管副总提交综合和各单项的评价报告。

(9)物业移交。

①在工程竣工验收合格后，由工程部主持，公司有关部门参加，在规定的时间内，将小区整体或部分移交物业公司管理。

②物业公司如对交房验收条件有不同意见，可向公司行政部提交书面报告，由行政部向公司有关部门反馈。

③工程部提交一份完整的竣工资料给物业公司，方便物业公司管理。

(10)项目组文件及会议管理。

①项目组的各种文件、记录、图纸等有关资料统一由项目组资料员管理、编号、收发。

②图纸管理。

a. 项目组使用的图纸由工程部设计专员提供，必须确保是有效版本；由资料员负责管理和分发。

b. 项目组使用的图纸局部复印必须注明原图号，使用人员必须注意有效版本变换。

③相关会议。

a. 工程项目组例会：由项目经理主持，项目组人员及公司相关人员参加，每周一次。

b. 监理例会：由总监主持，监理部人员、项目组经理、工程部经理、公司各相关部门领导参加，每周一次。

c. 每周工程例会：由总监主持，项目组人员、监理部人员、施工项目组人员及总包单位人员参加，每周一次。

d. 专题会议：由项目组经理或总监理工程师主持召开，针对现场施工中出现的一些急需解决的、突发性的，影响质量、工期、安全和投资的问题进行专题性讨论和解决。

2. 项目实施内外要素

项目管理的八大主要要素如下：

(1)项目范围管理。

项目范围管理是为了实现项目的目标，对项目的工作内容进行控制的管理过程。它包括范围的界定、范围的规划、范围的调整等。

(2)项目时间管理。

项目时间管理是为了确保项目最终按时完成的一系列管理过程。它包括具体活动界定、活动排序、时间估计、进度安排及时间控制等项工作。

(3)项目成本管理。

项目成本管理是为了保证完成项目的实际成本、费用不超过预算成本、费用的管理过程。它包括资源的配置，成本、费用的预算以及费用的控制等项工作。

(4)项目质量管理。

项目质量管理是为了确保项目达到客户所规定的质量要求所实施的一系列管理过程。它包括质量规划、质量控制和质量保证等。

(5)人力资源管理。

人力资源管理是为了保证所有项目关系人的能力和积极性都得到最有效的发挥和利用所做的一系列管理措施。它包括组织的规划、团队的建设、人员的选聘和项目的班子建设等一系列工作。

(6)项目沟通管理。

项目沟通管理是为了确保项目的信息的合理收集和传输所需要实施的一系列措施。它包括沟通规划、信息传输和进度报告等。

(7)项目风险管理。

项目风险管理主要是管理涉及项目可能遇到各种不确定因素。它包括风险识别、风险量化、制定对策和风险控制等。

(8)项目采购管理。

项目采购管理是为了从项目实施组织之外获得所需资源或服务所采取的一系列管理措施。它包括采购计划、采购与征购、资源的选择以及合同的管理等项目工作。

5.1.2 传统建设项目存在的问题和分析

1. 传统建设项目存在的问题

(1)项目立项审批及内部控制方面。

①违规立项。有的建设项目未立项或者先开工后立项,有的建设项目未经上级单位审批擅自在地方立项,部分项目立项时间较长,建设工期失控,成为“马拉松”工程。

②项目建设规模控制不力,超面积、超投资、超标准的问题仍然存在,部分初步设计或初步设计变更未经审批,随意增加变更工程项目。

③未按规定办理施工许可。部分建设项目先开工后办理施工许可证或者到项目完工时仍未办理施工许可证,个别不具备开工条件的项目依然开工建设,存在较大质量和安全隐患。

④部分建设单位建设项目管理机制不健全,职责未落实,没有配备专职基建财务会计和懂基建工程的管理人员,有的甚至基建会计、出纳一人兼,重大决策没有相关的会议记录,基建档案资料不全,内部控制薄弱,管理不规范。

(2)项目招投标采购管理方面。

按照《中华人民共和国采购法》《中华人民共和国招标投标法》等有关法规,基建项目的勘察、设计、施工、监理以及与工程建设有关的重要设备、材料等的采购,必须实行集中采购管理,在采购金额达到一定规模标准后,应采用招标采购方式。但实际工作中部分建设单位未将基建工程、材料设备或服务项目纳入集中采购管理,采购方式、操作程序不合规,分散采购,应招标而未招标。还有一些建设单位招标活动不规范、不严谨的问题比较普遍,如在投标单位所有投标被否决的情况下未重新组织招标,评标前与投标单位进行实质性谈判等。

(3)合同及工程管理方面。

①建设项目合同管理不规范。一些采购合同签订不及时、不合理,个别单位边施工边签合同或先施工后签合同;一些合同(协议)签订不严谨,合同条款漏洞太多,对许多可能发生的情况未作充分的估计等。

②工程日常监督管理松懈。部分建设项目监理、质检部门与建设单位现场管理人员监督检查不到位,造成工程肢解发包、转包等问题发生,施工合同单位与现场实际施工单位不符,施工单位串通监理或质检部门,偷工减料,以次充好,部分工程项目验收不严格,个别工程项目存在质量隐患等。

2. 传统建设项目问题分析

(1)问题产生的原因分析。

①主客观原因导致建设规模超标。

一是建设单位追求“标杆”“形象”工程,想方设法争取项目和资金,互相攀比,规模能大则大,标准能高则高,“三超”问题比较普遍。二是受当地政府行政干预(如城市规划规定层高、外部装饰等)、基建工期长、建材涨价及配套项目要求提高等因素影响,直接加大了建设成本。

②内控不力和基建管理能力欠缺,导致风险隐患增加。

一是部分建设单位建设项目管理人员内控意识不强,责任和风险防范意识淡薄,基建领导小组、集中采购领导小组、基建办和会计部门的管理职责不明确,导致基建管理不规范、部分环节失控。二是缺乏建设项目管理专业人才,建设项目管理能力严重不适应项目建设发展的需要。基建工作相对复杂，法规政策性强、涉及领域广，在工程开工前临时抽调的基建管理和财务人员对基本建设程序和相关法律法规不了解，缺乏工程技术、工程建设的专业知识和财务管理经验，难以做到建设项目管理的科学化和财务管理的规范化，在招投标、合同签订、工程管理等过程中，一旦考虑不周、决策不慎、操作不当就会陷入被动和纠纷，导致个别工程出现质量问题和风险隐患。三是基建监督检查及处罚力度不够，造成问题屡查屡犯。

③基建管理制度不完善，导致操作出现偏差。

目前基本建设项目管理法规很多，有国务院、国家部委制定的，也有地方制定的，而实际工作中，由于基建法规太多和有些规定不明确、不一致导致执行过程中的盲目随意和无所适从，一些建设单位未将《中华人民共和国采购法》《中华人民共和国招标投标法》与《工程建设项目招标范围和规模标准规定》等有关规定结合执行，不论合同估价金额，对勘察、设计、监理等服务项目都招标，对大部分设备、材料等均采取询价方式采购，致使招投标采购管理不规范。

(2)加强基本建设项目管理的建议。

①加强立项和基建内控管理，有效控制建设规模。

一是严格落实立项审批程序和标准，从源头上对总规模进行控制。建议基建项目立项应在进行了全面调查摸底及有效论证的基础上，根据客观因素和实际需要，确定审批新建、扩建、改建类建设项目。立项批复时要针对单个建设项目的具体情况尽可能一次核准总规模，减少多次追加批复，避免超投资、超规模问题的发生。另外要加强工期控制，上级管理机构在批复初步设计方案时，可大致界定工程竣工时间，让建设单位有紧迫感，避免因工期延长导致成本增加。二是加强建设项目管理人员培训工作，确保建设单位建设项目管理人员及相关管理人员熟悉国家有关法律法规和基建管理专业知识和工作程序，增强相关人员的责任意识、维权意识、大局意识和执行法规制度自律意识，进一步提高建设项目管理水平。

②加强基建财务管理，规范采购行为和合同管理。

重视基建会计人员配备和会计基础工作，健全财务管理核算体系，切实加强基本建设资金管理；严格执行国家有关招投标法规和采购管理办法，基建项目按规定实行集中采购管理，做到采购方式确定恰当、采购程序合规合法，对达到规定标准的采购必须实施招标；加强基建合同管理，认真落实合同审核制度，确保合同的完整、严谨，预防争议或不必要的法律纠纷。

③加大指导和审计监督检查及项目处罚力度。

一是对基建工作的指导、检查和审计监督应实行“全过程管理监督”，贯穿于基建项目立项、开工建设到竣工等各个阶段，并对工程招投标、合同签订、设计变更、隐蔽工程验收、暂定材料价格、竣工决算等环节进行重点监督审计，早介入、早审计可以使监督关口前移，改变那种找到了管理漏洞但问题已无法纠正、查出了损失浪费但资金已无法挽回的被动局面。通过事前、事中、事后的全过程审计监督与评价，有效控制防范风险，减少或避免违规问题和损失浪费问题的发生，确保工程质量。二是健全基建项目监督机制，加大违规问题查处力度，严格按照制度规定对违规建设项目进行处罚和通报，对有关责任人进行责任追究，确保基建工作依法合规。

④组建基建管理专业团队。

建议把承担过基建工作、熟悉具体业务的同志集中起来(或聘请个别中介机构专家参与)，对建设单位提供基建管理全过程的专业咨询和指导，并实施对建设项目监督和检查，提出改进建设项目管理的意见和建议。

⑤研究和探索适合实际情况的基本建设项目管理模式。

在项目实际建设中，有的建设单位突破基建项目传统管理模式，采取了委托建设、定向购置等方式进行基本建设。随着基本建设模式的发展和实践，委托代建、定向购置等建设方式不失为一种新的尝试。因此，建议对有关单位委托建设和定向购置的做法进行调查研究和分析论证，研究、探索基本建设项目管理的新方法、新模式。

与其他重复性运行或操作的工作不同，项目管理具有一次性、独特性、目标的确定性、活动的整体性、组织的临时性和开放性、成果的不可挽回性等属性，因此，要确保项目的成功，获得让所有项目相关者满意的效果，项目管理者除了需要清晰地把握项目流程外，更要具备优秀的信息管理、沟通管理、风险管理、质量管理和集成管理等能力。

5.2 BIM 建设项目的建设流程和重构

5.2.1 基于 BIM 的项目建设流程

1. 工作目标

项目将基于 BIM 信息化管理模式，建立 BIM 建筑信息模型，利用数字技术包括 CAD、可视化、参数化、GIS、精益建造、流程、互联网等表达建设项目几何、物理和功能信息，以支持项目生命周期建设、运营、管理决策的技术、方法或者过程，并结合信息化技术，实现项目进度管控，文档统一管理，沟通全程跟踪能力。

项目工作目标为基于 BIM 技术的项目管控平台、基于 BIM 技术的项目协同平台、基于 BIM 技术的项目交付平台，从而协助总包单位、设计单位、施工单位、监理单位、运营单位等项目各参与方。

2. 总体方案

(1)建设思路。

项目遵循“统一标准、分步建设、逐步推广”原则开展系统建设工作。

统一标准：依据《建筑工务署政府公共工程 BIM 应用实施纲要》、《BIM 实施管理标准》(SZGWS 2015 - BIM - 01)、《民用建筑信息模型设计标准》等 BIM 深圳市地方标准，结合项目对 BIM 信息模型的具体要求，确定 BIM 信息模型数据收集要求、BIM 信息模型精度。

分步建设：针对项目需求紧迫程度分功能模块进行开发，完成一个功能模块，上线一个功能模块。

逐步推广：系统初期先由用户进行试用、完善，待系统成熟后再推广到其他参与单位。同样的，系统先选取项目作为试点进行试用，完善后再推广到其他项目。

(2)BIM 信息模型建设方案。

BIM 信息模型搭建需要完成项目资料的收集工作，完成资料收集后，负责 BIM 信息模型的具体搭建工作。在资料收集过程中需重点关注项目资料中是否有三维模型、三维模型是否符合 IFC 标准两个问题，并采取不同的方法应对。

BIM 信息模型建设工作流程如图 5 - 2 所示。

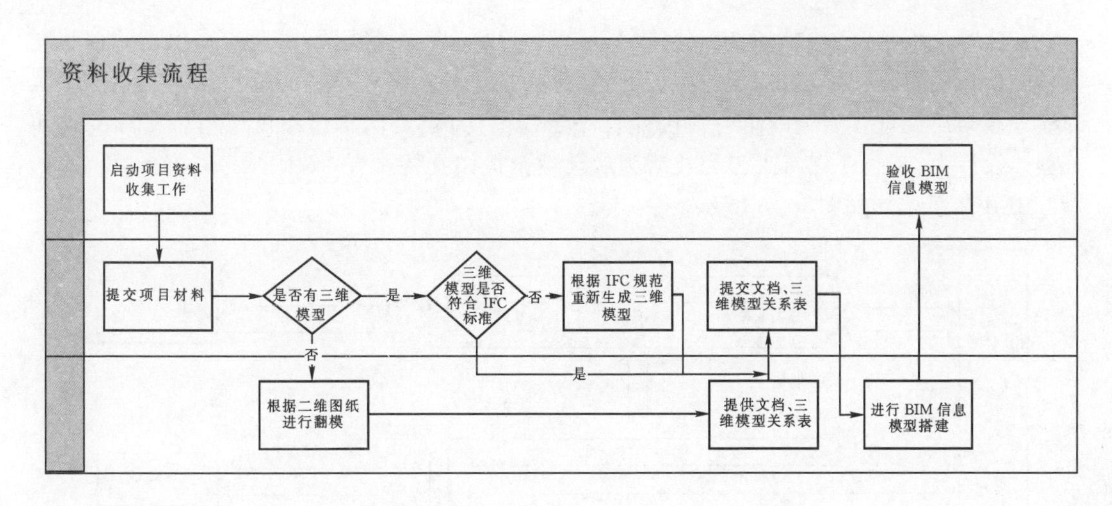

图 5-2

BIM 信息模型的精度由设计、施工单位提交的资料决定，可保证 BIM 数据模型不低于提交三维模型的精度。

5.2.2 BIM 项目的重要构成和组成部分

BIM 的载体是以三维数字技术为基础，集成了建筑工程项目各种相关信息的工程数据模型，该模型可以为设计和施工提供相协调的、内部保持一致的并可进行运算分析的信息。该模型及其集成的信息是随着项目的进程不断丰富和完善的。项目相关各方可以从该模型中提取其需要的信息。这个丰富和完善的过程即为模型化(modeling)。见图 5-3。

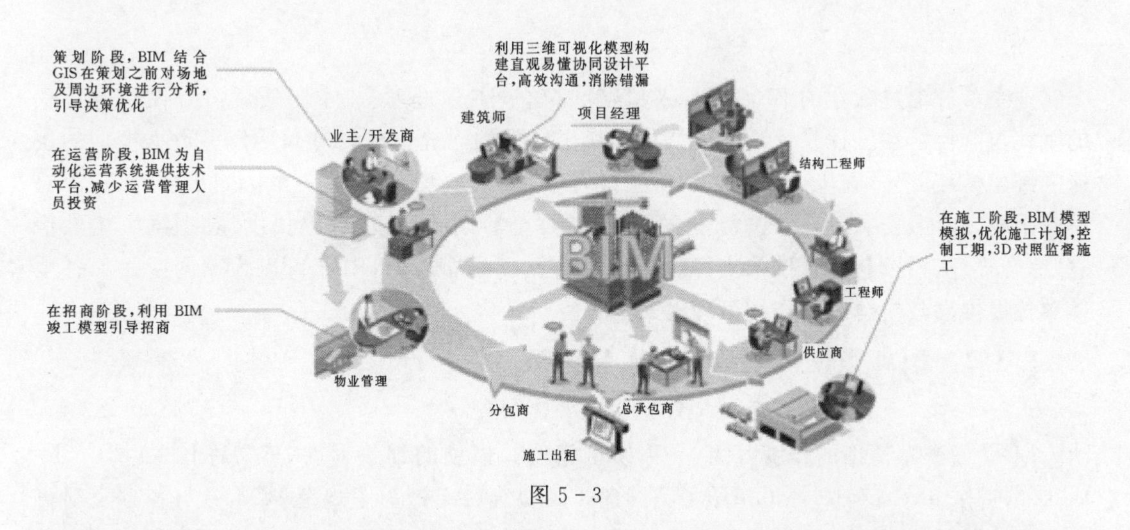

图 5-3

5.3 BIM 的工作架构

5.3.1 BIM 项目的工作架构体系

建筑信息的数据在 BIM 中的存储，主要以各种数字技术为依托，从而以这个数字信息模型作为各个建筑项目的基础，去进行各个相关工作。

在建筑工程整个生命周期中，建筑信息模型可以实现集成管理，因此这一模型既包括建筑物的信息模型，同时又包括建筑工程管理行为的模型，它将建筑物的信息模型同建筑工程的管理行为模型进行完美的组合。因此在一定范围内，建筑信息模型可以模拟实际的建筑工程建设行为，甚至在建筑工程完成后为后续运营提供支持。

BIM 体系架构如图 5-4 所示。

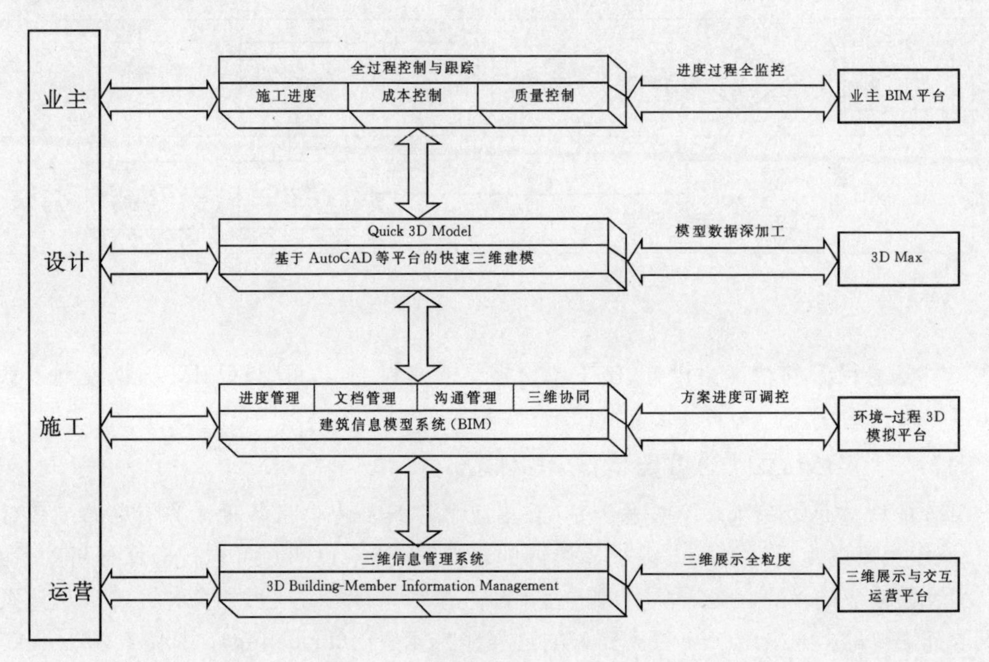

图 5-4

业主单位通过独立的 BIM 平台入口，针对建设工程进度、成本与质量可以做到全过程的跟踪与监控。在工程设计阶段支持设计成果数据的无缝集成，支持 CAD 等数据模型的快速三维建模。此外，施工单位在工程施工过程中，遵循进度计划，以三维协同平台为核心，对材料采购、施工、安装等环节进行全方位管理，直至后期的运营，可以提供“真三维＋构件信息”综合管理、模拟与运营技术支持。在建筑的全生命周期内，BIM 可以为不同阶段的各主体单位提供高效快捷的工作和管理模式。

5.3.2　BIM 数据模型精度和人员组织

1. BIM 数据模型精度说明

LOD 指模型精细的程度等级，又称模型精度。模型的细致程度，英文称作 level of details，也叫作 level of development。美国建筑师协会（AIA）为了规范 BIM 参与各方及项目各阶段的界限，在其 2008 年的文档 E202 中定义了 LOD 的概念。这些定义可以根据模型的具体用途进行进一步的发展。LOD 的定义可以用于两种途径：确定模型阶段输出结果（phase outcomes）以及分配建模任务（task assignments）。

随着设计的进行，不同的模型构件单元会以不同的速度从一个 LOD 等级提升到下一个 LOD 等级。例如，在传统的项目设计中，大多数的构件单元在施工图设计阶段完成时需要达到 LOD 300 的等级，同时在施工阶段中的深化施工图设计阶段大多数构件单元会达到

LOD 400 的等级。但是有一些单元,例如墙面粉刷,永远不会超过 LOD 100 的层次,即粉刷层实际上是不需要建模的,它的造价以及其他属性都附着于相应的墙体中。

在三维表现之外,一个 BIM 模型构件单元能包含大量的信息,这个信息可能是多方来提供。例如,一面三维的墙体或许是建筑师创建的,但是总承包方要提供造价信息,暖通空调工程师要提供 U 值和保温层信息,一个隔声承包商要提供隔声值的信息,等等。为了解决信息输入多样性的问题,美国建筑师协会文件委员会提出了"模型单元作者"(MCA)的概念,该作者需要负责创建三维构件单元,但是并不一定需要为该构件单元添加其他非本专业的信息。

在一个传统项目流程中,模型单元作者的分配极有可能是和设计阶段一致的。设计团队会一直将建模进行到施工图设计阶段,而分包商和供应商将会完成需要的深化施工图设计建模工作。然而,在一个综合项目交付(IPD)的项目中,任务分配的原则是"交给最好的人",因此在项目设计过程中不同的进度点会发生任务的切换。例如,一个暖通空调的分包商可能在施工图设计阶段就将作为模型单元作者来负责管道方面的工作。

LOD 被定义为 5 个等级,从概念设计到竣工设计,已经足够来定义整个模型过程。但是,为了给未来可能会插入等级预留空间,定义 LOD 为 100 到 500。模型的细致程度具体的等级定义见表 5-1。

表 5-1 LOD 的等级

LOD 100	Conceptual 概念化
LOD 200	Approximate geometry 近拟构件(方案及扩初)
LOD 300	Precise geometry 精确构件(施工图及深化施工图)
LOD 400	Fabrication 加工
LOD 500	As-built 竣工

LOD 100——等同于概念设计,此阶段的模型通常为表现建筑整体类型分析的建筑体量,分析包括体积、建筑朝向、每平方造价等。

LOD 200——等同于方案设计或扩初设计,此阶段的模型包含普遍性系统,包括大致的数量、大小、形状、位置以及方向。LOD 200 模型通常用于系统分析以及一般性表现目的。

LOD 300——模型单元等同于传统施工图和深化施工图层次。此模型已经能很好地用于成本估算以及施工协调,包括碰撞检查、施工进度计划以及可视化。LOD 300 模型应当包括业主在 BIM 提交标准里规定的构件属性和参数等信息。

LOD 400——此阶段的模型被认为可以用于模型单元的加工和安装。此模型更多地被专门的承包商和制造商用于加工和制造项目的构件,包括水电暖系统。

LOD 500——此阶段的模型表现为项目竣工的情形。模型将作为中心数据库整合到建筑运营和维护系统中去。LOD 500 模型将包含业主 BIM 提交说明里制定的完整的构件参数和属性。

各阶段提交的 BIM 模型及成果信息应符合模型精细度要求,具体如表 5-2 至表 5-6 所示。

表 5-2 建筑专业

专业	详细等级 子项		LOD 100	LOD 200	LOD 300	LOD 400	LOD 500
			方案设计模型	扩初设计模型(扩初图纸)	施工图模型	施工深化模型	竣工模型
建筑专业	001	阳台	非几何数据,仅线、面积	阳台的尺寸、大概尺寸	精确尺寸的模型实体,包含形状、方位和材质信息	实际尺寸的模型实体,包含形状、方位和材质信息	实际安装的阳台模型
	002	空调机位	非几何数据,仅线、面积	基本形状、大概尺寸、方位	精确尺寸的模型实体,包含形状、方位和材质信息	实际尺寸的模型实体,包含形状、方位和材质信息	实际安装的模型
	003	空调百叶	非几何数据、仅线、面积	基本形状、大概尺寸	精确尺寸的模型实体,包含形状、方位和材质信息	实际尺寸的模型实体,包含形状、方位和材质信息	实际安装的模型
	004	窗百叶	非几何数据、仅线、面积	基本形状、大概尺寸	精确尺寸的模型实体,包含形状、方位和材质信息	实际尺寸的模型实体,包含形状、方位和材质信息	实际安装的窗百叶模型
	005	雨篷	非几何数据、仅线、面积	基本形状、大概尺寸	精确尺寸的模型实体,包含形状、方位和材质信息	实际尺寸的模型实体,包含形状、方位和材质信息	实际安装的雨棚模型
	006	檐沟	非几何数据、仅线、面积	基本形状、大概尺寸	精确尺寸的模型实体,包含形状、方位和材质信息	实际尺寸的模型实体,包含形状、方位和材质信息	实际安装的模型
	007	外立面幕墙	非几何数据、仅线、面积	基本形状、大概尺寸	精确尺寸的模型实体,包含形状、方位和材质信息	实际尺寸的模型实体,包含形状、方位和材质信息	基本形状、大概尺寸
	008	墙体	非几何数据、仅线、面积	一块通用的墙,给一个一般的厚度,其他特性有一个取值范围	模型已包括墙体类型和精确厚度,其他诸如成本、STC特性已经确定	模型已包括墙体类型和精确精确厚度,其他诸如成本、STC特性已经确定	实际安装的墙体模型
	009	楼板	非几何数据,仅线、面积、体积区域	一块完整的模型,一般的厚度已确定	楼板的类型、精确厚度	楼板的类型、精确厚度	实际安装的楼板模型
	010	屋顶	非几何数据,仅线、面积	层顶的大致3D模型以及形状尺寸	屋顶的类型以及其他特征	屋顶的类型以及其他特性	实际安装的屋顶模型
	011	门	非几何数据,仅线、面积	门的形状及尺寸,大致3D模型	门的精确尺寸、类型的确定	门的实际尺寸、类型的确定	实际安装的门窗模型
	012	窗	非几何数据,仅线、面积	窗的形状及尺寸,大致3D模型	窗的精确尺寸、类型的确定	窗的实际尺寸、类型的确定	实际安装的门窗模型
	013	天花板	非几何数据,仅线、面积	材质类型、天花板的精确厚度	材质类型、天花板的精确厚度	材质类型、天花板的精确厚度	实际安装的天花板模型
	014	扶手	非几何数据,仅线	基本形状、大概尺寸的模型	扶手的材质选定	扶手的材质选定	实际安装的扶手模型
	015	坡道	非几何数据,仅线	基本形状、大概尺寸的模型	坡道的精确厚度、坡度的精确程度	坡道的精确厚度、坡度的精确程度	实际安装的坡道模型
	016	楼梯	非几何数据,仅线	基本形状、大概尺寸的模型	楼梯踏步的精确厚度、台阶的精确程度	楼梯踏步的精确厚度、台阶的精确程度	实际安装的楼梯模型
	017	红线	非几何数据,仅线	基本形状、具体尺寸的模型	具体形状、具体尺寸的模	具体形状、具体尺寸的模	实际安装的坡道模型

表 5－3　结构专业

专业	子项（详细等级）		LOD 100 方案设计模型	LOD 200 扩初设计模型(扩初图纸)	LOD 300 施工图模型	LOD 400 施工深化模型	LOD 500 竣工模型
结构专业	001	混凝土结构柱	无模型,成本或其他性能系可按单位楼面面积的某个数值计入	大概尺寸	材质与类型,精确尺寸	材质与类型,实际尺寸	实际安装的柱模型
	002	混凝土结构梁	无模型,成本或其他性能系可按单位楼面面积的某个数值计入	大概尺寸	材质与类型,精确尺寸	材质与类型,实际尺寸	实际安装的梁模型
	003	预留洞	无模型,成本或其他性能系可按单位楼面面积的某个数值计入	大概尺寸	精确尺寸,标高信息	实际尺寸,标高信息	实际预留洞口
	004	剪力墙	无模型,成本或其他性能系可按单位楼面面积的某个数值计入	大概尺寸	墙体的类型、精确厚度、尺寸	墙体的类型、精确厚度、尺寸	实际安装的墙体模型
	005	楼梯	无模型,成本或其他性能系可按单位楼面面积的某个数值计入	楼梯的基本尺寸、形状	楼梯的类型、精确厚度、具体形状	楼梯的类型、精确厚度、具体形状	实际安装的楼梯模型
	006	楼板	无模型,成本或其他性能系可按单位楼面面积的某个数值计入	大致厚度	精确厚度、楼板类型	实际厚度、楼板类型	实际安装的楼板模型
	007	钢节点连接模式	无模型,成本或其他性能系可按单位楼面面积的某个数值计入	无模型,成本或其他性能系可按单位楼面面积的某个数值计入	无模型,成本或其他性能系可按单位楼面面积的某个数值计入	无模型,成本或其他性能系可按单位楼面面积的某个数值计入	无模型,成本或其他性能系可按单位楼面面积的某个数值计入
	008	基坑	无模型,成本或其他性能系可按单位楼面面积的某个数值计入	大致形状、尺寸、位置	精确形状、尺寸、坐标位置	实际形状、尺寸、坐标位置	实际安装的模型

表 5-4 暖通专业

专业	子项（详细等级）		LOD 100	LOD 200	LOD 300	LOD 400	LOD 500
			方案设计模型	扩初设计模型(扩初图纸)	施工图模型	施工深化模型	竣工模型
暖通专业	001	冷热源设备	无模型,成本或其他性能系可按单位楼面面积的某个数值计入	类似形状、大概尺寸、位置、用途	类似形状、大概尺寸、位置、用途	具体形状、精确尺寸	设备型号、精确尺寸、编号、位置、用途
	002	空调设备	无模型,成本或其他性能系可按单位楼面面积的某个数值计入	类似形状、大概尺寸、位置、用途	类似形状、大概尺寸、位置、用途	具体形状、精确尺寸	设备型号、精确尺寸、编号、位置、用途
	003	风机	无模型,成本或其他性能系可按单位楼面面积的某个数值计入	类似形状、大概尺寸、位置、用途	类似形状、大概尺寸、位置、用途	具体形状、精确尺寸	设备型号、精确尺寸、编号、位置、用途
	004	风机盘管	无模型,成本或其他性能系可按单位楼面面积的某个数值计入	类似形状、大概尺寸、位置、用途	类似形状、大概尺寸、位置、用途	具体形状、精确尺寸	设备型号、精确尺寸、编号、位置、用途
	005	新风风管	无模型,成本或其他性能系可按单位楼面面积的某个数值计入	大概尺寸	具有精确尺寸、定位、管材	具体实际尺寸、位置、管材	精确尺寸,管材,连接件最终尺寸
	006	回风风管	无模型,成本或其他性能系可按单位楼面面积的某个数值计入	大概尺寸	具有精确尺寸、定位、管材	具体实际尺寸、位置、管材	精确尺寸,管材,连接件最终尺寸
	007	排水排烟风管	无模型,成本或其他性能系可按单位楼面面积的某个数值计入	大概尺寸	具有精确尺寸、定位、管材	具体实际尺寸、位置、管材	精确尺寸,管材,连接件最终尺寸
	008	冷热媒水管	无模型,成本或其他性能系可按单位楼面面积的某个数值计入	大概尺寸	具有精确尺寸、定位、管材	具体实际尺寸、位置、管材	精确尺寸,管材,连接件最终尺寸
	009	水泵	无模型,成本或其他性能系可按单位楼面面积的某个数值计入	类似形状、大概尺寸、位置、用途	类似形状、大概尺寸、位置、用途	具体形状、精确尺寸、设备编号、位置、用途	设备型号、精确尺寸、编号、位置、用途

续表 5-4

专业	子项（详细等级）		LOD 100	LOD 200	LOD 300	LOD 400	LOD 500
			方案设计模型	扩初设计模型(扩初图纸)	施工图模型	施工深化模型	竣工模型
暖通专业	010	排烟阀、防火阀	无模型，成本或其他性能系可按单位楼面面积的某个数值计入	类似形状	具体规格形状、阀门类型、用途	具体规格形状、阀门类型、用途	厂家、型号、编号、位置
	011	各类阀门	无模型，成本或其他性能系可按单位楼面面积的某个数值计入	类似形状	具体规格形状、阀门类型、用途	具体规格形状、阀门类型、用途	厂家、型号、编号、位置
	012	散流器	无模型，成本或其他性能系可按单位楼面面积的某个数值计入	类似形状、大概、位置、用途	类似形状、大概、位置、用途	具体形状、精确尺寸、设备编号、位置、用途	设备型号、精确尺寸、编号、位置、用途
	013	热风口	无模型，成本或其他性能系可按单位楼面面积的某个数值计入	类似形状、大概尺寸、位置、用途	类似形状、大概尺寸、位置、用途	具体形状、精确尺寸、设备编号、位置、用途	设备型号、精确尺寸、编号、位置、用途
	014	回风口	无模型，成本或其他性能系可按单位楼面面积的某个数值计入	类似形状、大概尺寸、位置、用途	类似形状、大概尺寸、位置、用途	具体形状、精确尺寸、设备编号、位置、用途	设备型号、精确尺寸、编号、位置、用途
	015	静压箱	无模型，成本或其他性能系可按单位楼面面积的某个数值计入	类似形状、大概尺寸、位置、用途	类似形状、大概尺寸、位置、用途	具体形状、精确尺寸、设备编号、位置、用途	设备型号、精确尺寸、编号、位置、用途

表 5-5 给排水专业

专业	子项（详细等级）		LOD 100	LOD 200	LOD 300	LOD 400	LOD 500
			方案设计模型	扩初设计模型(扩初图纸)	施工图模型	施工深化模型	竣工模型
给排水专业	001	给水主管	无模型，成本或其他性能系可按单位楼面面积的某个数值计入	大概尺寸	精确尺寸、管材	实际尺寸、管材	实际尺寸，管材，连接件最终尺寸
	002	污水管及管道坡度	无模型，成本或其他性能系可按单位楼面面积的某个数值计入	大概尺寸	精确尺寸、管材	实际尺寸、管材	实际尺寸，管材，连接件最终尺寸

续表 5－5

专业	子项（详细等级）		LOD 100 方案设计模型	LOD 200 扩初设计模型(扩初图纸)	LOD 300 施工图模型	LOD 400 施工深化模型	LOD 500 竣工模型
给排水专业	003	雨水管	无模型，成本或其他性能系可按单位楼面面积的某个数值计入	大概尺寸	精确尺寸、管材	实际尺寸、管材	实际尺寸，管材，连接件最终尺寸
	004	煤气管	无模型，成本或其他性能系可按单位楼面面积的某个数值计入	大概尺寸	精确尺寸、管材	实际尺寸、管材	实际尺寸，管材，连接件最终尺寸
	005	热水管	无模型，成本或其他性能系可按单位楼面面积的某个数值计入	大概尺寸	精确尺寸、管材	实际尺寸、管材	实际尺寸，管材，连接件最终尺寸
	006	消防水管	无模型，成本或其他性能系可按单位楼面面积的某个数值计入	大概尺寸	精确尺寸、管材	实际尺寸、管材	实际尺寸，管材，连接件最终尺寸
	007	给排水泵及消防泵	无模型，成本或其他性能系可按单位楼面面积的某个数值计入	类似形状、大概尺寸、位置、用途	类似形状、大概尺寸、位置、用途	形状、实际尺寸、设备编号、位置、用途	设备型号、实际尺寸、编号、位置、用途
	008	水箱	无模型，成本或其他性能系可按单位楼面面积的某个数值计入	类似形状、大概尺寸、位置、用途	类似形状、大概尺寸、位置、用途	形状、实际尺寸、设备编号、位置、用途	设备型号、实际尺寸、编号、位置、用途
	009	喷淋	无模型，成本或其他性能系可按单位楼面面积的某个数值计入	类似形状、大概尺寸、位置、用途	类似形状、大概尺寸、位置、用途	形状、实际尺寸、设备编号、位置、用途	设备型号、实际尺寸、编号、位置、用途
	010	消防栓	无模型，成本或其他性能系可按单位楼面面积的某个数值计入	类似形状、大概尺寸、位置、用途	类似形状、大概尺寸、位置、用途	形状、实际尺寸、设备编号、位置、用途	设备型号、实际尺寸、编号、位置、用途

表5-6 电气专业

专业	子项	详细等级	LOD 100 方案设计模型	LOD 200 扩初设计模型(扩初图纸)	LOD 300 施工图模型	LOD 400 施工深化模型	LOD 500 竣工模型
电气专业	001	强电线槽	无模型,成本或其他性能系可按单位楼面面积的某个数值计入	大概尺寸	精确尺寸、管材	实际尺寸、管材	实际尺寸,管材,连接件最终尺寸
	002	变压器	无模型,成本或其他性能系可按单位楼面面积的某个数值计入	大概尺寸	无模型,成本或其他性能系可按单位楼面面积的某个数值计入	实际尺寸、容量、型号	实际尺寸、容量、型号
	003	配电箱	无模型,成本或其他性能系可按单位楼面面积的某个数值计入	大概尺寸	大致尺寸、位置、用途、编号	实际尺寸、位置、用途、编号	设备型号、实际尺寸、编号、位置、用途
	004	控制柜	无模型,成本或其他性能系可按单位楼面面积的某个数值计入	无模型,成本或其他性能系可按单位楼面面积的某个数值计入	无模型,成本或其他性能系可按单位楼面面积的某个数值计入	类似形状、大概尺寸、位置、用途	设备型号、实际尺寸、编号、位置、用途
	005	灯具	无模型,成本或其他性能系可按单位楼面面积的某个数值计入	无模型,成本或其他性能系可按单位楼面面积的某个数值计入	无模型,成本或其他性能系可按单位楼面面积的某个数值计入	类似形状、大概尺寸、位置、用途	设备型号、实际尺寸、编号、位置、用途
	006	插座	无模型,成本或其他性能系可按单位楼面面积的某个数值计入	无模型,成本或其他性能系可按单位楼面面积的某个数值计入	无模型,成本或其他性能系可按单位楼面面积的某个数值计入	精确尺寸、设备编号、位置、用途	设备型号、实际尺寸、编号、位置、用途
	007	音箱	无模型,成本或其他性能系可按单位楼面面积的某个数值计入	无模型,成本或其他性能系可按单位楼面面积的某个数值计入	无模型,成本或其他性能系可按单位楼面面积的某个数值计入	类似形状、大概尺寸、位置、用途	设备型号、实际尺寸、编号、位置、用途
	008	信息	无模型,成本或其他性能系可按单位楼面面积的某个数值计入	无模型,成本或其他性能系可按单位楼面面积的某个数值计入	无模型,成本或其他性能系可按单位楼面面积的某个数值计入	类似形状、大概尺寸、位置、用途	设备型号、实际尺寸、编号、位置、用途
	009	摄像机	无模型,成本或其他性能系可按单位楼面面积的某个数值计入	无模型,成本或其他性能系可按单位楼面面积的某个数值计入	无模型,成本或其他性能系可按单位楼面面积的某个数值计入	类似形状、大概尺寸、位置、用途	设备型号、实际尺寸、编号、位置、用途

续表 5-6

专业	子项		详细等级 LOD 100	LOD 200	LOD 300	LOD 400	LOD 500
			方案设计模型	扩初设计模型(扩初图纸)	施工图模型	施工深化模型	竣工模型
电气专业	010	探测器	无模型,成本或其他性能系可按单位楼面面积的某个数值计入	无模型,成本或其他性能系可按单位楼面面积的某个数值计入	无模型,成本或其他性能系可按单位楼面面积的某个数值计入	类似形状、大概尺寸、位置、用途	设备型号、实际尺寸、编号、位置、用途
	011	接线箱	无模型,成本或其他性能系可按单位楼面面积的某个数值计入	无模型,成本或其他性能系可按单位楼面面积的某个数值计入	无模型,成本或其他性能系可按单位楼面面积的某个数值计入	具有精确尺寸、位置、用途	设备型号、实际尺寸、编号、位置、用途

2.人员组织

为更好地在本项目实施BIM信息化管理模式,应建立建筑信息模型,成立专门的BIM管理团队,由公司副总担任项目总监,项目经理担任BIM的负责人,其他相关专业人员由公司各专业骨干担任。同时邀请专业的BIM咨询顾问团队协助操作,以确保BIM的良好运行。

BIM应用领导小组组织架构如图5-5所示。

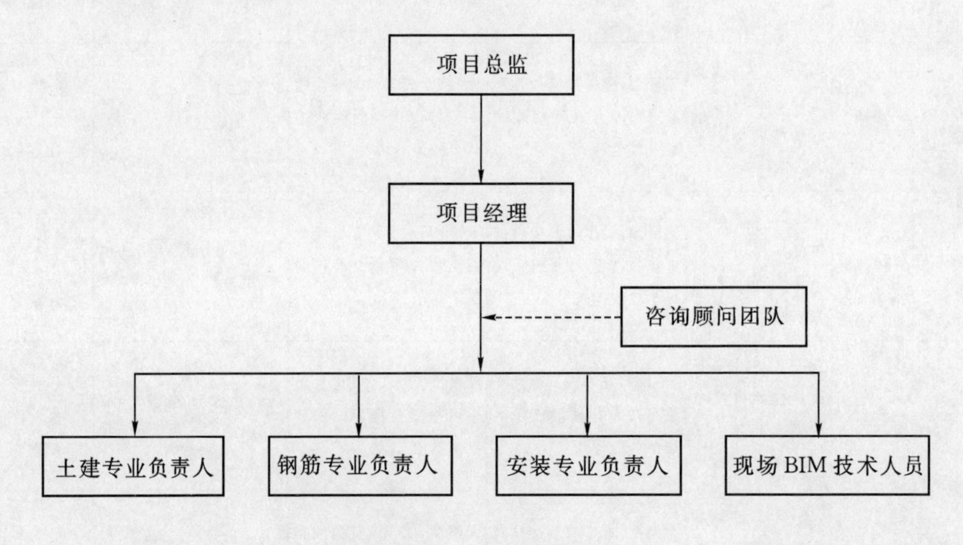

图5-5　组织架构

5.3.3　BIM工作的环境配置

1.软件配置

项目组建机电BIM协同工作室,将业主、顾问、项目各施工方、设计团队纳入日常设计协调工作中,统筹各专业分包协同作业,利用BIM技术进行机电专业“虚拟施工”。BIM工作环境的软件配置如图5-6所示。

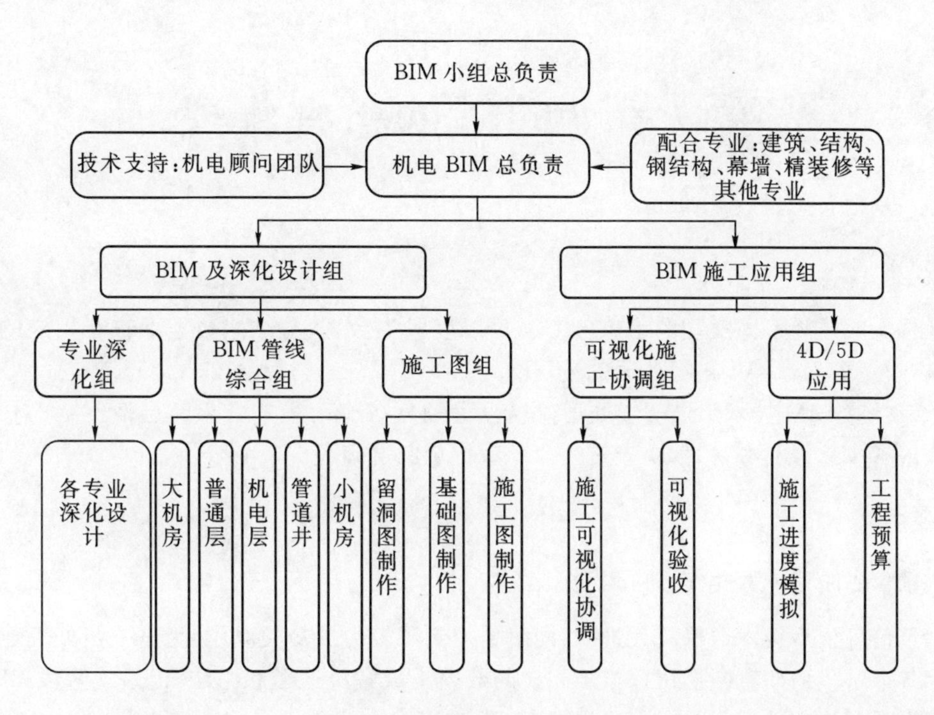

图 5-6

2.硬件配置

BIM工作环境的硬件配置如图5-7所示。

硬件配置			
硬件名称	品牌	配置	
台式图形工作站	DELL T7910	CPU	E5-2620v3(6C,15MB缓存,2.4GHz)
		内存	32G
		显卡	4GB NVIDIA Quadro K4200
		硬盘	2000GB
移动图形工作站	DELL M6700	CPU	I7-6820HQ
		内存	16G
		显卡	4GB AMD W7170M GDDR5
		硬盘	256G 固态+2T(5400)
UPS电源	H1000VA/600W		
苹果 iPad	双核、硬盘64G、内存2G		

图 5-7

第6章　BIM的数据集成

教学导入

数据集成是将不同类型的信息转变为可以度量的数据，将这些数据保存在相应的模型中，再将模型导入计算机进行处理的过程。

本章针对BIM技术为进一步处理建筑生命周期各个阶段的信息断层情况给出相应的数据集成解决途径和办法，解决建筑生命周期信息断层问题。

学习要点

- 项目各阶段的数据集成应用

建筑信息模型技术取得较大进步，同时也得到了较为成功的应用，为进一步处理建筑生命周期各个阶段的信息断层情况给出相应的数据集成解决途径和办法，但是现阶段BIM的应用基本是利用文件实行数据交换以及管理，难以建立完整的信息模型，难以将BIM的全部价值体现出来。针对面向建筑全生命期的BIM数据集成技术展开探究，由此实现建筑生命周期信息断层问题的解决。

集成BIM基本数据涉及建筑生命周期过程及其各项产品的信息，在建设过程各个时间的动态中逐步形成，所以面向全生命周期BIM也应当在建设中逐渐完成动态创建。集成BIM的基本思路是根据工程的进展情况以及需求分阶段进行BIM模型的创建，也就是针对项目规划、设计、施工、运维各个环节，结合不同时期的情况创建对应的BIM子集。各项子信息模型可自行演化，可以利用上级模型提取、拓展以及集成信息，创建这一时期的信息模型，也可以结合一个具体应用基层模型数据，建立应用子信息模型，随着工程的一步步发展，最终建立面向建筑全生命的完整建筑信息模型，实现BIM的数据集成。

6.1　BIM于规划阶段的集成应用

6.1.1　规划阶段的建筑策划

提供项目建设过程的BIM规划，根据业主需要分期提供协调管理及根据设计单位和相关专业顾问提供的建筑、结构、机电、幕墙、景观各专业施工图建立整个BIM初始模型并提供方案服务、提交碰撞报告、指导协调总分包单位进行后续模型的深化，并进行优化审核、更新和维护、完成BIM竣工模型等工作内容。

规划阶段的建筑策划涉及的主要内容，如图6－1所示。主要包括：建立全过程BIM规划，制定BIM管理标准及流程，对项目BIM应用进行整体的管理和控制，建立图纸信息交互平台，与BIM平台搭建进行统一考虑，管理各总包方、分包方等项目参与角色，包括管理BIM模型、文档及图纸。通过该平台进行沟通、交付、审核及存储，为委托方及相关人员提供基本培训，使其掌握建筑信息模型的基本用法，具有看模型、从模型中提取基本数据的能力。

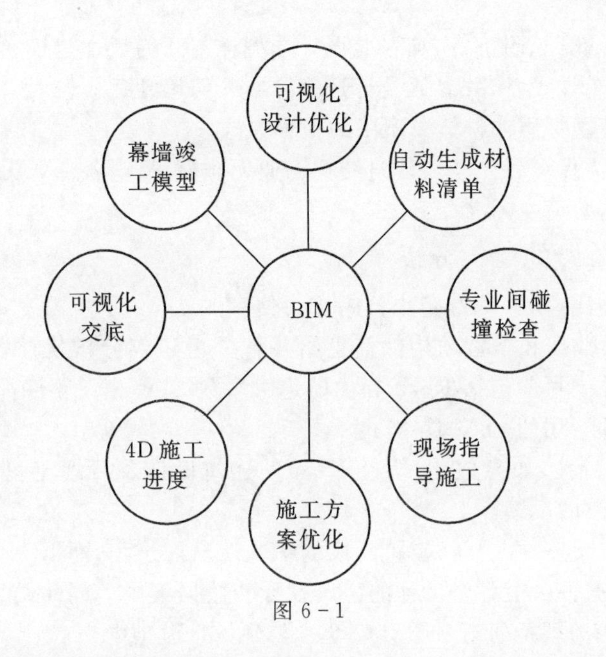

图 6-1

6.1.2 规划阶段的方案规划

在项目规划阶段，一个重要的挑战就是帮助业主把握好产品和市场之间的关系。BIM能够帮助业主在项目策划阶段做出市场收益最大化的工作，特别是帮助业主实现建筑效果的最大化，例如朝向好、景观好、客户容易到达的商业空间面积最大等。此外BIM还能帮助业主了解建筑的造型以及真实环境下的视线可见性等关键信息，而且利用BIM对不同的设计方案进行整个建筑物的能源消耗模拟计算，在保证建筑物功能和性能的同时，帮助业主从建筑物的全生命周期来考虑建造成本和能耗成本。

规划阶段的方案规划可参考以下几点：

(1)项目简述：项目规模、特点以及与BIM应用相关的重难点等。

(2)编制说明：编制依据、大纲思路与附录的简要介绍。

(3)应用目标：如合同要求、公司相关要求、项目自身为提高管理效率和增加效益提出的需求、增强自身BIM技术、开拓市场等。

(4)主要工作内容：BIM在技术、质量、安全、管理等中的应用点。

(5)原则时间节点：BIM模型原则上至少要提前于实际施工开始时间1～2周，BIM模型的应用和维护原则上应与实际进度一致。应针对各施工阶段编制表格，详细列表说明。

(6)组织架构：建立以总工为BIM总负责人，由公司提供技术支持，根据项目应用目标来确定所需专业BIM工程师及其他配合部门的组织架构系统图，配合部门应包含技术部、工程部、物资部、安全质量部、人力资源部等。

(7)职责分工：根据项目BIM应用目标，确定组织架构以及多部门需配合的工作内容及成果文件。

(8)工作流程：根据项目BIM技术介入阶段及应用目标，拟定从策划到落地应用的BIM技术流程，应包括节点流程导图、节点工作内容、相关配合人员等。

在满足LOD标准要求和模型规划要求的前提下，方案规划要满足以下几点：

(1)各专业建模完成后，保持各专业系统完整性。

(2)各专业设备、阀门、附件等,均参照设计选型样本几何尺寸建模。

(3)各专业添加末端设备,并参照设计选型样本几何尺寸建模。

(4)规划 BIM 模型材质在整体模型中的呈现方式。

(5)正式提交前需保证各专业与建筑结构专业无碰撞,机电各专业无碰撞。

(6)满足 BIM 模型精度标准。

6.1.3 规划阶段的绿色分析

与传统的流程相比,BIM 为绿色设计带来了便利。

(1)真实的 BIM 数据和丰富的构件信息给各种绿色建筑分析软件以强大的数据支持,确保了结果的准确性。目前包括 Revit 在内的绝大多数 BIM 相关软件都具备将其模型数据导出为各种分析软件专用的 gbXML 格式。

(2)BIM 的某些特性(如参数化、构件库等)使建筑设计及后续流程针对上述分析的结果,有非常及时和高效的反馈。

(3)绿色建筑设计是一个跨学科、跨阶段的综合性设计过程,而 BIM 模型则正好顺应此需求,实现了单一数据平台上各个工种的协调设计和数据集中。同时结合 Navisworks 等软件加入 4D 信息,使跨阶段的管理和设计完全参与到信息模型中来。

(4)BIM 的实施能将建筑各项物理信息分析从设计后期显著提前,有助于建筑师在方案甚至概念设计阶段进行绿色建筑相关的决策。

可以说,当我们拥有一个信息含量足够丰富的建筑信息模型的时候,就可以利用它作任何我们需要的分析。一个信息完整的 BIM 模型中就包含了绝大部分建筑性能分析所需的数据。

从流程上来说,简而言之就是:用 BIM 软件将需要进行绿色建筑相关分析的数据导出为 gbXML 文件,然后使用专业的模拟、分析软件进行分析,最后再导入 BIM 软件进行数据整合或根据分析结果进行必要的设计决策。

6.2 BIM 于设计阶段的集成应用

6.2.1 设计阶段 BIM 应用分析

BIM 模型生成二维视图的工作模式由于不同设计阶段对二维视图的交付目标和交付要求不同,因此应依据不同阶段的实际交付要求而定。

1. 方案设计阶段

该阶段的设计成果主要用于对方案的评审及多方案比选。应用 BIM 技术以后,通过 BIM 模型可视化功能完成方案的评审及多方案比选更加直观,BIM 模型成为交付的重点,对交付图纸的要求变为辅助表达设计意图,由 BIM 模型直接生成的二维视图完全可以满足交付的要求。因此,方案设计阶段 BIM 模型生成的二维视图可直接作为正式交付物,这种方式不仅保证了交付质量,同时也大幅度提升了设计效率,BIM 技术的应用效果最为明显。

2. 初步设计阶段

初步设计成果主要是用于确定具体技术方案及为施工图设计奠定基础。BIM 技术应用后,通过 BIM 模型可以更高质量地完成建筑设计、优化分析及综合协调,对于交付图纸的二维制图标准要求无须非常严格。因此,初步设计阶段 BIM 模型生成的二维视图可进行必要的标注等处理后直接作为正式交付物,这样可以保证模型与图纸间数据的关联性,有利于施工图设计阶段的设计修改,大幅降低图纸后续处理的工作量。

由于现阶段 BIM 模型生成的二维视图不能完全满足二维制图规范的要求，因此，需要与业主协商，对 BIM 模型生成二维视图的交付要求进行必要调整，以适应该阶段 BIM 直接出图的实际需要。

3. 施工图设计阶段

施工图设计成果主要用于施工阶段的深化并指导施工，最终设计交付图纸必须达到二维制图标准要求。由于现阶段 BIM 模型生成的二维视图尚不能完全满足二维制图规范的要求，因此施工图设计阶段由 BIM 模型生成的二维视图很难直接用于交付。同时，在此阶段还需要进行专业间的综合协调，检查是否因为设计的错误造成无法施工的情况，因此，可行的工作模式为先依据 BIM 模型完成综合协调、错误检查等工作，对 BIM 模型进行设计修改，最后将二维视图导出到二维设计环境中进行图纸的后续处理。这样能够有效保证施工图纸达到二维制图标准要求，同时也能降低在 BIM 环境中处理图纸的工作量。

需要说明的是，现阶段都需要进行大量的后续工作，施工图纸才能最终达到二维制图标准的要求。为了尽量降低设计人员的工作负担，企业可以设置 BIM 制图员岗位，专门负责 BIM 模型直接生成二维视图及将其导出到二维环境中的后续处理工作。

6.2.2 设计阶段 BIM 主要应用

1. 深化设计的 BIM 应用

深化设计的 BIM 应用包括概括项目各专业设计缺陷及难点，概述需采取的相关 BIM 应用点。

(1)机电深化设计。

根据机电专业设计缺陷及施工难点，进行施工计划并制定相应 BIM 应用计划；确定 BIM 模型标准；提出应用 BIM 技术对机电专业重难点的解决方案及预期成果。

(2)钢结构深化设计。

根据钢结构专业设计缺陷及施工难点，进行施工计划并制定相应钢结构 BIM 应用计划；确定钢结构模型标准；提出应用 BIM 技术对钢结构专业重难点的解决方案及预期成果。

(3)幕墙深化设计。

根据幕墙专业设计缺陷及施工难点，进行幕墙施工计划并制定相应幕墙 BIM 应用计划；确定幕墙模型标准；提出应用 BIM 技术对幕墙专业重难点的解决方案及预期成果。

(4)预制构件深化设计。

根据项目预制构件设计缺陷及施工难点，进行预制构件生产及施工计划并制定相应 BIM 应用计划；确定与生产厂家标准相匹配的各类型预制构件的构型标准。

2. 施工工艺模拟

根据项目复杂施工工艺节点对应的设计要求及相关施工规范要求，确定所需模拟的工艺及样板；根据项目情况拟定交底流程；预计达到效果。

3. 进度管理的 BIM 应用

根据进度计划重要事件节点以及可能造成工期延误的风险因素，列举拟采用的进度应用点。

(1)进度优化辅助分析。

根据项目进度计划各个节点以及可能造成工期延误的风险因素，提出进度优化 BIM 技术应用方案(如工期进度模拟动画)，介绍 BIM 技术进度应用的软件平台及操作关键步骤，预计工期优化效果。

(2)场地布置动态模拟与辅助分析。

根据项目场地布置特点，利用基于BIM技术的三维场地动态管理，介绍工程如何利用BIM技术搭建场地模型，并按照不同进度情况进行动态的施工管理。

(3)设计变更管理。

一方面根据项目在接到设计变更后的工作流程，确定如何进行模型的修改及更新；另一方面重点根据项目如何利用BIM技术进行设计变更管理，根据项目自身情况选择管理平台和软件应用。

4.成本控制的BIM应用

基于BIM协同管理平台的商务成本管理应用点及目标如下：

(1)合约信息管理。

对施工准备阶段各个参建单位的信息进行收集、存储并设置相关权限，并对其提供的BIM模型在平台中与相关信息关联。

(2)工程量计算。

通过BIM平台整合各专业模型，快速提取工程量和清单，为项目拟定物资采购、进场计划。

(3)资金计划分析。

利用BIM模型快速显示资金变化，为资金控制提供依据。

5.质量管理的BIM应用

(1)移动端辅助质量实时检查。

通过BIM管理平台，对发现的质量或安全问题进行采集影像资料、文字说明等。

(2)多方质量验收平台。

对已知质量或安全问题，通过BIM管理平台进行责任分配和后期的处理进度跟踪与管理。

(3)关键质量节点预警。

根据项目所有关键质量节点，包括施工部位、难度及质量要求，将现场各质量节点在共享模型中高亮表示，以及消除预警的工作闭环流程。

6.3 BIM于施工阶段的集成应用

与传统的施工方案编制及技术措施选取相比较，基于BIM的施工方案编制与技术措施选取的优点主要体现在它的可视性和可模拟性两个方面。

传统的施工方案通常采用文字叙述结合施工设计图纸的方式，将施工的工艺流程和技术措施予以阐述，这样往往会造成因对文字的理解不充分而影响施工质量和施工进度，造成不必要的浪费。

采用BIM技术，通过BIM模型，不仅可以对建筑的结构构件及组成进行360度的全方位观察和对构件的具体属性进行快速提取，还可以将施工方案与进度计划结合，在Navisworks manage中进行施工过程模拟，直接将具体的施工方案以动画的形式予以展示，方便施工技术人员直接看出方案可行还是不可行，实施过程中会出现哪些情况，实施的具体工艺流程、方案是否可优化，从而保证在方案实施前排除障碍，做到防范于未然，避免盲目施工、惯性施工等可能遇到的突发事件，从技术方案上保证一次成活，减少返工造成的材料浪费。

6.3.1 BIM技术在施工阶段质量管理的应用

在工程质量管理体系的总领下，利用BIM技术，将质量管理从组织架构到具体工作分配，从单位工程到检验批逐层分解，层层落实。具体实施流程如下：

1. 施工图会审

项目施工的主要依据是施工设计图纸，施工图会审则是解决施工图纸设计本身所存在问题的有效方法。在传统的施工图会审的基础上，结合BIM总包所建立的本工程BIM模型，对照施工设计图，相互排查，若发现施工图纸所表述的设计意图与BIM模型不相符合，则重点检查BIM模型的搭建是否正确；在确保BIM模型是完全按照施工设计图纸搭建的基础上，运用Revit运行碰撞检查，找出各个专业之间以及专业内部之间设计上发生冲突的构件，同样采用3D模型配以文字说明的方式提出设计修改意见和建议。

2. 技术交底

利用BIM模型庞大的信息数据库，不仅可以快速地提取每一个构件的详细属性，让参与施工的所有人员从根本上了解每一个构件的性质、功能和所发挥的作用，还可以结合施工方案和进度计划，生成4D施工模拟，组织参与施工的所有管理人员和作业人员，采用多媒体可视化交底的方式，对施工过程的每一个环节和细节进行详细的讲解，确保参与施工的每一个人都要在施工前对施工的过程认识清晰。

3. 材料质量管理

材料的质量直接关系到建筑的质量，把好材料质量关是保证施工质量的必要措施和有效措施。利用BIM模型快速提取构件基本属性的优点，将进场材料的各项参数整理汇总，并与进场材料进行一一比对，保证进场的材料与设计相吻合，检查材料的产品合格证、出厂报告、质量检测报告等相关材料是否符合要求并将其扫描成图片附给BIM模型中与材料使用部位相对应的构件。如在项目施工过程中，将门联窗所使用的钢化玻璃及其检测报告等资料经扫描附加到模型中，以便管理和读取。

4. 设计变更管理

在施工过程中，若发生设计变更，应立即作出相关响应，修改原来的BIM模型并进行检查，针对修改后的内容重新制定相关施工实施方案并执行报批程序，同时为后面的工程量变更以及运营维护等相关工作打下基础。

5. 施工过程跟踪

在施工过程中，施工员应当对各道工序进行实时跟踪检查，基于BIM模型可在移动设备终端上快速读取的优点，利用智能电话（如iPhone）、平板电脑（如iPad）等设备，随时读取施工作业部位的详细信息和相关施工规范以及工艺标准，检查现场施工是否是按照技术交底和要求予以实施、所采用的材料是否是经过检查验收的材料以及使用部位是否正确等。若发现有不符合要求的，立即查找原因，制定整改措施和整改要求，签发整改通知单并跟踪落实，将整个跟踪检查、问题整改的过程采用拍摄照片的方式予以记录并将照片等资料反馈给项目BIM工作小组，由BIM工作小组将问题出现的原因、责任主体/责任人、整改要求、整改情况、检查验收人员等信息整理并附给BIM模型中相应构件或部位。

6. 检查验收

在施工过程中，实行检查验收制度，从检验批到分项工程，从分项工程到分部工程，从分部工程到单位工程，再从单位工程到单项工程，直至整个项目的每一个施工过程都必须严格按照相关要求和标准进行检查验收，利用BIM庞大的信息数据库，将这一看似纷繁复杂、任务众多的工作具体分解，层层落实，将BIM模型和其相对应的规范及技术标准相关联，简化传统检查验收中需要带上施工图纸、规范及技术标准等诸多资料的麻烦，仅仅带上移动设备即可进行精准的检查验收工作，轻松地将检查验收过程及结果予以记录存档，大大提高了工作质量和效率，减轻了工作负担。

7. 成品保护

成品保护对施工质量控制同样起着至关重要的作用，每一道工序结束后，都应该采取有效的成品保护措施，对已经完成的部分进行保护，确保其不会被下一道工序或其他施工活动所破坏或污染。利用BIM模型，分析可能受到下一道工序或其他施工活动破坏或污染的部位，对其制定切实有效的保护措施并实施，保证成品的完好，从而保证施工的质量。

6.3.2 BIM技术在施工阶段安全管理的应用

BIM模型中集成了所有建筑构件及施工方案的信息，建筑本身的相关信息作为一个相对静态的基础数据库，为施工过程中危害因素和危险源识别提供了全面而详尽的信息平台。而施工方案配合进度计划则形成了一个相对动态的基础信息库，通过对施工过程的模拟，找出施工过程中的危险区域、施工空间冲突等安全隐患，提前制定相应安全措施，从最大程度上排除安全隐患，保障施工人员的人身财产安全，减小损失发生的概率。

1. 危险源识别

建立以BIM模型为基础的危险源识别体系，按照相关规定，找出施工过程中的所有危险源并进行标识。

2. 危险区域划分

可将所有危险源按照损失量和发生概率划分为4个风险区（风险区A，风险区B，风险区C，风险区D），并依次采用红、橙、黄、绿4种颜色予以标出，在施工现场醒目的位置张贴予以告示，让施工人员清楚地了解哪些地方存在危险以及危险性的大小。

3. 安全可视化交底

施工作业前，不仅要对施工管理人员和施工作业人员进行技术交底，还要对参与施工的所有人员进行安全交底，同样利用BIM模型，分析施工过程中的各个危险因素，采用多媒体进行详细的讲解，让施工人员，尤其是施工作业人员了解危险因素的存在部位，并掌握防范措施，从而保证每一个施工人员的人身财产安全。

4. 安全管控

按照危险区的划分，对不同安全风险区制定相应等级的防控措施，尤其是针对损失量大、发生几率高的风险区A和发生几率虽然不大但一旦发生则会造成很大损失的风险区B这两种风险类型，不仅要制定有针对性的措施和应急预案，还要组织相关人员进行应急演练，确保类似安全事故尽量不发生，即使发生，也要把损失降到最低。在日常施工生产过程中，也要严格按照安全风险区的划分，有针对性地重点检查相关施工过程和施工部位，并做到绝不漏掉任何一个可能造成安全事故的隐患。

6.3.3 BIM技术在施工阶段进度管理的应用

进度计划与模型关联，通过将BIM与施工进度计划相链接，将空间信息与时间信息整合在一个可视的5D（三维模型＋时间维度＋资源消耗维度）模型中，直观、精确地反映整个建筑的施工过程。5D施工模拟技术可以在项目建造过程中合理制定施工计划、精确掌握施工进度、优化使用施工资源以及科学地进行场地布置，对整个工程的施工进度、资源和质量进行统一管理和控制，以缩短工期、降低成本、提高质量。施工进度模拟见图6-2。

图6-2

1.进度计划可视化

无论是项目的施工总进度计划还是具体到每一天的施工进度计划，都可以通过project编制或者直接在Navisworks manage中直接编制进度计划，通过TimeLiner将进度计划附加给模型中的各个构件进行4D施工模拟，清晰直观地了解各个时间节点完成的工程量和达到的效果，方便项目的各个参与方随时了解项目的施工进展情况。

2.施工过程跟踪，精细对比及偏差预警

在TimeLiner中将人、料、机消耗量以及资金计划等附加给相应施工任务，在施工过程中，将实际施工进度和实际发生的资源消耗对应录入生成5D动画，TimeLiner将自动进行精细化对比并显示结果。若实际进度发生偏差(包括进度滞后和进度提前)，TimeLiner将根据发生偏差的部位和发生偏差的原因自动提出警示，方便管理人员根据警示有针对性地制定切实可行的纠偏措施。

3.纠偏措施模拟

根据TimeLiner提出的进度偏差警示，针对发生偏差的原因采取相应的组织、管理、技术、经济等纠偏措施，但所制定的措施是否切实可行，是否能达到预期目标，此时可通过TimeLiner模拟功能进行纠偏措施预演，直接分析纠偏措施的可行性和预期效果，避免措施不力达不到预期结果和措施过当造成不必要的浪费。

6.4 BIM于运维阶段的集成应用

6.4.1 项目运维管理概述

在建筑生命周期的运营管理阶段，BIM可同步提供有关建筑使用情况或性能、人员与容量、建筑已用时间以及建筑财务方面的信息。BIM可提供数字更新记录，并改善搬迁规划与管理。它还促进了标准建筑模型对商业场地条件(例如零售业场地，这些场地需要在许多不同地点建造相似的建筑)的适应，有关建筑的物理信息(例如完工情况、承租人或部门分配、家具和设备库存)和关于可出租面积、租赁收入或部门成本分配的重要财务数据都更加易于管理和使用。稳定访问这些类型的信息可以提高建筑运营过程中的收益与成本管理水平。

6.4.2 基于 BIM 技术的项目运维管理系统框架构建

基于从设计和施工阶段所建立的面向设备的 BIM 模型，创建设备全信息数据库，用于信息的综合存储与管理。在此基础上，开发基于 BIM 的建筑设备运维管理系统，其目的一方面是为了实现设备安装过程和运营阶段的信息共享，以及安装完成后将实体建筑和虚拟的机电 BIM 模型一起集成交付；另一方面是为了加强运营期设备的综合信息化管理，为保障所有设备系统的安全运行提供高效的手段和技术支持。

目前，常用的网络应用模式主要有“浏览器-服务器(Browser-Server，BS)”模式、“客户端-服务器(Client-Server，CS)”模式及“点对点(Peer-to-Peer，P2P)”模式三种，它们有着各自的特点和应用范围。

基于 BIM 的建筑设备运维管理系统需要以三维图形作为最基本的表现，对客户端的图形表现有较强的需求，且三维模型数据量极其巨大，模型变换和渲染所需的计算量也很大，不合适全部放在服务器端处理。此外，在统计分析等需要图表进行显示方面，CS 结构的客户端表现能力更加符合运维管理的要求。

基于 BIM 技术的项目运维管理系统框架见图 6－3。

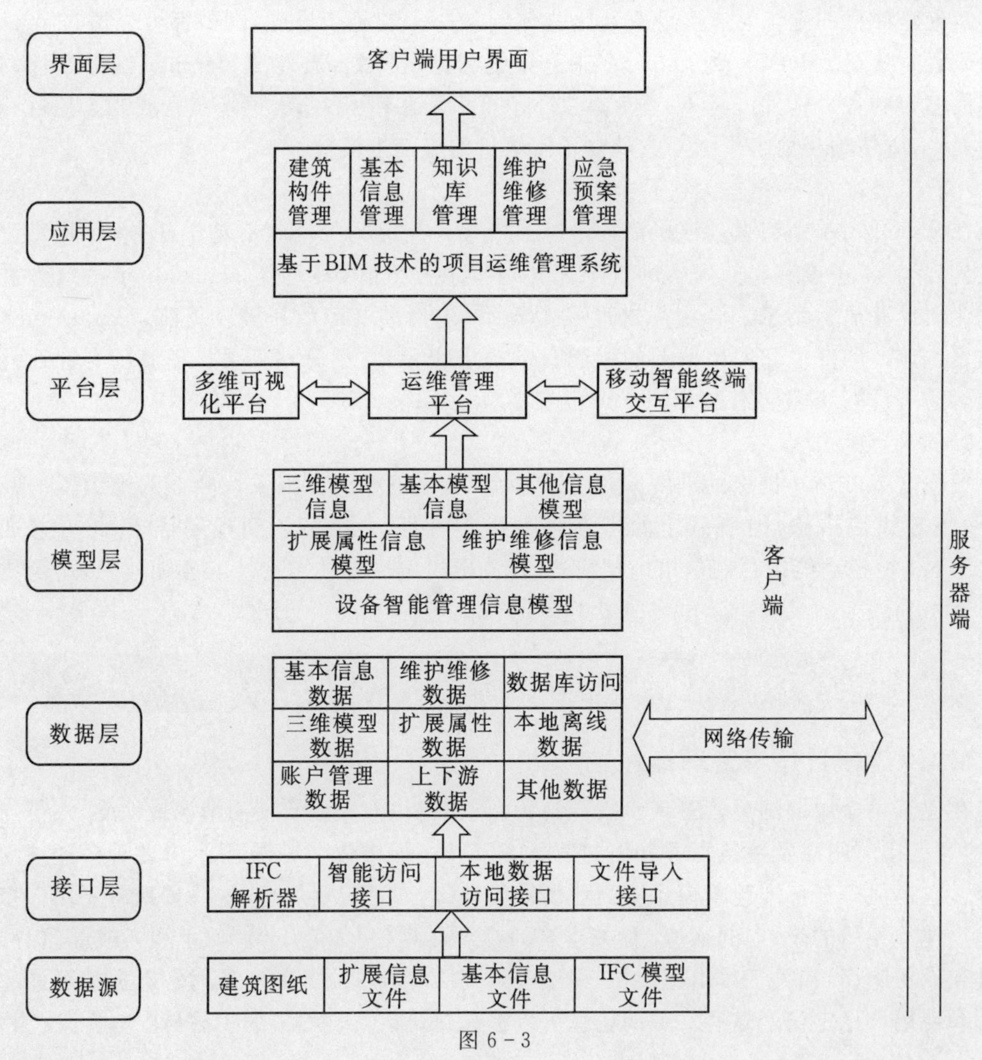

图 6－3

客户端计算机中还通过一个以XML文档形式保存系统配置信息和项目具体细节的配置文件，对项目运维管理系统的应用环境进行设置。对于所管理的每一个项目，包含多个以二进制的形式将远程数据库中最新数据的拷贝，映射到缓存在本地计算机中的文档，用来提高项目运维管理系统读取数据的效率。移动终端为采用IOS或Android系统的智能手机，同样通过一个配置文件，实现当前终端和服务器连接的配置信息。

6.4.3 基于BIM技术的运维管理实现战略

运维管理系统是对智能建筑物内所有运行设备的档案、运行、维护、保养进行管理，主要包括设备运行管理、设备维修管理、设备保养管理、维修申请/工作单管理等方面。软件系统可以实时地获取大楼内各种机电设备的运行状态和参数，以方便设备的维修保养等，同时提供技术手段为项目的特殊性要求提供服务。

运维管理系统充分采用智能化、网络化、数字化技术，充分利用网络、计算机、软件、数据库等资源，搭建物业经营管理系统，系统不仅可以简化、规范运维管理公司的日常操作，全面管理企业的运行状况，提高企业的管理水平和工作效率，为企业提供决策的信息支持，为企业创造出理想的经济和社会效益，更促进了运营维护向现代化的企业管理迈进。

1.运维系统的组成

根据建筑物规模的大小，一般运维系统主要由以下几类组成：

(1)物业业务管理：房产管理、物业维修及二次装修管理、收费管理、保洁管理、租赁管理、裙楼会议中心管理、停车场管理、来访者管理。

(2)物业设施管理：设备设施运行管理、设备保养管理、设施设备巡查、机电巡查功能、设备信息管理、综合安防及机电设备监控。

(3)运维经营活动及增值服务：面向客户的综合信息服务，面向客户的门户网站、客户投诉、客户查询、来访者登记信息服务，自动计量、会议室预订、辅助管理功能。

2.运维系统的建设目标

(1)通过建立完善的信息运维管理系统，为物业管理活动中的各项管理与运营提供现代化的管理手段，降低日常的管理和维护费用。

(2)通过对信息进行处理、存储、传输、检索，为物业公司的管理者、业主及其他客户提供有效的信息服务。

(3)满足物业管理公司的基本业务、专项业务和特色业务的管理需求。

(4)覆盖整个物业公司的管理职能和业务处理职能。

(5)通过数据仓库、数据挖掘和联机分析处理(OLAP)技术，对收集的信息进行加工处理，为物业管理公司的决策层提供咨询决策信息。

(6)整合企业管理子系统、业务处理子系统、信息门户子系统。

运维管理系统主要还体现在信息化管理服务上，也是在常规的物业管理基础上延伸和扩展出来的。建设目标具体可以细化为一站式客户增值服务、共享数据中心管理、工作流定制管理、能源管理、设备生命周期管理。

①一站式客户增值服务。

运维管理系统的信息门户网站、客户服务IP呼叫中心共同提供基于Web和专门客户端的物业服务，客户可以用多种方式同时和物业管理部门进行交互，包括投诉、保修、建议、查询、申请等各项增值业务服务。

②共享数据中心管理。

运维管理系统和集成管理平台以及其他第三方平台共享数据中心管理，真正实现一个数据中心、多级数据库管理。强调对智能建筑中的设备数据、客户数据、运营数据、能源数据的综合性管理目标。

③工作流定制管理。

运维管理系统集成了工作流管理系统的全部功能，是业务流程管理的标准平台，包括工作流引擎和可视化流程设计器，完全支持业务流程自定义，支持复杂流程的配置管理。灵活适应业务流程变革，显著降低系统二次开发和维护成本。流程绩效分析模块包括年度工作绩效分析、流程平均办理周期分析、人员工作量统计分析、参与人员平均办理周期分析，这有利于进行量化的绩效考核，发现工作问题所在，持续改善流程和提高工作效率。

④能源管理。

运维管理系统将对各种自带能源控制设备进行集成，整合能源管理信息视图，支持对数据中心和基础设施的优化，让客户了解能源使用情况。在遇到与能源相关的潜在问题时，它还会向能源物业管理人员发出告警，并采取相应的预防措施。利用该软件所具备的历史走向与预测功能可帮助客户提高现有环境与能源规划的精度。它还可以帮助客户处理楼宇能源在空间、电源和制冷方面的物理限制，实现对能耗设备的计量，从而便于产品成本的精确核算。

⑤设备生命周期管理。

运维管理系统形成一整套对设施全生命周期进行管理的方案，以提高设施运行的稳定性。强电、弱电、给排水、电梯、消防、暖通等楼宇设备的维护效果直接关系到运营维护管理的水平和客户服务的满意度，长远来看，基于 BIM 技术的项目运维管理系统的构建会对设备生命周期管理产生深远的影响。

第7章 BIM集成应用

教学导入

BIM集成应用，是通过建立BIM应用软件与项目管理系统之间的数据转换接口，充分利用BIM的直观性、可分析性、可共享性及可管理性等特性，为项目管理的各项业务提供准确及时的基础数据与技术分析手段，配合项目管理的流程、统计分析等管理手段，实现数据产生、数据使用、流程审批、动态统计、决策分析的完整管理闭环，以提升项目综合管理能力和管理效率。

本章主要介绍多专业之间的BIM应用集成，并分析其应用方向。同时，对BIM与其他相关的技术结合应用进行阐述与展望。

学习要点

- 多专业间BIM的应用集成
- BIM 4D与5D数据应用
- BIM协同工作
- BIM数字化交付

7.1 BIM数据辅助场地设计

Revit提供了多种工具辅助用户进行场地设计：创建三维地形表面；进行场地规划；创建建筑红线；平整场地（建筑地坪）；计算土方；布置配景；创建三维视图或渲染该视图，以提供更真实的演示效果。

7.1.1 场地规划

1.场地设置

场地设置的内容包括：随时修改项目的全局场地设置，定义等高线间隔，添加用户定义的等高线，选择剖面填充样式。如图7-1所示。

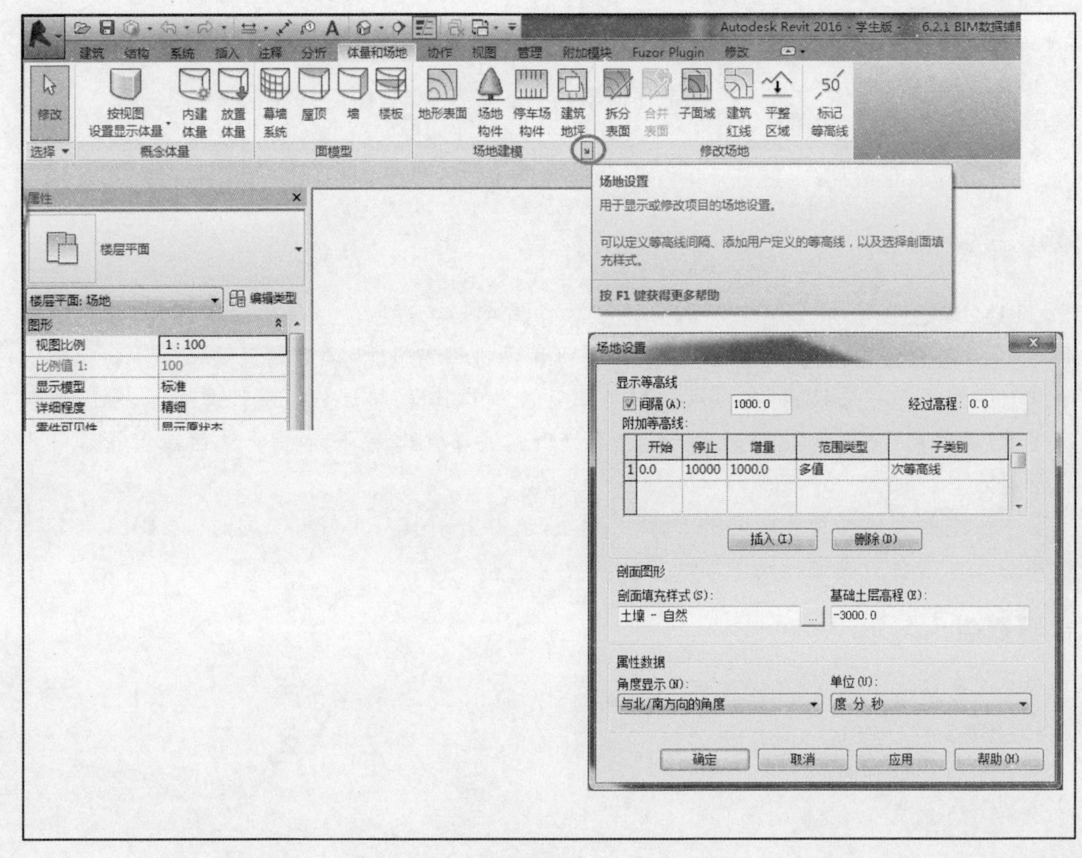

图 7 - 1

(1)场地设置说明。

场地设置说明见表 7 - 1。

表 7 - 1　场地设置说明

功能名称	功能说明
显示等高线	显示等高线;清除复选框后,自定义等高线仍会显示在绘图区域中
间隔	设置等高线之间的间距
经过高程	等高线间距是根据这个值来确定的。例如:如果等高线间隔设置为 10,则等高线将显示在－20、－10、0、10、20 的高程上;如果将“经过高程”设置为 5,则等高线将显示在－15、－5、5、15 的高程上。
附加等高线	
开始	设置附加等高线开始显示的高程
停止	设置附加等高线不再显示的高程
增量	设置附加等高线的间隔
范围类型	选“单一值”可以插入一条附加等高线,选“多值”可以插入增量附加等高线

续表 7－1

功能名称	功能说明
子类别	设置显示等高线的类型，从列表中选择一个值。在"可见性/图形替换"中使用"对象样式"工具定义等高线类型
剖面图形	
剖面填充样式	设置在剖面视图中显示的材质
基础土层高程	控制土壤横断面的深度（例如：－3 米）；该值控制项目中全部地形图元的土层深度
属性数据	
角度显示	指定建筑红线标记上角度值的显示
单位	指定在显示建筑红线表中的方向值时要使用的单位

（2）显示等高线设置。

显示等高线设置见图 7－2。

图 7－2

①间隔：控制显示主等高线，设置主等高线的开始高程。

②经过高程：设置主等高线的开始高程。

③附加等高线。

a. 开始：输入附加等高线开始显示时所处的高程。

b. 停止：输入附加等高线不再显示时所处的高程。当选择"多值"作为"范围类型"时，将启用该值。

c. 增量：指定每条附加等高线的增量。当选择"多值"作为"范围类型"时，将启用该值。

d. 范围类型：对于一条附加等高线，请选择"单一值"；对于多条等高线，请选择"多值"。

e. 子类别：为等高线指定线样式。默认样式为"隐藏线""主等高线""次等高线""三角形边缘”。

(3)剖面图形设置。

选择一种在剖面视图中显示场地的材质作为“剖面填充样式”。对应的材质有以下三种:场地—土,场地—草,场地—沙。

输入一个值作为“基础土层高程”,以控制土壤横断面的深度,例如,—25 英尺或—30 米。该值控制项目中全部地形图元的土层深度。

(4)数据属性设置。

①指定一个选项作为“角度显示”。

如果选择“度”,则在建筑红线方向角表中以 360 度方向标准显示建筑红线。并使用相同的符号显示建筑红线标记。

②指定一个选项作为“单位”。如果选择“十进制度数”,则建筑红线方向角表中的角度显示为十进制数而不是度、分和秒。

剖面图形设置和数据属性设置见图 7-3。

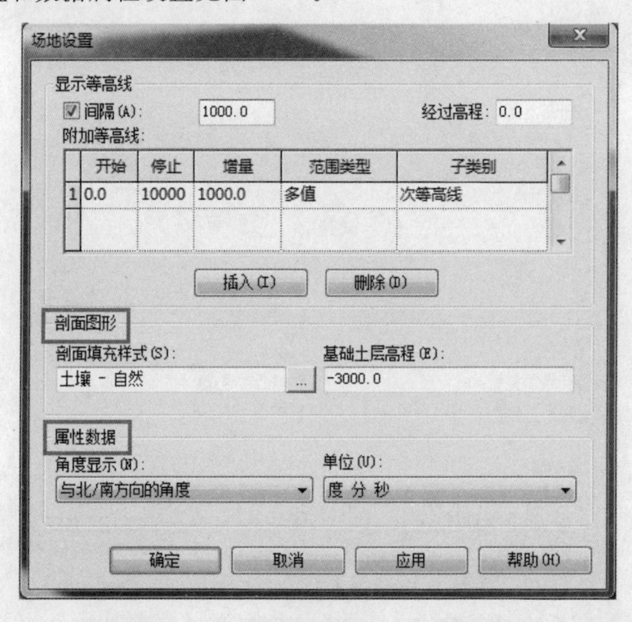

图 7-3

2.创建地形表面

“地形表面”工具使用点来定义地形表面,可以在三维视图或场地平面中创建地形表面。创建地形表面有以下三种方法:点,导入实例,点文件。

(1)通过点创建地形表面。

在“高程”选项栏中,设置高程的值。点及其高程用于创建表面,如图 7-4 所示。

“绝对高程”:点显示在指定的高程处,可以将点放置在活动绘图区域中的任何位置。

通过“相对于表面”选项,可以将点放置在现有地形表面上的指定高程处,从而编辑现有地形表面。要使该选项的使用效果更明显,需要在着色的三维视图中工作。如图 7-5 所示。

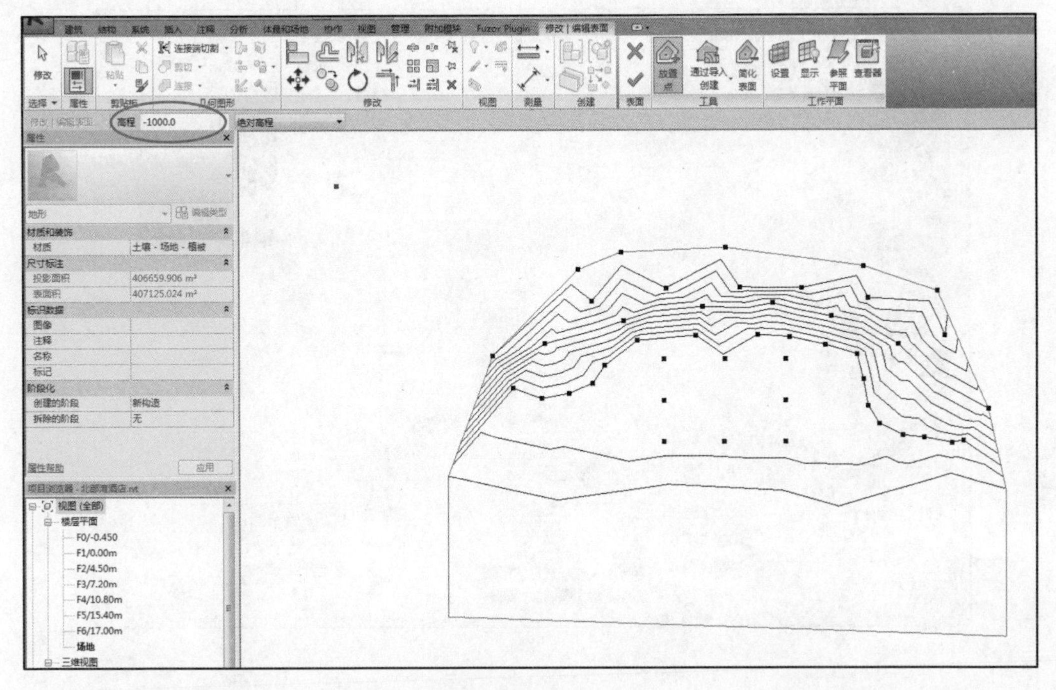

图 7－4

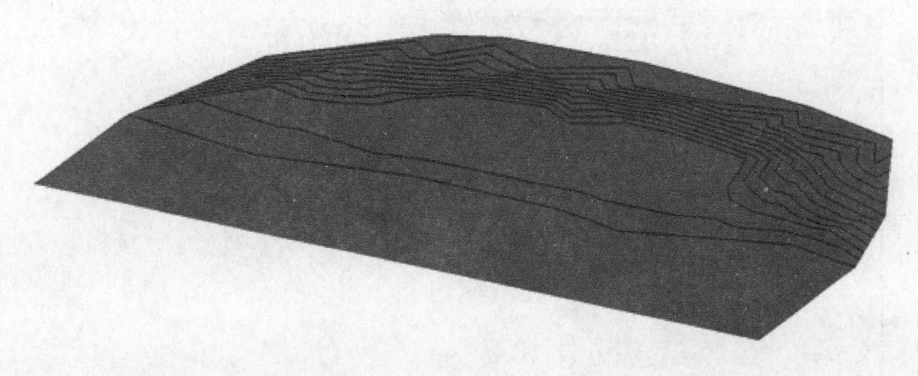

图 7－5

(2)导入实例创建地形表面。

根据从 DWG、DXF 或 DGN 文件导入的三维等高线数据自动生成地形表面。Revit 会分析数据并沿等高线放置一系列高程点。导入等高线数据时,请遵循以下要求:

①导入的 CAD 文件必须包含三维信息。

②在要导入的 CAD 文件中,必须将每条等高线放置在正确的“Z”值位置。

③将 CAD 文件导入 Revit 时,请勿选择“仅当前视图”选项。

导入实例创建地形表面的具体步骤如下:

①导入 CAD 文件,如图 7－6 所示。

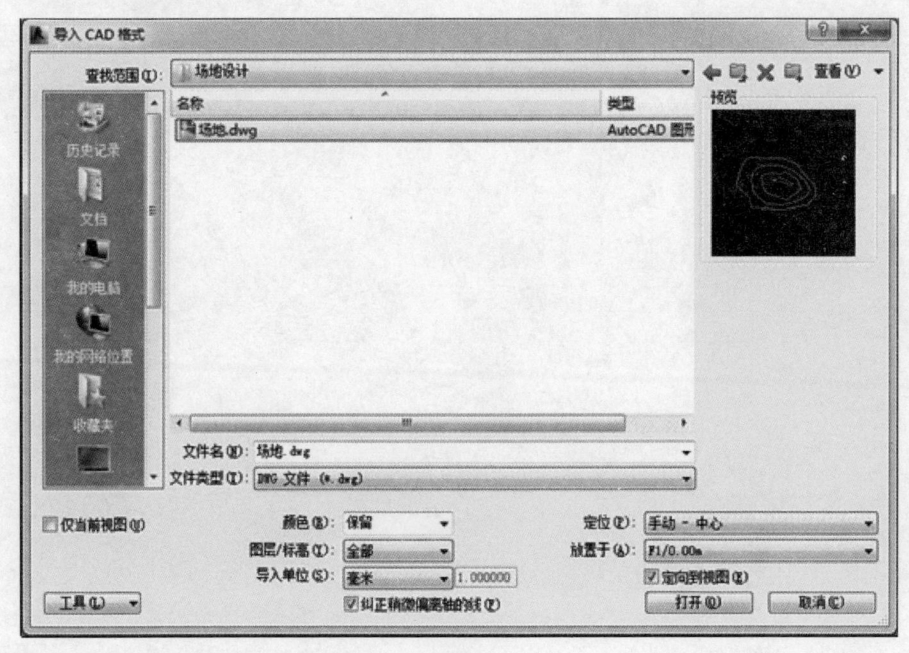

图 7-6

②打开三维视图，如图 7-7 所示。

图 7-7

③单击“体量和场地”选项卡→“模型场地”面板→(地形表面)。

④在“修改 | 编辑表面”选项卡上，单击“工具”面板→“通过导入创建”下拉列表→(选择导入实例)。

⑤选择绘图区域中已导入的三维等高线数据。此时出现“从所选图层添加点”对话框，选择要将高程点应用于到的图层，并单击“确定”。如图 7-8 所示。

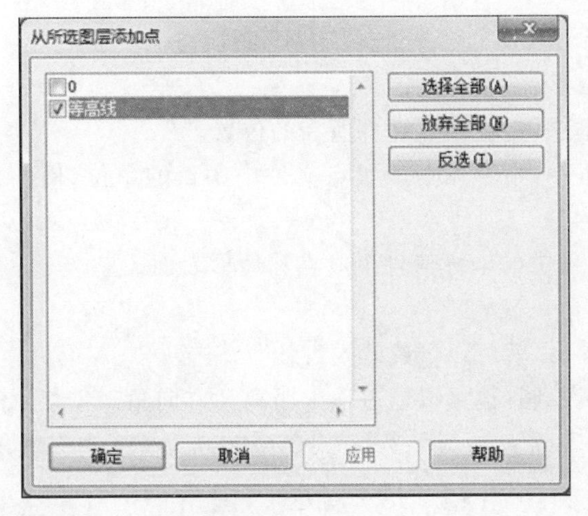

图 7 - 8

⑥最后成果如图 7 - 9 所示。

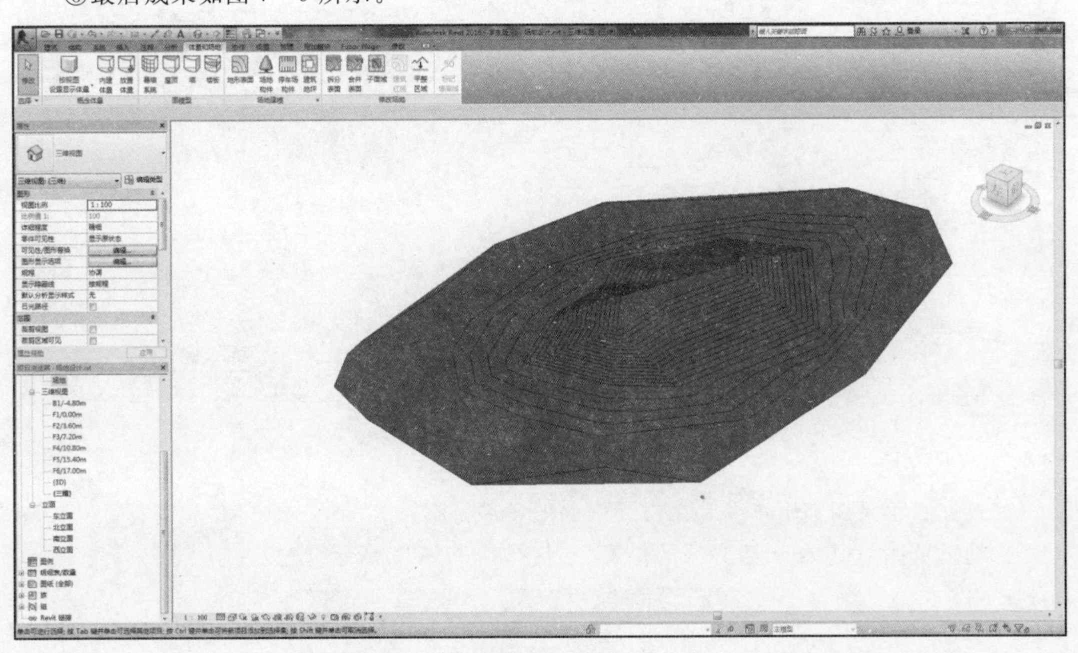

图 7 - 9

(3)通过点文件创建地形表面。

点文件使用高程点的规则网格来提供等高线数据。导入的点文件必须符合以下要求：

①点文件必须使用逗号分隔的文件格式(可以是 CSV 或 TXT 文件)。

②文件中必须包含 x、y 和 z 坐标值作为文件的第一个数值。

③点的任何其他数值信息必须显示在 x、y 和 z 坐标值之后。

通过点文件创建地形表面的具体步骤如下：

①打开三维视图或场地平面视图。

②单击“体量和场地”选项卡→“模型场地”面板→(地形表面)。

③单击“修改 | 编辑表面”选项卡→“工具”面板→“通过导入创建”下拉列表→(指定点文件)。

④在“打开”对话框中，定位到点文件所在的位置。

⑤在“格式”对话框中，指定用于测量点文件中的点的单位(例如，十进制英尺或米)，然后单击“确定”。

⑥Revit 将根据文件中的坐标信息生成点和地形表面。

3.建筑红线

创建完成地形表面后，就可以创建建筑红线。

建筑红线可以直接绘制，也可以通过输入距离和方向角来创建，如图 7-10 所示。

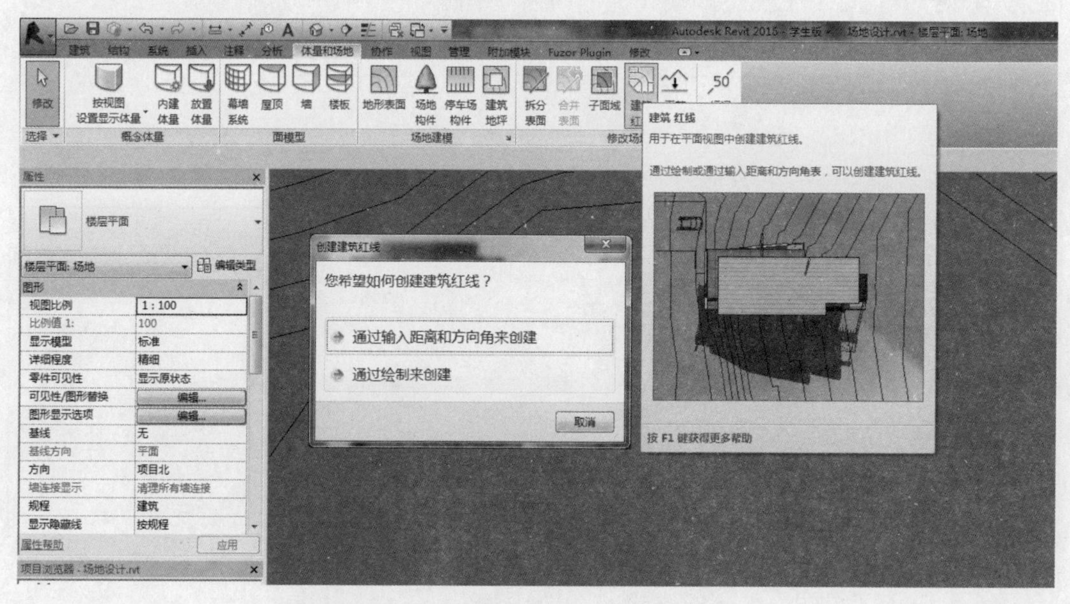

图 7-10

建筑红线可采用编辑草图和编辑表格的形式进行编辑。

①编辑草图：直接编辑边界线的位置、形状，如图 7-11 所示。

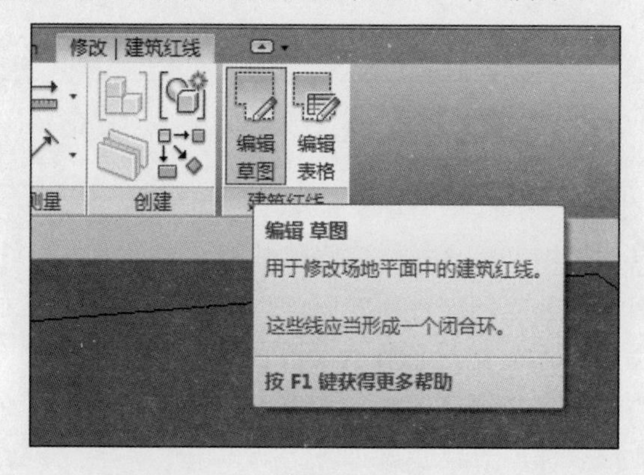

图 7-11

②编辑表格：可以修改用于创建建筑红线的调研数据的表。需要注意的是，当基于草图的建筑红线转换为基于表格的建筑红线之后，不能进行反向转换，不可再用“编辑草图”进行编辑。如图 7－12 所示。

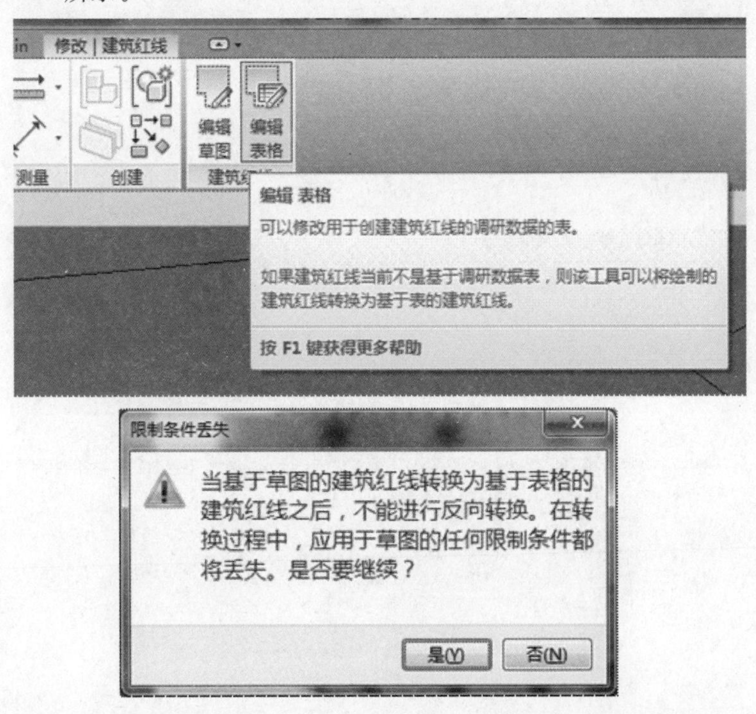

图 7－12

4. 统计建设用地面积

统计建设用地面积的步骤如下：

(1)右击“明细表/数量”→“新建明细表/数量”，弹出“新建明细表”对话框。

(2)在“新建明细表”对话框中，类别选择“建筑红线”，名称命名为“建筑用地面积”。

(3)在“明细表属性”对话框中，字段选择“面积”。

如图 7－13 至图 7－15 所示。

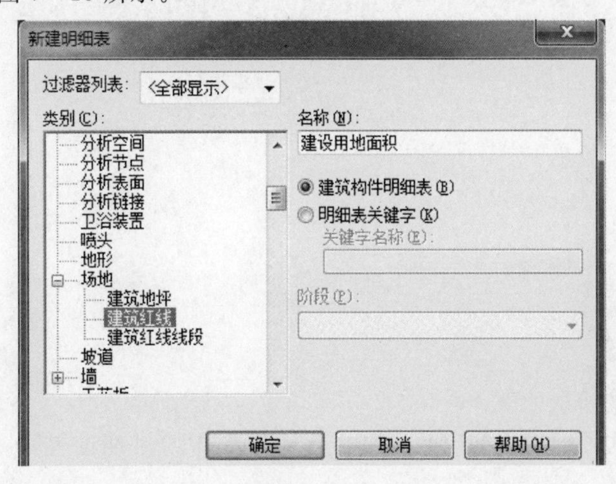

图 7－13

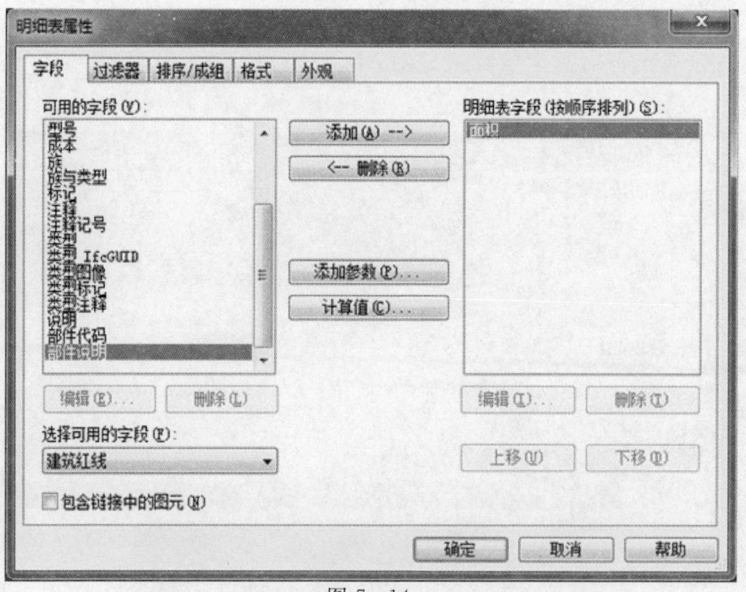

图 7-14

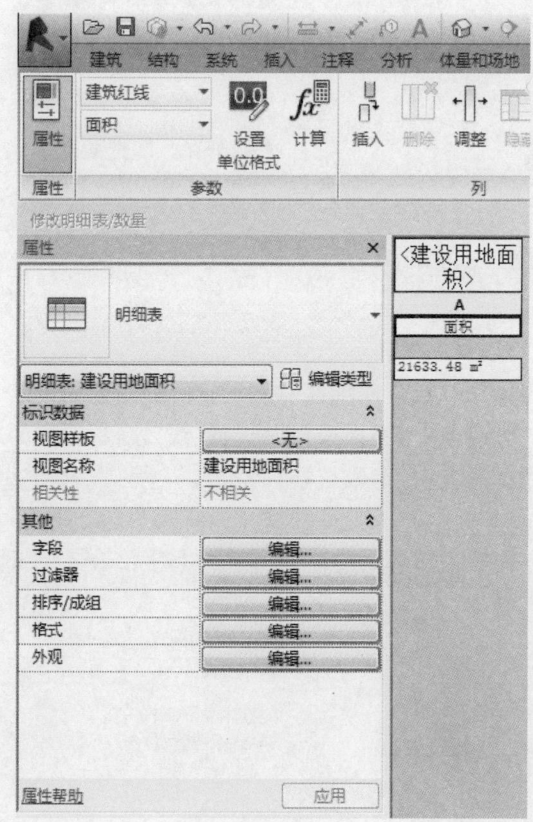

图 7-15

5. 红线线段统计

红线线段统计的步骤如下：

(1)右击“明细表/数量”→“新建明细表/数量”，弹出“新建明细表”对话框。

(2)在“新建明细表”对话框中,类别选择“建筑红线线段”,名称命名为“红线线段统计”。
(3)在“明细表属性”对话框中,字段选择“距离”“北/南”“东/西”。
如图 7-16 至图 7-18 所示。

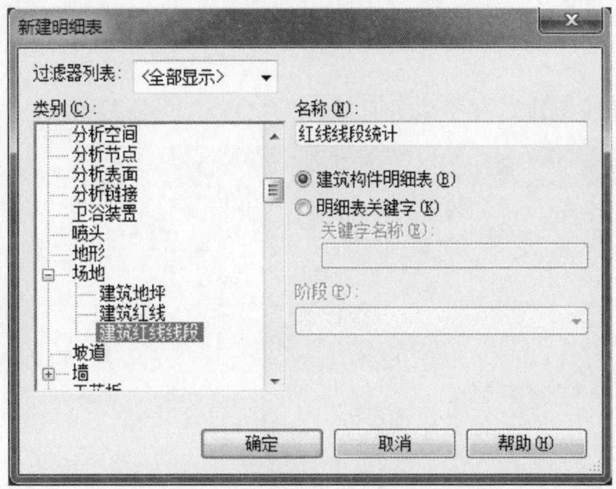

图 7-16

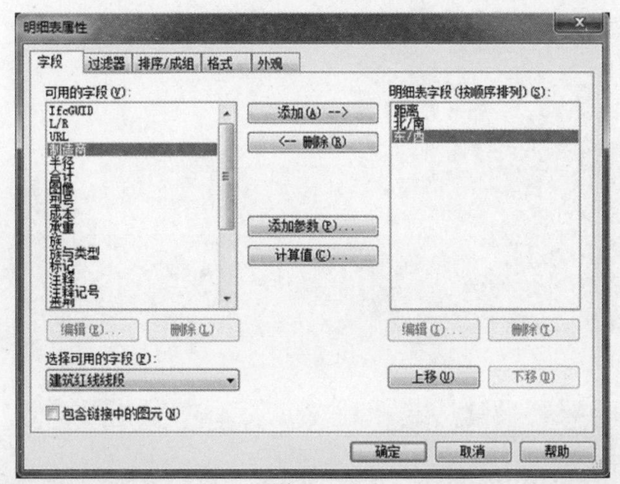

图 7-17

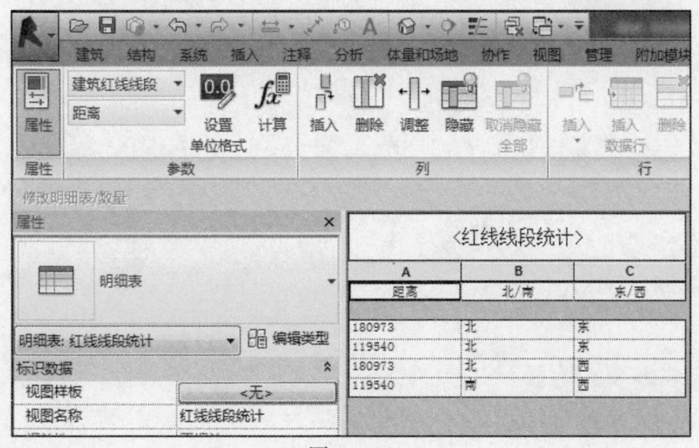

图 7-18

6. 红线标记

红线标记的步骤如下：

(1)选择“按类别标记”。

(2)载入“建筑红线段”标记。依次点击“注释”→“标记”→“场地”→“标记_建筑红线”，如图 7 - 19 所示。

(3)单击“建筑红线边线”，在拾取处自动标记红线的长度、方位角。如图 7 - 20 所示。

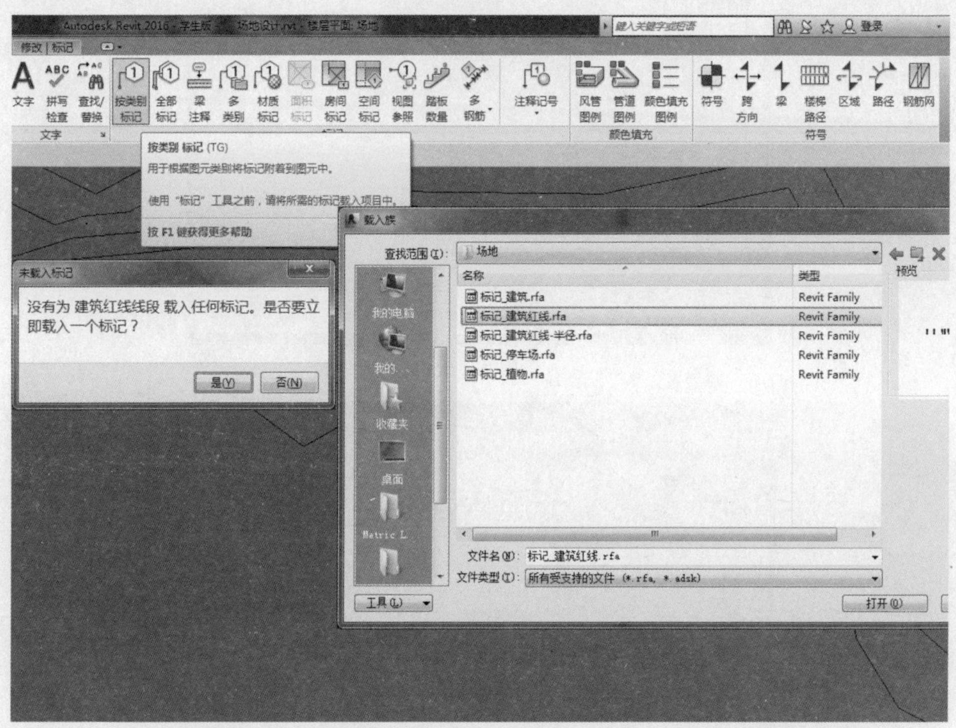

图 7 - 19

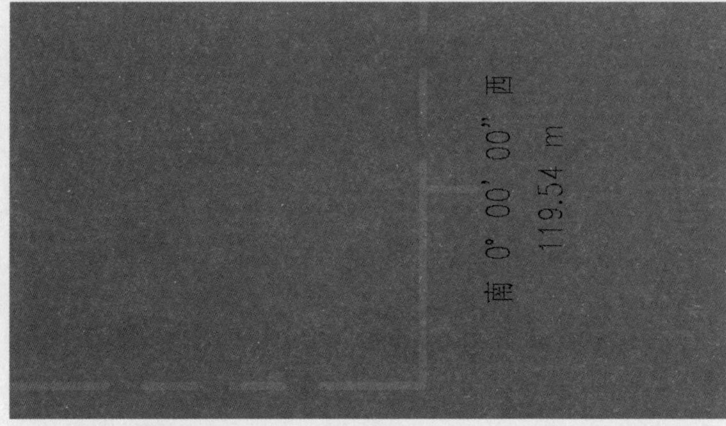

图 7 - 20

7. 场地规划(地形表面的编辑)

绘制地形表面，定义建筑红线之后，可以对项目的建筑区域、道路、停车场、绿化区域等做总体规划设计。如图 7 - 21 所示。

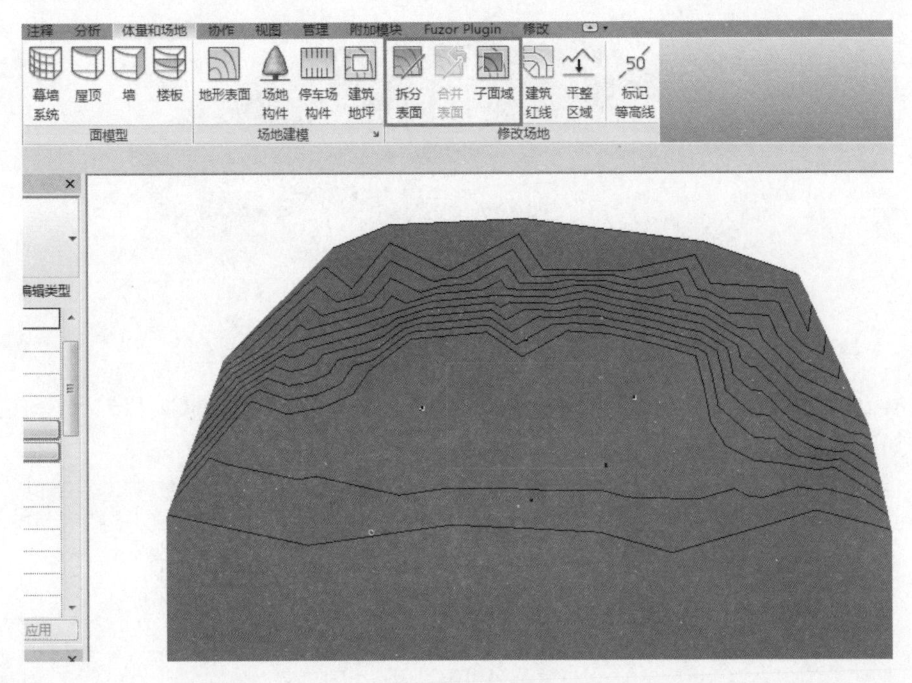

图 7-21

(1)拆分表面。

将一个地形表面拆分为几个不同的表面，然后分别编辑这几个表面的形状，并指定不同的材质来表示公路、湖泊、广场等。如图 7-22、图 7-23 所示。

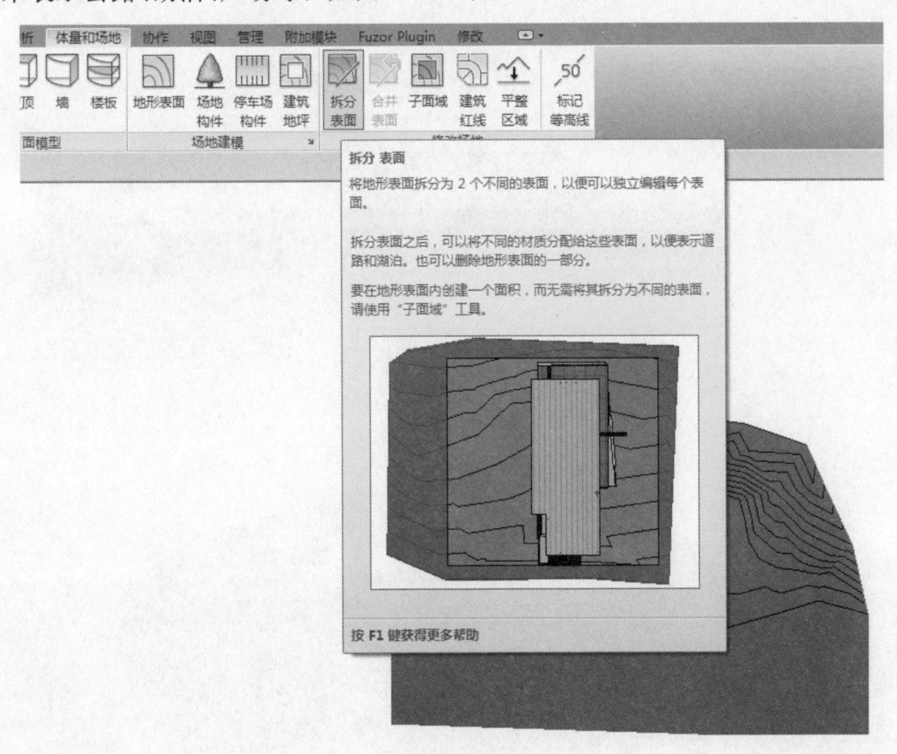

图 7-22

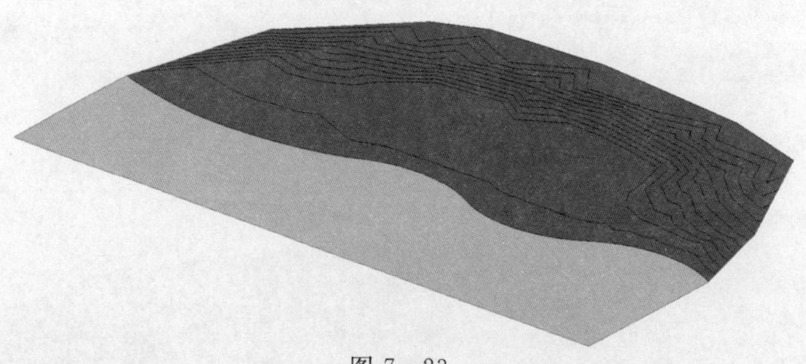

图 7 - 23

(2)合并表面。

将有公共边或重叠的表面合并为一个表面,合并后地形表面的材质和先选择的主表面相同。如图 7 - 24、图 7 - 25 所示。

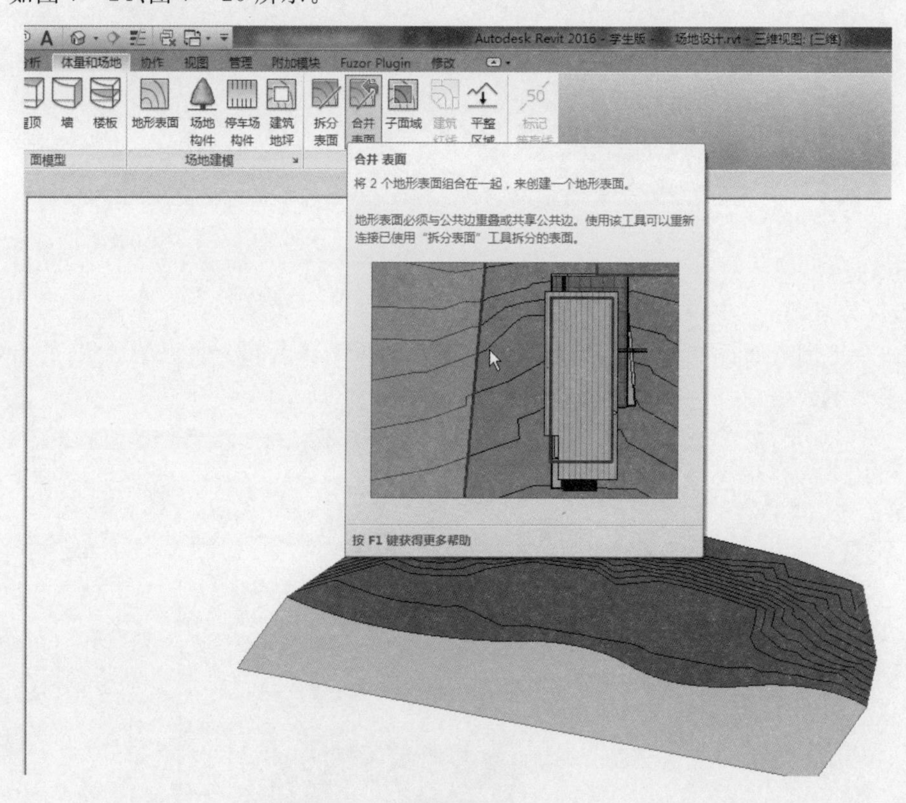

图 7 - 24

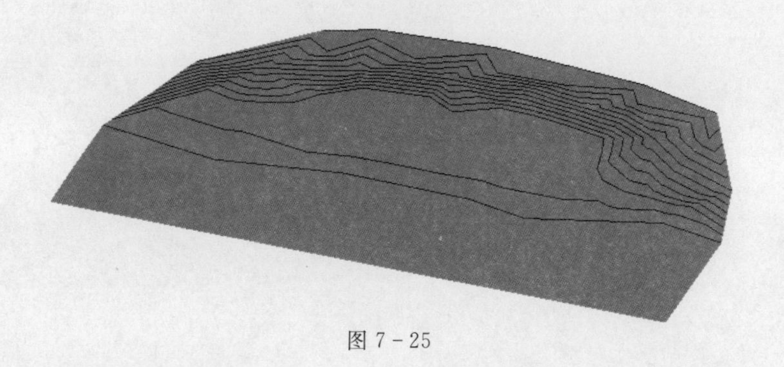

图 7 - 25

(3)子面域。

在现有的地形表面内部绘制一个封闭区域,并设置其属性,如设置不同材质,表示不同的区域,但原始的地形表面并没有发生变化。

子面域依附于主面域存在。子面域轮廓线可以任意绘制,如超出地形表面之外,完成后的子面域会自动进行处理和地形边界重合。如图 7-26、图 7-27 所示。

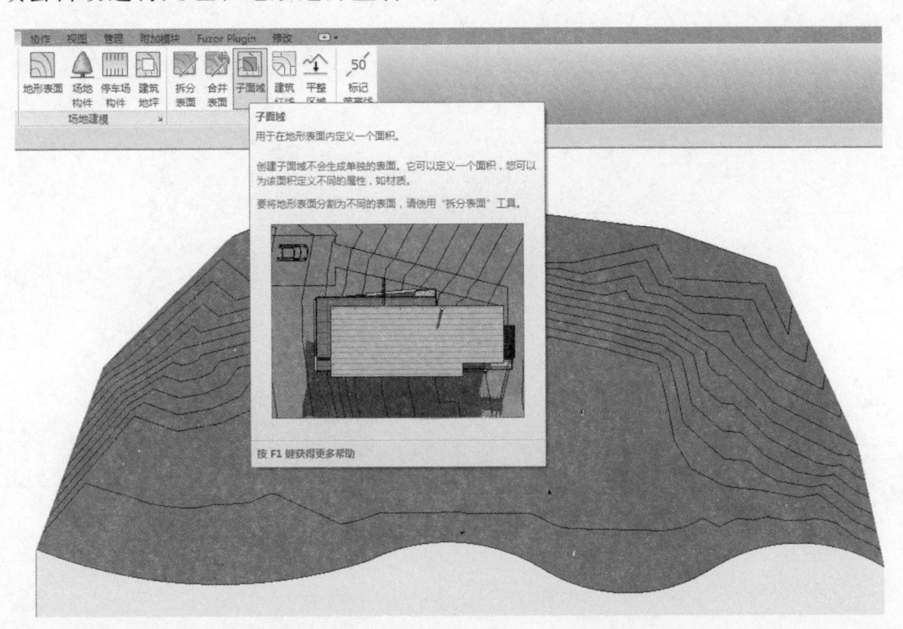

图 7-26

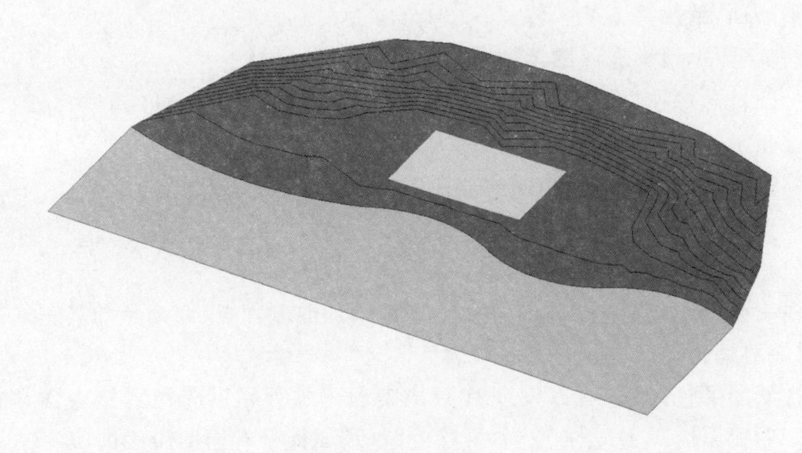

图 7-27

7.1.2 场地平整与土方计算

完成场地规划后,可以对地形中的道路、停车场、广场等区域进行场地平整,为建筑添加地坪,并计算挖填土方量。

场地平整及土方计算功能必须借助“阶段”功能实现:Revit 将原始地面标记为已拆除,

并创建一个地形副本来编辑。

平整后两个表面对比即可计算挖填土方量。

1.平整场地

若要创建平整区域，如图 7-28 所示，请选择一个地形表面，该地形表面应该为当前阶段中的一个现有表面。Revit 会将原始表面标记为已拆除并生成一个带有匹配边界的副本。Revit 会将此副本标记为在当前阶段新建的图元。

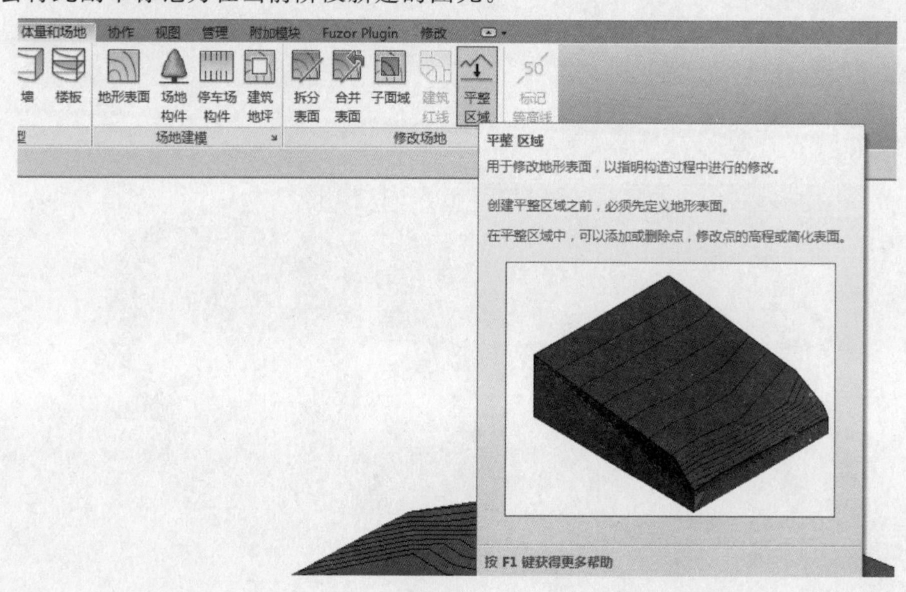

图 7-28

平整地形表面，请执行下列步骤：

(1)打开一个显示地形表面的场地平面。

(2)单击“体量和场地”选项卡→“修改场地”面板→(平整区域)。

(3)在“编辑平整区域”对话框中，选择下列选项之一：

①创建与现有地形表面完全相同的新地形表面。

②仅基于周界点新建地形表面。

(4)选择地形表面。

如果编辑表面，Revit 会进入草图模式。您可添加或删除点，修改点的高程或简化表面。

(5)如果完成编辑表面，请单击“完成表面”。

如果拖拽新的平整区域，可以发现其原始表面仍被保留。选择原始表面，单击鼠标右键，然后单击“图元属性”。您会注意到“拆除的阶段”属性带有当前阶段的值。

平整地形表面的前后效果如图 7-29(平整前)、图 7-30(平整后)所示。

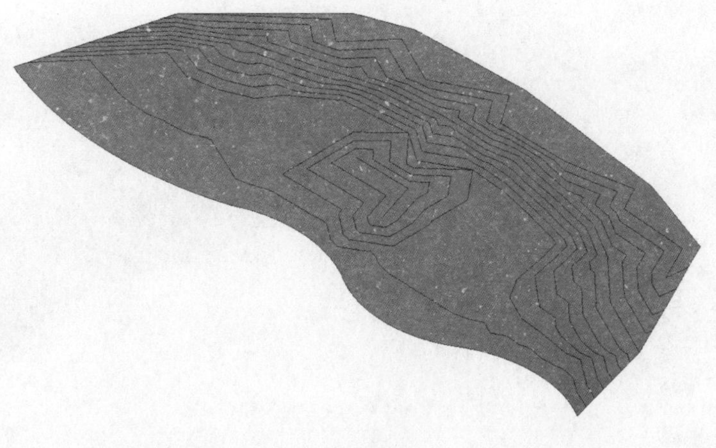

图 7-29

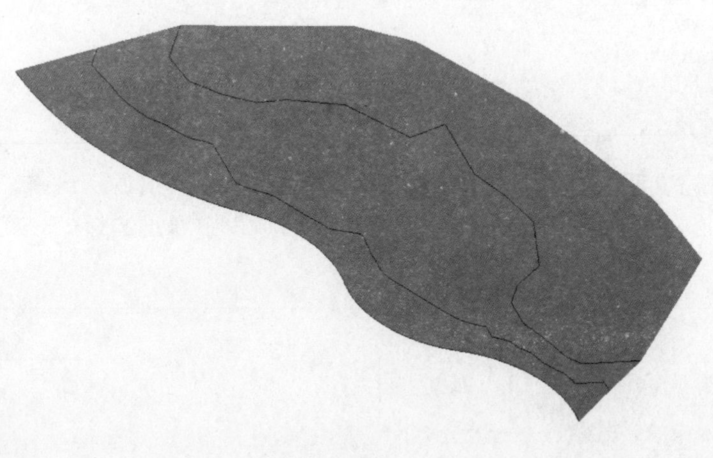

图 7-30

2.显示设置

由于原来的地形为“现有”阶段,平整后的地形为“新构造”,所以可以用阶段过滤器来控制地形表面的显示。

①视图默认同时显示平整前后的两个地形表面。

②设置:阶段过滤器为“显示新建”,仅显示平整后的地形表面。如图 7-31 所示。

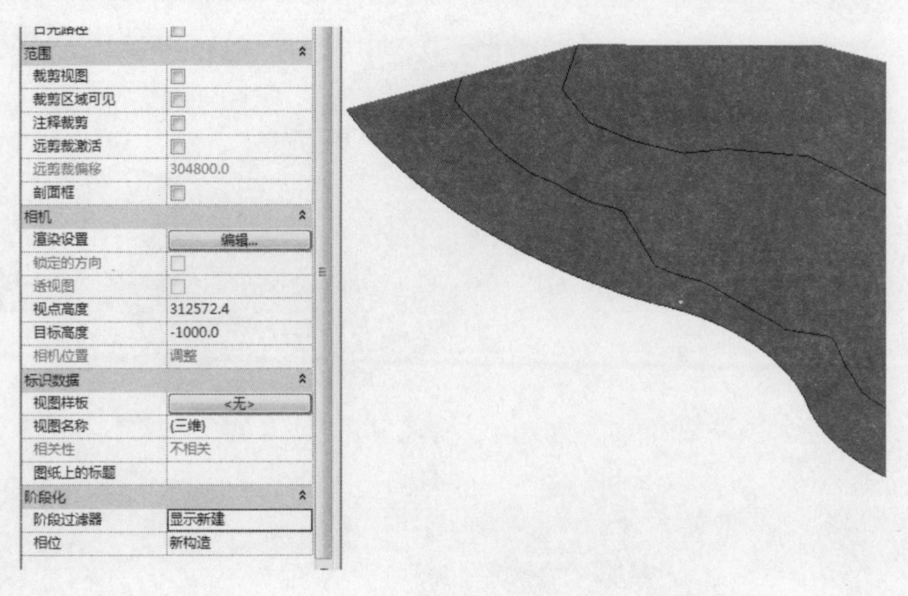

图 7 - 31

3. 土方量

在平整场地完成后，选中平整后的场地，土方量在属性栏中显示出来，蓝色部分为填方，原色部分为挖方，如图 7 - 32 所示；也可在地形明细表中通过选择“填充”和“截面”得出相应的数据。

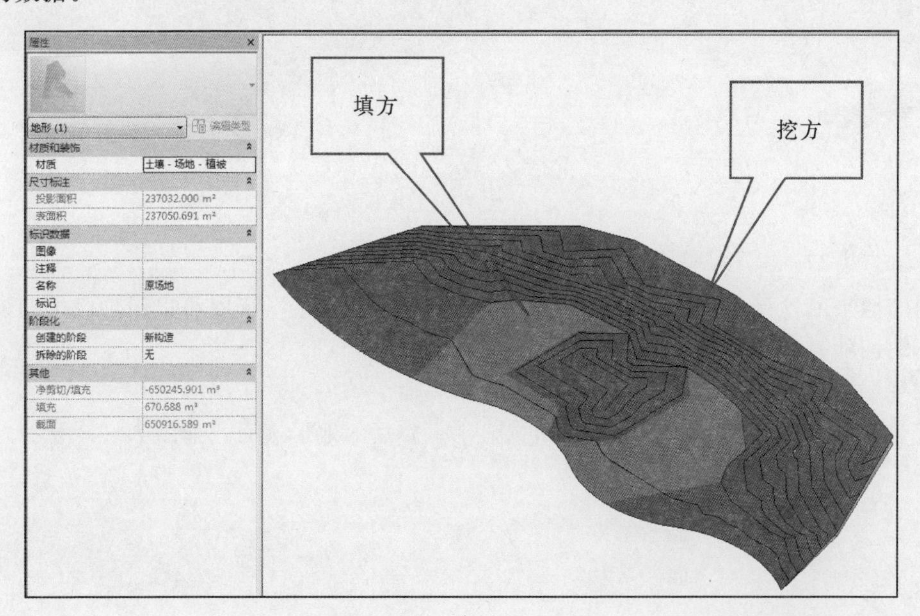

图 7 - 32

创建地形明细表的步骤如下：

①单击鼠标右键“明细表/数量”→“新建明细表/数量”，弹出“新建明细表”对话框，在“新建明细表”对话框的类别中选择“地形”，如图 7 - 33 所示。

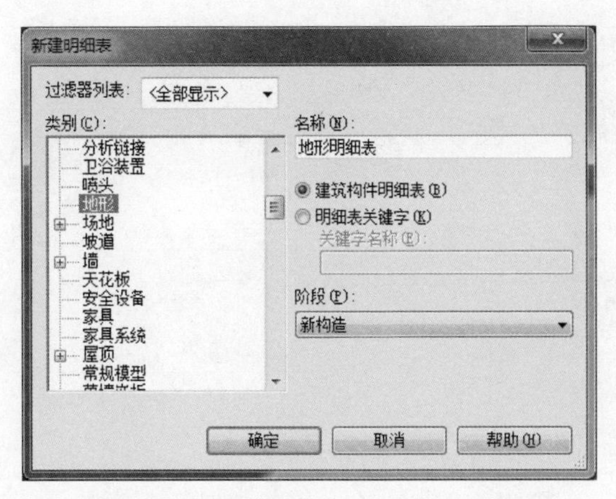

图 7 - 33

②在“明细表属性”对话框中，在“字段”选项卡下，选择“名称”“填充”“截面”“净剪切/填充”，如图 7 - 34 所示。

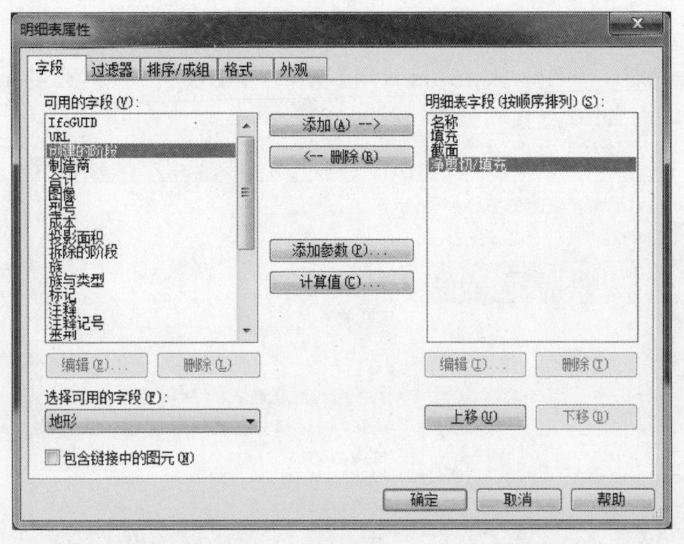

图 7 - 34

③在“明细表属性”对话框中，在“排序/成组”选项卡下，排序方式选择“名称”，勾选“总计”“逐项列举每个实例”，如图 7 - 35 所示。

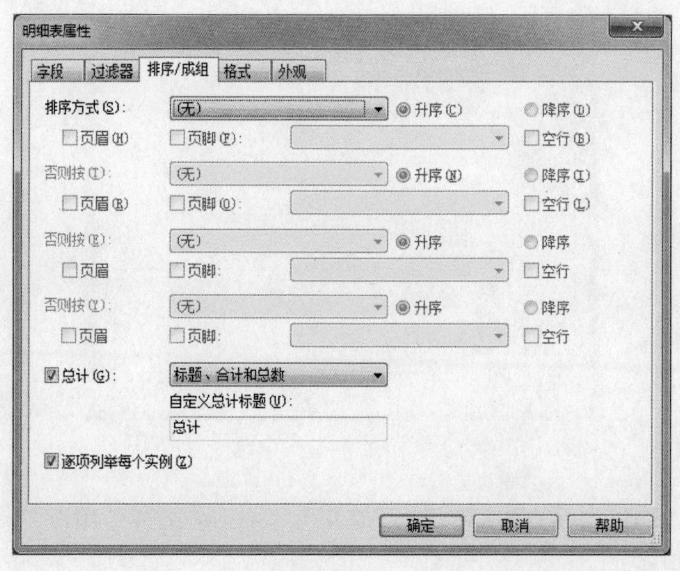

图 7－35

④在“明细表属性”对话框中，在“格式”选项卡下，字段选择“填充”“截面”“净剪切/填充”，“字段格式”勾选“计算总数”，如图 7－36 所示。

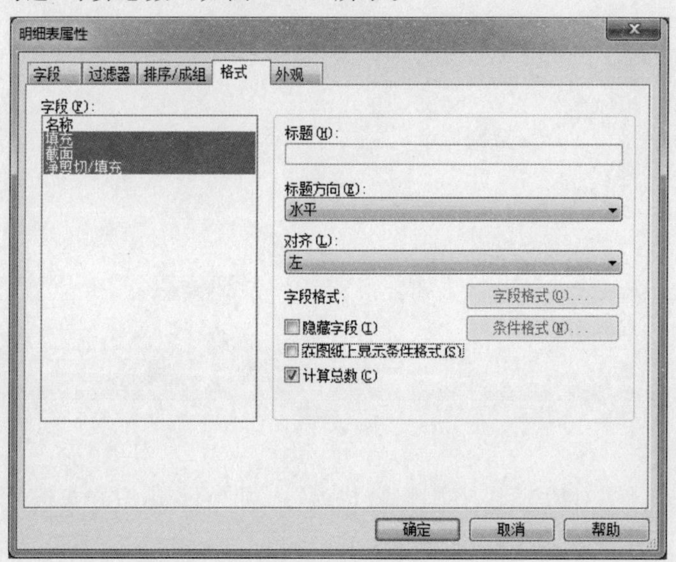

图 7－36

⑤成果如图 7－37 所示。

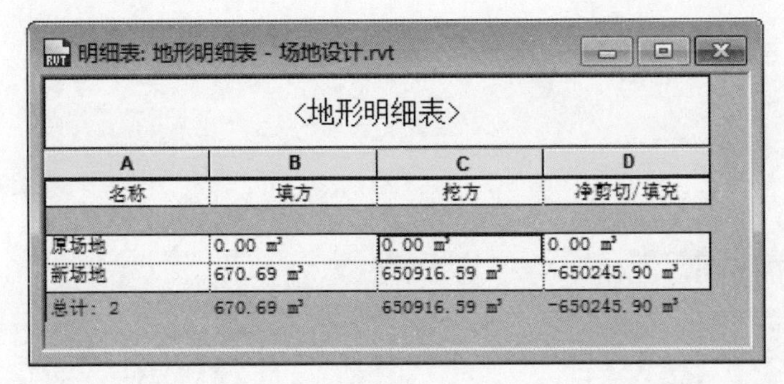

明细表: 地形明细表 - 场地设计.rvt

〈地形明细表〉

A	B	C	D
名称	填方	挖方	净剪切/填充
原场地	0.00 m³	0.00 m³	0.00 m³
新场地	670.69 m³	650916.59 m³	-650245.90 m³
总计: 2	670.69 m³	650916.59 m³	-650245.90 m³

图 7-37

7.1.3 场地配景

1.停车构件

单击“体量和场地”选项卡→“停车场构件”→选择停车场类型→按空格键,旋转方向→编辑属性:标高/偏移,如图 7-38 所示。

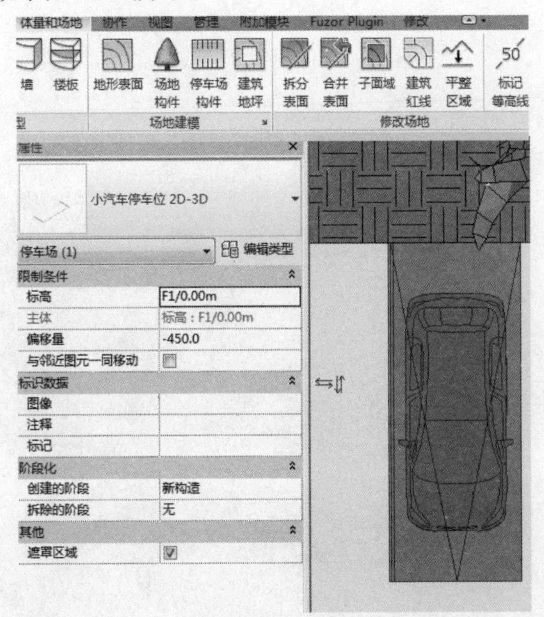

图 7-38

2.场地构件

场地构件泛指植物、人、车等。

(1)载入族。

选择“场地”“公用设施”“植物”等,如图 7-39 所示。

图 7 - 39

(2)创建场地构件。

①直接放置在地形表面,如图 7 - 40 所示;

②可以进行复制、阵列、旋转等命令。

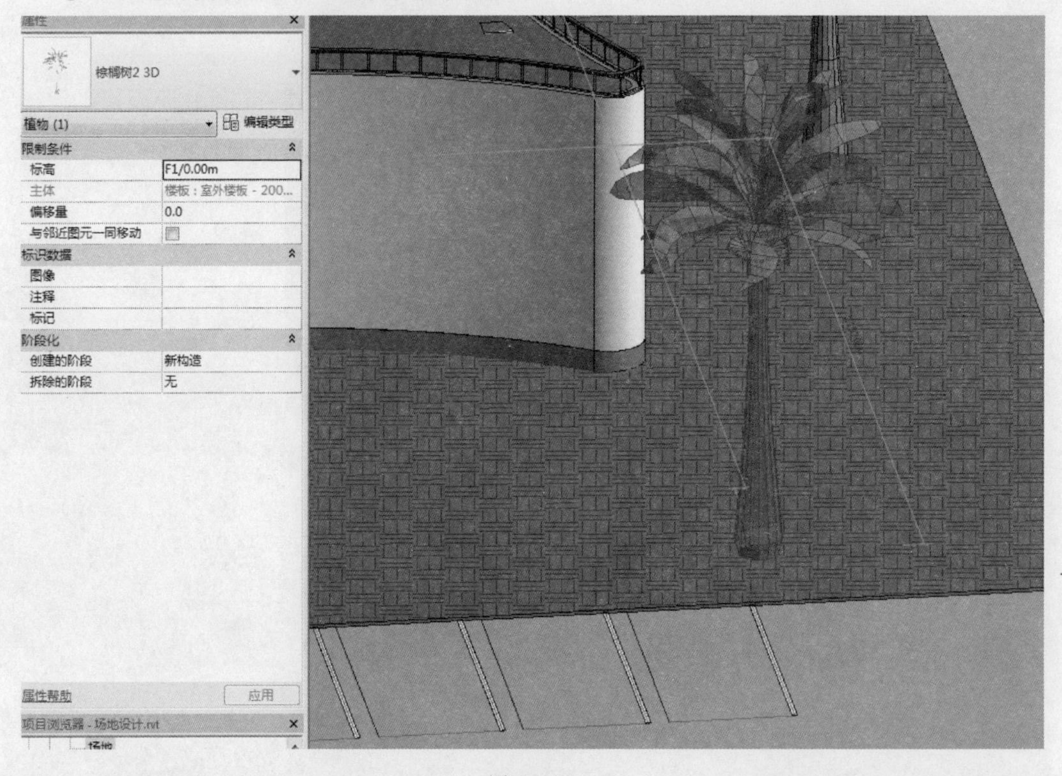

图 7 - 40

(3)编辑场地构件。如图 7－41 所示。

①实例属性:标高、偏移等;

②类型属性:高度、类型注释。

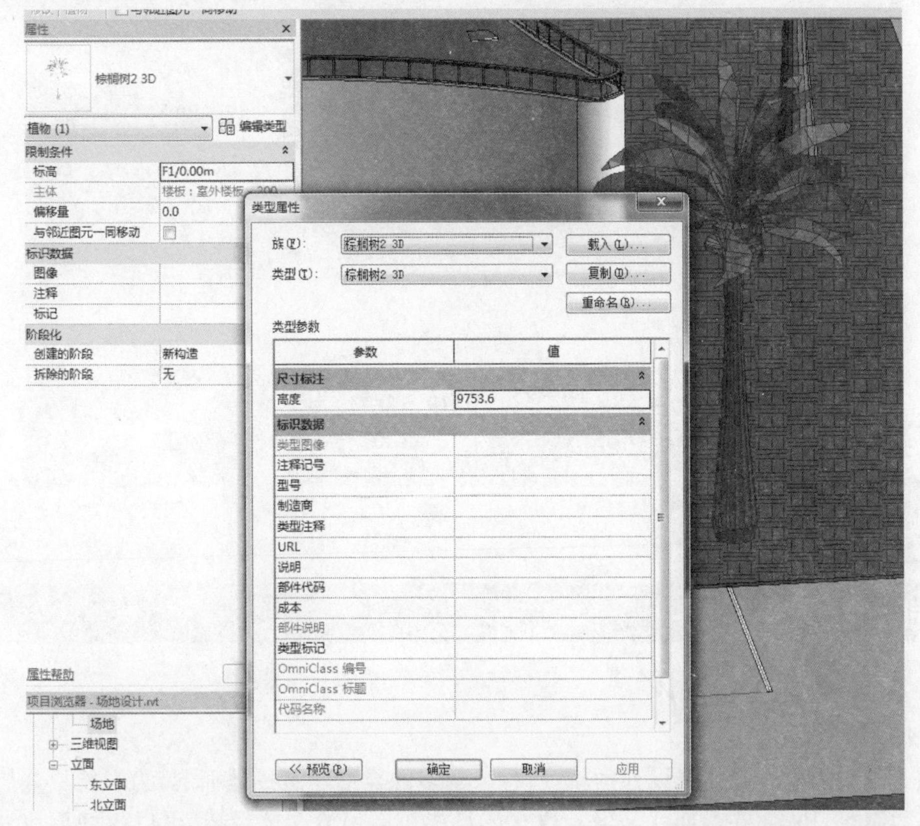

图 7－41

(4)成果展示。如图 7－42 至图 7－44 所示。

图 7－42

图 7-43

图 7-44

7.2 BIM数据辅助方案设计

7.2.1 概念体量设计

1. 概念体量的介绍

随着时代的进步和建筑设计的新颖，越来越多的异形建筑拔地而起，为了能更好应付异形建筑的需求，Revit 在早期就已经有概念体量族。运用概念体量族，可以更好更快地创建出准确的异形体。概念体量族的功能十分强大，其建模的方式与犀牛、3ds Max 等软件的方式很相似。除了异形建筑以外，概念体量也能转化为 BIM 的属性构件，其使用让设计和可行性、可建性检查更为准确。

新建概念体量的流程如下：

(1)点击 Revit 的应用程序菜单，如图 7-45 所示。

图 7-45

(2)点击“新建”，选择“概念体量”，选择“公制体量”样板，如图 7-46、图 7-47 所示。

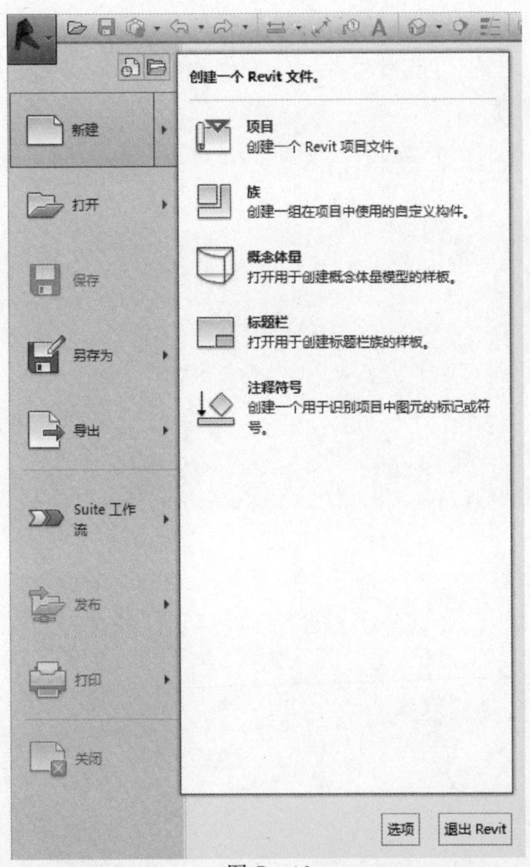

图 7-46

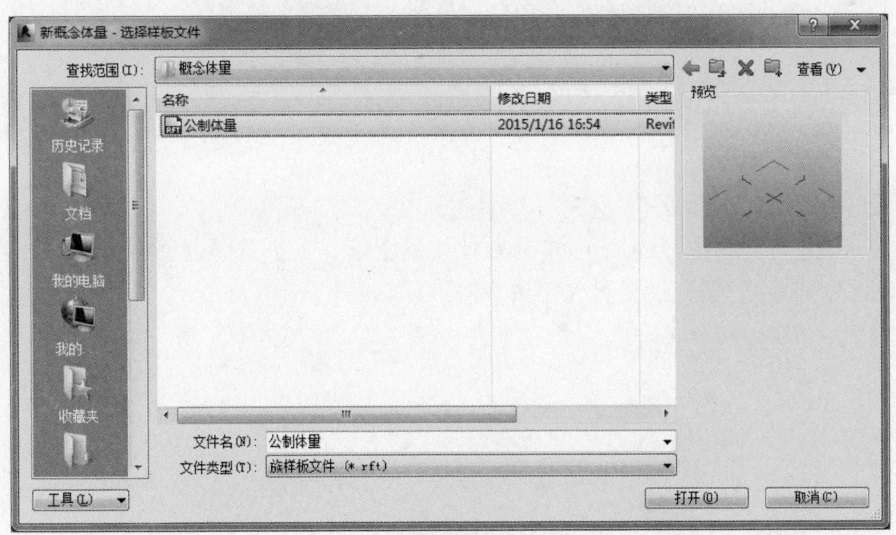

图 7-47

2.体量的建模方式

概念体量的建模方式与犀牛、3ds Max 相似，其中也包括以下几种常规的建模方式：轨迹放样、放样、融合放样、扭曲变形等。与一般的常规建筑的建模方式相比，这几种建模方式更为自由，其形体塑造的能力很强。下面就介绍一下这几种建模方式。

(1)轨迹放样。

绘制一条线段和一个图形,选择两者,点击“创建形状”即可按轨迹放样生成想要的轨迹放样形状,如图 7-48 所示。

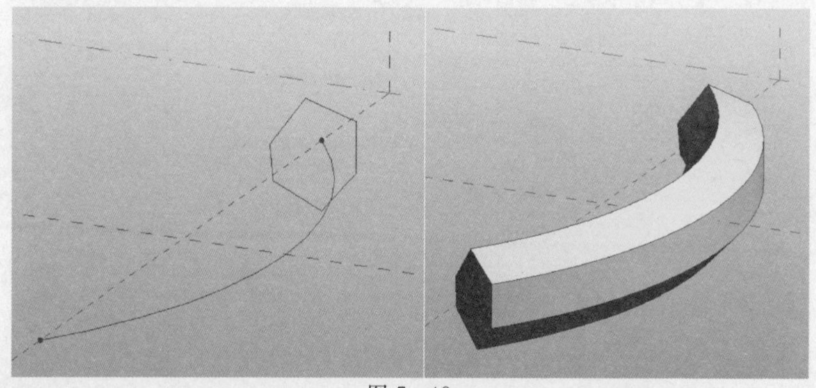

图 7-48

(2)放样。

当绘制了多个图形后,选择这些图形,点击“创建形状”,图形就会相连接放样生成放样形状,如图 7-49 所示。

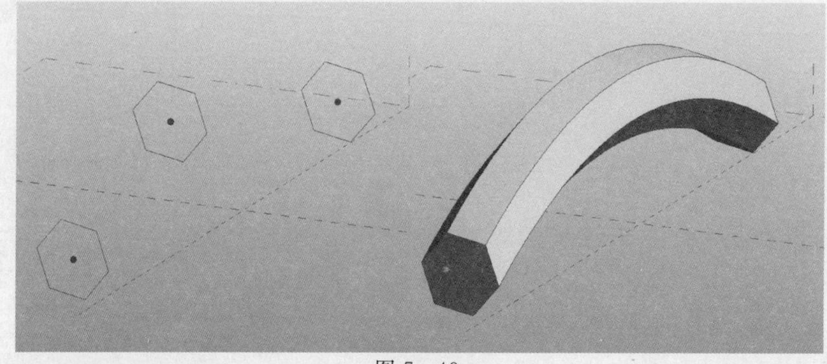

图 7-49

(3)融合放样。

绘制一条线段作为放样的轨迹,然后在此轨迹上绘制多个不同的图形,选择这些图形和轨迹,点击“创建形状”就会创建出放样融合的形状,如图 7-50 所示。

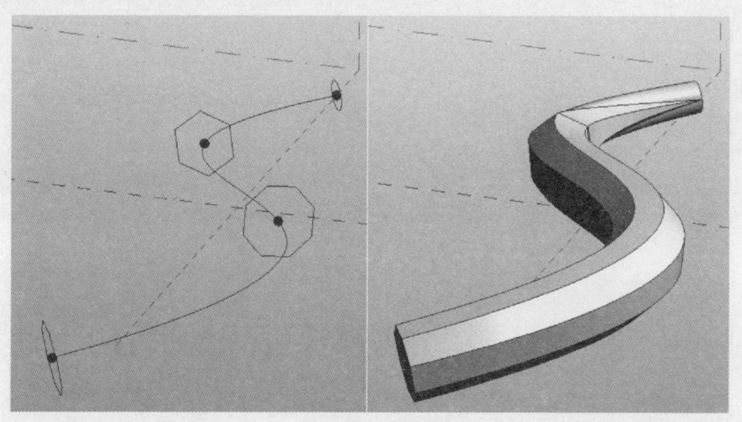

图 7-50

(4)扭曲变形。

当图纸在一条直线上时,其图形的角度各有不同,点击“创建形状”,图形就会自动扭曲旋转创建出扭曲体,如图 7 - 51 所示。

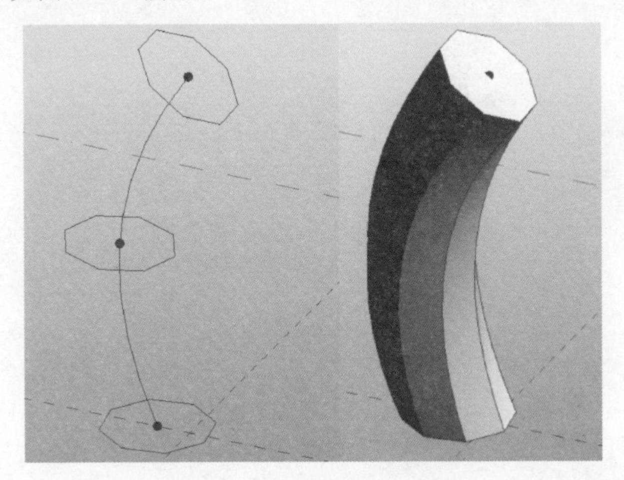

图 7 - 51

3.概念体量实例——梦露大厦

(1)绘制一条垂直的线段,然后按一定间距隔断,线上就会生成点,然后在立面创建新的标高平面,如图 7 - 52 所示。

(2)在标高平面上放置已设好参数的“常规模型”族,如图 7 - 53 所示。

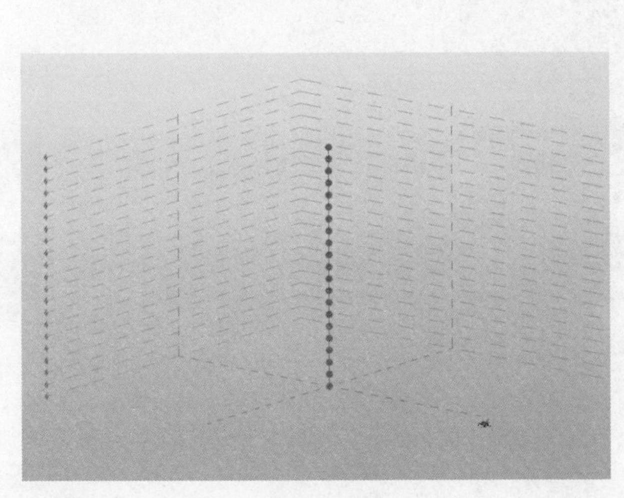

图 7 - 52

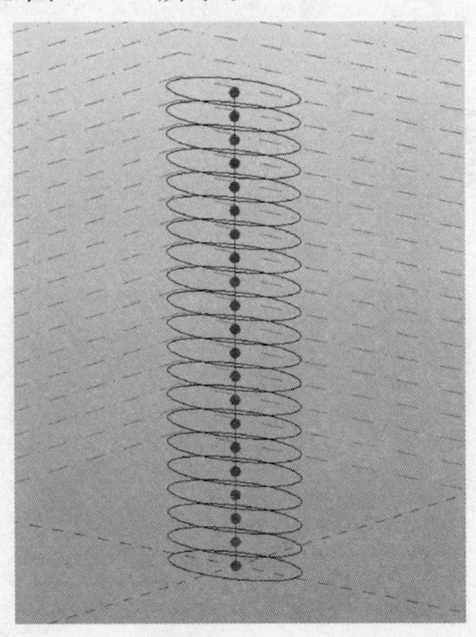

图 7 - 53

(3)修改常规模型族的角度参数,如图 7-54 所示。

属性

族4

常规模型 (1)　编辑类型

限制条件	
标高	标高 1
主体	标高 : 标高 1
偏移量	0.0
与邻近图元一同移动	☐
图形	
可见性/图形替换	编辑...
可见	☑
尺寸标注	
参数一	6000.0
参数二	10000.0
角度	90.000°
体积	
标识数据	

属性帮助　应用

图 7-54

(4)最后选择调好角度的轮廓,点击“创建形状”就可生成梦露大厦了。如图 7-55 所示。

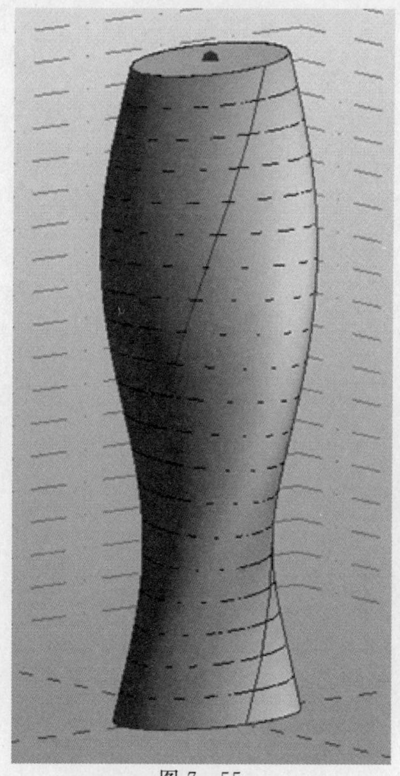

图 7-55

7.2.2 自适应构件

随着异形建筑的日益普及,曲线的建筑外墙的设计越来越多,这时就需要运用 Revit 的概念体量族和表皮图案分割,接着创建自适应构件,通过将自适应构件载入到其概念体量中以填充的方式创建出幕墙。

1. 分割体量外皮

分割体量外皮方法有以下两种：

(1)自动分割表面。

通过点击功能区中的“分割表面”，就会自动生成 UV 网格，如图 7－56 所示。

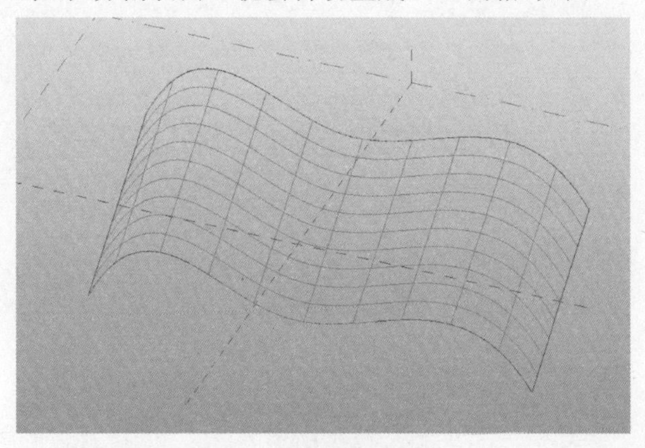

图 7－56

可通过属性栏中参数调节其 UV 网格的数量和角度，如图 7－57 所示。

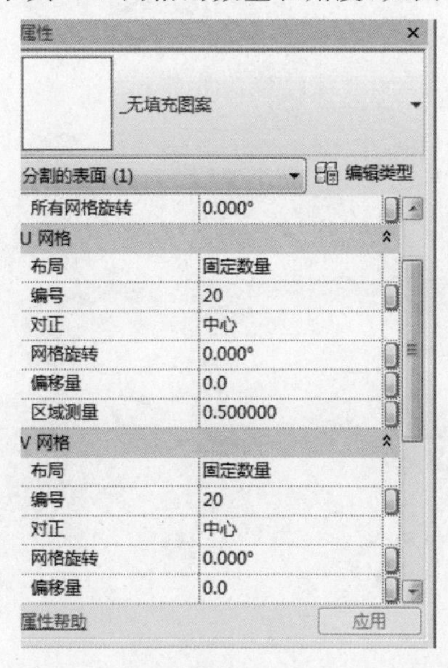

图 7－57

(2)自由分割表面。

自由分割的原理是通过相交的三维标高、参照平面或平面上的线对其表面进行分割，为此需要预先做好以下的步骤：

①选择要相交的表面。

②取消“U 网格”和“V 网格”。

③根据具体情况新建用于分割表面的标高和参照平面，或者其平面上绘制线。

④点击“交点”或者“交点工具”进行分割。

根据上述的流程步骤，最后做出来的效果如图 7－58 所示。

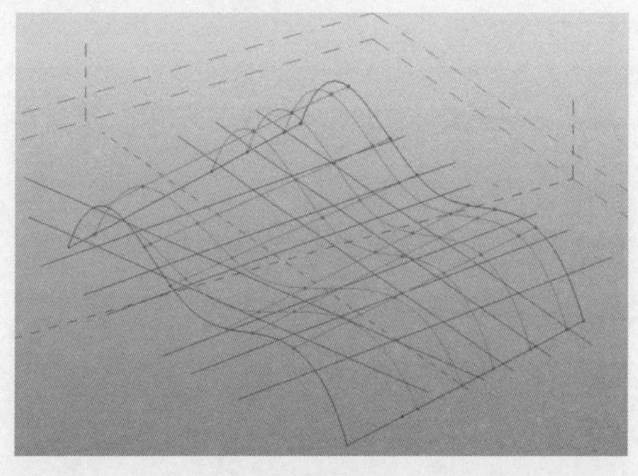

图 7－58

2.填充

体量外皮分割后，接下来就是最重要的一步——填充，填充有以下两种方式：

(1)在系统中已附带有 16 种填充图案，供作简单的填充所用，如图 7－59 所示。

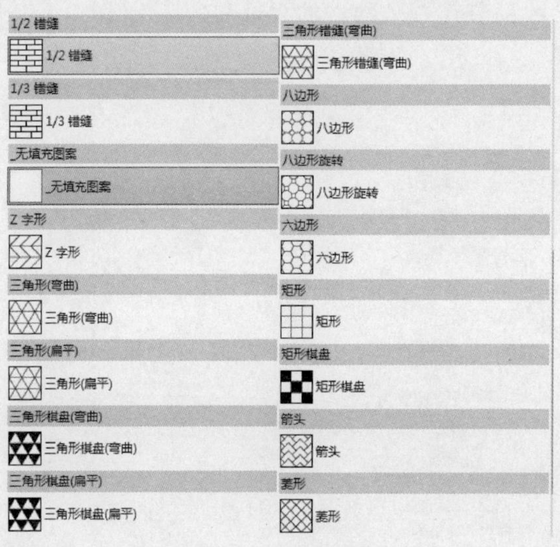

图 7－59

(2)创建自适应族，然后根据分割图案生成的点，将其以点线面的形式填充。如图 7－60 所示。

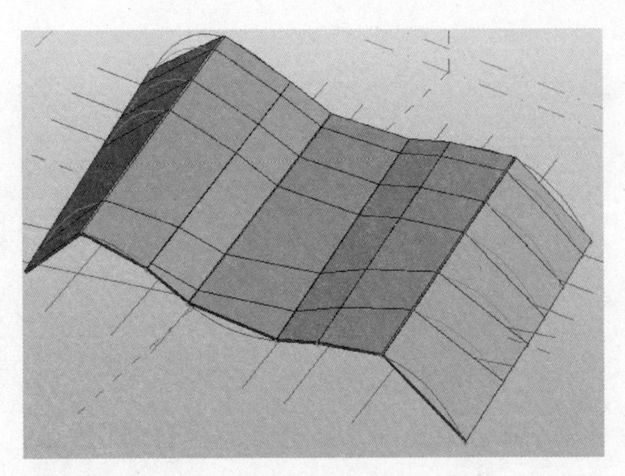

图 7-60

3.自适应构件创建

(1)点击应用程序菜单,如图 7-61 所示。

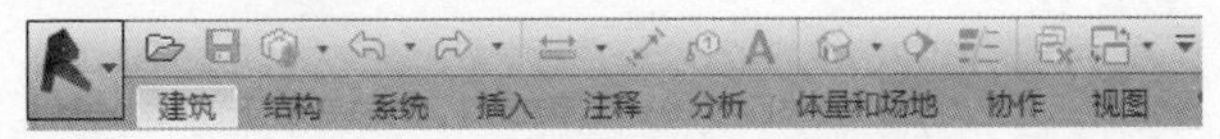

图 7-61

(2)点击新建,选择“族”,选择“自适应公制常规模型”样板,如图 7-62 和图 7-63 所示。

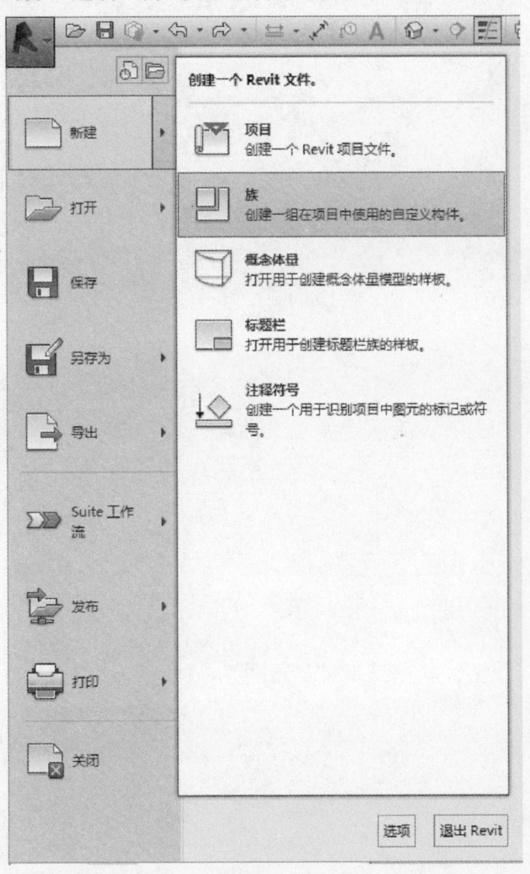

图 7-62

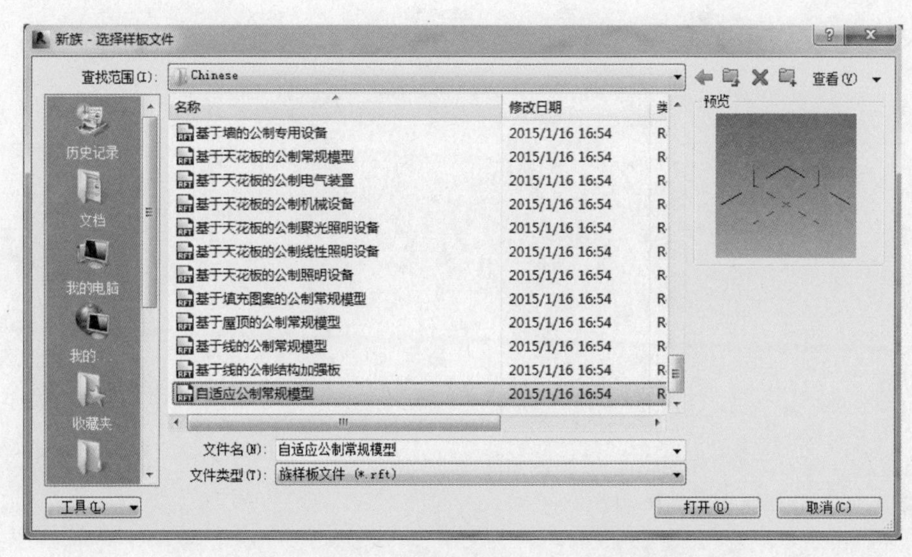

图 7-63

(3)在平面上随意放置四个参照点,如图 7-64 所示。

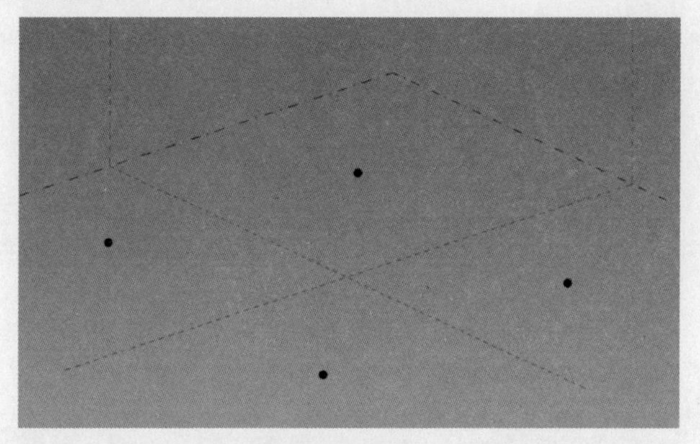

图 7-64

(4)选择这四个点,然后在功能区上点击"使自适应",如图 7-65 所示。

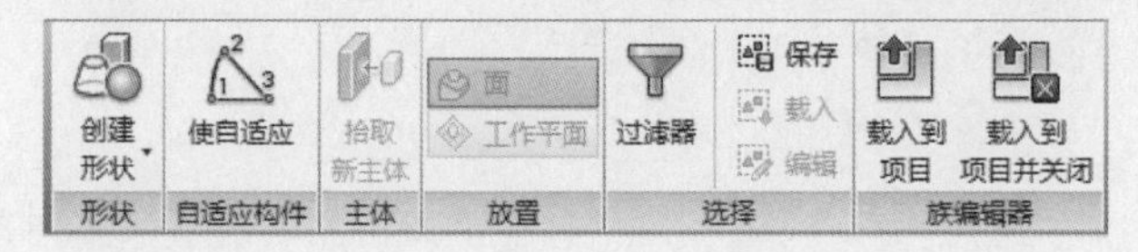

图 7-65

(5)选择参照线,将其四个点连接起来,如图 7-66 所示。

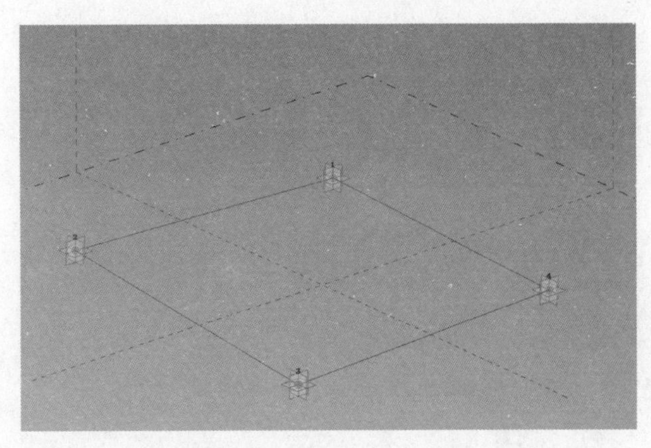

图 7-66

(6)选择这些参照线,点击功能区中的“创建形状”,如图 7-67 和图 7-68 所示。

图 7-67

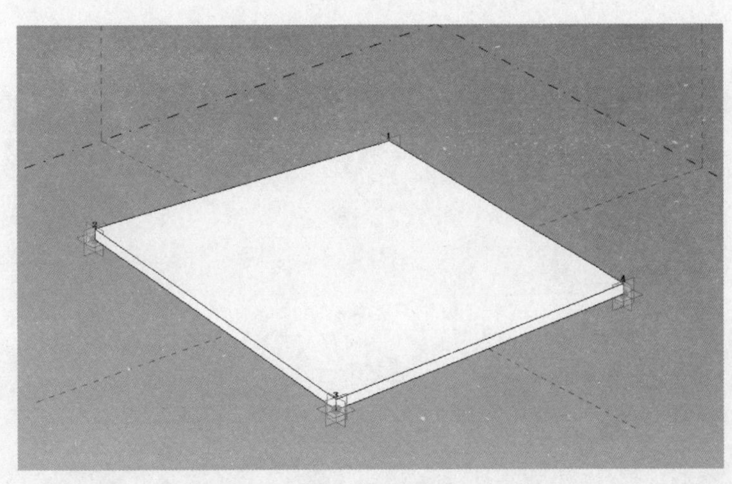

图 7-68

(7)最后载入到体量中将其表面以点线面的形式填充完整。

7.2.3 插件渲染

1. Revit 自带的渲染功能

在建模的时候,区分开模型中的构件的材质,然后调整好渲染设置,最后就可直接渲染出质量较高的效果图。具体步骤如下:

(1)根据图纸建模,按照室内和室外外墙的装修图纸区分材质,并赋予其 Revit 自带的材质,如项目有特殊要求可制作对应贴图,将系统自带的材质贴图换成对应的贴图。如图 7-69所示。

图 7-69

(2)在平面视图中,点击菜单中的“视图”界面,点击“三维视图”中的“相机”,设置好对应的角度后,会生成对应的视图。如图 7-70 和图 7-71 所示。

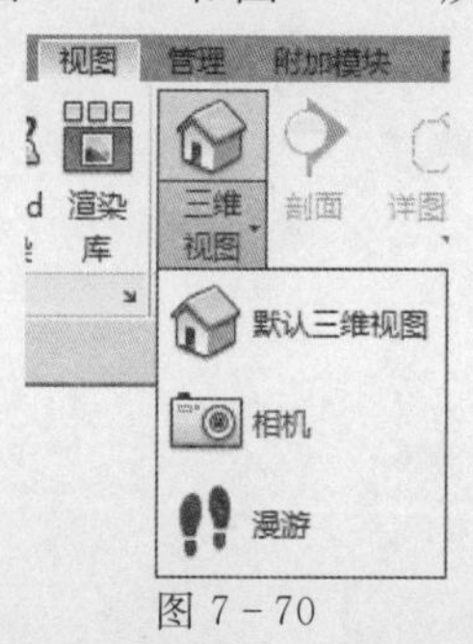

图 7-70

图 7-71

(3)调整渲染的设置,可根据具体要求设置引擎为"NVIDA mental ray"或者"Autodesk 光线追踪",最后点击"渲染"。如图 7-72 所示。

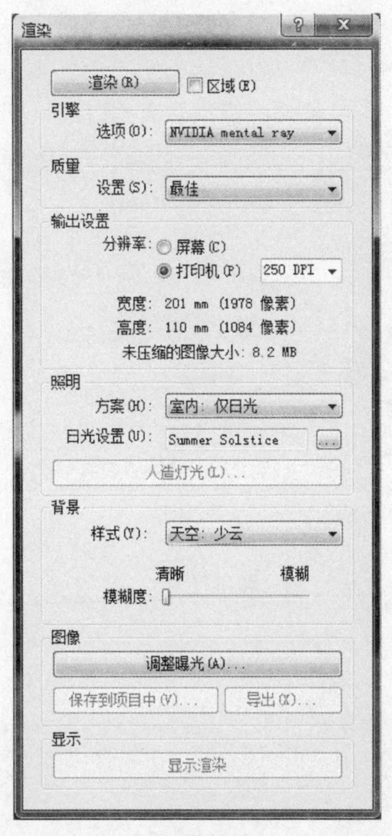

图 7-72

(4)渲染后的效果如图 7-73 所示。

图 7-73

2.Revit 导入 3ds Max 中渲染

(1)Revit 导出及 3ds Max 导入。

打开名为 Revit 的模型,然后单击“导出”将模型导出为“FBX 格式”,保存在指定的文件夹即可。如图 7-74 所示。

打开 3ds Max,将导出的 FBX 格式的模型导入,如图 7-75 所示。

图 7-74

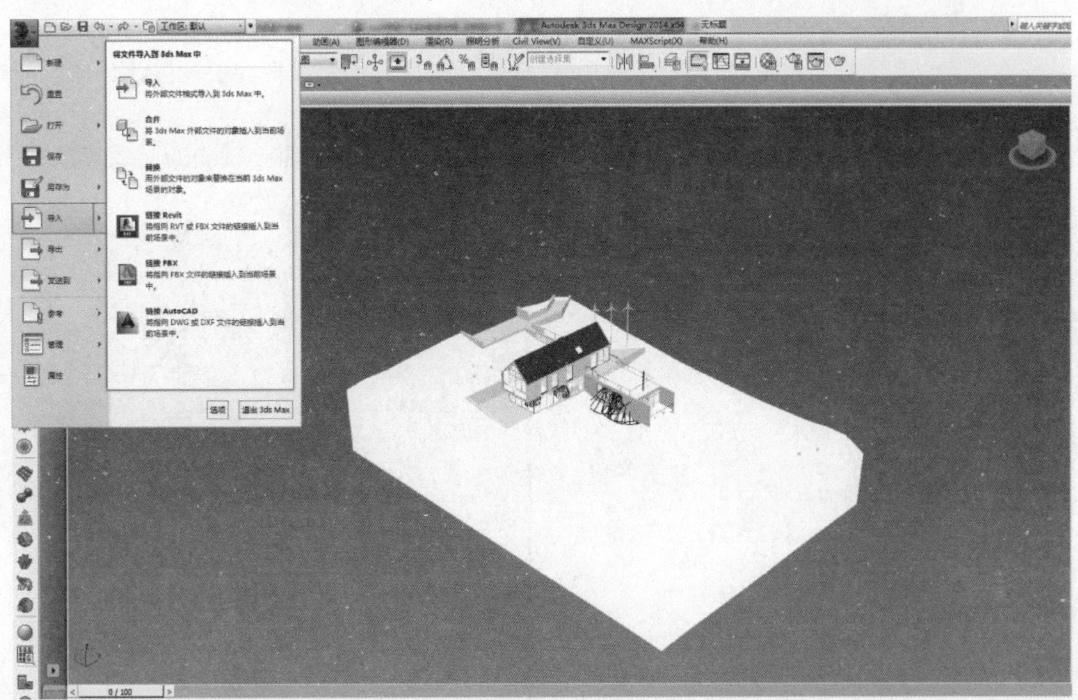

图 7-75

(2)3ds Max 中处理及优化模型。

导入模型后，先把导入的灯光和摄像机删除，然后在“按名称选择”的列表中，按名称筛选出要给予相同材质的构件，接着单击鼠标右键，选择“隐藏未选定对象”，最后在修改面板中，选中“附加列表”，将模型附加在一起，以方便后面赋予材质的操作和动画制作，如图7-76所示。

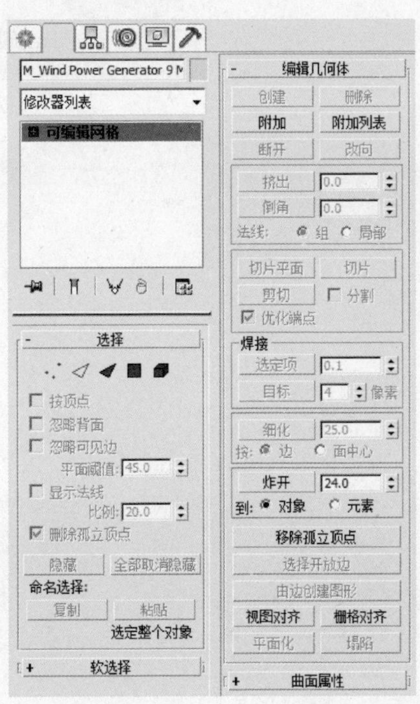

图 7-76

3. VRay 材质设置

在创建 VRay 材质之前，要先安装 VRay 渲染插件，然后在参数设置中设置渲染器。如图 7－77 所示，启动“VRay 渲染器”。

打开材质编辑器，选中其中一个材质球，将材质换成 VRayMlt，接下来进行材质编辑。如图 7－78 所示，转换“VRayMlt 材质”，然后调节材质参数及赋予贴图。

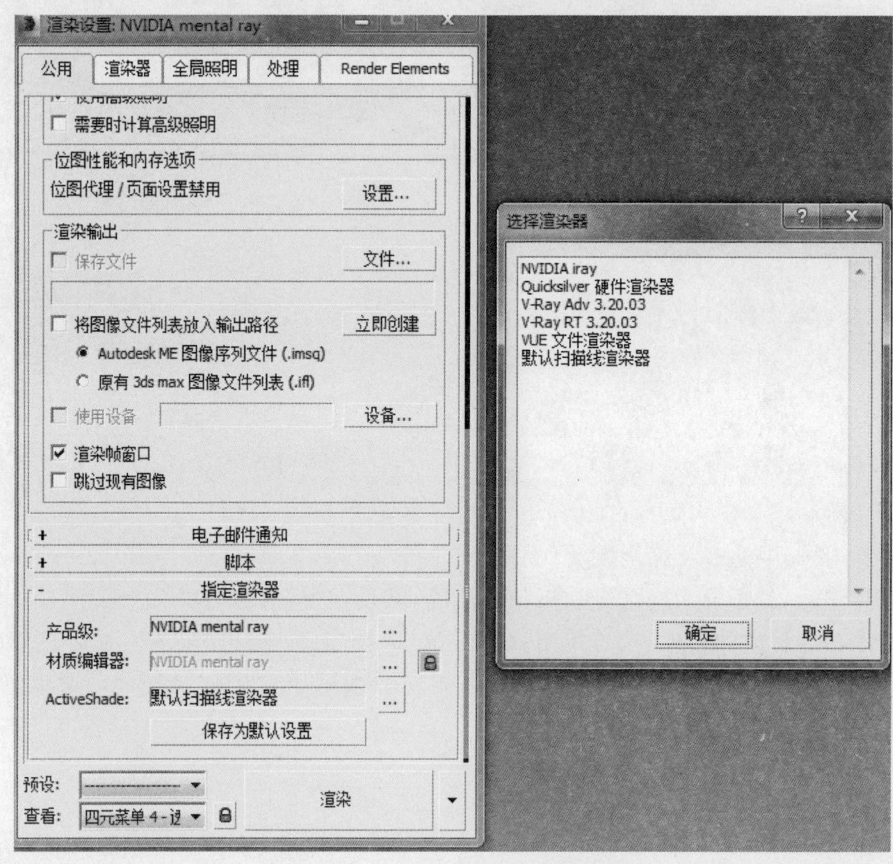

图 7－77

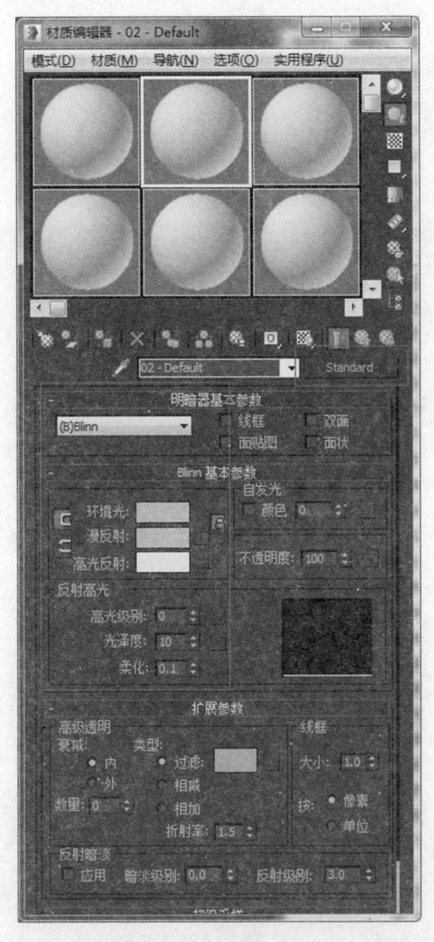

图 7－78

4. 设置灯光

我们常用的灯光类型为 VR 太阳光，其灯光与太阳照射的效果相似。太阳灯光的照射效果主要由灯光的位置和灯光照射的目标决定，操作者可以调整灯光位置和目标来表现出不同的照射效果。如图 7－79 所示。

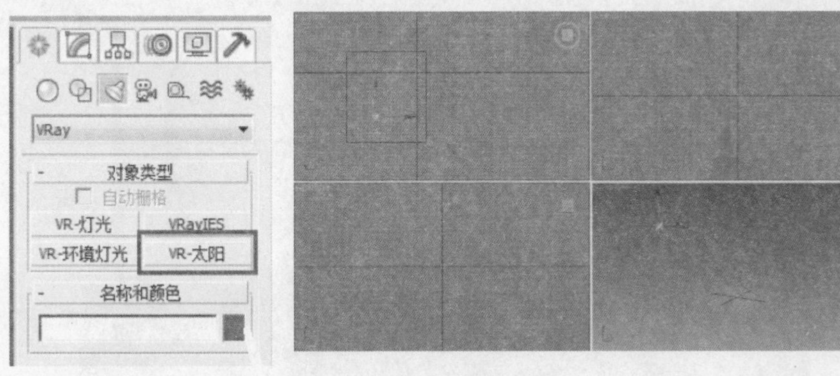

图 7－79

5. 渲染设置

渲染设置主要设置图像的分辨率和灯光渲染的参数。分辨率可在“公用”面板下的“输出大小”中调整，一般会使用720p(1280×720)或者1080p(1920×1080)两种。灯光设置在“GI”面板中，勾选“启用全局照明”，首次引擎使用“发光图”，二次引擎使用“BF算法”；发光图设置：细分为50，插值采样为30，最小速率为−3，最大速率为−2，如图7-80所示。

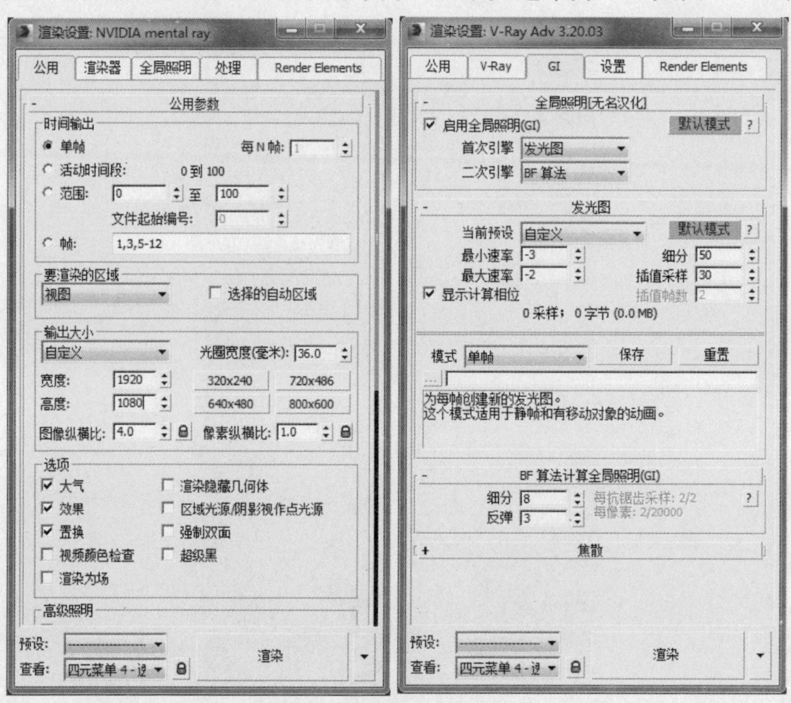

图7-80

6. 后期处理

后期处理主要是通过Photoshop对其渲染的照片做后期处理，使得效果图更为逼真。如图7-81所示。

图7-81

7.3 BIM数据辅助工程出图

国内从2009年开始，已经可通过Revit实现全专业施工图出图（目前结构专业仍有一定限制，可出图占比约70%），如深圳贾维斯等专业的BIM咨询公司，已实现设计工具从AutoCAD到Revit的转变。BIM首先建立三维模型，然后根据出图需要生成各种二维图纸，还可生成相应的三维轴测图，辅助方案表达。这些二维图由于均来源于同一模型，因此不会出现各视点图纸无法对应的问题。如图7-82所示。

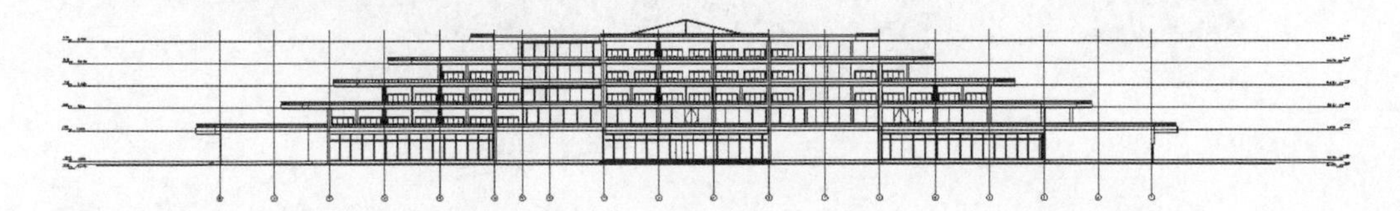

图7-82

BIM辅助工程出图示例：某毕业设计——北部湾酒店如图7-83和图7-84所示。

图7-83

图7-84

7.3.1 建模生成视图

根据需要创建模型,然后创建视图。如图 7-85 至图 7-88 所示。

图 7-85

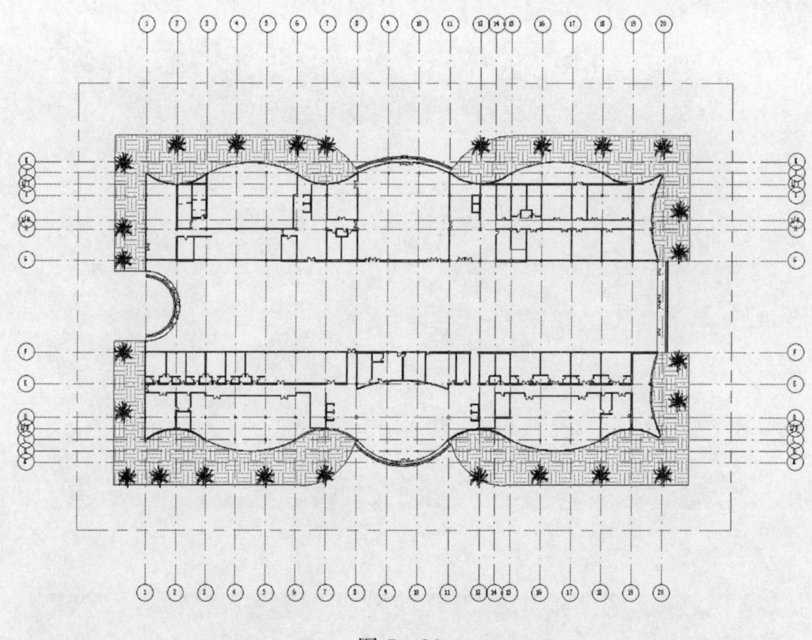

图 7-86

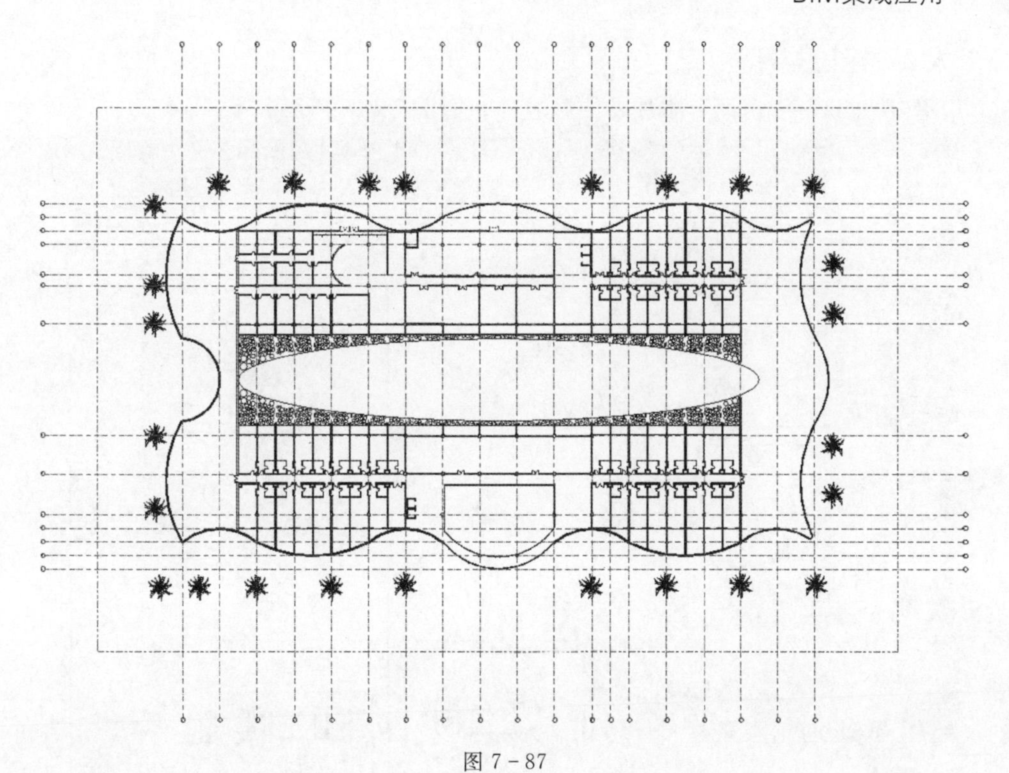

图 7－87

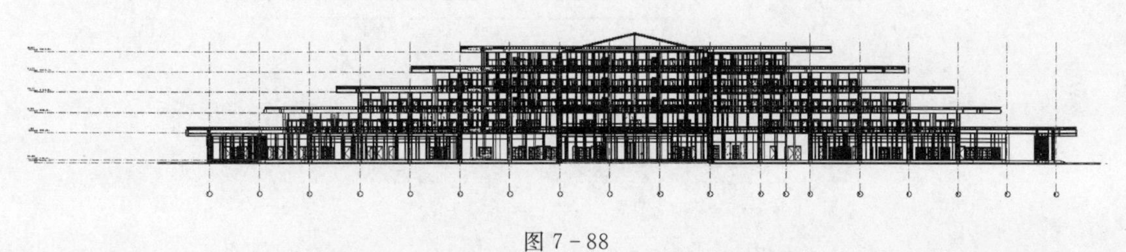

图 7－88

7.3.2　标记与标注

(1)单击“建筑”→“房间”,添加功能区名称。如图 7－89 所示。

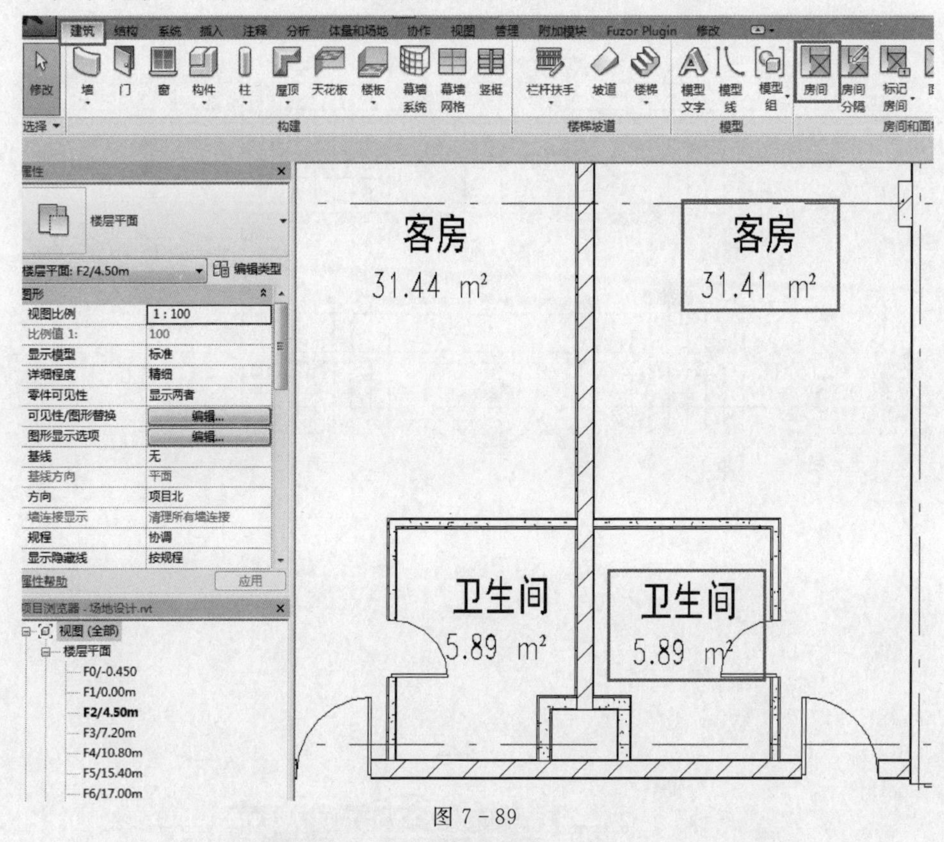

图 7－89

(2)单击“注释”→“全部标记”,选择门或窗等进行门窗标记。如图 7－90 所示。

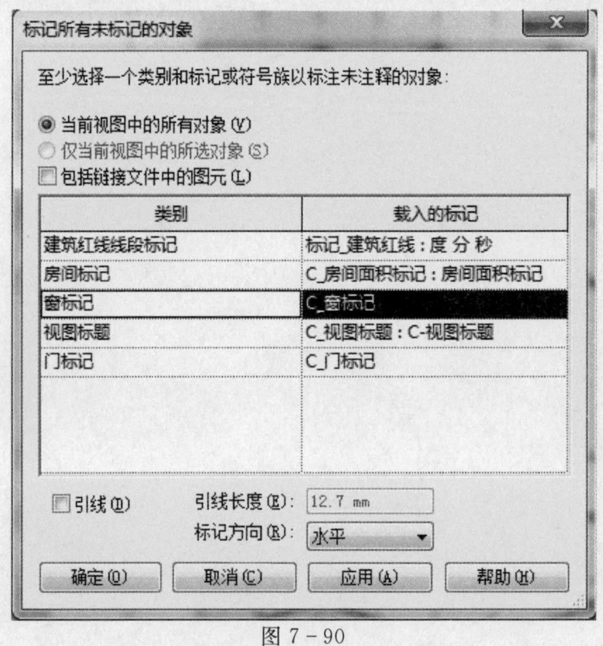

图 7－90

(3)单击“注释”→“尺寸标注”,添加尺寸标注。如图 7-91 所示。

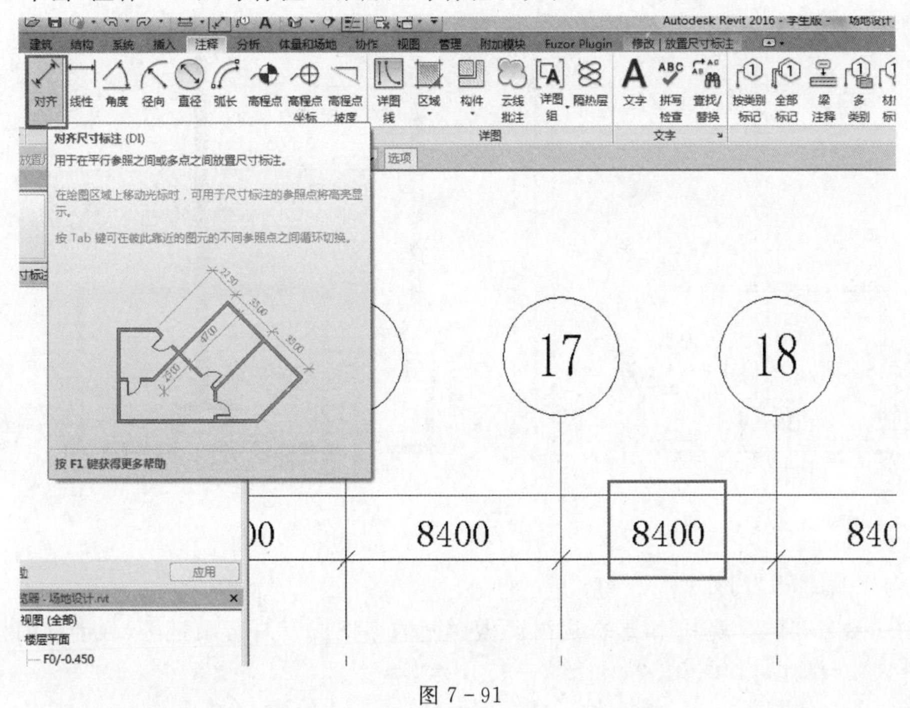

图 7-91

7.3.3 设置线属性和截面

在平面视图的“可见性”→模型面板→“截面线样式”中调节线宽、线颜色、线型。如图 7-92所示。

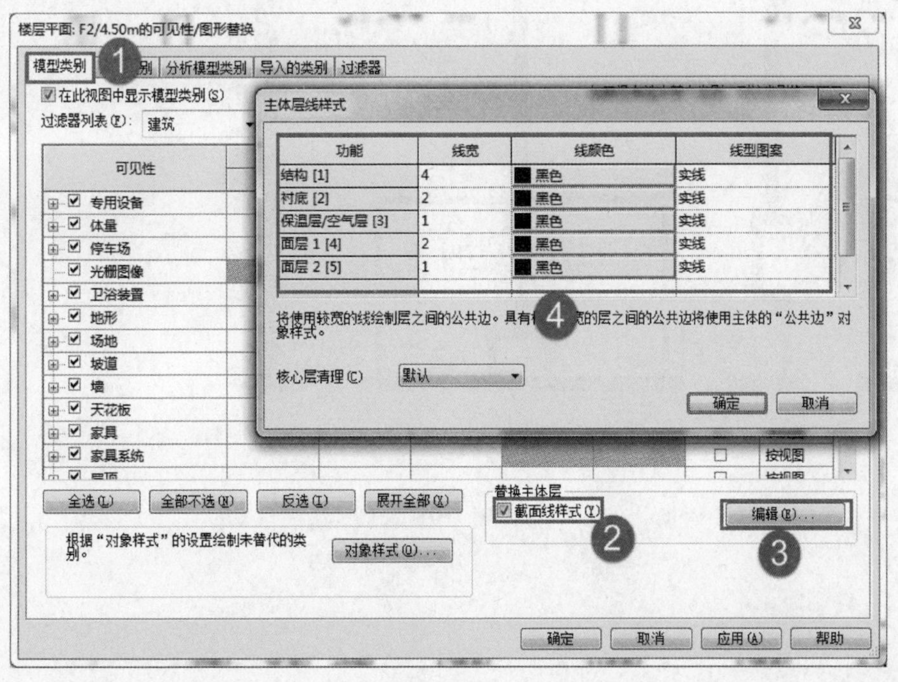

图 7-92

在构件的“编辑类型”→“结构”编辑设置中选择材质填充图案即可将构件截面涂黑或者留白，如图 7－93 所示。

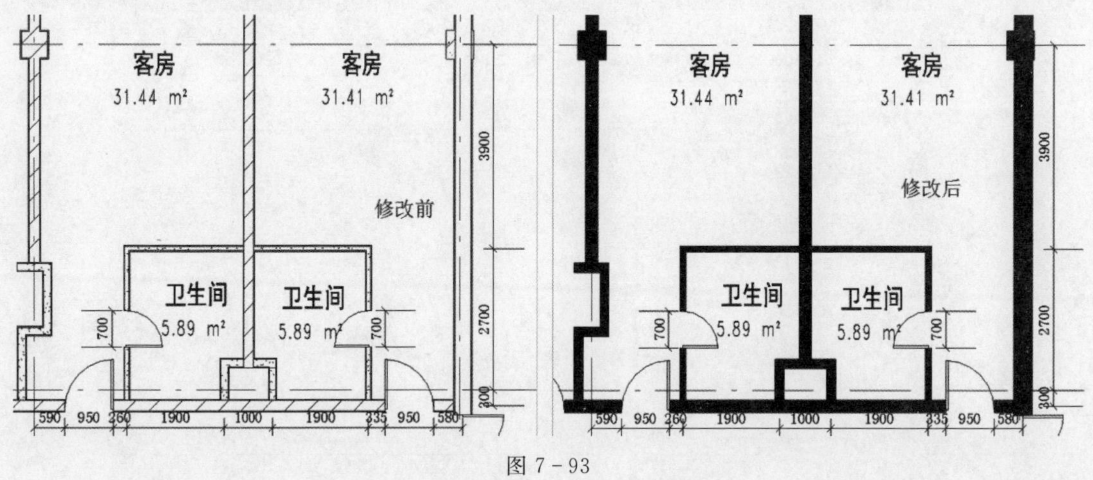

图 7－93

7.3.4 创建详图

在“视图”→“详图索引”矩形框选需要做详图的图例或者自行画定区域(创建的详图标注要自己重新标注)，如图 7－94 和图 7－95 所示。

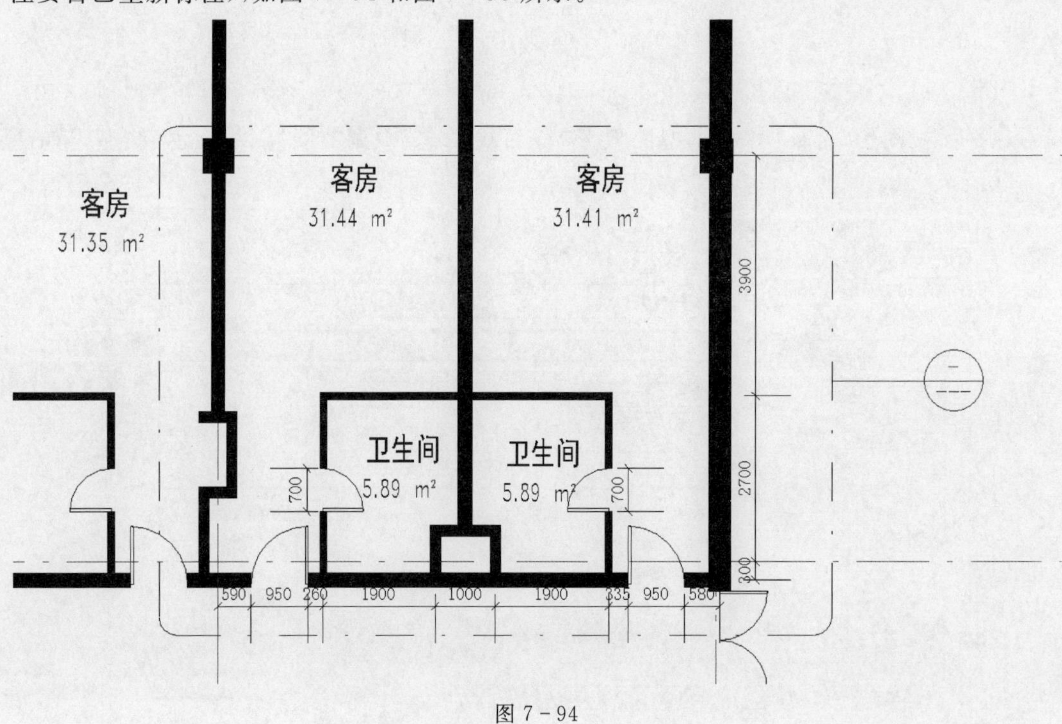

图 7－94

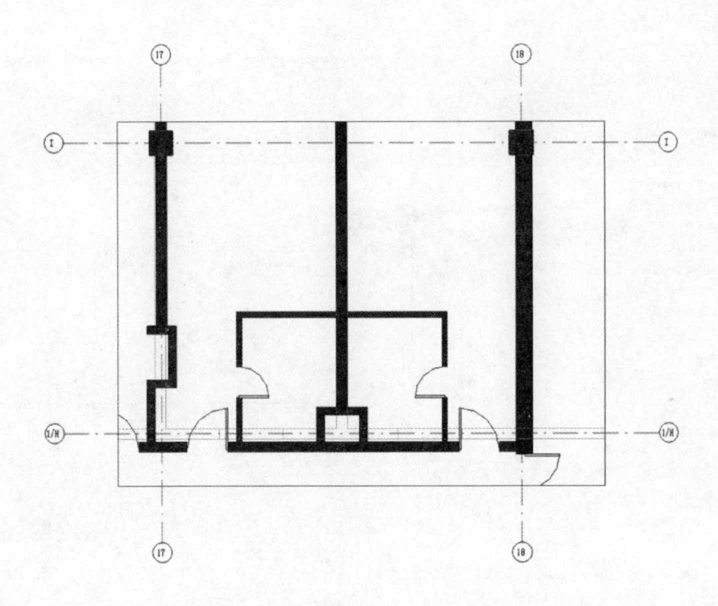

图 7-95

7.3.5 创建图纸

单击“视图”→“图纸”添加图框，在“项目浏览器”中选择需要创建图纸的视图进入图框即可创建图纸，如图 7-96 至图 7-99 所示，图框信息根据具体需要编辑。Revit 在创建完模型的基础上，出图是非常快的，平、立、剖、大样等图纸添加标注说明即可快速出图。

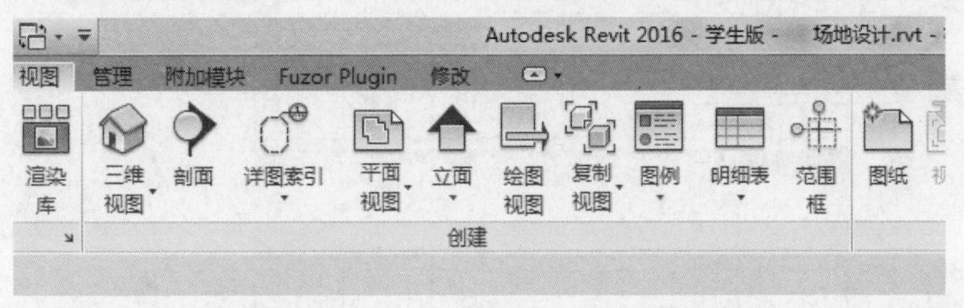

图 7-96

图 7-97

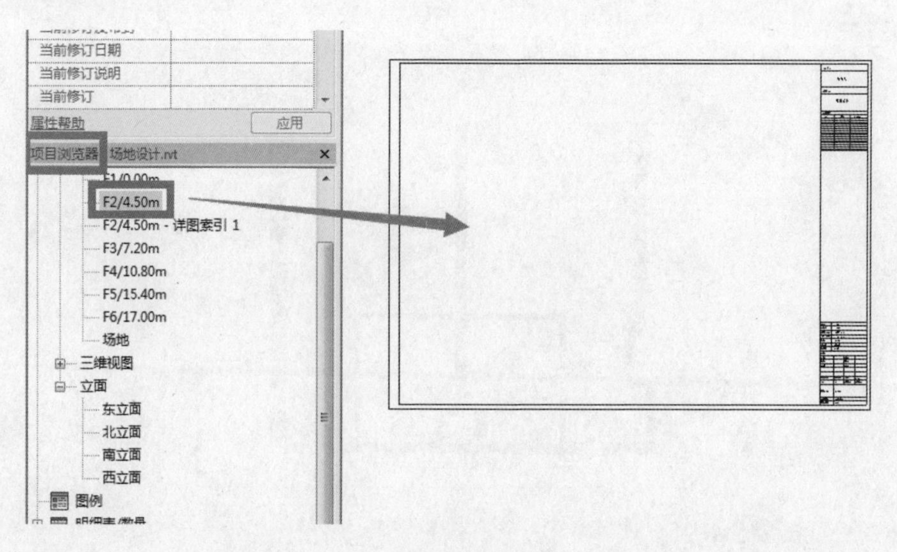

图 7－98

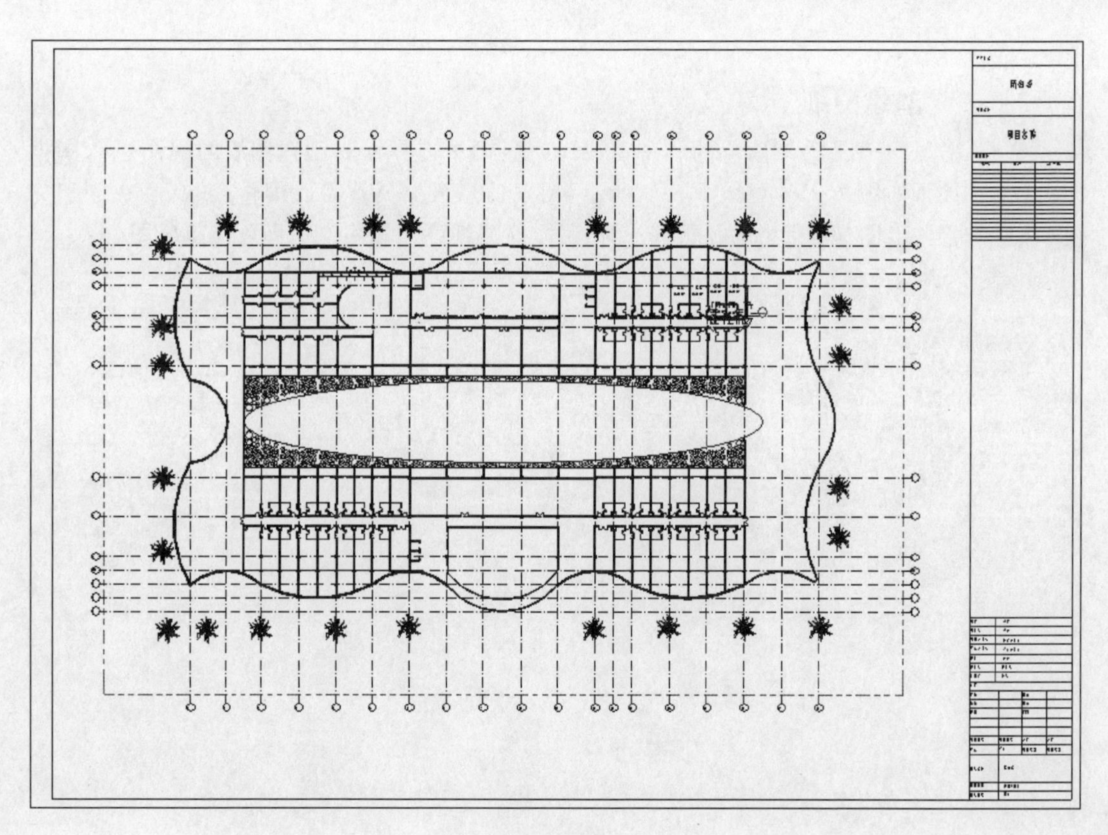

图 7－99

7.3.6 图纸展示

平面图、立面图和剖面图分别如图 7－100、图 7－101 和图 7－102 所示。

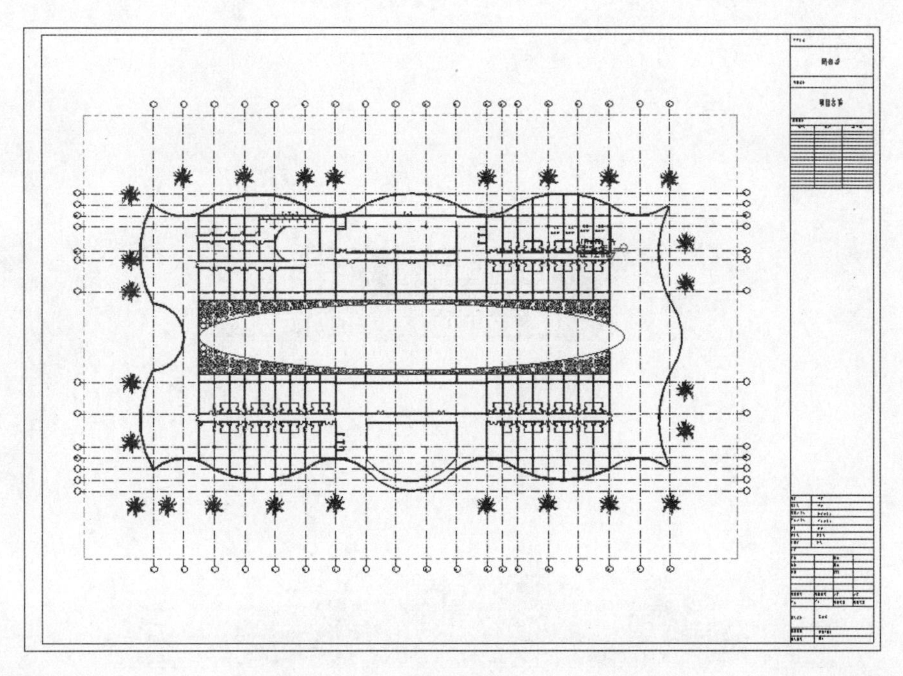

图 7－100

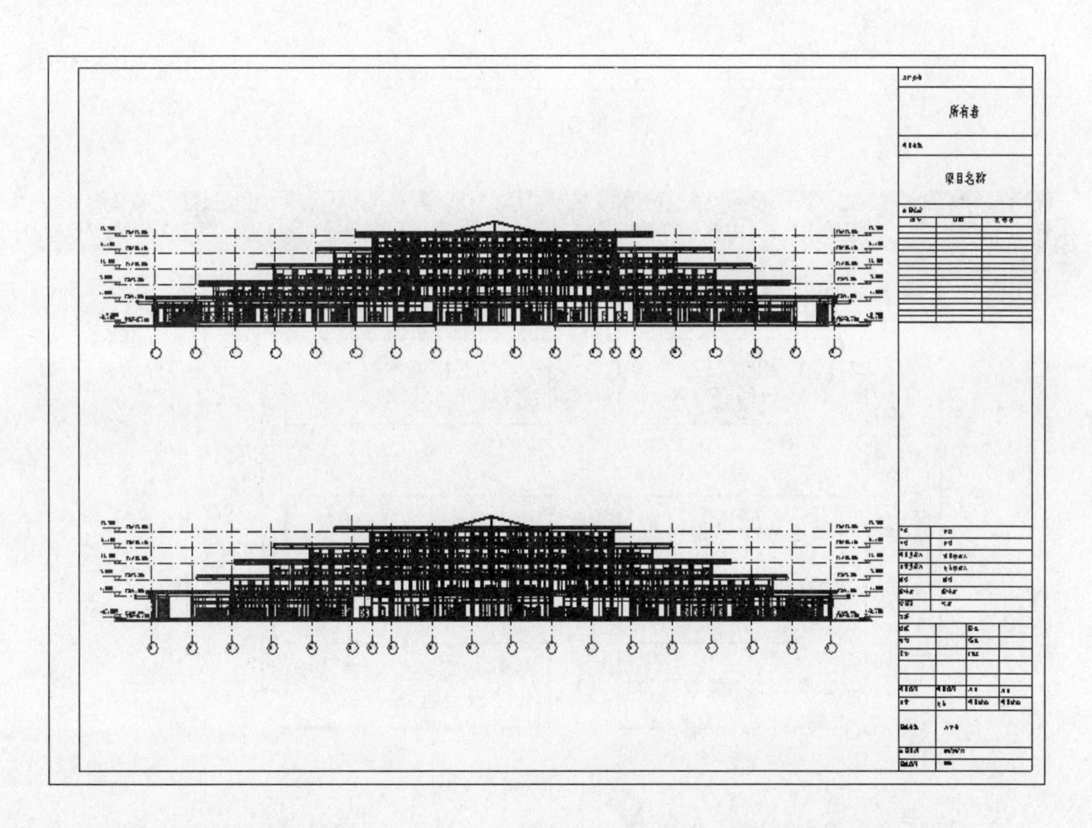

图 7－101

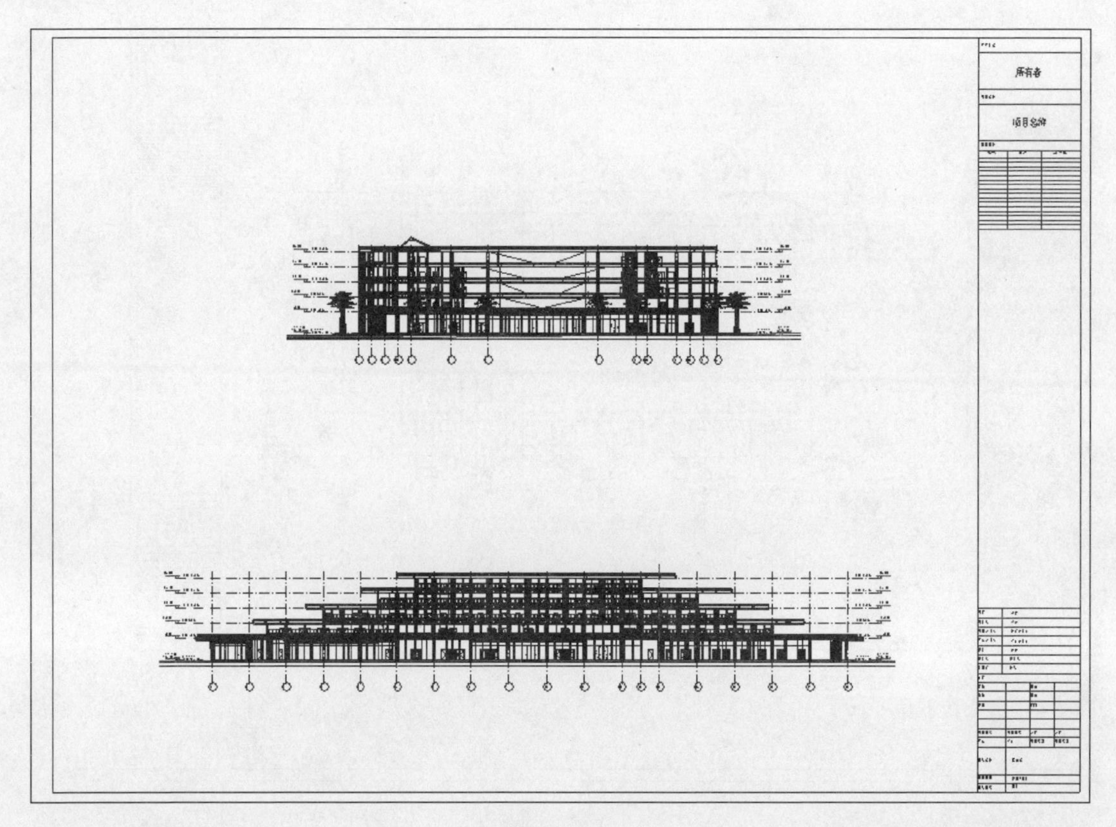

图 7-102

7.4 BIM 碰撞检查

传统碰撞检查与 BIM 碰撞检查的对比如图 7-103 所示。

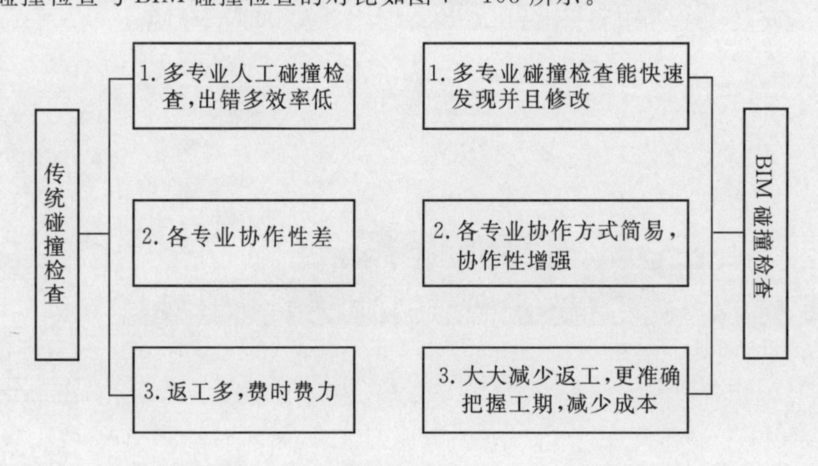

图 7-103

上面讲解了传统碰撞检查与 BIM 碰撞检查的对比。现在讲解 BIM 碰撞检查方式,BIM 碰撞检查分为 Revit 碰撞检查和 Navisworks 碰撞检查,以下分三个小节讲解它们的功能及对比。

7.4.1 Revit 碰撞检查

(1)在 Revit 打开某专业模型,链接其他专业模型点击“协作”→“碰撞检查”,选择待测选项,点击“确定”运行碰撞。如图 7-104 所示。

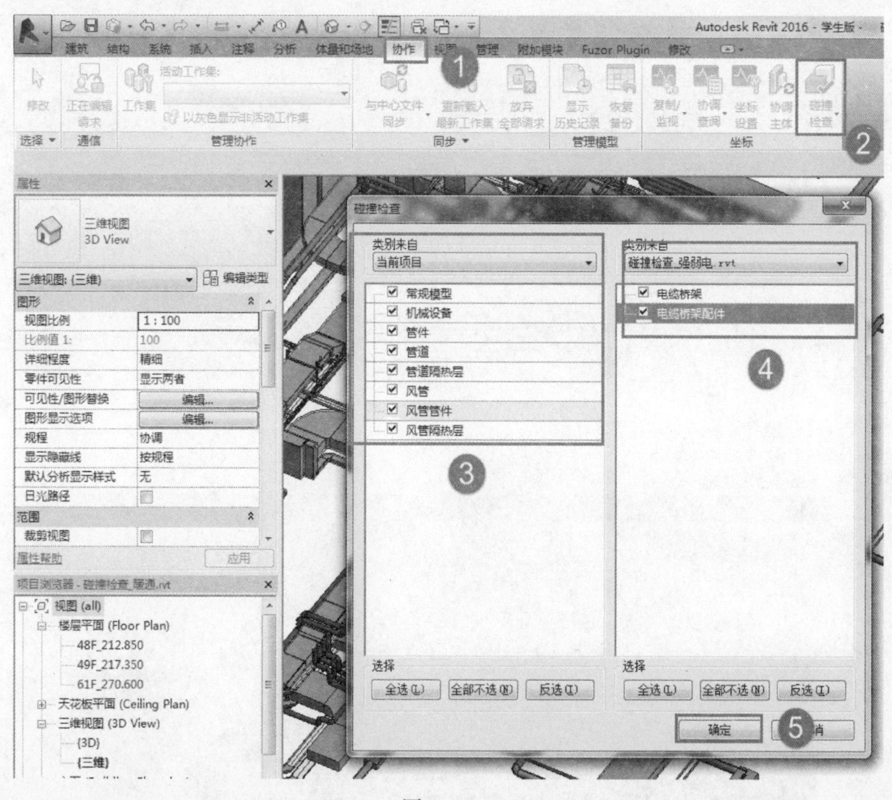

图 7-104

(2)查看报告,点击构件高亮显示,可以发现桥架与抗震支架碰撞。如图 7-105 所示。

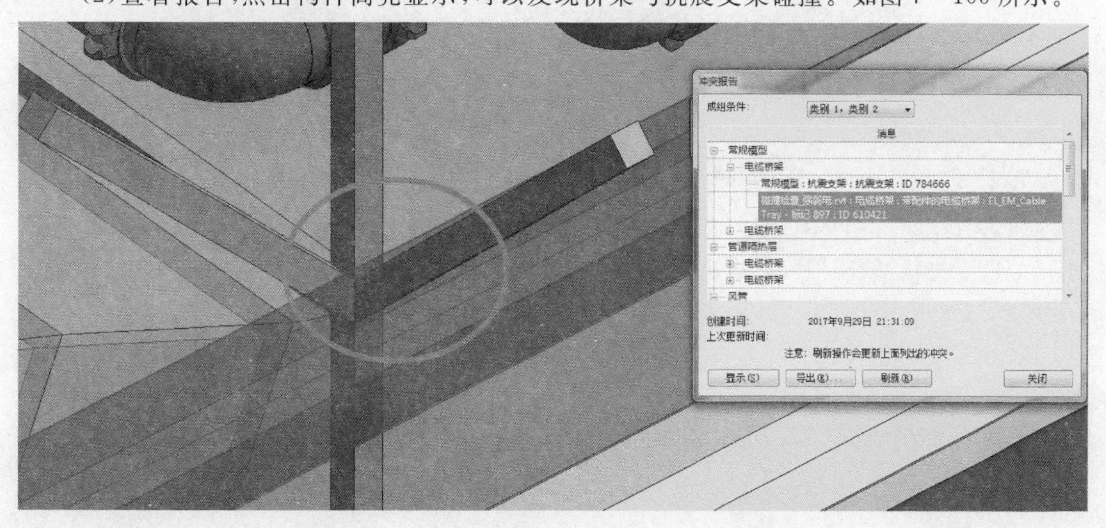

图 7-105

(3)也可以导出报告,可通过 ID 查找构件(切记要输入所打开的模型对应的 ID,否则会提示 ID 无效)。如图 7-106、图 7-107 所示。

冲突报告项目文件: C:\Users\Administrator\Desktop\碰撞检测\碰撞检查_暖通.rvt
创建时间: 2017年9月29日 21:36:58
上次更新时间:

	A	B
1	常规模型 : 抗震支架 : 抗震支架 : ID 714896	碰撞检查_强弱电.rvt : 电缆桥架 : 带配件的电缆桥架 : EL_SE_Cable Tray - 标记 547 : ID 581450
2	风管管件 : Rectangular_Duct_Transition : AC-SED - 标记 6314 : ID 782203	碰撞检查_强弱电.rvt : 电缆桥架 : 带配件的电缆桥架 : EL_SE_Cable Tray - 标记 708 : ID 592166
3	风管管件 : Rectangular_Duct_Transition : AC-SED - 标记 6319 : ID 782311	碰撞检查_强弱电.rvt : 电缆桥架 : 带配件的电缆桥架 : EL_SE_Cable Tray - 标记 708 : ID 5[illegible]166
4	管道隔热层 : 管道隔热层 : AC-HR - 标记 4784 : ID 784276	碰撞检查_强弱电.rvt : 电缆桥架 : 带配件的电缆桥架 : EL_SE_Cable Tray - 标记 811 : ID 59940[illegible]
5	管道隔热层 : 管道隔热层 : AC-HR - 标记 4805 : ID 784297	碰撞检查_强弱电.rvt : 电缆桥架 : 带配件的电缆桥架 : EL_SE_Cable Tray - 标记 811 : ID 599402
6	风管 : 矩形风管 : AC-SED - 标记 3128 : ID 780867	碰撞检查_强弱电.rvt : 电缆桥架 : 带配件的电缆桥架 : EL_EM_Cable Tray - 标记 848 : ID 605063
7	风管管件 : Rectangular_Duct_Elbow-Radius : AC-SED - 标记 6283 : ID 780908	碰撞检查_强弱电.rvt : 电缆桥架 : 带配件的电缆桥架 : EL_EM_Cable Tray - 标记 848 : ID 605063
8	风管隔热层 : 风管隔热层 : AC-SED - 标记 1979 : ID 780910	碰撞检查_强弱电.rvt : 电缆桥架 : 带配件的电缆桥架 : EL_EM_Cable Tray - 标记 848 : ID 605063
9	风管隔热层 : 风管隔热层 : AC-SED - 标记 1980 : ID 780911	碰撞检查_强弱电.rvt : 电缆桥架 : 带配件的电缆桥架 : EL_EM_Cable Tray - 标记 848 : ID 605063
10	风管 : 矩形风管 : AC-SED - 标记 3128 : ID 780867	碰撞检查_强弱电.rvt : 电缆桥架配件 : EL_Vertical Inside Bend : EL-CABLE TRAY - 标记 2157 : ID 605080
11	风管管件 : Rectangular_Duct_Elbow-Radius : AC-SED - 标记 6283 : ID 780908	碰撞检查_强弱电.rvt : 电缆桥架配件 : EL_Vertical Inside Bend : EL-CABLE TRAY - 标记 2157 : ID 605080
12	风管隔热层 : 风管隔热层 : AC-SED - 标记 1979 : ID 780910	碰撞检查_强弱电.rvt : 电缆桥架配件 : EL_Vertical Inside Bend : EL-CABLE TRAY - 标记 2157 : ID 605080
13	风管隔热层 : 风管隔热层 : AC-SED - 标记 1980 : ID 780911	碰撞检查_强弱电.rvt : 电缆桥架配件 : EL_Vertical Inside Bend : EL-CABLE TRAY - 标记 2157 : ID 605080
14	常规模型 : 抗震支架 : 抗震支架 : ID 784666	碰撞检查_强弱电.rvt : 电缆桥架 : 带配件的电缆桥架 : EL_EM_Cable Tray - 标记 897 : ID 610421

冲突报告结尾

图 7-106

图 7-107

7.4.2 Navisworks 碰撞检查

(1)运行“Clash Detective”,选择检测项目和碰撞类型,生成碰撞报告,如图 7-108 所示。如果要进行“软碰撞”和“净高检测”,则选择“间隙”碰撞类型并设置相应公差。

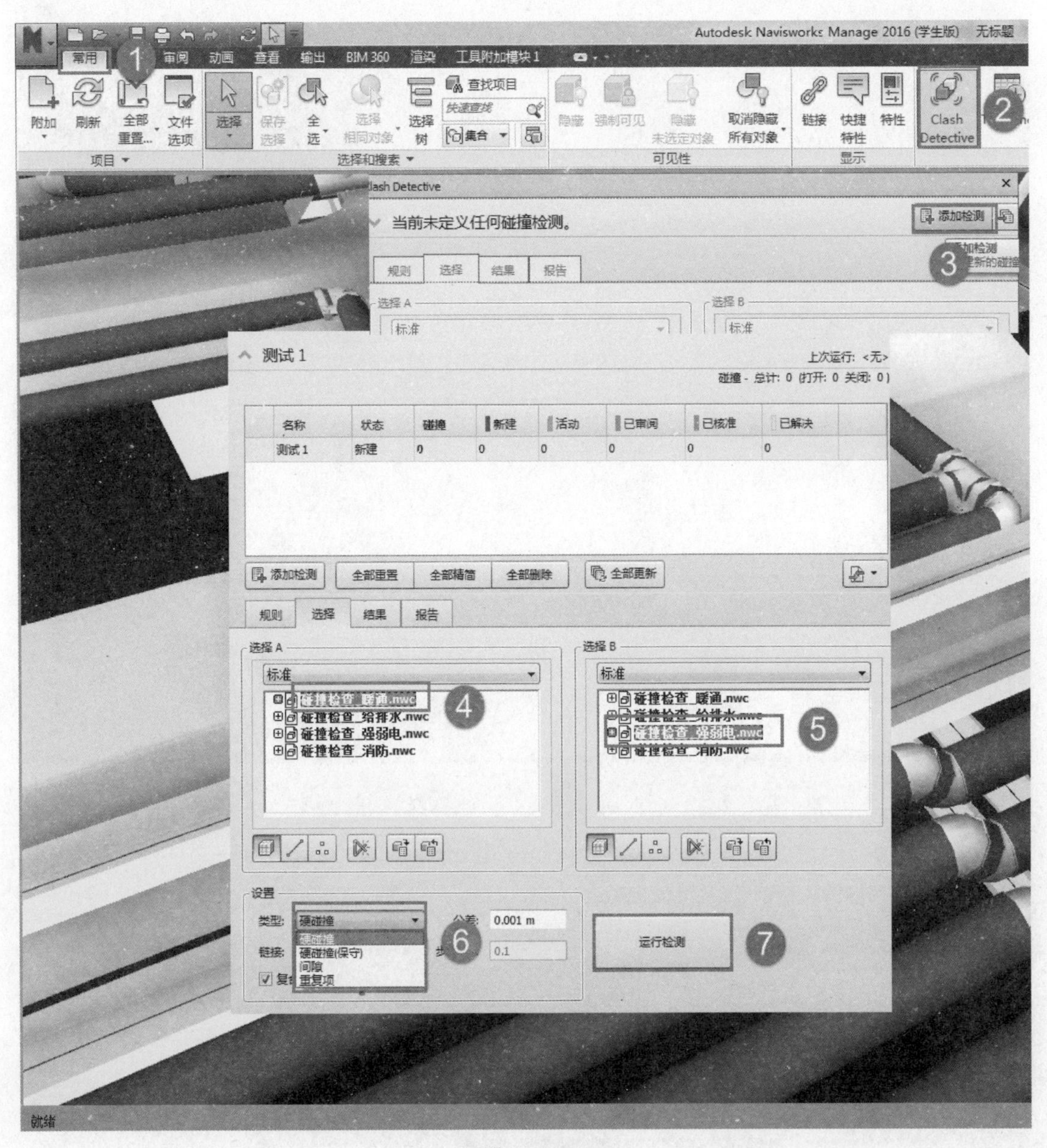

图 7-108

(2)碰撞结果:桥架与抗震支架碰撞等问题。如图 7-109 所示。

图 7－109

（3）可以导出 HTML 格式的碰撞报告，更直观清晰，如图 7－110 所示。

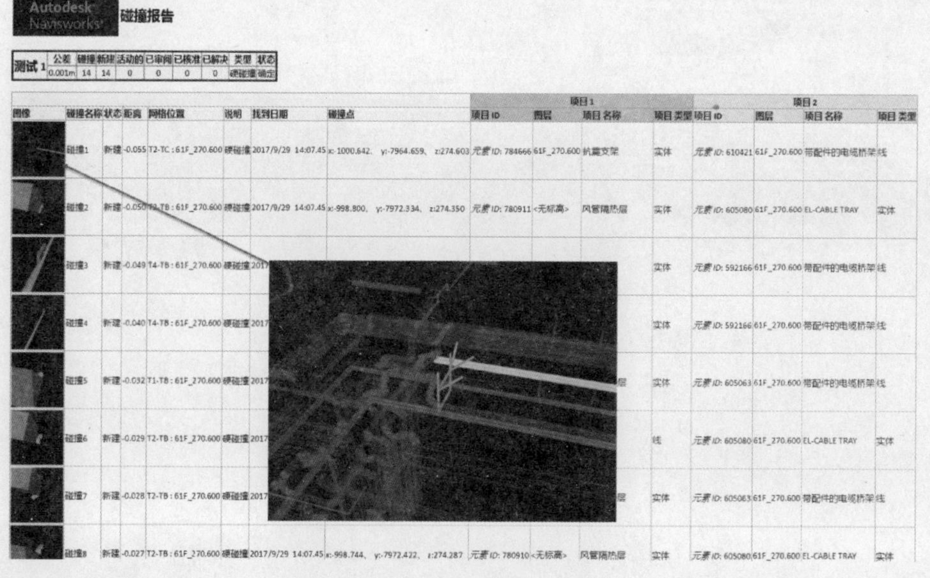

图 7－110

(4)碰撞管理:可在视点添加注释;碰撞改正分配。如图 7-111 所示。

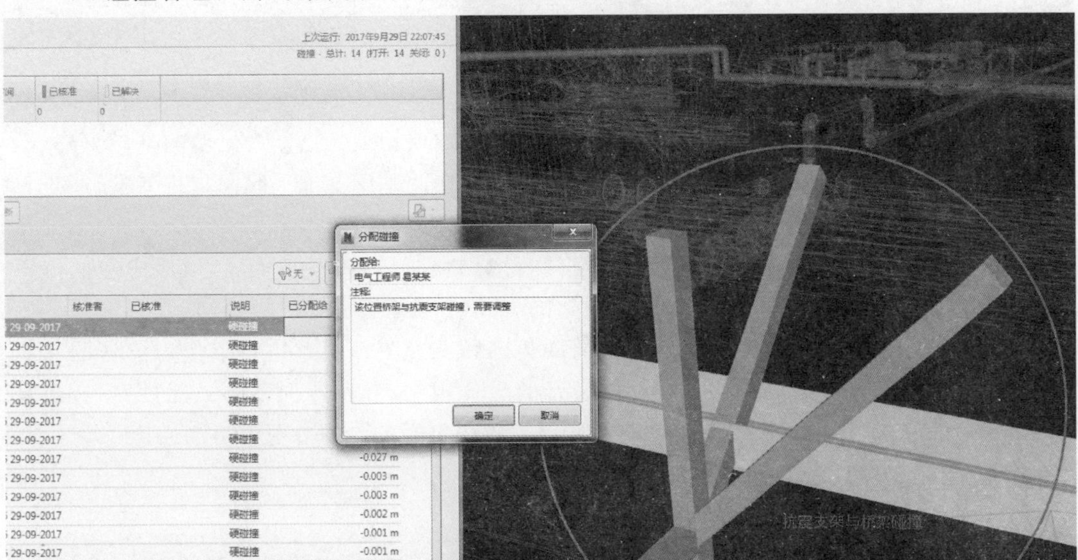

图 7-111

7.4.3 碰撞检测的对比

Revit 运行碰撞检测的时候占用的电脑资源较大,运行没有 Navisworks 流畅,因此在建模初期或者中期小区域,可以用 Revit 即时检查。在建模后期或者大区域检测则用 Navisworks 比较方便,但在 Navisworks 上不能进行模型修改,不过可以使用“返回”功能在 Revit 中修改。Revit 和 Navisworks 碰撞检测对比见表 7-2。

表 7-2 碰撞检测对比

阶段	建议使用的软件	选择原因
建模初期,本专业不同领域、上下楼层	Revit	即时、直接
建模中期,小区域、本楼层、2～3 个专业协调	Revit	即时、直接
建模中期,大区域、跨楼层、所有专业协调	Navisworks	能处理大模型
建模后期,整体模型、所有专业协调	Navisworks	能处理大模型
“软碰撞”	Navisworks	Revit 不具备此功能

7.5 BIM 4D、5D 数据应用

7.5.1 4D 应用简述

BIM 模型即建筑信息模型，是以建筑工程项目的各项相关数据作为模型的基础，通过数字信息仿真模拟建筑物所具有的真实信息。BIM 4D 在此基础上加了时间这一元素，通过可视化的方式将项目工程进行模拟演示。

BIM 4D 模型可以实际模拟所需实际空间，计算料件、管路，模拟安装，以减少空间的不确定因素。同时，BIM 4D 模型可以用可视化的方式将项目工程进行模拟演示，在实际的工程管理上，可以提早发现各种时间与空间的冲突问题并预先解决。也可以作为分析的工具找出工程资源、工地位置及施工安全设施配置的最佳规划，进而达到整体工程最安全、最经济、最快速的管理目的，通过 BIM 4D 模型使得工程中不同的参与方更容易沟通。

7.5.2 用 Navisworks 制作 4D 的方法

1. TimeLiner 简介

在 Navisworks 中提供了 TimeLiner 模块，运用 TimeLiner 对场景添加时间线从而实现施工过程模拟动画，又称 4D 模拟动画、4D 模拟施工和建造，可以实现更为优秀的进度控制，从而达到降低风险和减少施工浪费的目的。

2. TimeLiner 作用

TimeLiner 工具可以进行四维进度模拟。

TimeLiner 从各种来源导入进度，接着可以使用模型中的对象连接进度中的任务以创建四维模拟。TimeLiner 能看到进度在模型上的效果，并将计划日期与实际日期做对比。

TimeLiner 能将基于模拟的结果导出图像和动画。如果模型或进度更改，TimeLiner 可以做到自动更新模拟。

3. TimeLiner 功能与其他 Navisworks 工具结合使用

通过将 TimeLiner 和对象动画链接在一起，可以根据项目任务的开始时间和持续时间触发对象移动并安排其进度，且可以帮助项目进行工作空间和过程的规划。

通过将 TimeLiner 和“Clash Detective”链接，可以对项目进行基于时间的碰撞检查。

通过将 TimeLiner、对象动画和“Clash Detective”链接可以对完全动画化的 T 进度进行碰撞检测。

4. 使用 TimeLiner

(1)TimeLiner 界面。

如图 7－112 所示，单击“常用”选项卡下方“工具”面板中的“TimeLiner”，打开“TimeLiner”工具窗口。

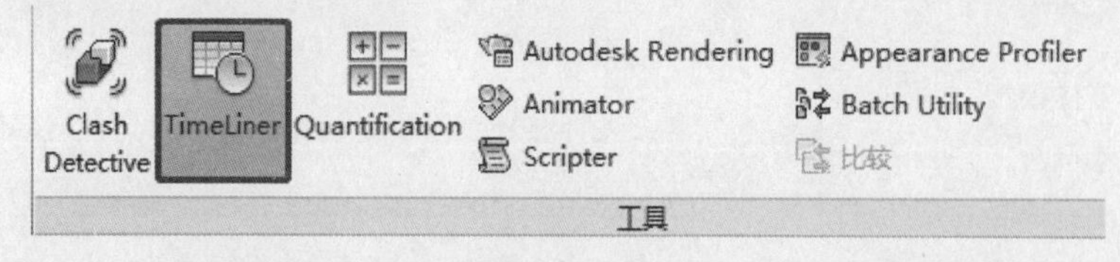

图 7－112

①“任务”选项卡。

在 Navisworks 中，要定义 4D 施工动画要先制定详细的施工任务，TimeLiner 中的“任务”选项卡就是用于创建和管理项目任务，该选项卡显示进度中以表格格式列出的所有任务，如图 7－113 所示。“任务”选项卡中每个任务均可以记录以下信息：该任务的计划开始及结束时间、实际开始和结束时间、材料费等。

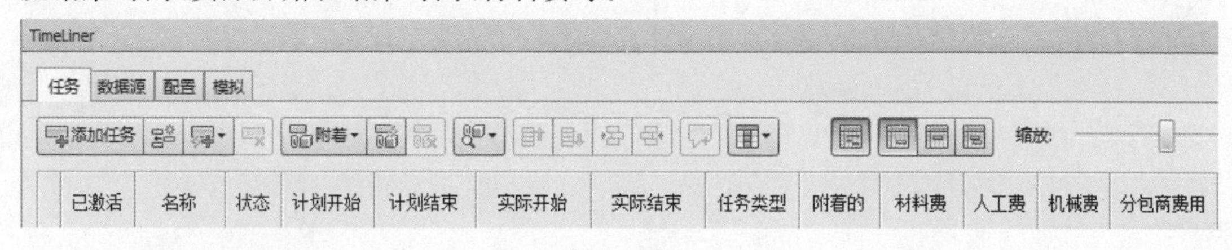

图 7－113

②“数据源”选项卡。

通过“数据源”选项卡，可将第三方进度安排软件，如 Microsoft Project、Asta 等产生的 mpp、csv 等格式的有施工任务数据的文件导入任务，实现数据源与当前场景自动关联，如图 7－114 所示。

该选项卡显示所有添加的数据源，可以直接建立任务在任务选项卡中以表格格式列出。

图 7－114

③“配置”选项卡。

通过“配置”选项卡可以设置任务参数，例如任务类型、任务外观定义以及模拟开始时的默认模型外观。如图 7－115 所示，在施工动画中除必须定义时间信息外，还必须制定各个施工任务的任务类型。任务类型用于显示不同的施工任务中各模型的显示状态，Navisworks 默认提供了“构造”“拆除”“临时”三种任务类型。Navisworks 也允许用户自定义任务类型。

TimeLiner

任务 | 数据源 | 配置 | 模拟

添加 删除

名称	开始外观	结束外观	提前外观	延后外观	模拟开始外观
构造	绿色(90% 透明)	模型外观	无	无	无
拆除	红色(90% 透明)	隐藏	无	无	模型外观
临时	黄色(90% 透明)	隐藏	无	无	无

图 7－115

④“模拟”选项卡。

Navisworks 通过定义施工任务，设置施工任务的时间、材料费等信息，并将指定的任务和对应模型关联，设置施工任务的任务类型，以明确各任务在 4D 模拟中的表现。完成这些设置之后，就已经定义了 4D 模拟过程中所需要的全部内容。此时可以在“模拟”选项卡预览当前生成的施工动画，如图 7 - 116 所示。

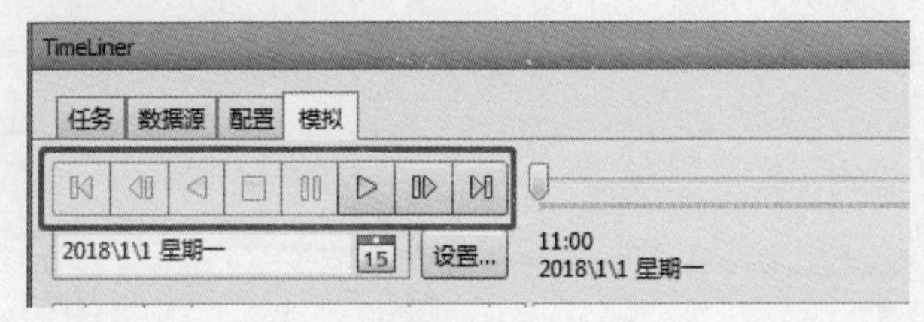

图 7 - 116

(2)手动创建任务方式。

在 Navisworks 中，要通过 TimeLiner 制作施工动画，必须创建施工任务，指定任务时间，确定任务对应的模型图元以及定义施工任务的类型。创建施工任务可以手动创建也可以通过外部数据源直接创建。下面将通过实际操作详细阐述用手动方式创建施工任务的方式制作施工动画。

①定义施工任务。

定义施工任务是运用 Navisworks 创建 4D 模拟的基础。接下来通过实例介绍用手动方式创建任务的步骤。

A. 打开教学案例文件，如图 7 - 117 所示，该场景显示了一个两层建筑的结构模型。我们假设每个任务用 1 天完成。

图 7 - 117

B. 如图 7 - 118 所示，要创建一个建造基础的任务，单击“添加任务”按钮，添加一个默认名称为“新任务”的任务。单击“名称”列单元格，修改“名称”为“结构基础”；假设结构基础计划开始时间为 2016 年 1 月 1 日，计划结束时间为 2016 年 1 月 2 日，实际开始、结束时间与计划相同，单击“计划开始”“计划结束”“实际开始”“实际结束”四个按钮可以在弹出的下拉日历中选择任务的开始、完成时间，在“任务类型”下拉列表中选择“构造”。

小提示

修改时间时可单击时间列表直接输入年月,会比较快速地找到想要的时间。

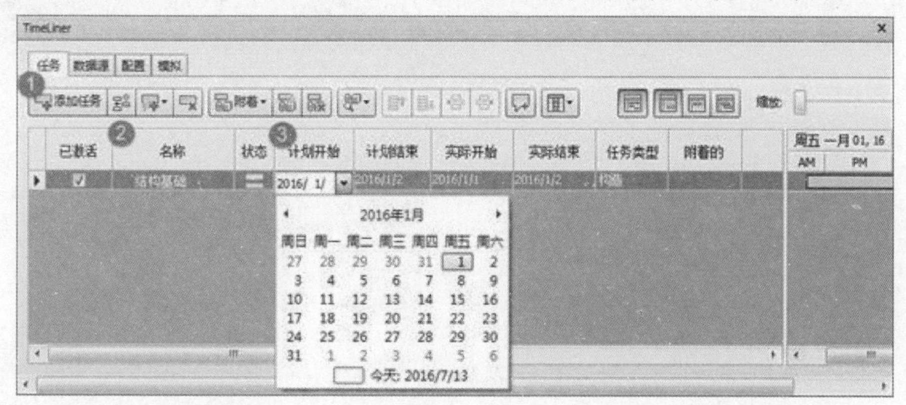

图 7-118

C. 如图 7-119 所示,在选择树中选中所有的结构基础,在 TimeLiner“任务”菜单栏中点击“附着”按钮选择“附着当前选择”将结构基础附着给“结构基础”。

小提示

“附着当前选择”是将选中的模型图元全部附着在任务中,在已有模型图元附着在任务中,还要把其他模型图元附在同一任务中时可用“附加当前选择”。

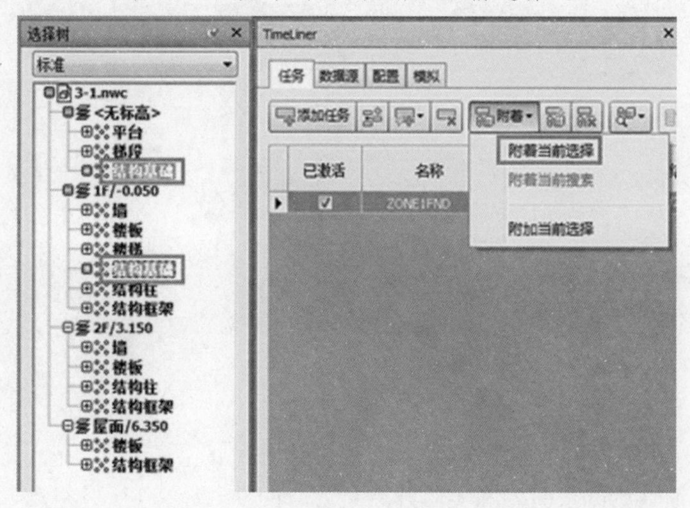

图 7-119

在模型构件多、图元复杂时,直接在选择树上选择模型步骤烦琐,而且容易漏掉要附着的图元,这时候可以选择创建选择集。如图 7-120 所示,在“常用”选项卡中单击打开查找项目和集合,在弹出的菜单栏中选择好搜索范围,点击“类别”下方,在下拉列表中选择“项目”,“特性”选择“名称”,“条件”选择“包含”,在“值”下方选择或输入“结构基础”,单击“查找全部”选中所有的结构基础后在“集合”面板中新建一个名为“结构基础”的集合。

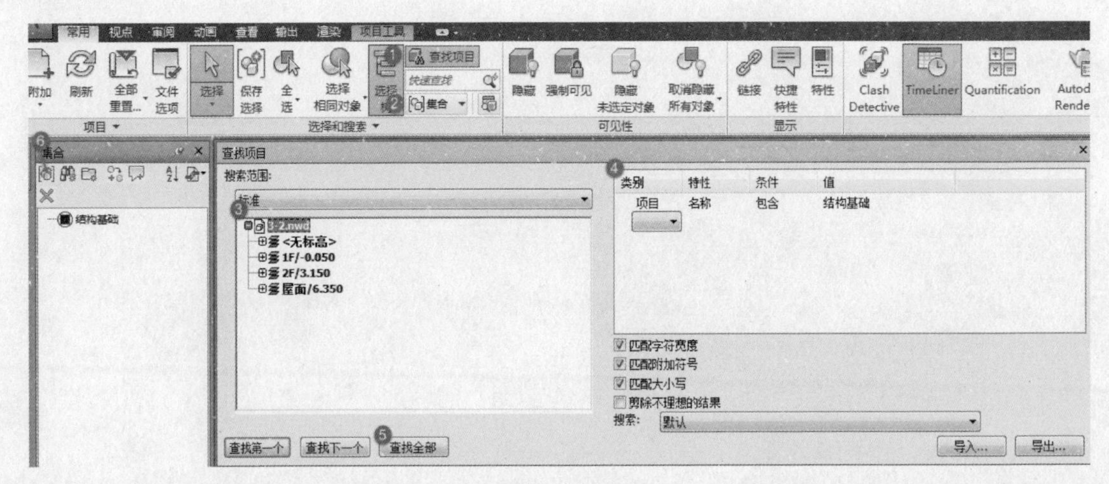

图 7-120

重复步骤 C 建立好所有选择集，然后可以在 TimeLiner 任务栏中将选择集附着在任务中，如图 7-121 所示，创建好基础到屋面所有构件的集合。打开 TimeLiner，参照步骤 B 在任务栏建立名为“结构基础”等任务，右击“结构基础”任务后的“附着的”，在弹出的下拉列表中“附着集合”里选择“结构基础”。重复上述步骤将所有任务附着上集合。

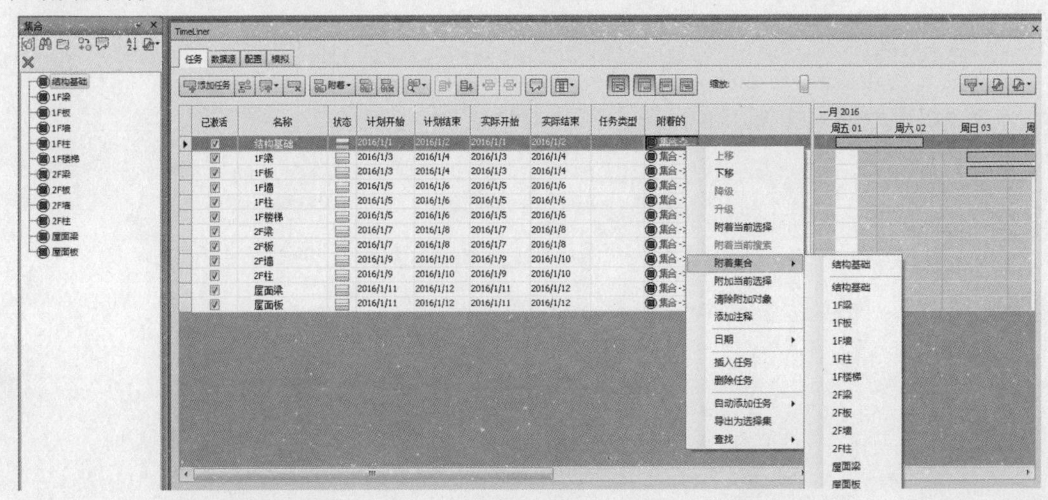

图 7-121

D. 此外，可以在任务菜单栏中显示或隐藏右侧甘特图。TimeLiner 中除了可以直接调节任务栏中的计划开始结束时间和实际开始结束时间外，还可以通过拖动、缩放滑块对甘特图显示日期范围进行缩放。甘特图的显示方式有三种：显示计划日期，显示实际日期，显示计划与实际日期。这里我们选择显示计划与实际日期，可以在甘特图中看到每个任务计划与实际日期的时间前后关系，如图 7-122 所示。

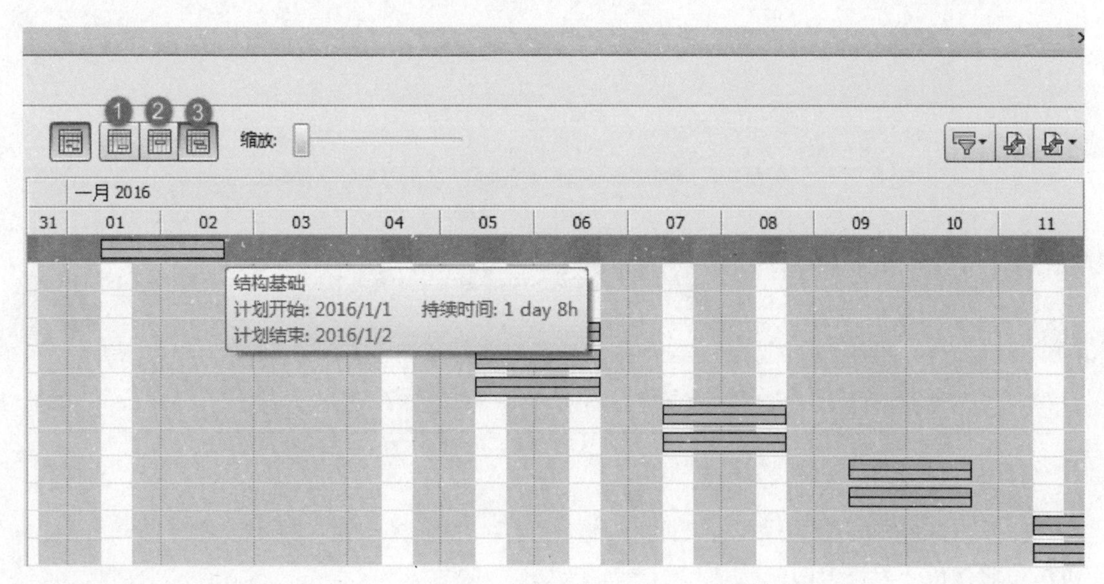

图 7－122

E. 单击工具栏中“列”下拉列表，在列表中选择“选择列”，弹出“选择 TimeLiner 列”对话框，如图 7－123 所示，在列表中可以自定义出现在任务列表中的内容，也可以直接在“列”下拉列表中直接选择基本、标准和拓展快速设定自己所需列表。

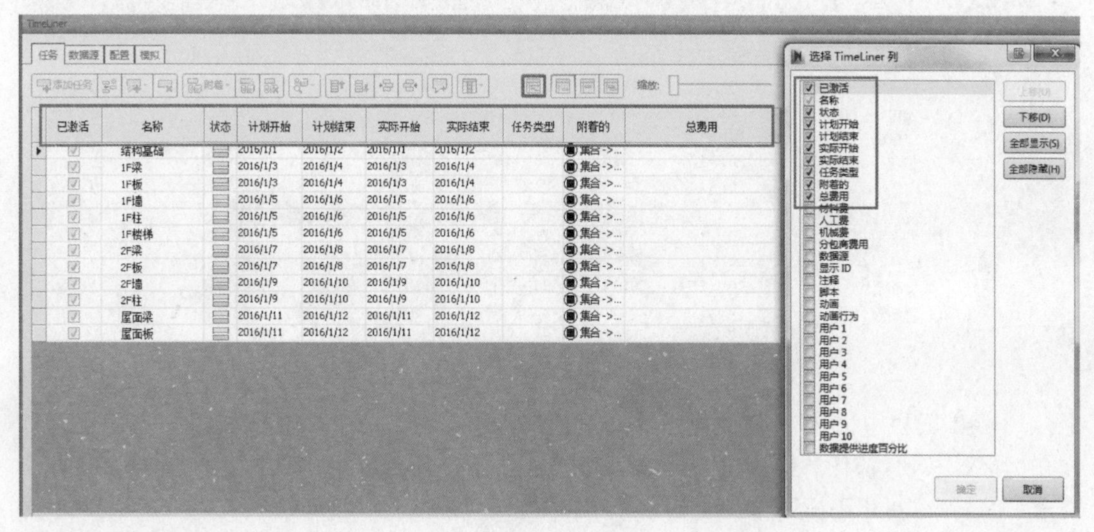

图 7－123

例如：我们添加“数据提供进度百分比”，如图 7－124 所示，任务栏中增添“数据提供进度百分比”一列，该列表表示了任务完成的百分比，直接修改列表下方的数据将影响甘特图中任务完成的百分比。

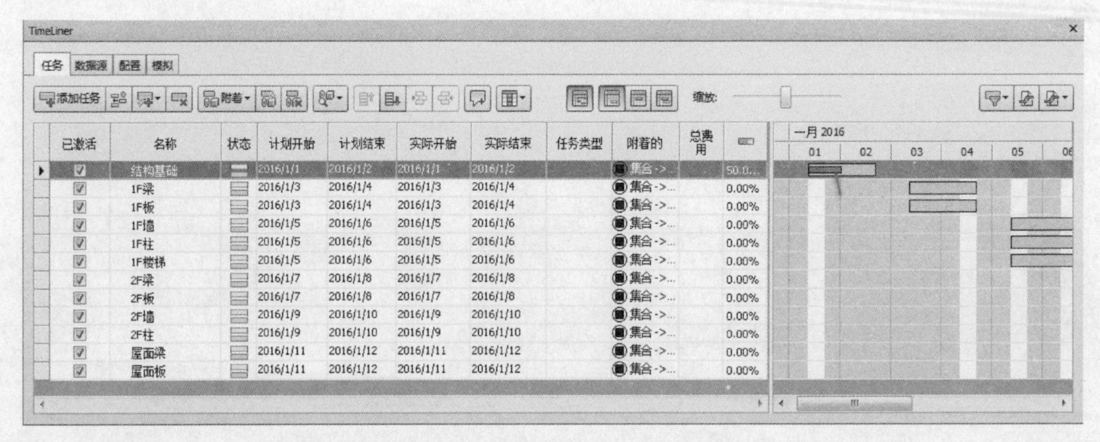

已激活	名称	状态	计划开始	计划结束	实际开始	实际结束	任务类型	附着的	总费用	
☑	结构基础		2016/1/1	2016/1/2	2016/1/1	2016/1/2		集合->...		50.0...
☑	1F梁		2016/1/3	2016/1/4	2016/1/3	2016/1/4		集合->...		0.00%
☑	1F板		2016/1/3	2016/1/4	2016/1/3	2016/1/4		集合->...		0.00%
☑	1F墙		2016/1/5	2016/1/6	2016/1/5	2016/1/6		集合->...		0.00%
☑	1F柱		2016/1/5	2016/1/6	2016/1/5	2016/1/6		集合->...		0.00%
☑	1F楼梯		2016/1/5	2016/1/6	2016/1/5	2016/1/6		集合->...		0.00%
☑	2F梁		2016/1/7	2016/1/8	2016/1/7	2016/1/8		集合->...		0.00%
☑	2F板		2016/1/7	2016/1/8	2016/1/7	2016/1/8		集合->...		0.00%
☑	2F墙		2016/1/9	2016/1/10	2016/1/9	2016/1/10		集合->...		0.00%
☑	2F柱		2016/1/9	2016/1/10	2016/1/9	2016/1/10		集合->...		0.00%
☑	屋面梁		2016/1/11	2016/1/12	2016/1/11	2016/1/12		集合->...		0.00%
☑	屋面板		2016/1/11	2016/1/12	2016/1/11	2016/1/12		集合->...		0.00%

图 7 - 124

F. 单击选择“1F 梁”任务，在工具栏中选择“上移”“下移”按钮可以不改变当前任务层次而移动任务在任务栏中的位置，如图 7 - 125 所示。

已激活	名称	状态	计划开始	计划结束	实际开始	实际结束	任务类型	附着的	总费用	
☑	结构基础		2016/1/1	2016/1/2	2016/1/1	2016/1/2		集合->...		50.00%
☑	1F板		2016/1/3	2016/1/4	2016/1/3	2016/1/4		集合->...		0.00%
☑	1F墙		2016/1/5	2016/1/6	2016/1/5	2016/1/6		集合->...		0.00%
☑	1F柱		2016/1/5	2016/1/6	2016/1/5	2016/1/6		集合->...		0.00%
☑	1F楼梯		2016/1/5	2016/1/6	2016/1/5	2016/1/6		集合->...		0.00%
☑	2F梁		2016/1/7	2016/1/8	2016/1/7	2016/1/8		集合->...		0.00%
☑	2F板		2016/1/7	2016/1/8	2016/1/7	2016/1/8		集合->...		0.00%
☑	1F梁		2016/1/3	2016/1/4	2016/1/3	2016/1/4		集合->...		0.00%
☑	2F墙		2016/1/9	2016/1/10	2016/1/9	2016/1/10		集合->...		0.00%
☑	2F柱		2016/1/9	2016/1/10	2016/1/9	2016/1/10		集合->...		0.00%
☑	屋面梁		2016/1/11	2016/1/12	2016/1/11	2016/1/12		集合->...		0.00%
☑	屋面板		2016/1/11	2016/1/12	2016/1/11	2016/1/12		集合->...		0.00%

图 7 - 125

G. 在工具栏中选择“升级”“降级”按钮可将任务分层次。例如：单击选择“1F 梁”任务，单击“降级”按钮，该任务将变成“结构基础”的子任务，同时“结构基础”任务栏中出现“—”符号，单击“—”可以隐藏下方的子任务。单击“升级”按钮，“1F 梁”重新变为一级任务，如图 7 - 126所示。

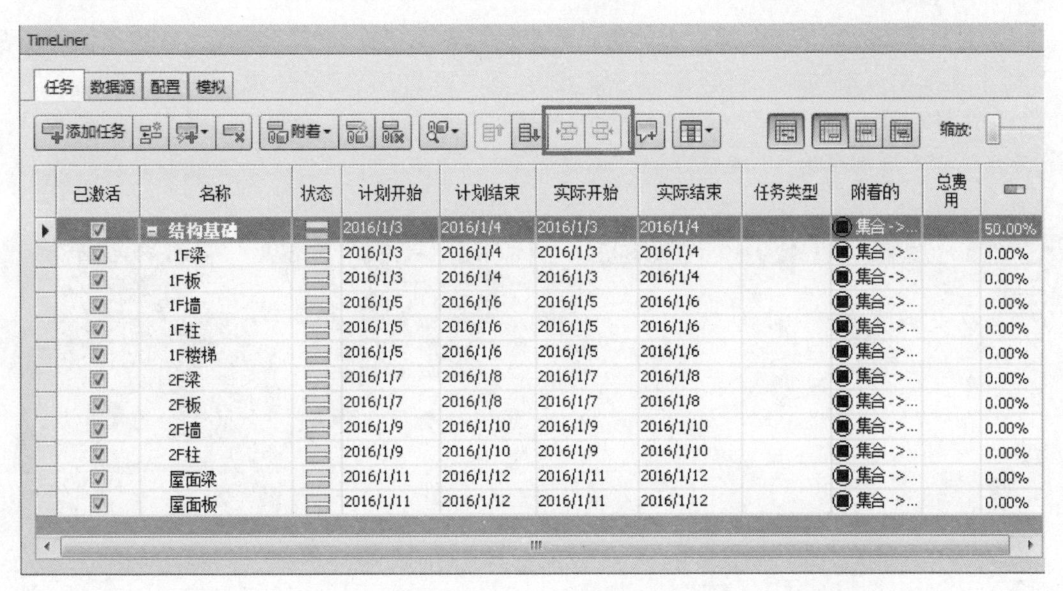

	已激活	名称	状态	计划开始	计划结束	实际开始	实际结束	任务类型	附着的	总费用	▭
▶	☑	⊟ 结构基础		2016/1/3	2016/1/4	2016/1/3	2016/1/4		集合->...		50.00%
	☑	1F梁		2016/1/3	2016/1/4	2016/1/3	2016/1/4		集合->...		0.00%
	☑	1F板		2016/1/3	2016/1/4	2016/1/3	2016/1/4		集合->...		0.00%
	☑	1F墙		2016/1/5	2016/1/6	2016/1/5	2016/1/6		集合->...		0.00%
	☑	1F柱		2016/1/5	2016/1/6	2016/1/5	2016/1/6		集合->...		0.00%
	☑	1F楼梯		2016/1/5	2016/1/6	2016/1/5	2016/1/6		集合->...		0.00%
	☑	2F梁		2016/1/7	2016/1/8	2016/1/7	2016/1/8		集合->...		0.00%
	☑	2F板		2016/1/7	2016/1/8	2016/1/7	2016/1/8		集合->...		0.00%
	☑	2F墙		2016/1/9	2016/1/10	2016/1/9	2016/1/10		集合->...		0.00%
	☑	2F柱		2016/1/9	2016/1/10	2016/1/9	2016/1/10		集合->...		0.00%
	☑	屋面梁		2016/1/11	2016/1/12	2016/1/11	2016/1/12		集合->...		0.00%
	☑	屋面板		2016/1/11	2016/1/12	2016/1/11	2016/1/12		集合->...		0.00%

图 7-126

②选择任务类型。

TimeLiner 中自带三大类型：构造、拆除、临时。在此我们将所有任务选择“构造”这一任务类型，如图 7-127 所示。任务类型在后面“配置”中会详细介绍，这里不做累赘说明。

TimeLiner
任务 数据源 配置 模拟
添加任务 附着 缩放:

	已激活	名称	状态	计划开始	计划结束	实际开始	实际结束	任务类型	附着的	总费用	
▶	☑	结构基础		2016/1/3	2016/1/4	2016/1/3	2016/1/4	构造	集合->...		50.00%
	☑	1F梁		2016/1/3	2016/1/4	2016/1/3	2016/1/4		集合->...		0.00%
	☑	1F板		2016/1/3	2016/1/4	2016/1/3	2016/1/4	构造	集合->...		0.00%
	☑	1F墙		2016/1/5	2016/1/6	2016/1/5	2016/1/6	拆除	集合->...		0.00%
	☑	1F柱		2016/1/5	2016/1/6	2016/1/5	2016/1/6	临时	集合->...		0.00%
	☑	1F楼梯		2016/1/5	2016/1/6	2016/1/5	2016/1/6	构造	集合->...		0.00%
	☑	2F梁		2016/1/7	2016/1/8	2016/1/7	2016/1/8	构造	集合->...		0.00%
	☑	2F板		2016/1/7	2016/1/8	2016/1/7	2016/1/8	构造	集合->...		0.00%
	☑	2F墙		2016/1/9	2016/1/10	2016/1/9	2016/1/10	构造	集合->...		0.00%
	☑	2F柱		2016/1/9	2016/1/10	2016/1/9	2016/1/10	构造	集合->...		0.00%
	☑	屋面梁		2016/1/11	2016/1/12	2016/1/11	2016/1/12	构造	集合->...		0.00%
	☑	屋面板		2016/1/11	2016/1/12	2016/1/11	2016/1/12	构造	集合->...		0.00%

图 7-127

③配置。

在定义施工任务时，必须为每个任务指定任务类型，每个任务类型决定了我们在做 4D 模拟和展示时的形式。配置是对任务类型进行设置。

TimeLiner 自带三大任务类型。Construct（构造）：默认对象将在任务开始时以绿色高亮显示；Demolish（拆除）：默认对象将在任务开始时以红色高亮显示并在结束时隐藏；Temporary（临时）：默认对象将在任务开始时以黄色高亮显示并在结束时隐藏。

A. 接着上面的练习，我们已将每个施工任务的任务类型选择为“构造”，选择该类型在模拟一开始时会是绿色（90%透明），当任务完成就变成了模型外观。

B. 可以按自己需求添加自定义外观。在配置的界面中单击“外观定义”，在弹出的“外观定义”对话框中点击“添加”按钮添加一个名为“新外观”的自定义外观。将名称修改为“蓝色”：双击颜色块可在基本颜色中选择蓝色，也可以在规定自定义颜色中选择想要的颜色；调节或直接输入透明度为 50，点击“确定”退出对话框，生成一个蓝色（50%透明）的新外观，如图 7－128 所示。

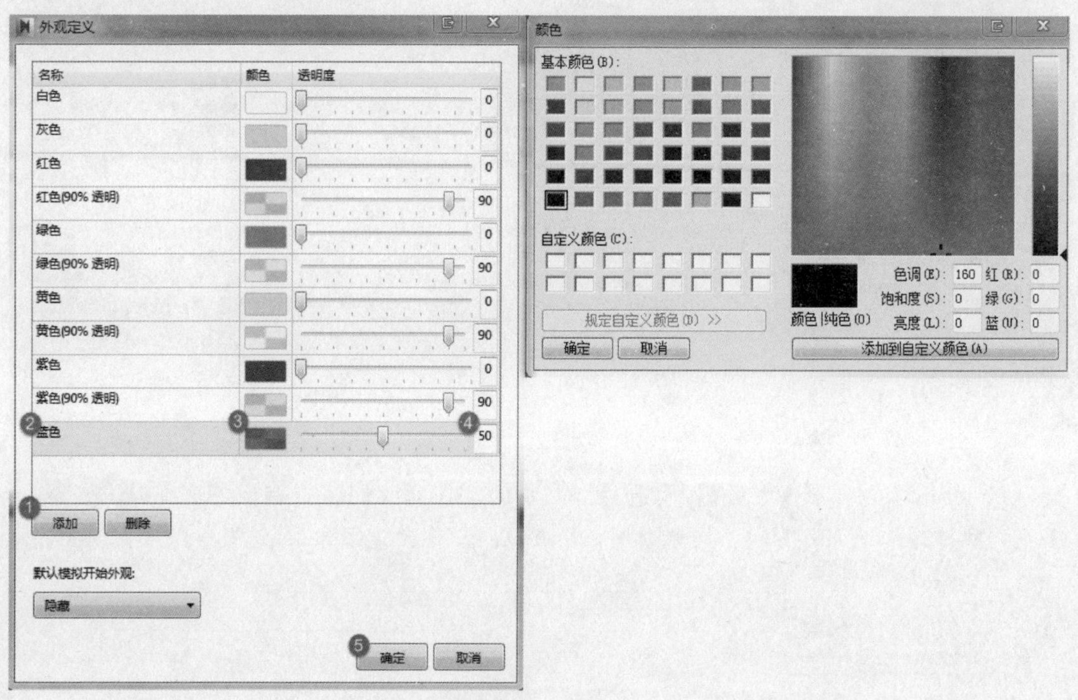

图 7－128

C. 如图 7－129 所示，单击“构造”任务类型“提前外观”下拉列表，发现自定义的“蓝色”外观已经出现在列表中，选择“蓝色”外观，单击“构造”任务类型“延后外观”下拉列表选择“红色”外观，设置后若任务在计划开始时间之前就开始建造了将显示为蓝色（50%），任务在计划完成时间之后才完成，模型就会显示为红色。

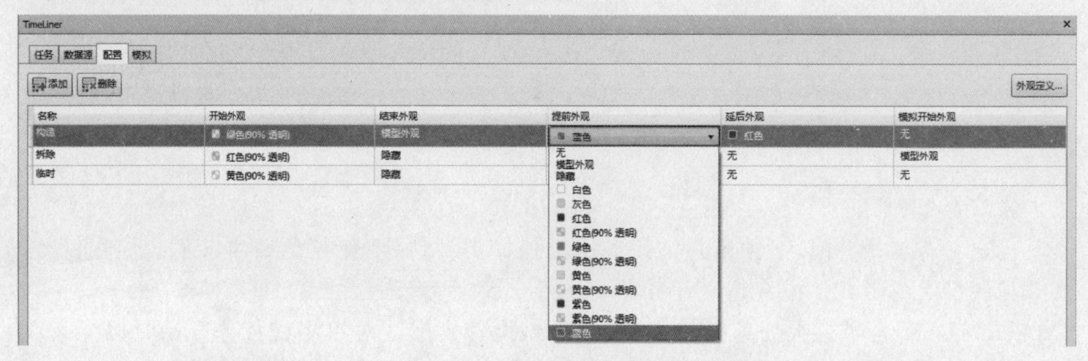

图 7－129

TimeLiner 利用任务类型中定义的开始外观、结束外观、提前外观、延后外观和模拟开始外观来控制施工模拟时图元的外观显示。除了外观定义中的颜色和透明度外，还自带两种外观状态，即模型外观和隐藏。模型外观应用模型自身材质定义颜色状态，隐藏即在视图中隐藏图元，隐藏状态通常用于施工机械、模板、手脚架等在任务结束后即消失的图元。

D. 当4D模拟想要表达的工序较多，例如想要在一个建造结构的4D模拟中将扎钢筋、搭模板、浇筑混凝土等步骤区分表现出来时，可以在配置中添加这三种任务类型，例如梁或者楼板要扎钢筋都可以选择扎钢筋这一任务类型。按照想要呈现的4D模拟状态选择开始结束外观等。如图7－130所示，首先按步骤C添加“黄色90％”“黄色”“蓝色90％”“蓝色”这4个外观。然后在配置中点击“添加”按钮添加一个名为“新任务类型”的任务，修改名称为“扎钢筋”，将开始外观设为“黄色90％”，结束外观设为“黄色”；添加“搭模板”任务类型，将开始外观设为“蓝色90％”，结束外观设置为“蓝色”；添加“浇筑混凝土”任务类型，将开始外观设为“绿色90％”，结束外观设置为“模型外观”（因为浇筑完混凝土后代表这一构件已完成，可以以模型外观显示出来了）。

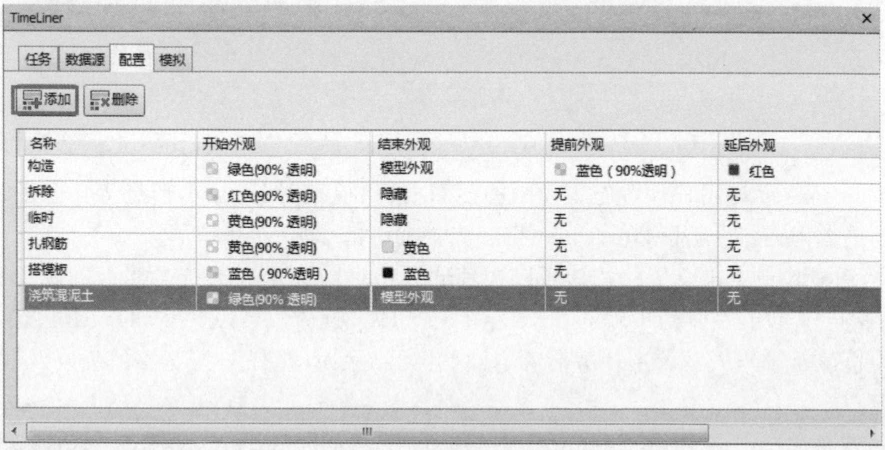

TimeLiner

任务 数据源 配置 模拟

添加 删除

名称	开始外观	结束外观	提前外观	延后外观
构造	绿色(90% 透明)	模型外观	蓝色（90%透明）	红色
拆除	红色(90% 透明)	隐藏	无	无
临时	黄色(90% 透明)	隐藏	无	无
扎钢筋	黄色(90% 透明)	黄色	无	无
搭模板	蓝色（90%透明）	蓝色	无	无
浇筑混泥土	绿色(90% 透明)	模型外观	无	无

图7－130

④模拟。

通过“模拟”选项卡进行参数设置可以在项目进度的整个持续时间内模拟“TimeLiner”序列。在练习文件中切换至“模拟”选项卡，单击“播放”按钮即可在视口中预览显示施工进度模拟。如图7－131所示，正在建造的任务显示的是绿色透明的状态，已完成的模型显示的状态是“模型外观”。

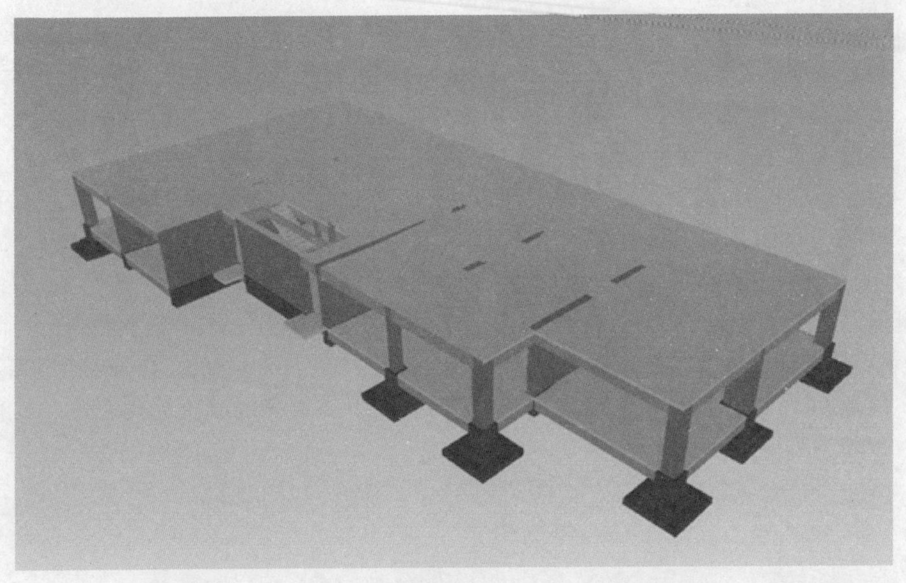

图 7 - 131

Navisworks 允许用户设置施工动画的显示内容、模拟时长、显示信息等信息，接下来将继续之前的练习，说明运用 TimeLiner 控制施工动画的步骤。

A. 滑动滑块或点击日历状按钮可以在 TimeLiner 中选定一天查看当天的施工状态，如图 7 - 132 所示，我们在日历中输入 2016 年 1 月 5 日，视口将显示这一天的施工状态，在下方任务栏中也显示了当天的施工任务名称、计划开始结束时间、任务类型等信息以及对应的甘特图情况。

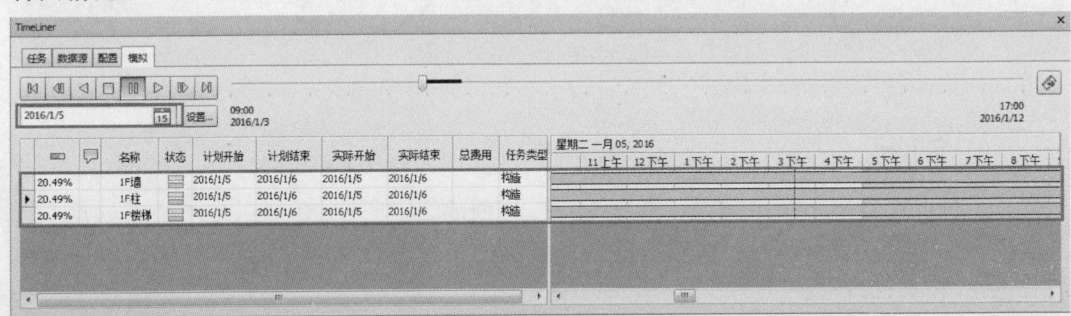

图 7 - 132

B. 单击“设置”按钮，弹出“模拟设置”对话框，如图 7 - 133 所示。

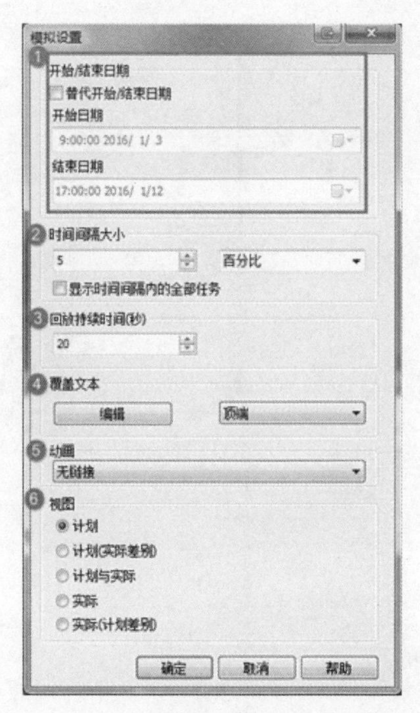

图 7－133

开始/结束日期：选中“替代开始/结束日期”复选框可启用日期框，从中选择你希望的开始日期和结束日期，指定时间范围内的施工任务，本操作中不勾选该选项。

时间间隔：可以设置为整个模拟持续时间的百分比，也可以设置为绝对的天数或周期等，表示了施工动画中每一帧的步长间隔，例如修改时间间隔大小为 1 天，如图 7－134 所示，即表示每天生成一个动画关键帧。

图 7－134

回放持续时间：定义整个模拟的总体重放时间，修改该值为 30s，则该施工模拟的动画时长为 30s。在项目中，为方便后期制作，一般设置一秒为一帧，确定动画应该有多少秒可以看动画的总工期。例如：在上面的练习中，从 2016 年 1 月 1 日开始结构基础建造到 2016 年 1 月 12 日总共有 11 天，我们已将时间间隔设为 1 天，即有 11 帧，所以整个动画的回放持续时间定为 11 秒。

覆盖文本：可将当前活动任务的名称、时间、费用、状态在 4D 模拟中显示，如图 7－135 所示，单击“覆盖文本”下方“编辑”按钮，在弹出的“覆盖文本”对话框中可以对日期/时间、字体、颜色、费用和当前活动等显示信息进行修改。例如，在本练习中单击“其他”选择“当前活动任务”，在对话框中出现“TASKS”，视口中将出现一个当前活动的信息，如图 7－136 所示。

在覆盖文本中，还可以选择文本在视口中出现的位置是在顶端还是下方，也可以设置为无文本，在此练习中我们选择文本出现在顶端。

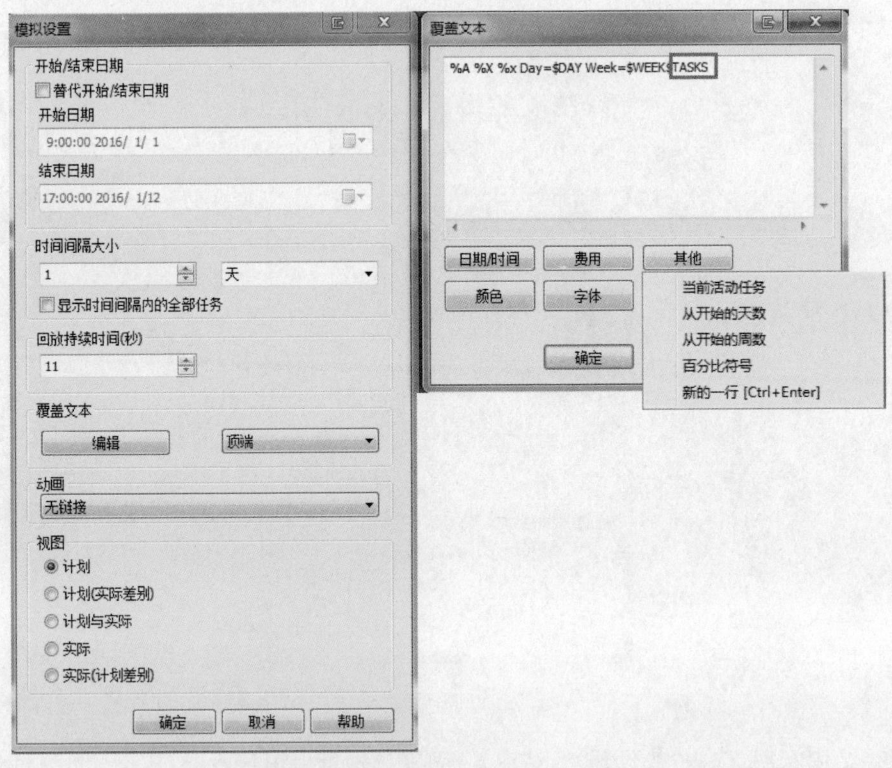

图 7－135

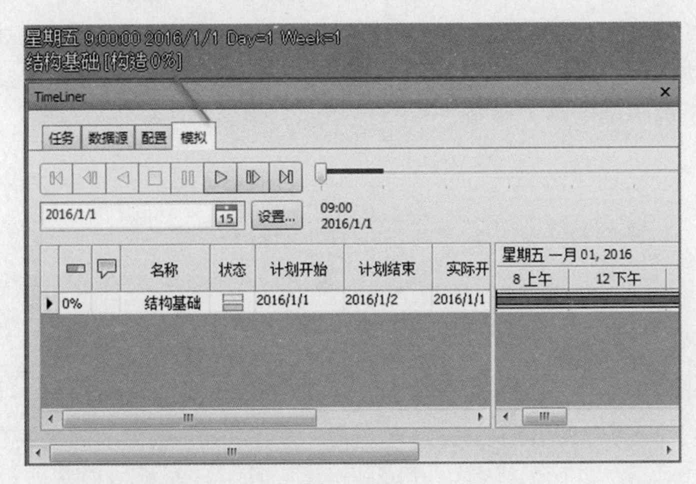

图 7－136

⑤链接外部项目文件。

当项目较大、工序较复杂时，用手动创建任务要逐个新建任务，修改任务的名称、时间和任务类型，过程比较烦琐，而且施工进度计划不是一成不变的，当进度发生变化时要逐个修改任务，对项目的管理也比较困难，此时可用链接外部项目文件方式制作施工动画。Revit、Navisworks 和外部链接文件的关系，如图 7－137 所示。

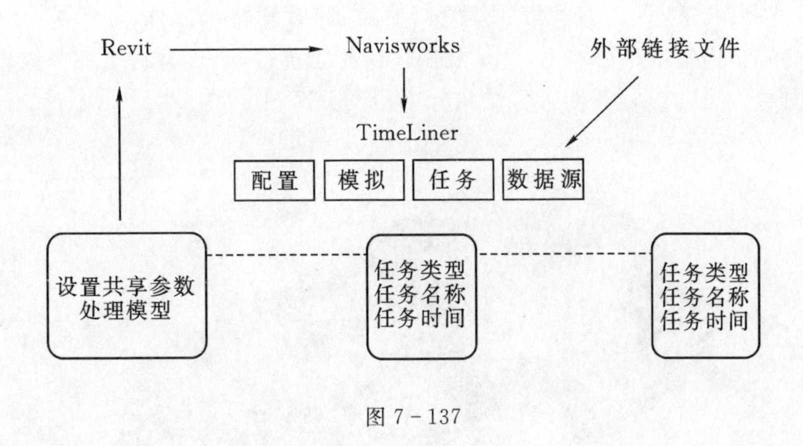

图 7-137

A. 编写外部文件。

a. 格式。

Navisworks 支持 Project 等多种文件格式，在做施工动画前，我们可以根据客户提供的施工进度表进行整理，编写外部文件。

b. 编写外部文件原则。

手动调整 TimeLiner 中的每个任务是一件烦琐的工作，因此我们才编写一份外部文件来代替 TimeLiner 中的任务，即我们编写的外部链接文件里的内容和 TimeLiner 任务中的内容是相同的。

以 project 文件为例，TimeLiner 任务中的名称、时间、任务类型、材料费等可分别和 project 文件一一对应，如图 7-138 所示。

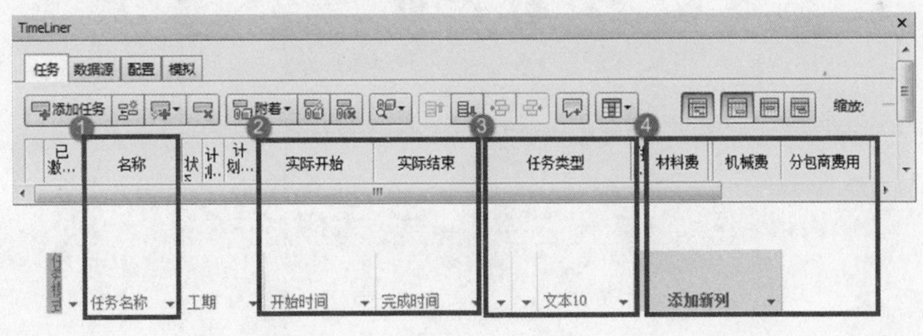

图 7-138

c. 任务名称。

任务名称是联系 Revit 模型、Navisworks 和外部链接文件的关键，它代表了 4D 模拟中的一个构件，我们可以称其为代码。

为简化模型处理工作，我们可以将在 4D 模拟中同一时间出现的构件用同一代码代替。但是施工进度是时刻变化的，为了减少因施工进度、分区等发生变化而造成的影响，我们有需要合理的分层分区。

由于目前的 Navisworks 在中文和符号的识别上存在 bug，因此代码一般用英文或英文字母表示，不用“-”“_”“/”“\”等符号而统一用“.”作为分隔。回此一般规则为：项目名(区别不同项目).分区(楼层、施工分区等).图元构件。

打开“教学案例\第四章\REVIT\教学案例_结构”教学案例文件，如图 7－139 所示，场景为 2 层建筑的结构模型。在本案例中，我们也给此建筑进行分区，制作一个结构分区施工的 4D 模拟，如图 7－140 所示，图片是结构标准层的分区图。

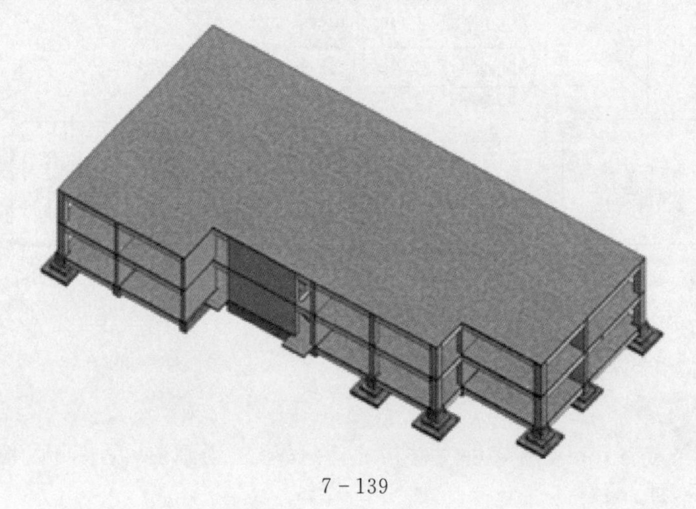

7－139

7－140

表 7－3 为教学案例的施工进度表格。

表 7－3　教学案例的施工进度表

教学案例		
注释:		
		搭脚手架 / 布置暗管
		钉模板 / 检查
		扎钢筋 / 浇筑混凝土
	时间	事项
第一天		
区域 A	AM	清扫
	AM	搭脚手架，钉模板（剪力墙），扎钢筋（结构柱）
	PM	
	PM	检查
第二天		
区域 A	AM	搭脚手架，钉模板（剪力墙），扎钢筋（剩余结构柱）
	AM	
	PM	
	PM	检查
第三天		
区域 A	AM	钉模板（剩余的柱子&剪力墙）
	AM	钉模板（梁&结构板）
	PM	
	PM	
第四天		
区域 A	AM	钉模板（梁&结构板）
	AM	
	PM	
	PM	
第五天		
区域 A	AM	钉模板（梁&结构板）
	AM	浇筑混凝土（结构柱&剪力墙）
	PM	
	PM	
第六天		
区域 A	AM	清扫
	AM	扎钢筋（梁）
	PM	
	PM	
第七天		
区域 A	AM	扎钢筋（梁，结构板底层钢筋）
	AM	扎钢筋（结构板底层钢筋&布置暗管）(结构板)
	PM	
	PM	
第八天		
区域 A	AM	检查
	AM	扎钢筋（结构板上层钢筋）
	PM	扎钢筋（结构板上层钢筋&布置暗管）(结构板)
	PM	
第九天		
区域 A	AM	检查
	AM	结构板扎钢筋（剩余的&连接口 CJ）
	PM	检查（梁&结构板）
	PM	钉模板（连接口 CJ）
第十天		
区域 A	AM	修改不好的地方
	AM	浇筑混凝土（梁&结构板）
	PM	
	PM	

续表 7-3

	时间	事项
第五天		
区域B	AM	结构基础
	AM	搭脚手架，钉模板（剪力墙），扎钢筋（结构柱）
	PM	
	PM	检查
第六天		
区域B	AM	搭脚手架，钉模板（剪力墙），扎钢筋（剩余结构柱）
	AM	
	PM	
	PM	检查
第七天		
区域B	AM	钉模板（剩余的柱子&剪力墙）
	AM	钉模板（梁&结构板）
	PM	
	PM	
第八天		
区域B	AM	钉模板（梁&结构板）
	AM	
	PM	
	PM	
第九天		
区域B	AM	钉模板（梁&结构板）
	AM	浇筑混凝土（结构柱&剪力墙）
	PM	
	PM	
第十天		
区域B	AM	清扫
	AM	扎钢筋（梁）
	PM	
	PM	
第十一天		
区域B	AM	扎钢筋（梁，结构板底层钢筋）
	AM	扎钢筋（结构板底层钢筋&布置暗管）(结构板）
	PM	
	PM	
第十二天		
区域B	AM	检查
	AM	扎钢筋（结构板上层钢筋）
	PM	扎钢筋（结构板上层钢筋&布置暗管）(结构板）
	PM	
第十三天		
区域B	AM	检查
	AM	结构板扎钢筋（剩余的&连接口CJ）
	PM	检查（梁&结构板）
	PM	钉模板（连接口CJ）
第十四天		
区域B	AM	修改不好的地方
	AM	浇筑混凝土（梁&结构板）
	PM	
	PM	

表格中以区域A为例，可以看到结构从准备开始到完成此区域板的混凝土一共用10天就可以完成一层，即同一区域10天一个循环完成一层结构，如图7-141所示。

楼层	N/F		N/F		N+1/F		N+1/F	
区域	A		B		A		B	
第1天	F	C-S						
第2天	F	C-S						
第3天	F							
第4天	F							
第5天	F	C	F	C-S				
第6天	S-S		F	C-S				
第7天	S-S	EE	F					
第8天	S-S	EE	F					
第9天	F	CL/I	F	C				
第10天	C		S-S					
第11天			S-S	EE	F	C-S		
第12天			S-S	EE	F	C-S		
第13天			F	CL/I	F			
第14天			C		F			
第15天					F	C	F	C-S
第16天					S-S		F	C-S
第17天					S-S	EE	F	
第18天					S-S	EE	F	
第19天					F	CL/I	F	C
第20天					C		S-S	
第21天							S-S	EE
第22天							S-S	EE
第23天							F	CL/I
第24天							C	

F:搭脚手架,钉模板;

C-S:结构柱跟剪力墙扎钢筋;

S-S:结构板跟梁扎钢筋;

I:检查;

EE:布置暗管;

CL:清扫;

C:结构板、梁、剪力墙 & 结构柱浇筑混凝土。

图 7-141

有了模型和施工进度表之后我们可以进行以下分析:模型中有 2 层结构,每层分了两个施工分区,模型图元有基础、墙、柱、梁、楼板、楼梯。编写任务名称可以按照如下格式:JCSTRU. ZONE1. FND(教程结构. 区域一. 结构基础);JCSTRU. ZONE1. F1. WALL(教程结构. 区域一. 一楼. 墙)。

d. 任务类型。

任务类型与 TimeLiner 中的配置栏是相关联的,决定了我们在做 4D 模拟和展示时的形式。与 TimeLiner 自带的三大任务类型一样,一般只用构造、拆除、临时三种形式来完成整个动画。这样动画效果简练明了,并且为方便统一管理,我们采用与任务名称一样,统一用英文表示。

当然,当任务复杂、需要用不同的形式区分时,我们可以自定义添加任务类型。方法与手动创建任务方式相同。

注意:在 project 中,任务类型要写在文本 10 这一栏,否则 Navisworks 将无法识别。

例如在本节练习中,施工进度表里详细记录了清理建筑缝,给柱子搭模板、扎钢筋,墙搭其中一面模板之后扎钢筋然后再搭模板,梁板搭模板、扎钢筋,还有给所有构件浇筑混凝土。

当没有模板、钢筋、手脚架等模型时，我们也可以设置“搭模板”“搭手脚架”“扎钢筋”“浇筑混凝土”等几个任务类型。例如1楼的墙可以给它分别附上“搭模板”“扎钢筋”“浇筑混凝土”三个任务，1楼的楼板可以给它附上“搭模板”“搭手脚架”“扎钢筋”“浇筑混凝土”四个任务。

当有些场地等在模拟一开始就存在的东西可以在模拟开始的第一天用0.01天把它建造出来，在模拟设置中，我们通常将模拟开始时间设置为每天的11:00，这样，当场地等在模拟一开始就应该存在的东西在模拟第一天11:00点前用0.01天建造出来，则在4D模拟中显示的是在模拟一开始场地已存在。

如图7-142所示，表格为本项目的外部链接文件。

	❶	任务模式	任务名称	工期	开始时间	完成时间	前置任务	文本10
1			JCSTRU.ZONE1.FND	0.01 day:	2016年1月1日 9:00	2016年1月1日 9:05		CONSTRUCT
2			JCSTRU.ZONE1.F1.BEAM	2 days	2016年1月3日 9:00	2016年1月4日 18:00		FORMWORK
3			JCSTRU.ZONE1.F1.SLAB	2 days	2016年1月3日 9:00	2016年1月4日 18:00		FORMWORK
4			JCSTRU.ZONE1.F1.BEAM	2 days	2016年1月6日 9:00	2016年1月7日 18:00		REBARFIXING
5			JCSTRU.ZONE1.F1.SLAB	2 days	2016年1月7日 9:00	2016年1月8日 18:00		REBARFIXING
6			JCSTRU.ZONE1.F1.BEAMSLAB.CJ	0.5 days	2016年1月9日 9:00	2016年1月9日 14:00		REBARFIXING
7			JCSTRU.ZONE1.F1.BEAMSLAB.CJ	0.25 day:	2016年1月9日 9:00	2016年1月9日 11:00		FORMWORK
8			JCSTRU.ZONE1.F1.BEAM	1 day	2016年1月10日 9:00	2016年1月11日 9:00		CONCRETE
9			JCSTRU.ZONE1.F1.SLAB	1 day	2016年1月10日 9:00	2016年1月11日 9:00		CONCRETE
10			JCSTRU.ZONE1.F1.BEAMSLAB.CJ	1 day	2016年1月10日 9:00	2016年1月11日 9:00		CONCRETE
11			JCSTRU.ZONE2.F1.BEAM	2 days	2016年1月7日 9:00	2016年1月8日 18:00		FORMWORK
12			JCSTRU.ZONE2.F1.SLAB	2 days	2016年1月7日 9:00	2016年1月8日 18:00		FORMWORK
13			JCSTRU.ZONE2.F1.BEAM	1 day	2016年1月10日 9:00	2016年1月11日 9:00		REBARFIXING
14			JCSTRU.ZONE2.F1.SLAB	2 days	2016年1月11日 9:00	2016年1月12日 18:00		REBARFIXING
15			JCSTRU.ZONE2.F1.BEAMSLAB.CJ	0.5 days	2016年1月13日 9:00	2016年1月13日 14:00		REBARFIXING
16			JCSTRU.ZONE2.F1.BEAMSLAB.CJ	0.25 day:	2016年1月13日 9:00	2016年1月13日 11:00		FORMWORK
17			JCSTRU.ZONE2.F1.BEAM	1 day	2016年1月14日 9:00	2016年1月14日 18:00		CONCRETE
18			JCSTRU.ZONE2.F1.SLAB	1 day	2016年1月14日 9:00	2016年1月14日 18:00		CONCRETE
19			JCSTRU.ZONE2.F1.BEAMSLAB.CJ	1 day	2016年1月14日 9:00	2016年1月14日 18:00		CONCRETE
20			JCSTRU.ZONE1.F2.WALL	0.5 days	2016年1月11日 9:00	2016年1月11日 14:00		FORMWORK
21			JCSTRU.ZONE1.F2.WALL	1 day	2016年1月11日 14:00	2016年1月12日 14:00	20	REBARFIXING
22			JCSTRU.ZONE1.F2.WALL	0.5 days	2016年1月12日 14:00	2016年1月12日 18:00	21	FORMWORK
23			JCSTRU.ZONE1.F2.COLUMN	1 day	2016年1月11日 9:00	2016年1月11日 18:00		REBARFIXING
24			JCSTRU.ZONE1.F2.COLUMN	1 day	2016年1月12日 9:00	2016年1月12日 18:00		FORMWORK
25			JCSTRU.ZONE1.F2.BEAM	2 days	2016年1月13日 9:00	2016年1月14日 18:00		FORMWORK
26			JCSTRU.ZONE1.F2.SLAB	2 days	2016年1月13日 9:00	2016年1月14日 18:00		FORMWORK
27			JCSTRU.ZONE1.F2.WALL	1 day	2016年1月15日 9:00	2016年1月15日 18:00		CONCRETE
28			JCSTRU.ZONE1.F2.COLUMN	1 day	2016年1月15日 9:00	2016年1月15日 18:00		CONCRETE
29			JCSTRU.ZONE1.F2.BEAM	2 days	2016年1月16日 9:00	2016年1月17日 18:00		REBARFIXING
30			JCSTRU.ZONE1.F2.SLAB	2 days	2016年1月17日 9:00	2016年1月18日 18:00		REBARFIXING
31			JCSTRU.ZONE1.F2.BEAMSLAB.CJ	0.5 days	2016年1月19日 9:00	2016年1月19日 14:00		REBARFIXING

图7-142

B. 处理Revit模型，导出NWC格式文件，详见后面介绍的“使用Revit部件”。

C. 将外部文件导入TimeLiner中。

a. 将配置里的任务类型和project文件中的任务类型对应，如图7-143所示，project中定义了“CONSTRUCT”“FORMWORK”“REBARFIXING”“CONCRETE”四个任务，则配置也设置了这四个任务类型。首先添加“橙色”“粉蓝”“蓝色”三个新外观，添加新外观的方式在前面手动方式创建动画的方式中有详细介绍，在此不做说明。将“CONSTRUCT”的开始外观设为“绿色”，结束外观设置为“模型外观”；将“FORMWORK”的开始外观设为“黄色”，结束外观设置为“橙色”；将“REBARFIXING”的开始外观设为“粉蓝”，结束外观设置为“蓝色”；将“CONCRETE”的开始外观设为“绿色”，结束外观设置为“模型外观”。颜色的设置也可以根据自己的喜好来设置，但要注意，要简单明了地表达4D模拟，否则模拟时颜色太多也会让4D表达不清楚。

图 7-143

b. 在数据源中导入文件。

在 TimeLiner 中的数据源菜单栏里点击添加，选择将要添加的外部文件的格式，接上节练习的教学案例。在“常用”选项卡中打开 TimeLiner，在“数据源”按钮中点击“添加”，选择外部文件的格式，在上面的练习中，我们是用 project 制作外部链接的文件，在本节练习里我们选择“Microsoft Project 2007-2013”，如图 7-144 所示。

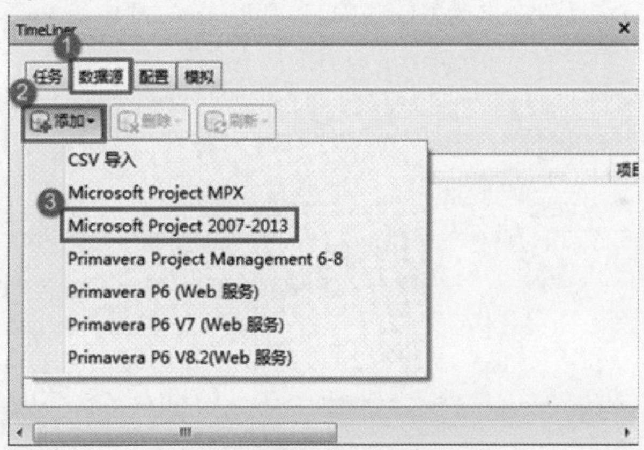

图 7-144

选择“JCSTRU-001. mpp”打开文件，弹出一个“字段选择器”对话框，在对话框中，按照编写好的 project 文件将任务类型、时间等列表和 TimeLiner 一一对应。注意任务类型即 project 文件中的文本 10，如图 7-145 所示。

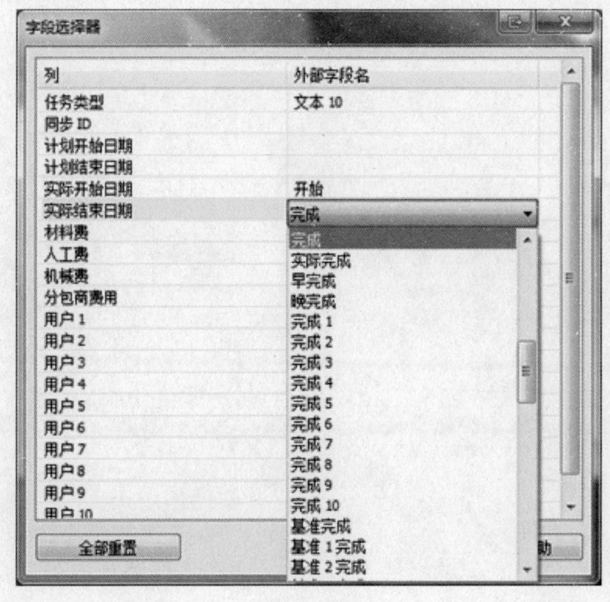

图 7－145

在“字段选择器”对话框中设置好后“点击”确定，在数据源下方列表中将出现一个名为“新数据源”的数据源，将其重命名为“JCSTRU”，右击选择“重建任务层次”，如图 7－146 所示，此时在任务菜单栏中就有了 project 里编写的所有任务。

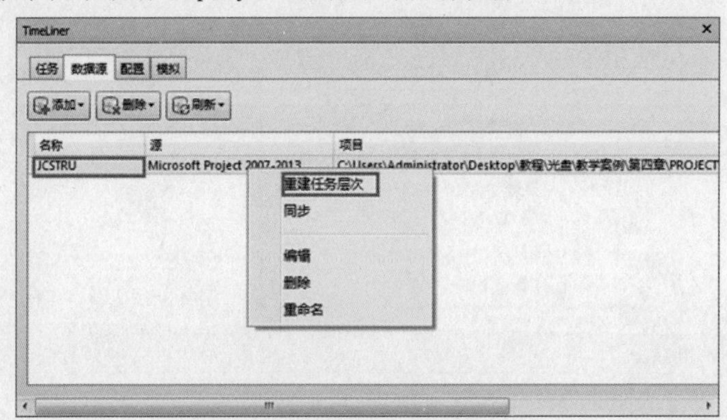

图 7－146

若外部链接文件发生改变，可以修改保存好外部链接的文件后选中修改了的文件，单击“数据源”中的“刷新”按钮，单击“选定的数据源”，如图 7－147 所示。

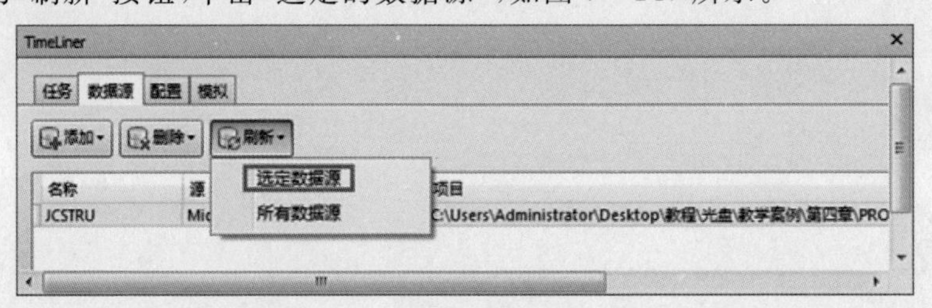

图 7－147

在弹出的“从数据源刷新”对话框中选定“重建任务层次”，点击“确定”，则任务刷新完成，如图 7－148 所示。注意：更新数据源不要用直接选中数据源右击鼠标选择“重建任务层次”的方法，这样原本的任务仍会留在任务列表中，和更新的任务重复。

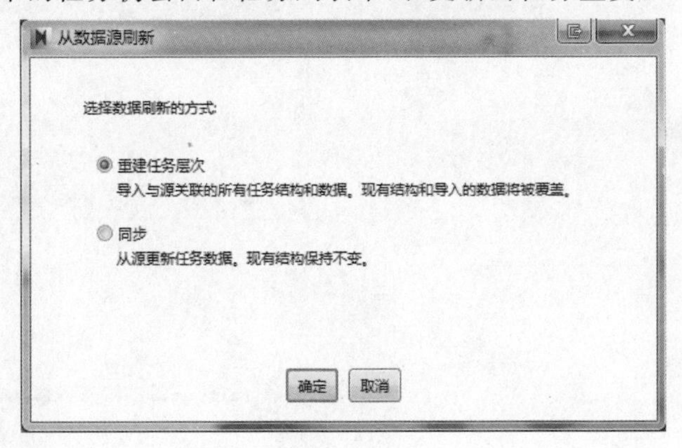

图 7－148

c. 完成步骤 a、步骤 b 后，数据源中的任务会出现在 TimeLiner 任务下方的表格中，但会发现新建的任务并没有附着上任何图元，所以此时在模拟中是没有图元在进行任务的，如图 7－149 所示。

已激活	名称	状态	计划开始	计划结束	实际开始	实际结束	任务类型	附着的
☑	JCSTRU（根）		2016/1/1	2016/2/3	2016/1/1	2016/2/3		
☑	JCSTRU.ZONE1.FND		2016/1/1	2016/1/1	2016/1/1	2016/1/1	CONSTRUCT	
☑	JCSTRU.ZONE2.FND		2016/1/1	2016/1/1	2016/1/1	2016/1/1	CONSTRUCT	
☑	JCSTRU.ZONE1.F1.BEAM		2016/1/3	2016/1/4	2016/1/3	2016/1/4	FORMWORK	
☑	JCSTRU.ZONE1.F1.SLAB		2016/1/3	2016/1/4	2016/1/3	2016/1/4	FORMWORK	
☑	JCSTRU.ZONE1.F1.BEAM		2016/1/6	2016/1/7	2016/1/6	2016/1/7	REBARFIX...	
☑	JCSTRU.ZONE1.F1.SLAB		2016/1/7	2016/1/8	2016/1/7	2016/1/8	REBARFIX...	
☑	JCSTRU.ZONE1.F1.BEAMSLAB.CJ		2016/1/9	2016/1/9	2016/1/9	2016/1/9	REBARFIX...	
☑	JCSTRU.ZONE1.F1.BEAMSLAB.CJ		2016/1/9	2016/1/9	2016/1/9	2016/1/9	FORMWORK	
☑	JCSTRU.ZONE1.F1.BEAM		2016/1/10	2016/1/11	2016/1/10	2016/1/11	CONCRETE	
☑	JCSTRU.ZONE1.F1.SLAB		2016/1/10	2016/1/11	2016/1/10	2016/1/11	CONCRETE	
☑	JCSTRU.ZONE1.F1.BEAMSLAB.CJ		2016/1/10	2016/1/11	2016/1/10	2016/1/11	CONCRETE	
☑	JCSTRU.ZONE2.F1.BEAM		2016/1/7	2016/1/8	2016/1/7	2016/1/8	FORMWORK	

图 7－149

此时，我们可以使用任务中的“使用规则自动附着”，Revit 中的 BIM 4D 这个项目参数通过导出 NWC 已经存在 Navisworks 的文件里，这个 BIM4D 和任务里的“名称”是一一对应的，我们可以设定规则，将模型图元的 BIM4D 和 TimeLiner 任务中的任务名称联系起来。单击“使用规则自动附着”，弹出“TimeLiner 规则”对话框，点击“新建”，弹出“规则编辑器”对话框，如图 7－150 所示。

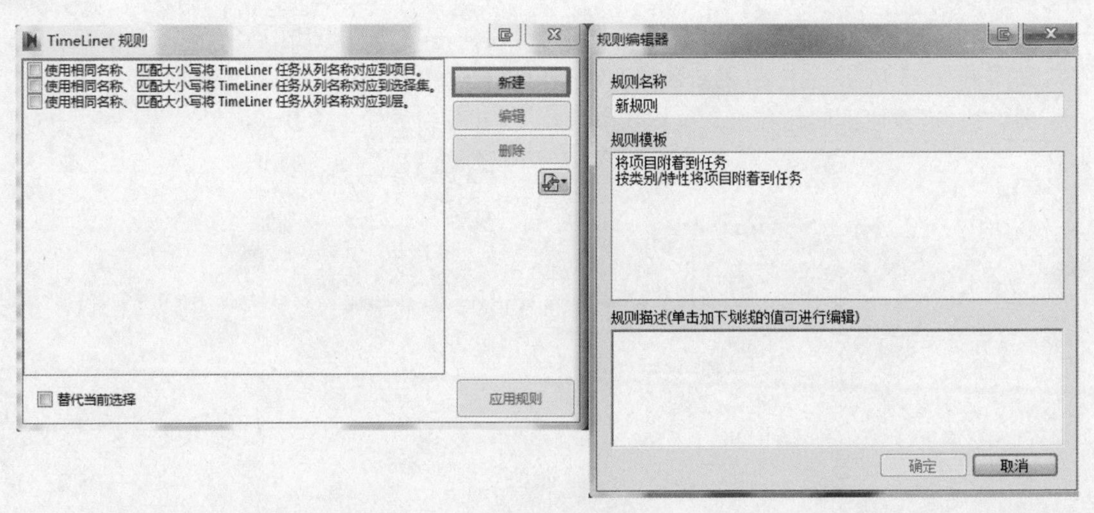

图 7 - 150

选择“按类别/特性将项目附着到任务”，在规则描述下方出现一段描述，单击‘<category>’，在弹出的“规则编辑器”中从下拉列表中选择“元素”，单击“确定”，如图 7 - 151 所示。

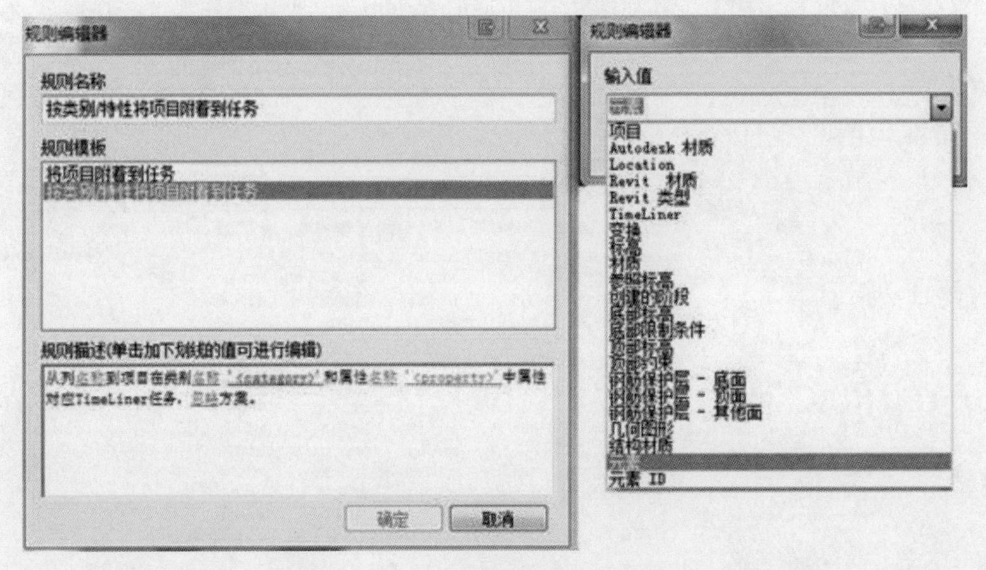

图 7 - 151

单击‘<property>’，在弹出的“规则编辑器”中从下拉列表中选择我们练习中在 Revit 文件里设定的项目参数“BIM4D”，单击“确定”，如图 7 - 152 所示。

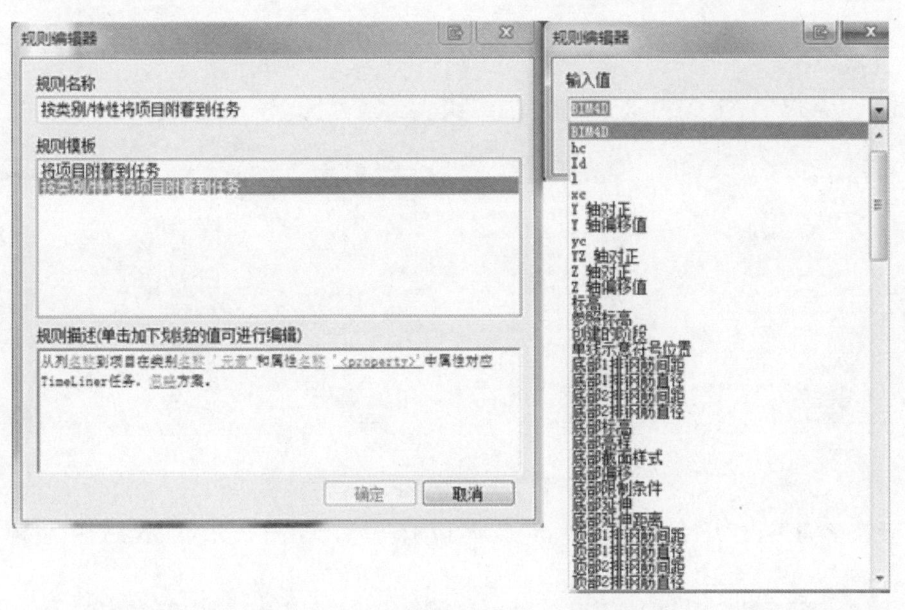

图 7－152

d. 应用规则。

设置好规则，选择新建的规则“从列名称到项目在类别名称‘元素’和属性名称‘BIM4D’中属性对应 TimeLiner 任务，忽略方案。”，选中“替代当前选择”后点击“应用规则”，任务就根据自定义的规则将模型图元附着在了相应的任务中，如图 7－153 所示。

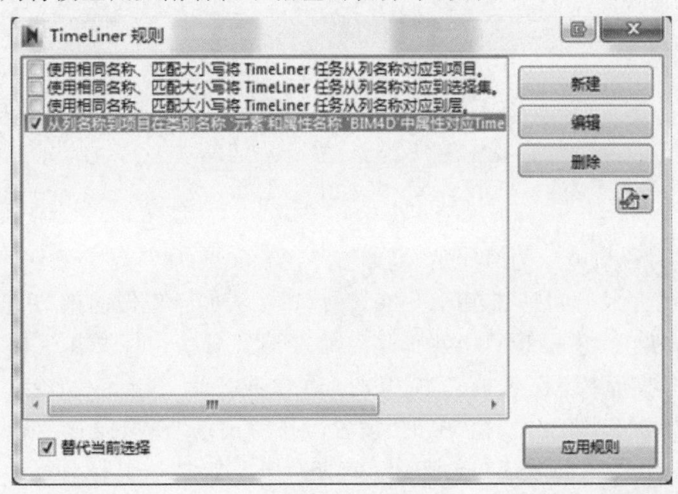

图 7－153

应用任务规则之后，所有任务都已经附着上对应的选择，可以根据任务中“附着的”一项是否有“显示选择”检查任务是否都有对应到每个图元中，如图 7－154 所示。

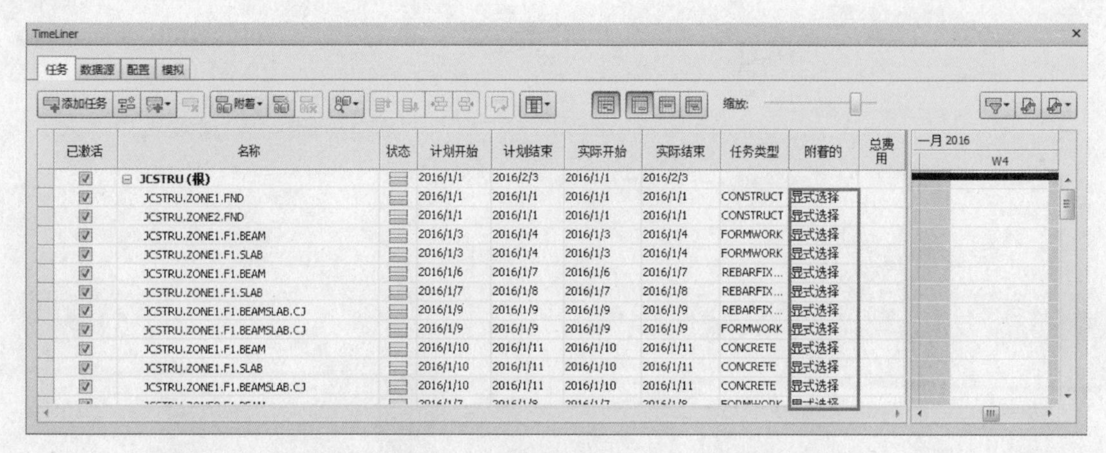

图 7-154

打开教学案例，打开常用“TimeLiner”→“模拟”。如图 7-155 所示，场景中结构基础为绿色状态。

图 7-155

可以看到，此时视口显示的时间是“星期五 9:00:00 2016/1/1 Day=1 Week=1”，而在project 结构基础的完成时间是“9:00:05 2016/1/1”。我们希望做的模拟是在模拟一开始的时候已经有结构基础了，实际项目中我们也经常会遇到有些构件要在模拟一开始的时候就有的情况，基于这些原因，在做施工模拟时，通常我们将 Navisworks 的开始时间调到“11:00:00”。步骤如下：打开“模拟”中的“设置”，在弹出的“模拟设置”对话框中选择“替代开始/结束日期”将开始时间改成“11:00:00 2016/1/1”，如图 7-156 所示。

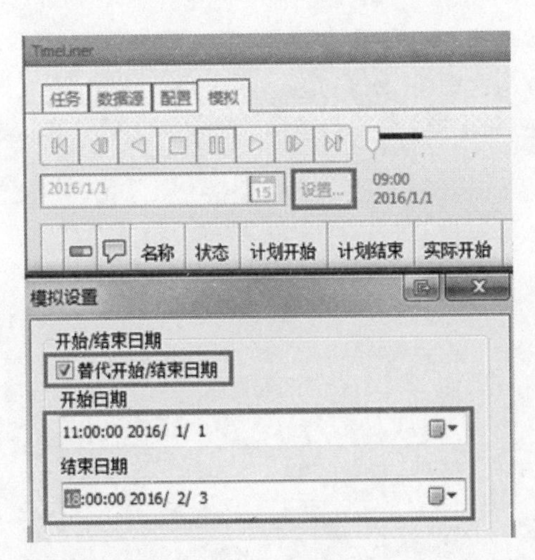

图 7－156

在模拟设置中将时间间隔大小调为1天，回放持续时间(秒)设置为33，点击“确定”，完成设置，如图7－157所示，保存文件，至此练习完成。

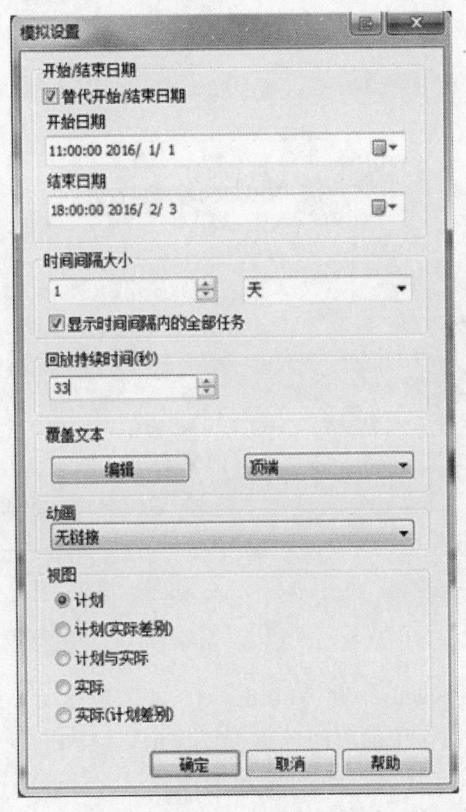

图 7－157

⑥输出。

接上面练习，打开教学案例，点击“常用”→“TimeLiner”→“模拟”中的输出动画按钮，或输出中的输出动画按钮，如图7－158、图7－159所示。

图 7－158

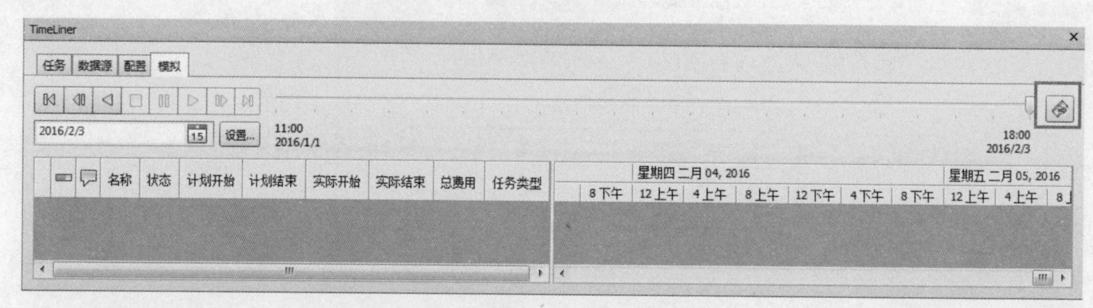

图 7－159

a. 源：在弹出“导出动画”对话框中，在“源”下拉列表中选择“TimeLiner 模拟”，如图 7－160所示。

导出动画
源
源：TimeLiner 模拟
当前动画制作工具场景
TimeLiner 模拟
当前动画
渲染
渲染：视口
输出
格式：JPEG　选项...
尺寸
类型：显式
宽：256
高：256
选项
每秒帧数：6
抗锯齿：无
确定　取消

图 7－160

b. 渲染：渲染分视口、Presenter 和 Autodesk 三种。选择视口渲染会将当前视口出现的东西都输出，例如 4D 模拟窗口中的时间等也可以输出；选择 Presenter 输出的图片材质灯光等按照 Presenter 中的设置；选择 Autodesk 输出的图片材质灯光等按照Autodesk Rendering中的设置，如图 7－161 所示。

图 7 - 161

c. 输出格式：输出格式有 JPEG、PNG、Windows AVI、Windows 位图四种，可根据需要自己选择输出，一般建议输出 JPEG 格式图片，后期处理成视频，如图 7 - 162 所示。

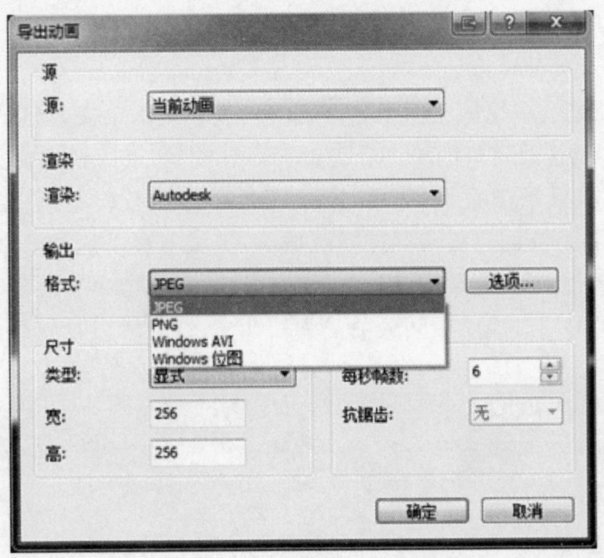

图 7 - 162

d. 选项(每秒帧数)：在 4D 模拟中，通常一天会有一个变化，本节练习中，我们在 TimeLiner 中设置将 1 天作为 1 秒，每秒帧数设置为 1，这样每渲染出来的一张图片就有一个变化，如图 7 - 163 所示。

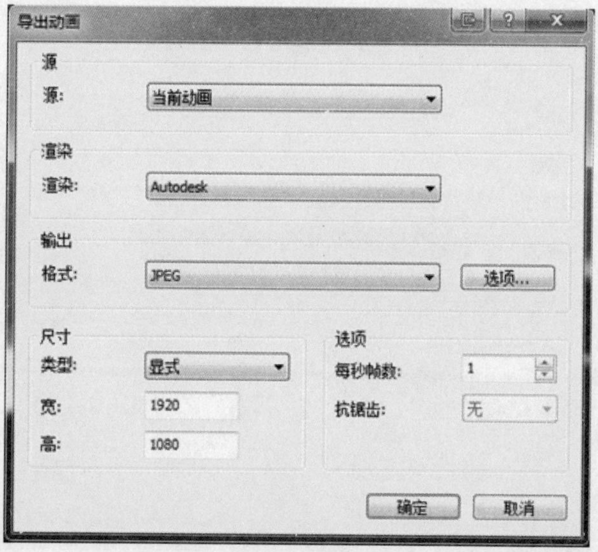

导出动画
源
源: 当前动画
渲染
渲染: Autodesk
输出
格式: JPEG 选项...
尺寸
类型: 显式
宽: 1920
高: 1080
选项
每秒帧数: 1
抗锯齿: 无
确定 取消

图 7－163

5.使用 Revit 部件

在使用 Revit 部件时，我们先要处理 Revit 模型。

(1)按照施工分区拆分模型。

在建模时通常我们会按照施工图纸将梁板等构件整块画出来，当项目有分区建造时，我们需要将 Revit 模型也按照建筑的施工分区进行拆分模型，以达到更真实的模拟效果。

接上章节练习，打开教学案例(文件 6.1.1\6.1.1.2\教学案例_结构－01.rvt)，如图 7－164所示，我们要将所有的梁板墙柱按照区域 A、区域 B 的分区将梁板分开。对结构楼板进行分区时，要注意先施工的区域通常在分区的梁柱边界预留出一段位置，因为两个区域的接口位置直接放在梁的端口或梁中间的话受力较薄弱，这段梁板我们通常设定为 1 米。

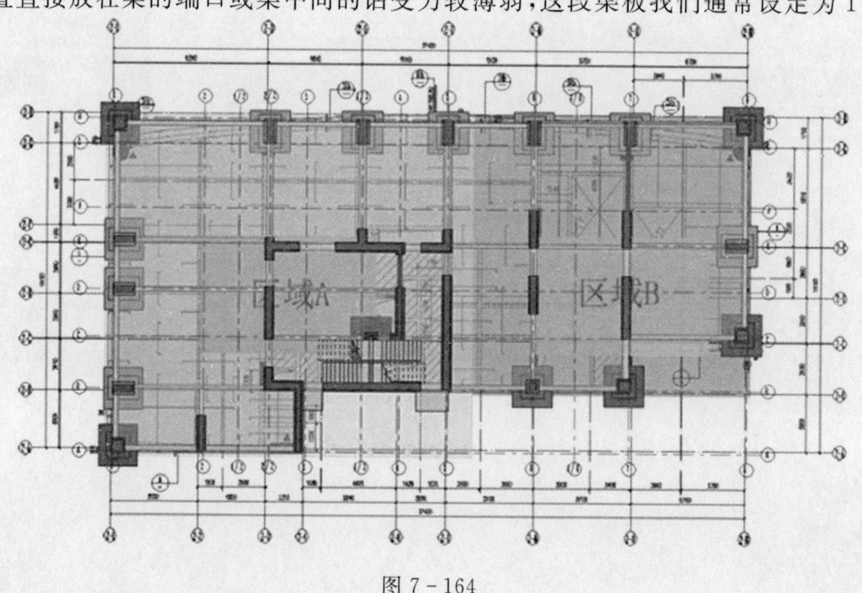

图 7－164

同一条梁在不同的施工分区里时，我们要对梁进行拆分，梁在拆分的时候，Revit 会自动把拆分的梁重新连接，遇到这种情况，我们可以在建模时用和梁相同尺寸的楼板或其他方式代替创建其中拆分的一条梁，如图 7－165 所示。

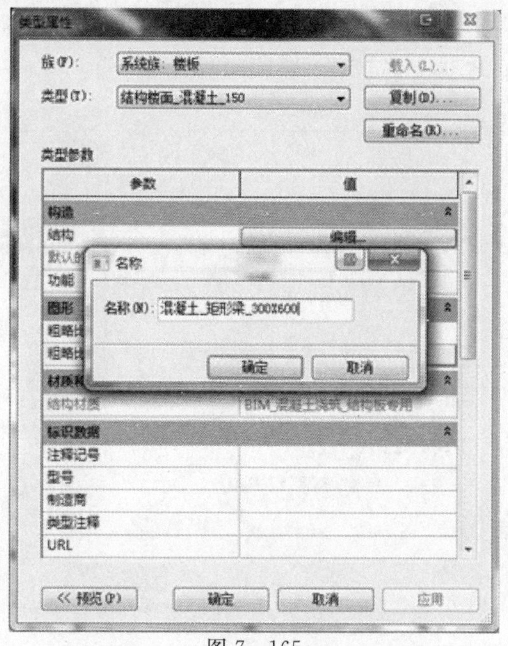

图 7－165

(2)Revit 模型附上代码。

当我们编写好外部文件后，可以给 Revit 文件添加一个项目参数用于填写代码，即外部链接文件中的任务名称。

接上章练习(文件 6.1.1\6.1.1.2\教学案例_结构-02.rvt)，打开菜单栏中“管理”选项，在菜单栏中选择“项目参数”，在弹出的“项目参数”对话框中选择“添加”，新建一个项目参数，如图 7－166 所示。

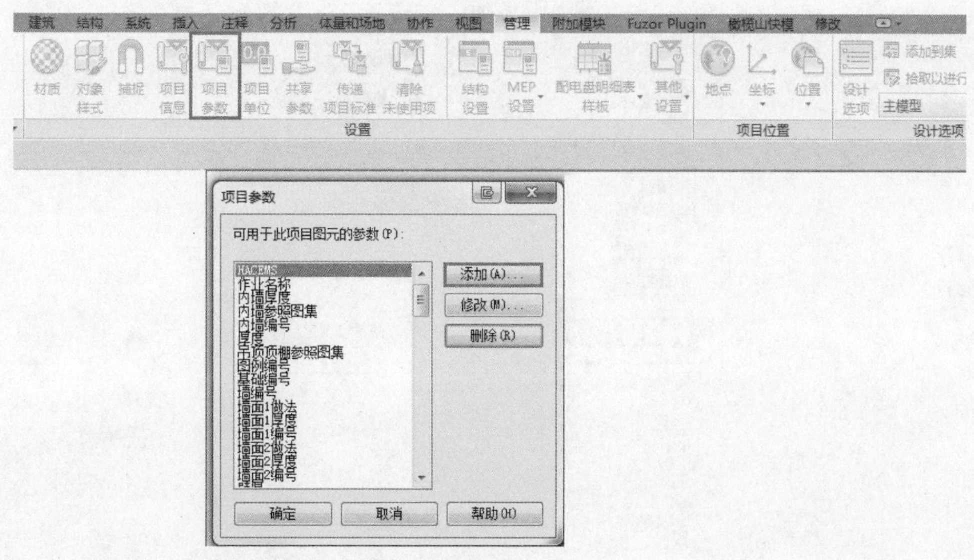

图 7－166

在弹出的“参数属性”对话框中添加一个“名称”为“BIM4D”的项目参数；“参数类型”为“项目参数”；为方便添加参数，“参数设置”为“实例”参数；为防止填写参数时不能填写一些符号字母，在“参数数据”中的“规程”“参数类型”“参数分组方式”最好分别选择“公共”“文字”“文字”；设置好后在右边的“类别”里选择柱、楼板、楼梯、结构基础、结构框架等需要添加 code 的构件。选择好构件单击“确定”，如图 7－167 所示。

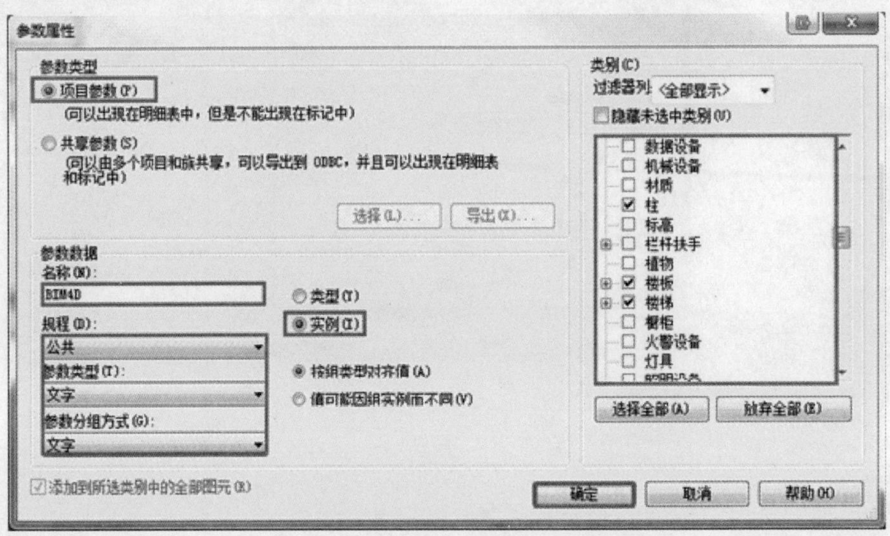

图 7－167

设置好项目参数选择确定之后，在项目参数中可以见到我们设置的“BIM4D”的参数，如图 7－168 所示，单击“确定”，回到模型视口，任意选择一个设置了此项目参数的类别图元，即可在其属性中找到我们设置的“BIM4D”的参数，如图 7－169 所示。

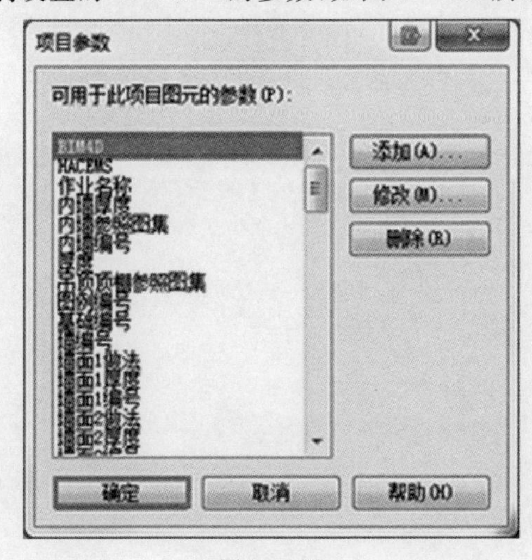

图 7－168

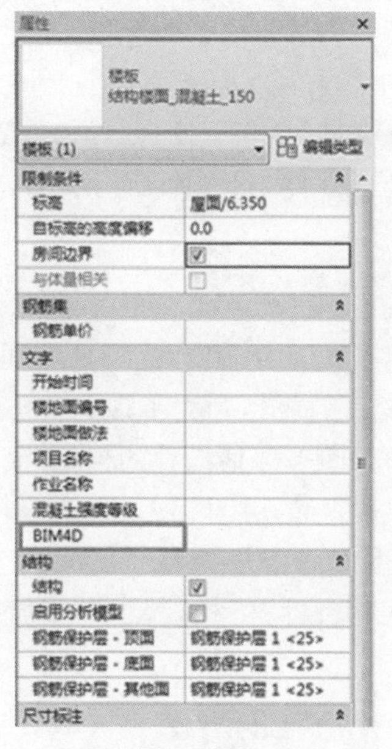

图 7 - 169

选择新建的项目参数确定后在属性栏就能找到自定义的参数，在此参数中填写好在外部链接文件中编好的任务名称。注意：外部链接文件中的任务名称要和 Revit 文件中的各图元一一对应，且名称要完全一致，如图 7 - 170 所示。

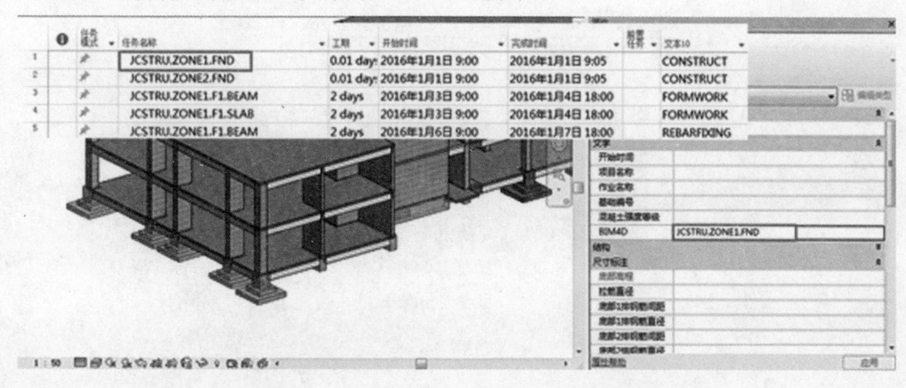

图 7 - 170

按照上述步骤，将外部文件中所有任务的任务名称附在模型中对应图元的 BIM4D 项目参数中，完成此步骤。本小节练习完成，保存文件，并导出 NWC 文件。

(3)给 Revit 模型附上代码时常见的问题。

给幕墙附代码时，需注意直接选中幕墙嵌板和幕墙竖梃，不选墙是不能给幕墙填上代码的；只选择墙不选择幕墙嵌板和幕墙竖梃虽然在 Revit 中能给幕墙附上代码，但是在 4D 中，是不能看到幕墙的。因此，在给幕墙附上代码的时候要注意要将墙、幕墙嵌板和幕墙竖梃都选中后再填写代码。

例如楼梯、梯梁等构件，在施工进度表中常常会没有此部分。这时候要判断楼梯的建造方式和时间，判断其在施工时是和什么构件同时创建的，给它附上相同的代码。本小节练习中将楼梯设置为与墙柱时间一致，则在楼梯的 BIM4D 中可以直接填写和本层墙柱相同的

code。

按照上述步骤，将外部文件中所有任务的任务名称附在模型中对应图元的 BIM4D 项目参数中，完成此步骤，本小节练习完成，保存文件，并导出 NWC 文件，另存一个 NWD 文件。

注意：NWC 文件只是一个缓冲文件，制作 4D 模拟要在 NWD 或者 NWF 文件中制作。

7.5.3 5D 应用简述

设计意图和成本数据常常在不同的数字环境中分离和隔离，这时为成本管理提取数据是非常困难和耗时的。BIM 技术通过建立 BIM 模型的不同方法将产生不同构件的量，通过对 BIM 模型、施工方案和成本信息的提取，建立了现金流仿真模型。

传统的做法需要大约两周的时间来评估构件的数量，而 BIM 的方法从 BIM 模型中提取数量比手工测量中支付的方法要快得多，并且误差少。

BIM 5D 是一种将计划和成本规划相连接的过程，用于在装修中计划分阶段的占用，或显示建筑工地的施工顺序、空间要求、材料和成本。它能揭示项目实际和预测的现金流，从而更好地理解项目现金流。

7.5.4 用 Navisworks 制作 5D 的方法

1. 在 Revit 模型中提取工程量

BIM 模型已经包含了建筑信息，在 Revit 模型中，我们可以快捷地获取各构件的工程量。打开文件“6.1.1\6.1.1.3\教学案例_STRU_1F.rvt，右键点击项目浏览器中的“明细表/数量”，在弹出的选项卡中单击选中“新建明细表/数量”，如图 7-171 所示。

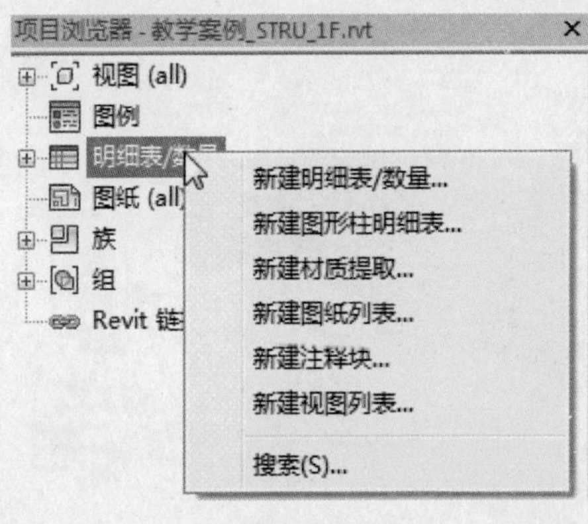

图 7-171

在弹出的“新建明细表”对话框中在类别中选中需要创建明细表的构件，例如本例中需要创建一个所有墙的体积的明细表，则在类别中选中“墙”，单击“确定”。如图 7-172 所示。

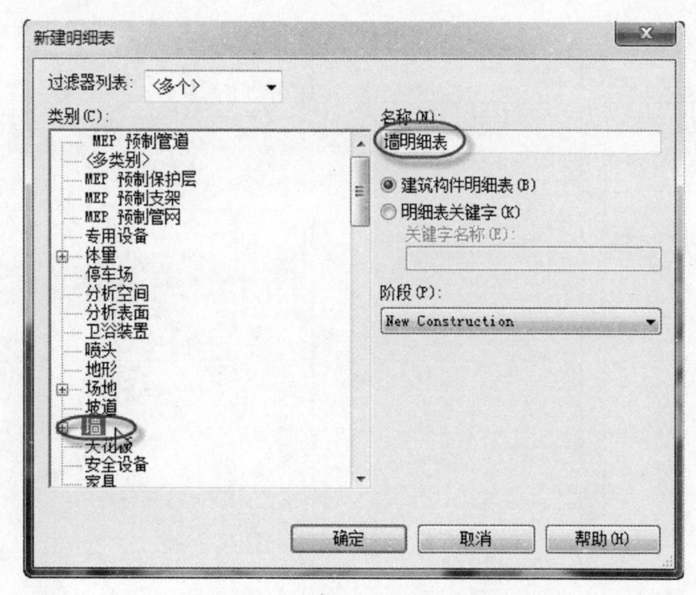

图 7 - 172

在弹出的“明细表属性”对话框中，在“可用的字段”列表中找到“族与类型”，单击添加参数按钮，“族与类型”参数将被添加至右边明细表字段列表。单击按钮可删除参数。用相同方法将“体积”参数添加到右边的明细表字段列表中，单击“确定”完成明细表。如图 7 - 173所示。

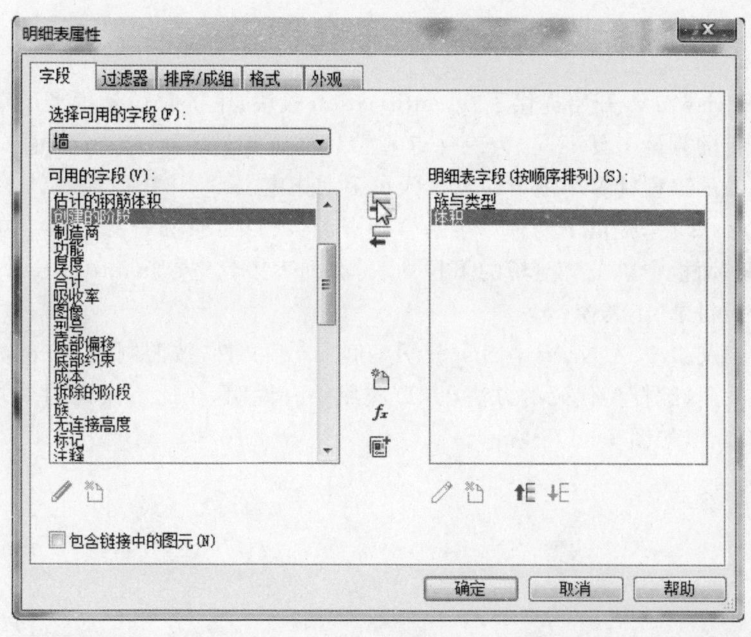

图 7 - 173

用相同方法创建所有构件的明细表，如图 7 - 174 所示，可以快速准确地整合各个构件的工程量。将工程量乘上单价即可得到成本。将成本这一数据整合到 4D 中，即可实时查看现金流。将成本这一数据整合到 5D 中的方法在 4D 应用中已阐述，在此不做说明。

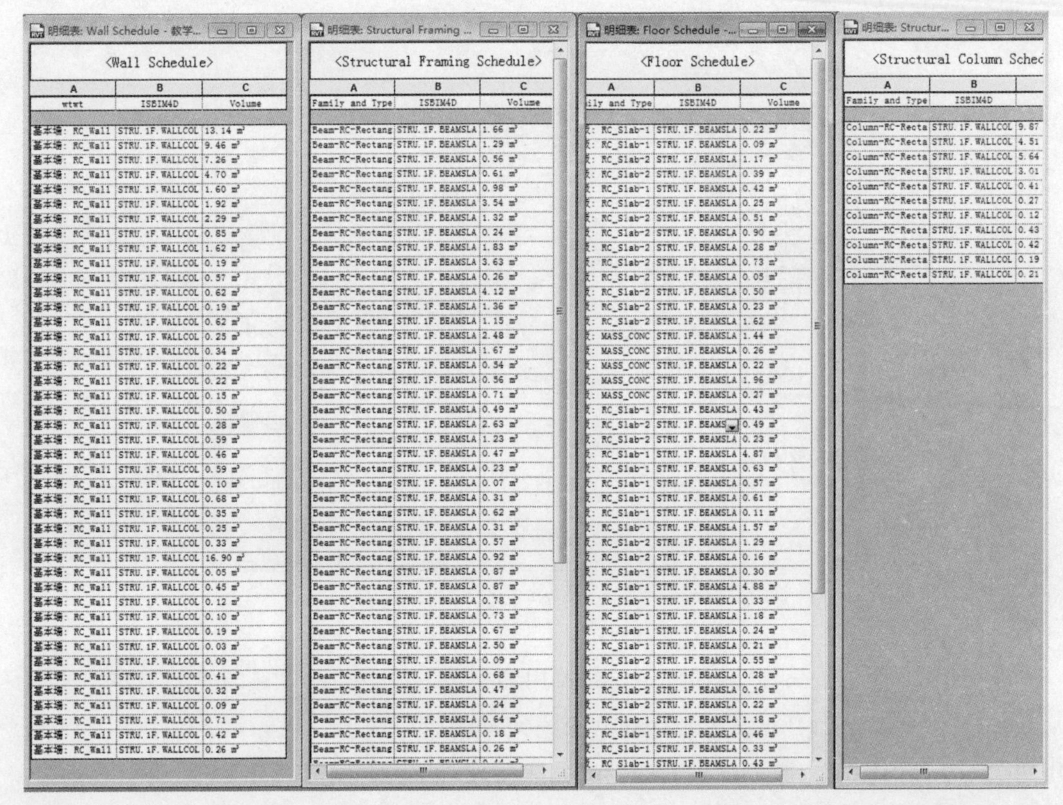

明细表: Wall Schedule - 教学...

<Wall Schedule>

A	B	C
wtwt	ISBIM4D	Volume
基本墙: RC_Wall	STRU.1F.WALLCOL	13.14 m^3
基本墙: RC_Wall	STRU.1F.WALLCOL	9.46 m^3
基本墙: RC_Wall	STRU.1F.WALLCOL	7.26 m^3
基本墙: RC_Wall	STRU.1F.WALLCOL	4.70 m^3
基本墙: RC_Wall	STRU.1F.WALLCOL	1.60 m^3
基本墙: RC_Wall	STRU.1F.WALLCOL	1.92 m^3
基本墙: RC_Wall	STRU.1F.WALLCOL	2.29 m^3
基本墙: RC_Wall	STRU.1F.WALLCOL	0.85 m^3
基本墙: RC_Wall	STRU.1F.WALLCOL	1.62 m^3
基本墙: RC_Wall	STRU.1F.WALLCOL	0.19 m^3
基本墙: RC_Wall	STRU.1F.WALLCOL	0.57 m^3
基本墙: RC_Wall	STRU.1F.WALLCOL	0.62 m^3
基本墙: RC_Wall	STRU.1F.WALLCOL	0.19 m^3
基本墙: RC_Wall	STRU.1F.WALLCOL	0.62 m^3
基本墙: RC_Wall	STRU.1F.WALLCOL	0.25 m^3
基本墙: RC_Wall	STRU.1F.WALLCOL	0.34 m^3
基本墙: RC_Wall	STRU.1F.WALLCOL	0.22 m^3
基本墙: RC_Wall	STRU.1F.WALLCOL	0.22 m^3
基本墙: RC_Wall	STRU.1F.WALLCOL	0.15 m^3
基本墙: RC_Wall	STRU.1F.WALLCOL	0.50 m^3
基本墙: RC_Wall	STRU.1F.WALLCOL	0.28 m^3
基本墙: RC_Wall	STRU.1F.WALLCOL	0.59 m^3
基本墙: RC_Wall	STRU.1F.WALLCOL	0.46 m^3
基本墙: RC_Wall	STRU.1F.WALLCOL	0.59 m^3
基本墙: RC_Wall	STRU.1F.WALLCOL	0.10 m^3
基本墙: RC_Wall	STRU.1F.WALLCOL	0.68 m^3
基本墙: RC_Wall	STRU.1F.WALLCOL	0.35 m^3
基本墙: RC_Wall	STRU.1F.WALLCOL	0.25 m^3
基本墙: RC_Wall	STRU.1F.WALLCOL	0.33 m^3
基本墙: RC_Wall	STRU.1F.WALLCOL	16.90 m^3
基本墙: RC_Wall	STRU.1F.WALLCOL	0.05 m^3
基本墙: RC_Wall	STRU.1F.WALLCOL	0.45 m^3
基本墙: RC_Wall	STRU.1F.WALLCOL	0.12 m^3
基本墙: RC_Wall	STRU.1F.WALLCOL	0.10 m^3
基本墙: RC_Wall	STRU.1F.WALLCOL	0.19 m^3
基本墙: RC_Wall	STRU.1F.WALLCOL	0.03 m^3
基本墙: RC_Wall	STRU.1F.WALLCOL	0.09 m^3
基本墙: RC_Wall	STRU.1F.WALLCOL	0.41 m^3
基本墙: RC_Wall	STRU.1F.WALLCOL	0.32 m^3
基本墙: RC_Wall	STRU.1F.WALLCOL	0.09 m^3
基本墙: RC_Wall	STRU.1F.WALLCOL	0.71 m^3
基本墙: RC_Wall	STRU.1F.WALLCOL	0.42 m^3
基本墙: RC_Wall	STRU.1F.WALLCOL	0.26 m^3

明细表: Structural Framing ...

<Structural Framing Schedule>

A	B	C
Family and Type	ISBIM4D	Volume
Beam-RC-Rectang	STRU.1F.BEAMSLA	1.66 m^3
Beam-RC-Rectang	STRU.1F.BEAMSLA	1.29 m^3
Beam-RC-Rectang	STRU.1F.BEAMSLA	0.56 m^3
Beam-RC-Rectang	STRU.1F.BEAMSLA	0.61 m^3
Beam-RC-Rectang	STRU.1F.BEAMSLA	0.98 m^3
Beam-RC-Rectang	STRU.1F.BEAMSLA	3.54 m^3
Beam-RC-Rectang	STRU.1F.BEAMSLA	1.32 m^3
Beam-RC-Rectang	STRU.1F.BEAMSLA	0.24 m^3
Beam-RC-Rectang	STRU.1F.BEAMSLA	1.83 m^3
Beam-RC-Rectang	STRU.1F.BEAMSLA	3.63 m^3
Beam-RC-Rectang	STRU.1F.BEAMSLA	0.26 m^3
Beam-RC-Rectang	STRU.1F.BEAMSLA	4.12 m^3
Beam-RC-Rectang	STRU.1F.BEAMSLA	1.36 m^3
Beam-RC-Rectang	STRU.1F.BEAMSLA	1.15 m^3
Beam-RC-Rectang	STRU.1F.BEAMSLA	2.48 m^3
Beam-RC-Rectang	STRU.1F.BEAMSLA	1.67 m^3
Beam-RC-Rectang	STRU.1F.BEAMSLA	0.54 m^3
Beam-RC-Rectang	STRU.1F.BEAMSLA	0.56 m^3
Beam-RC-Rectang	STRU.1F.BEAMSLA	0.71 m^3
Beam-RC-Rectang	STRU.1F.BEAMSLA	0.49 m^3
Beam-RC-Rectang	STRU.1F.BEAMSLA	2.63 m^3
Beam-RC-Rectang	STRU.1F.BEAMSLA	1.23 m^3
Beam-RC-Rectang	STRU.1F.BEAMSLA	0.47 m^3
Beam-RC-Rectang	STRU.1F.BEAMSLA	0.23 m^3
Beam-RC-Rectang	STRU.1F.BEAMSLA	0.07 m^3
Beam-RC-Rectang	STRU.1F.BEAMSLA	0.31 m^3
Beam-RC-Rectang	STRU.1F.BEAMSLA	0.62 m^3
Beam-RC-Rectang	STRU.1F.BEAMSLA	0.31 m^3
Beam-RC-Rectang	STRU.1F.BEAMSLA	0.57 m^3
Beam-RC-Rectang	STRU.1F.BEAMSLA	0.92 m^3
Beam-RC-Rectang	STRU.1F.BEAMSLA	0.87 m^3
Beam-RC-Rectang	STRU.1F.BEAMSLA	0.87 m^3
Beam-RC-Rectang	STRU.1F.BEAMSLA	0.78 m^3
Beam-RC-Rectang	STRU.1F.BEAMSLA	0.73 m^3
Beam-RC-Rectang	STRU.1F.BEAMSLA	0.67 m^3
Beam-RC-Rectang	STRU.1F.BEAMSLA	2.50 m^3
Beam-RC-Rectang	STRU.1F.BEAMSLA	0.09 m^3
Beam-RC-Rectang	STRU.1F.BEAMSLA	0.68 m^3
Beam-RC-Rectang	STRU.1F.BEAMSLA	0.47 m^3
Beam-RC-Rectang	STRU.1F.BEAMSLA	0.24 m^3
Beam-RC-Rectang	STRU.1F.BEAMSLA	0.64 m^3
Beam-RC-Rectang	STRU.1F.BEAMSLA	0.18 m^3
Beam-RC-Rectang	STRU.1F.BEAMSLA	0.26 m^3

明细表: Floor Schedule -...

<Floor Schedule>

A	B	C
ily and Type	ISBIM4D	Volume
: RC_Slab-1	STRU.1F.BEAMSLA	0.22 m^3
: RC_Slab-1	STRU.1F.BEAMSLA	0.09 m^3
: RC_Slab-2	STRU.1F.BEAMSLA	1.17 m^3
: RC_Slab-2	STRU.1F.BEAMSLA	0.39 m^3
: RC_Slab-1	STRU.1F.BEAMSLA	0.42 m^3
: RC_Slab-2	STRU.1F.BEAMSLA	0.25 m^3
: RC_Slab-2	STRU.1F.BEAMSLA	0.51 m^3
: RC_Slab-2	STRU.1F.BEAMSLA	0.90 m^3
: RC_Slab-2	STRU.1F.BEAMSLA	0.28 m^3
: RC_Slab-2	STRU.1F.BEAMSLA	0.73 m^3
: RC_Slab-2	STRU.1F.BEAMSLA	0.05 m^3
: RC_Slab-2	STRU.1F.BEAMSLA	0.50 m^3
: RC_Slab-2	STRU.1F.BEAMSLA	0.23 m^3
: RC_Slab-2	STRU.1F.BEAMSLA	1.62 m^3
: MASS_CONC	STRU.1F.BEAMSLA	1.44 m^3
: MASS_CONC	STRU.1F.BEAMSLA	0.26 m^3
: MASS_CONC	STRU.1F.BEAMSLA	0.22 m^3
: MASS_CONC	STRU.1F.BEAMSLA	1.96 m^3
: MASS_CONC	STRU.1F.BEAMSLA	0.27 m^3
: RC_Slab-1	STRU.1F.BEAMSLA	0.43 m^3
: RC_Slab-2	STRU.1F.BEAMS	0.49 m^3
: RC_Slab-2	STRU.1F.BEAMSLA	0.23 m^3
: RC_Slab-1	STRU.1F.BEAMSLA	4.87 m^3
: RC_Slab-1	STRU.1F.BEAMSLA	0.63 m^3
: RC_Slab-1	STRU.1F.BEAMSLA	0.57 m^3
: RC_Slab-1	STRU.1F.BEAMSLA	0.61 m^3
: RC_Slab-1	STRU.1F.BEAMSLA	0.11 m^3
: RC_Slab-1	STRU.1F.BEAMSLA	1.57 m^3
: RC_Slab-2	STRU.1F.BEAMSLA	1.29 m^3
: RC_Slab-2	STRU.1F.BEAMSLA	0.16 m^3
: RC_Slab-1	STRU.1F.BEAMSLA	0.30 m^3
: RC_Slab-1	STRU.1F.BEAMSLA	4.88 m^3
: RC_Slab-1	STRU.1F.BEAMSLA	0.33 m^3
: RC_Slab-1	STRU.1F.BEAMSLA	1.18 m^3
: RC_Slab-1	STRU.1F.BEAMSLA	0.24 m^3
: RC_Slab-1	STRU.1F.BEAMSLA	0.21 m^3
: RC_Slab-2	STRU.1F.BEAMSLA	0.55 m^3
: RC_Slab-2	STRU.1F.BEAMSLA	0.28 m^3
: RC_Slab-2	STRU.1F.BEAMSLA	0.16 m^3
: RC_Slab-2	STRU.1F.BEAMSLA	0.22 m^3
: RC_Slab-1	STRU.1F.BEAMSLA	1.18 m^3
: RC_Slab-1	STRU.1F.BEAMSLA	0.46 m^3
: RC_Slab-1	STRU.1F.BEAMSLA	0.33 m^3
: RC Slab-1	STRU.1F.BEAMSLA	0.43 m^3

明细表: Structur...

<Structural Column Sched

A	B	
Family and Type	ISBIM4D	
Column-RC-Recta	STRU.1F.WALLCOL	9.87
Column-RC-Recta	STRU.1F.WALLCOL	4.51
Column-RC-Recta	STRU.1F.WALLCOL	5.64
Column-RC-Recta	STRU.1F.WALLCOL	3.01
Column-RC-Recta	STRU.1F.WALLCOL	0.41
Column-RC-Recta	STRU.1F.WALLCOL	0.27
Column-RC-Recta	STRU.1F.WALLCOL	0.12
Column-RC-Recta	STRU.1F.WALLCOL	0.43
Column-RC-Recta	STRU.1F.WALLCOL	0.42
Column-RC-Recta	STRU.1F.WALLCOL	0.19
Column-RC-Recta	STRU.1F.WALLCOL	0.21

图 7-174

2.在 Navisworks 模型中提取工程量

2014 版 Navisworks 开始提供了 Quantification 板块，用于对场景模型的工程量进行计算。与国内流行的算量工具不同，为确保计算结果的可控性，Navisworks 的 Quantification 板块中绝大多数的工程计算均需要由算量人员手动指定。

在 Navisworks 中，提供了两种算量的管理资源：项目目录和资源目录。在“查看”菜单中的“工作空间”面板中单击“窗口”的下拉列表，在列表中勾选“Quantification 工作薄”、“项目目录”和“资源目录”工具窗口。

打开“6.1.1/6.1.1.3/Navisworks/教学案例.nwd”文件，按照制作 4D 的方法给模型构建编上对应的代码（编模型代码的方法在 4D 应用中有说明，在此不做说明），并根据项目代码制作对应的集合，如图 7-175 所示。

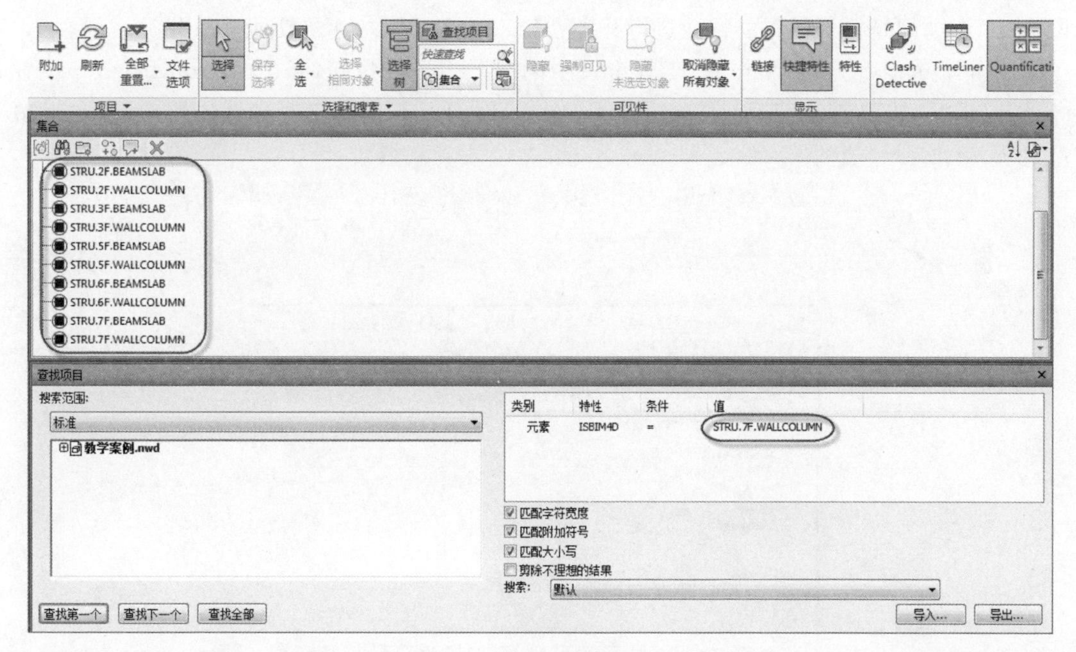

图 7－175

在主菜单中“常用”选项卡中单击“Quantification”，将弹出“资源目录”和“Quantification 工作薄”对话框。由于尚未对项目进行设置，“项目目录”、“资源目录”和“Quantification 工作薄”都呈灰色状态。如图 7－176 所示。

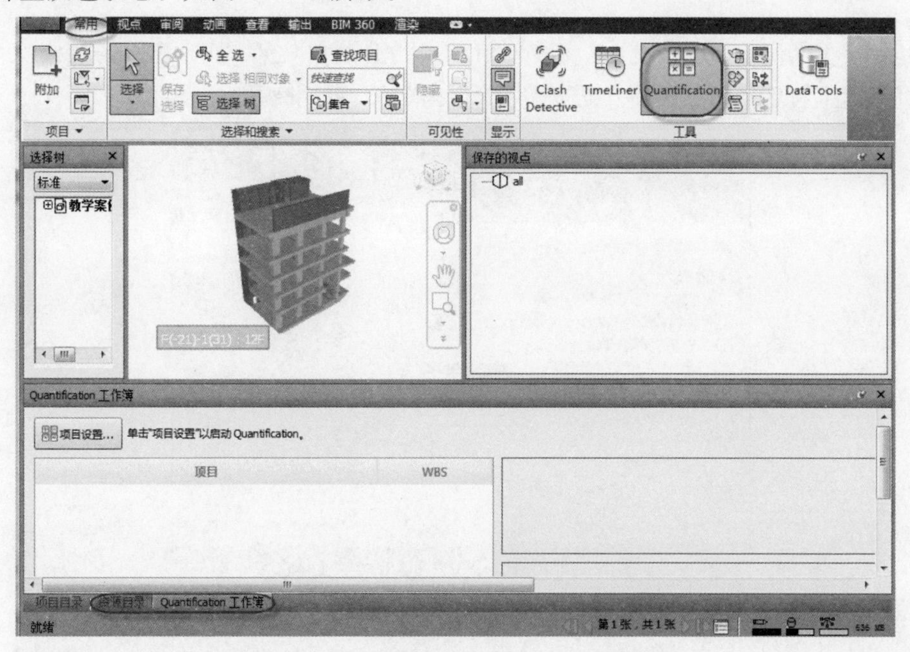

图 7－176

在“Quantification 工作薄”中自带 “CSI－16”“CSI－48”“Uniformat”三种种目录，它们是由美国建筑标准协会(CSI)提出的建筑分解方式。其中“CSI－16”“CSI－48”又称 Master-

Format，该规则是按构件材料特性进行分类；“Uniformat”则按建筑功能进行分类。

单击“Quantification 工作薄”工具窗口中的“项目设置”按钮，弹出“Quantification 设置向导”对话框，如图 7-177 所示。选择“无”作为目录，即不选择软件自带的标准，自定义项目目录，单击“下一步”。

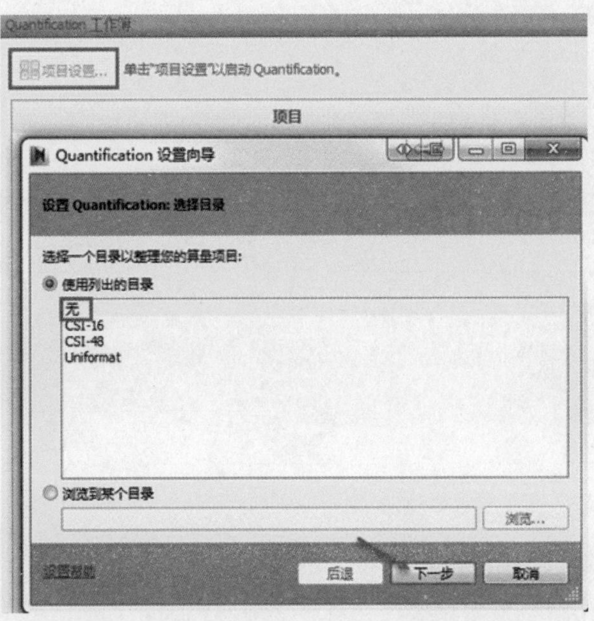

图 7-177

如图 7-178 所示，选择“公制（将模型值转换为公制单位）”，即不管原场景模型采用的是什么单位，都将转换为公制单位进行计算，选择“下一步”继续细化设置。

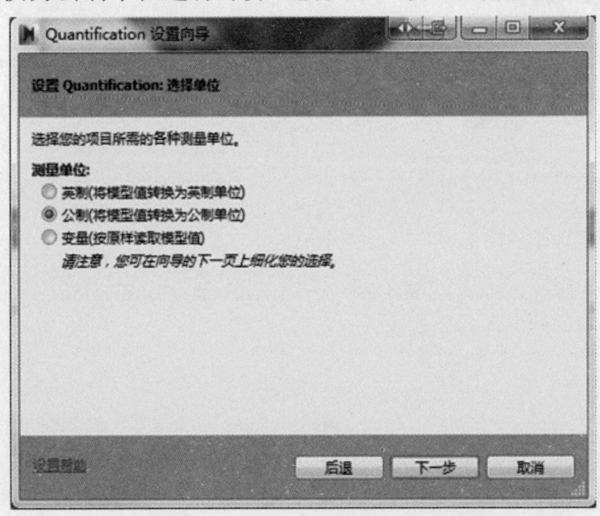

图 7-178

如图 7-179 所示，在弹出的“设置 Quantification：选择算量特性”对话框中，可以设定计算“模型长度”“模型宽度”“模型厚度”“模型高度”“模型周长”的单位。在本小节练习中用默认设置，不做改变。单击“下一步”确认设置。

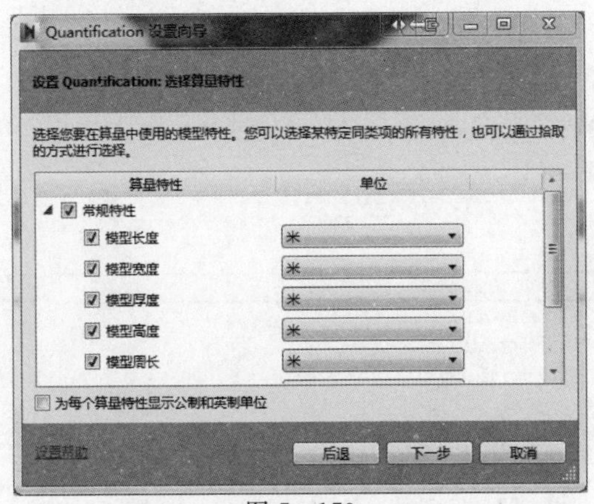

图 7-179

到此已经完成基本设置，单击“完成”按钮，退出对话框，如图 7-180 所示。

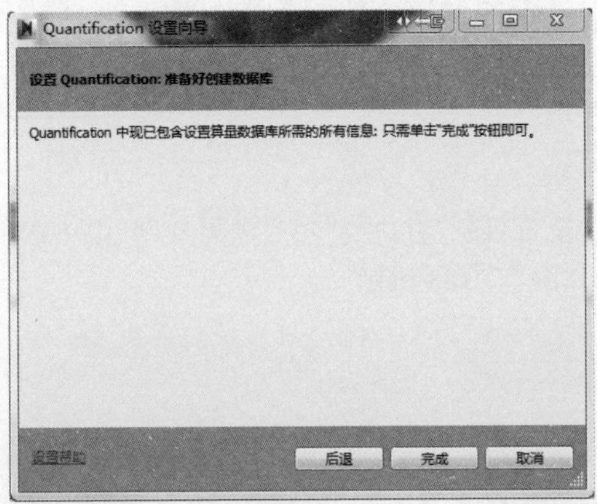

图 7-180

点击完成后，“项目目录”“资源目录”“Quantification 工作簿”对话框被激活，在“项目目录”中单击“新建组”创建新的项目组，对话框下方将出现一个“新建组”，按照构件编码给组重命名，给所有构件一个命名，如图 7-181 所示。

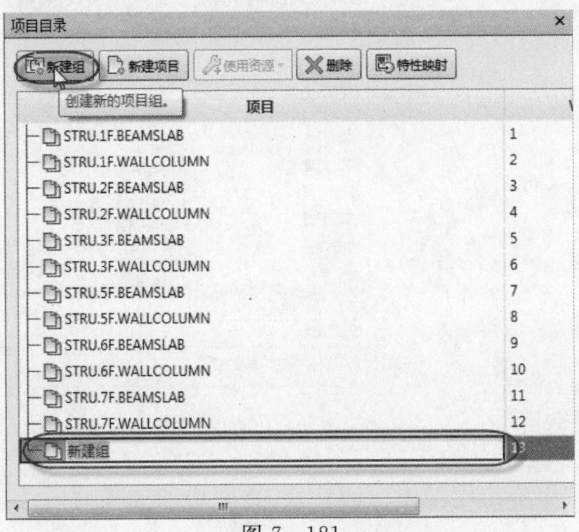

图 7-181

单击选中创建的新项目组,再单击“新建项目”,在项目组下方会生成一个项目组的子项目,重命名项目,如图 7-182 所示。用相同方法给所有项目组创建子项目。

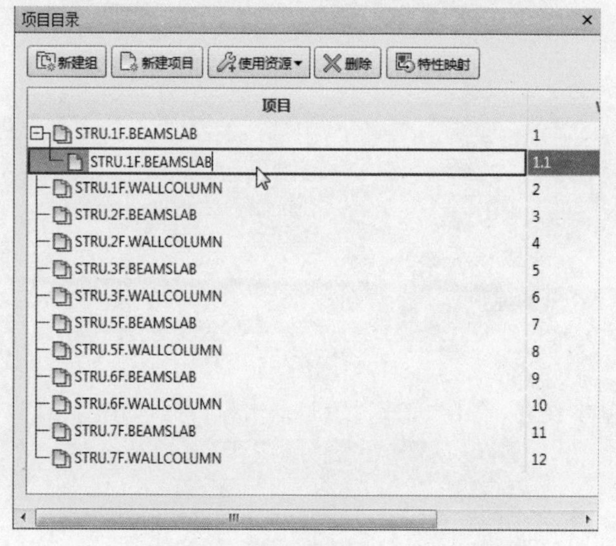

图 7-182

选中新建的项目,在“项目目录”右边的“项目映射规则”中单击模型体积的类别,在弹出的选项框中选择“元素”,如图 7-183 所示。

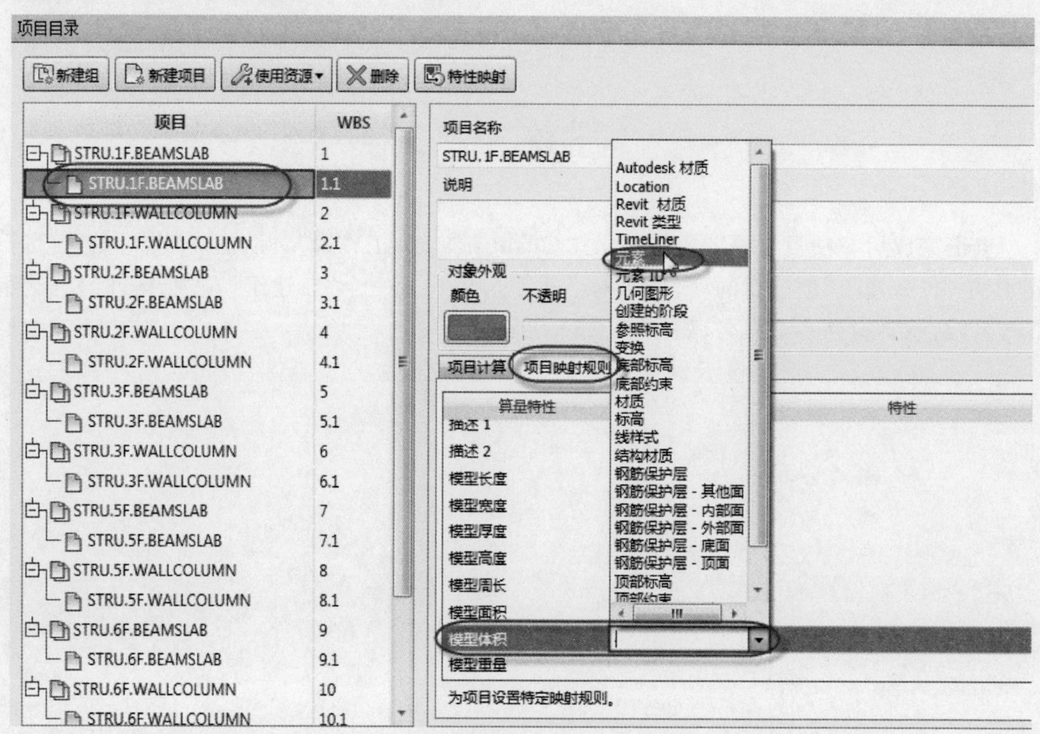

图 7-183

在“项目映射规则”中单击模型体积的特性,在弹出的选项框中选择“体积”,如图 7-184

所示。

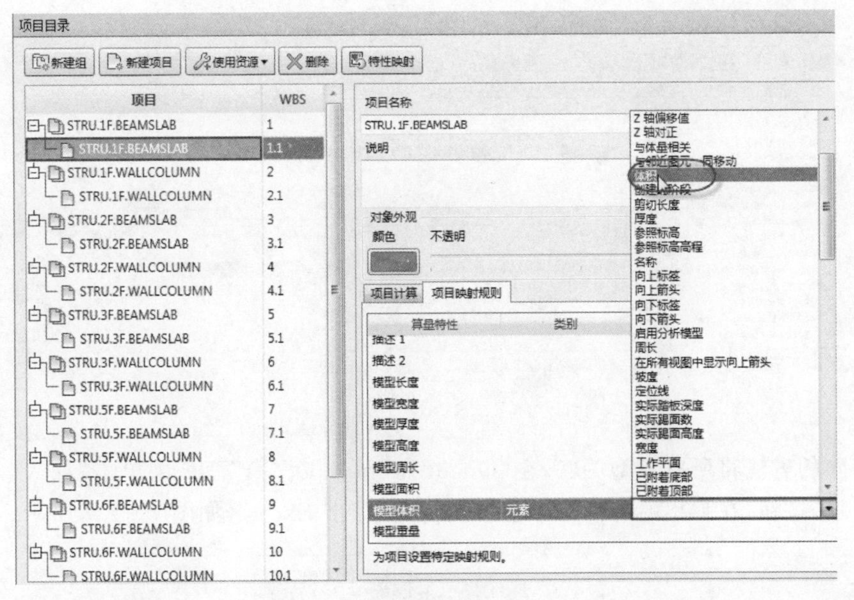

图 7－184

用同样的方法给所有的项目都设定好项目的映射规则。

打开“Quantification 工作簿”面板，此时在此面板中已经有所有在“项目目录”中创建的项目，且在每个项目后有(0)的标注，因为此时项目未与模型中对应的构件关联。

单击选中项目“STRU. 1F. BEAMSLAB(0)”，打开集合列表，选中集合“STRU. 1F. BEAMSLAB”，回到“Quantification 工作簿”面板右下角对话框中，右键点击鼠标，在弹出的对话框中选择“对选定的模型项目进行算量”，如图 7－185 所示。

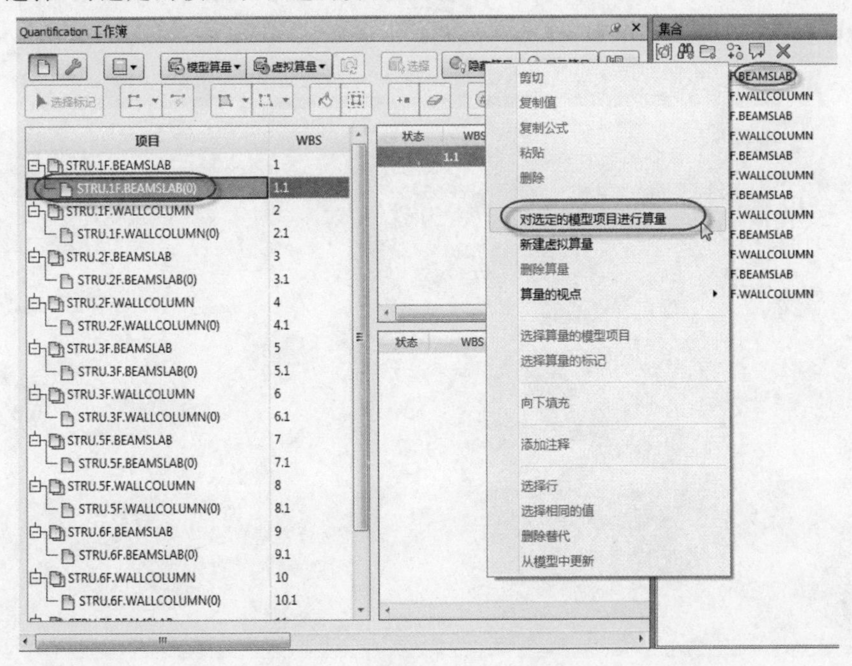

图 7－185

此时“Quantification 工作簿”面板中的项目已经与模型中对应的构件关联，并且已自动分析出每个构件的体积和合计的体积。如图 7－186 所示。

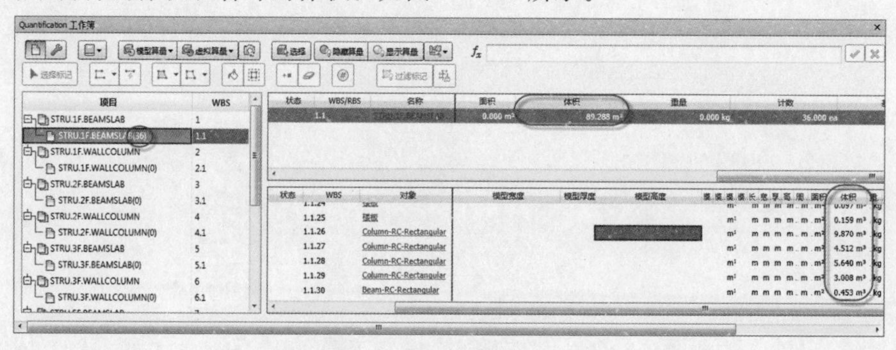

图 7－186

用相同的方法将所有模型关联，在“Quantification 工作簿”面板中单击“导入\导出目录和导出算量”按钮，在弹出的对话框中选中“将算量导出 Excel”，如图 7－187 所示。

图 7－187

将导出的工程量整合到进度计划的文件中(详细步骤可见 4D 应用教程，在此不做说明)，链接到 TimeLiner 中去，即可得出与工程量与进度计划同步的模拟视频。如图 7－188 所示。

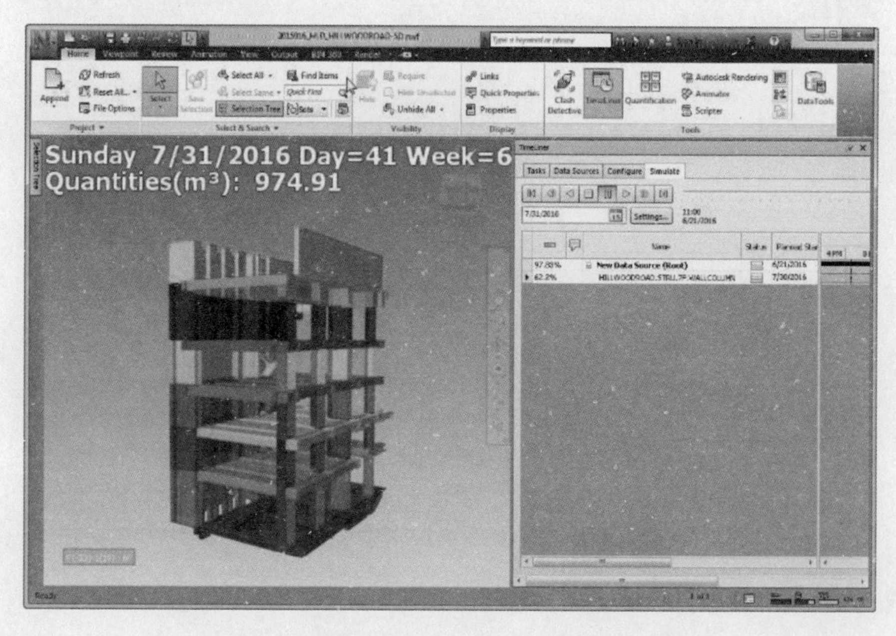

图 7－188

7.6 BIM对成本管理的数据支持

7.6.1 运用错漏碰缺确定设计

建筑工程项目的成本管理是根据企业的总体目标和项目工程的具体要求，在工程项目实施过程中，对项目成本进行有效的组织、实施、控制、跟踪、分析和考核等管理活动，以达到强化经营管理，完善成本管理制度，提高成本核算水平，降低工程成本，实现目标利润，创造良好经济效益的目的的过程。

传统建筑工程可能出现忽视工程项目质量的管理和控制，即项目出现返工、停工或者保修、索赔等情况而导致成本变化，BIM的出现正好能改善这样的问题。

现有的基于图纸的协同设计各专业间的数据不具有关联性。

BIM的出现使协同已经不再是简单的文件参照，BIM模型将数据储存于模型中，各专业通过碰撞检查找出问题，甚至是净高问题，快速优化设计，改善工程质量，从而达到控制成本的效果。

图7-189为某项目地下室通过BIM碰撞检查找出的问题。

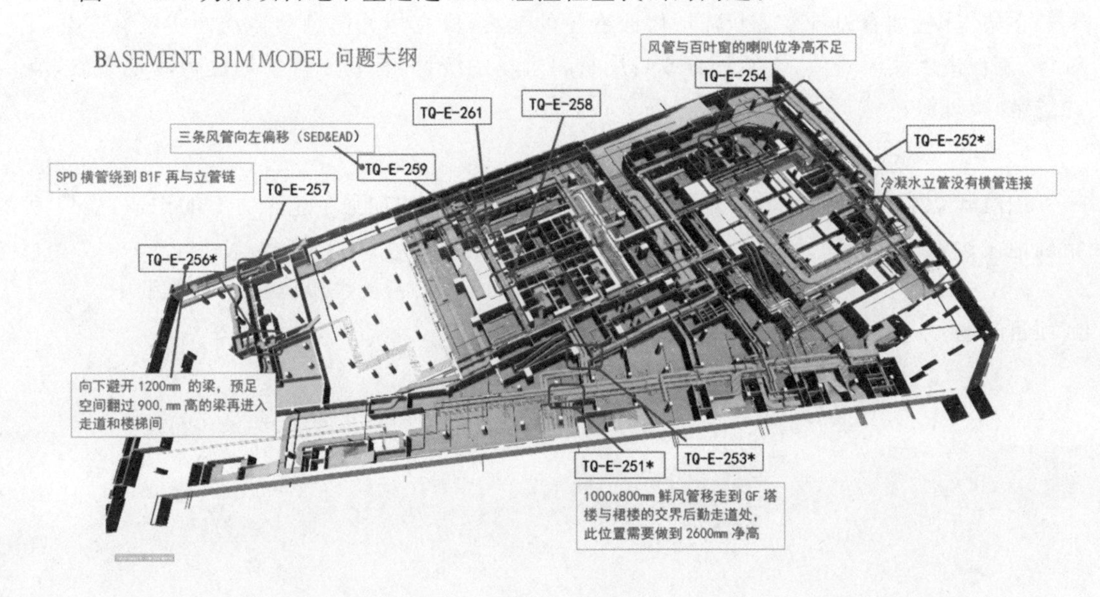

图7-189

可以看出，通过BIM可将直观的问题报告给各方商讨，在项目初期解决问题，从而大幅度、高效率地提高项目质量。

7.6.2 比对工程量

Revit模型是带有项目实际数据的，通过模型得到的模型量是一个精准的数量。通过BIM得出的模型量与算量软件所得出的工程量对比是能够有检测工程量的，基于此功能，可以通过BIM技术对工程量进行准确的分析管理。

7.7 协助施工现场规划

7.7.1 施工材料进场合理安排

实际项目中很多施工场位于市区，场地非常狭小，且在很多地方对运载施工材料的货车有限行，因此，解决材料运输的问题非常关键，关系到场地整洁，甚至关系到施工进度，因此合理安排材料进场非常重要。

要合理安排材料进场，就必须细化到每天进什么材料、进材料的量。利用BIM技术，建立三维模型，模型中包含各种构件的信息，包括墙、柱、梁、板等。各种构件详细地包括了材料信息、标高和尺寸。在信息模型的基础上按进度制作4D模拟，可以在软件界面对各建筑构件信息进行交互修改。

建立好模型后，可以利用材料库管理，对材料库中的材料进行分类，对各类材料进行管理，包括材料名称、材料工程量、进货时间等，对当前建筑各个阶段的材料信息输出：材料消耗表、进货表等进行管理，实现对进场材料的轻松控制，从而实现对施工场地利用的最大化，做到工完料清。

在施工中，如有设计变更只需要修改变更的地方，所有相关信息会自动同步更新。材料统计、工程进度实时查看，方便每日或每周材料进场的统计，有利于科学地进行场地布置，节约场地，实现绿色施工。

7.7.2 施工现场空间安排

BIM可以将建筑和施工方案可视化，通过施工工序模拟加强了施工方案的沟通，能快速精确地表达施工冲突指标，进一步优化施工方案。

图7-190为某人行天桥的施工方案，经验再多的施工人员也难以在平面图纸中快速找到项目问题。

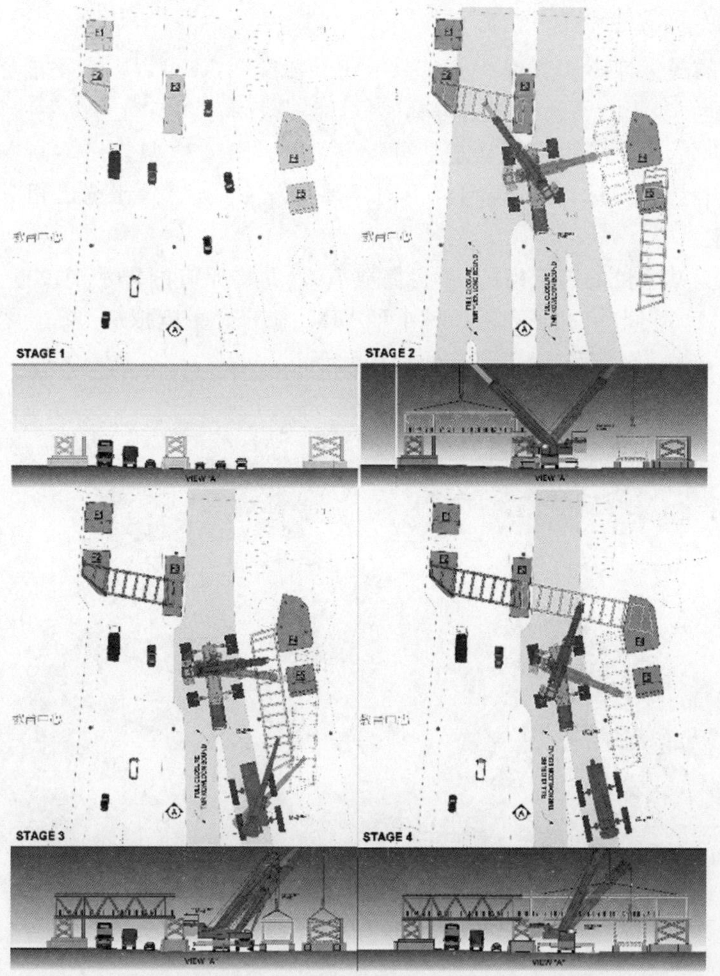

图 7 - 190

通过运用 BIM 创建仿真模型，制作了施工工序模拟之后，能直观地反映各种空间变化，加强了方案沟通，如图 7 - 191 所示。

图 7 - 191

7.7.3 施工场地动态布置

基于BIM的模拟性不仅表现在能模拟出建筑物模型，还可以模拟不能够在真实世界中进行操作的事物。基于时间和空间的仿真模拟，能够找到时间与空间产生冲突的管件位置。

项目开工伊始，可将项目进行动态划分，然后通过BIM模型找出不同方案的潜在的空间冲突，整合现有评价指标，分析模型对不同场地布置方案评价，比选出相对最优的动态施工场地布置方案。

图7-192为某项目的施工模拟，项目需要填海，并将原有的排水沟改道，此时会出现填海和改道之间一个时间冲突的问题。制作了BIM施工工序模拟后，能非常形象地看出问题，理解方案。

图7-192

7.8 BIM协同工作

7.8.1 BIM系统设计软件知识基础

1. BIM协同设计的现状及未来

(1)BIM协同设计的现状。

BIM的协同设计实现了从二维(以下简称2D)设计转向三维(以下简称3D)设计，从线条绘图转向构件布置，从单纯几何表现转向全信息模型集成，从各工种单独完成项目转向各工种协同完成项目，从离散的分步设计转向基于同一模型的全过程整体设计，从单一设计交付转向建筑全生命周期支持。

(2)BIM协同设计的未来。

未来的协同设计，将不再是单纯意义上的设计交流、组织及管理手段，它将与BIM融合，成为设计手段本身的一部分。借助于BIM的技术优势，协同的范畴也将从单纯的设计阶段扩展到建筑全生命周期，需要设计、施工、运营、维护等各方的集体参与，因此具备了更广泛的意义，从而带来综合效率的大幅提升。

2. BIM系统设计的基础知识

Revit系统下，大部分传统CAD里二维概念转化为关联的三维概念。如图7－193所示。

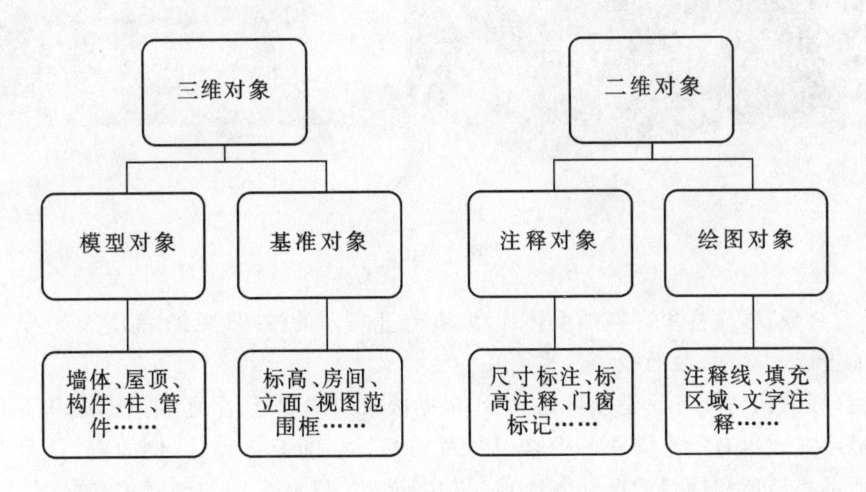

图7－193

(1)三维对象。

①基准对象:标高、轴网、房间、面积、参照屏幕等，这类对象是抽象的空间概念，真实里并不存在实体，但它们的影响是三维度的，是对空间描述的对象。

例如在平面上布置了轴网，其实在剖面的相应位置也布置了，是空间上的对象，但不是实体的，是抽象的，我们同时使用注释对象"轴网"来进行描述。如图7－194和图7－195所示。

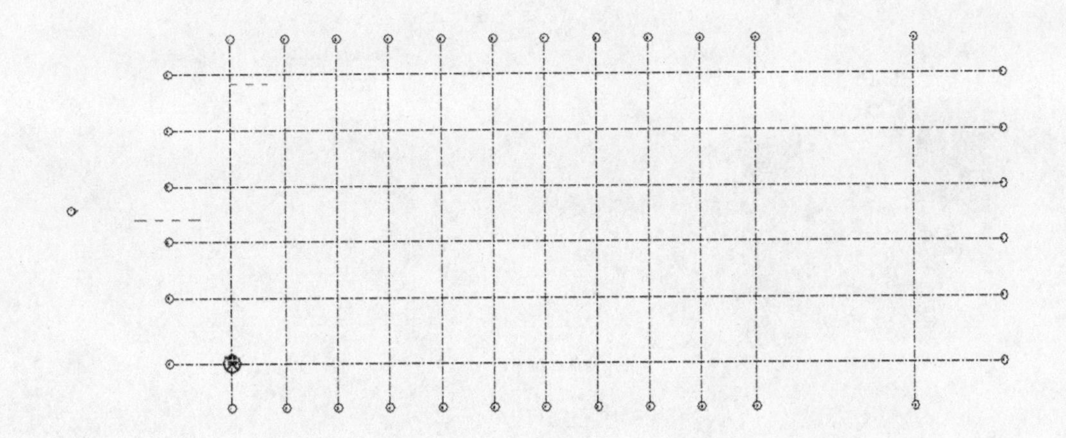

图7－194

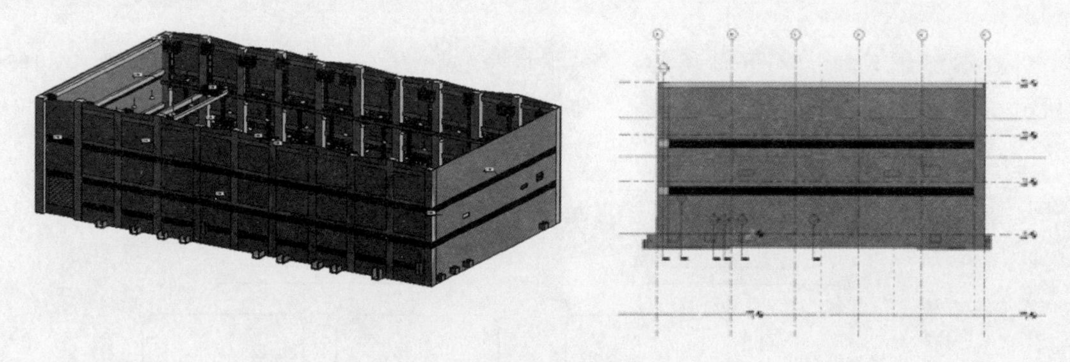

图 7-195

②模型对象：指文件里存在的实体模型，各专业所谓的视图（图纸）都是针对模型的投影表达（表面投影—立面、截面投影—平面）。

这类投影默认情况下只是软件的显示，根据国家制图规范、企业制图标准和不同专业的要求，其显示方式也有所不同。一般来说是对模型投影的简化表达（例如窗，我们用两根细线表示，而不是玻璃和框料的截面表达）。在 Revit 里，模型对象的创建都在“常用”类别里。如图 7-196 和图 7-197 所示。

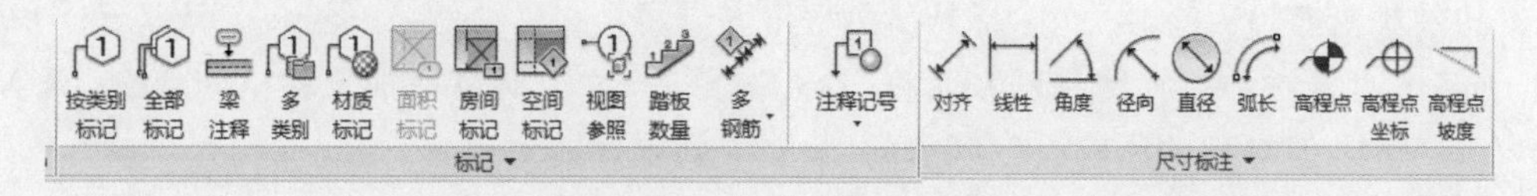

图 7-196

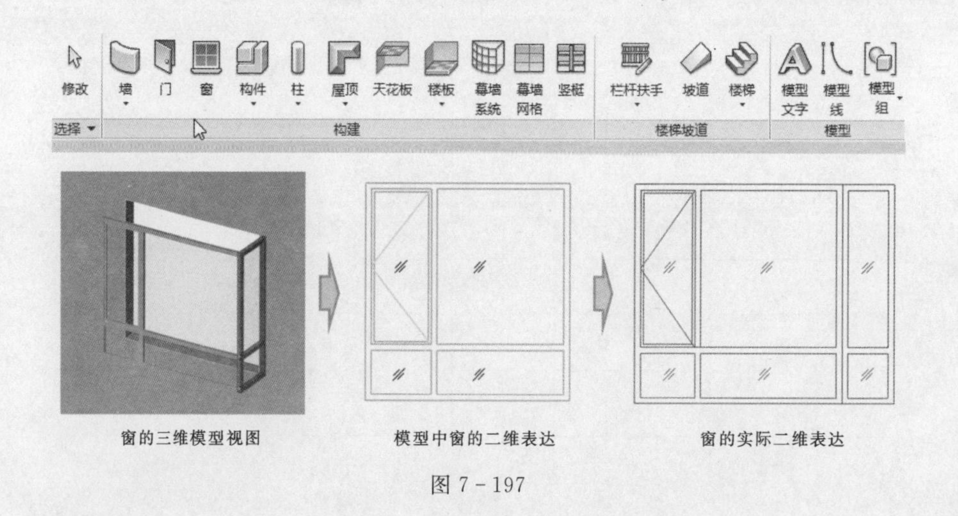

图 7-197

(2)二维对象。

①注释对象：该对象类型是对模型对象信息的说明补充，注释内容反映构件信息，相互关联。

例如，建筑模型的一块墙体本身具备长、宽、高的信息，但是投影是无法直接看出这类信息，必须去测量，所以就用尺寸标准来对其进行注释，包括门窗标记号等。具备这些二维信息对模型投影进行补充说明后，才能变成指导施工的工程图纸。如图 7-198 所示。

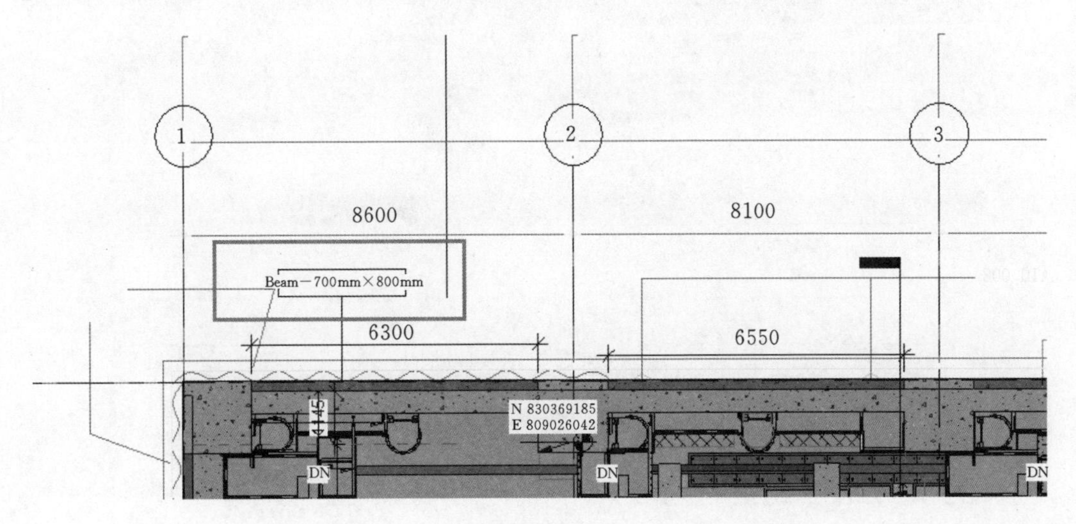

图 7-198

②绘图对象：指独立的二维图元，与模型构件的信息无关，其表达内容与构件信息不关联。

注释线是绘图对象（存在视图上显示顺序概念），模型线是模型对象（存在放置高度的概念）。

用文字工具添加的注释，在视图里自己绘制注释线、填充区域等内容，就是覆盖在图纸的二维线上，注释对象的特点是只针对某视图（图纸），不与其他视图发生关联。在 Revit 里，绘图对象的创建几乎都在“注释”类别里。该类对象为人工添加的信息，与模型自身不关联，随着 BIM 的发展，这类对象可能会越来越少地被使用。

注意：绘图对象仅与视图相关联，会因视图的删除或移动而受到影响。

7.8.2 BIM 项目样板设置

1. BIM 项目样板组成部分

BIM 项目样板设置相当于 CAD 的协同预设，以出图规范为标准，包括线型、线宽、图例表达等，在 Revit 下还包括视图样板、基本构件、统一参数命名等。

2. 样板设置

在 AutoCAD 中是通过“图层”来对其中信息进行分类管理和设定的，而在 Revit 中，是运用对象类别和子类别系统来组织和管理其中的各种信息模型。

Revit 中主要通过“对象样式”和“可见性/图形替换（VV）”两种工具来实现上述管理方式。前者可以全局来控制“对象类别”和“子类别”的线宽和线颜色等。后者则可以在各个视图中对图元进行单独的控制，以满足不同视图对出图的不同要求。如图 7-199 和图 7-200 所示。

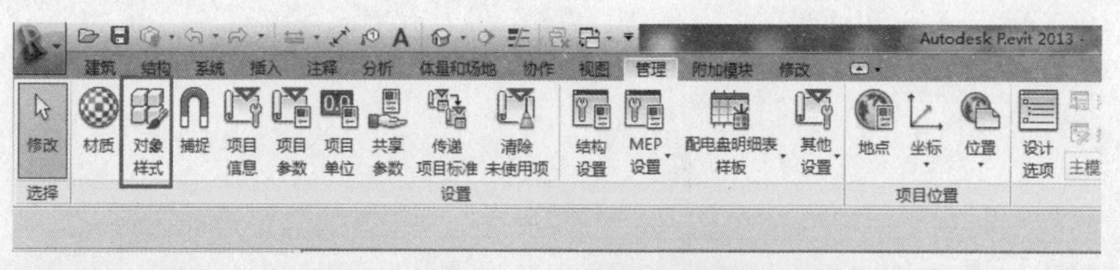

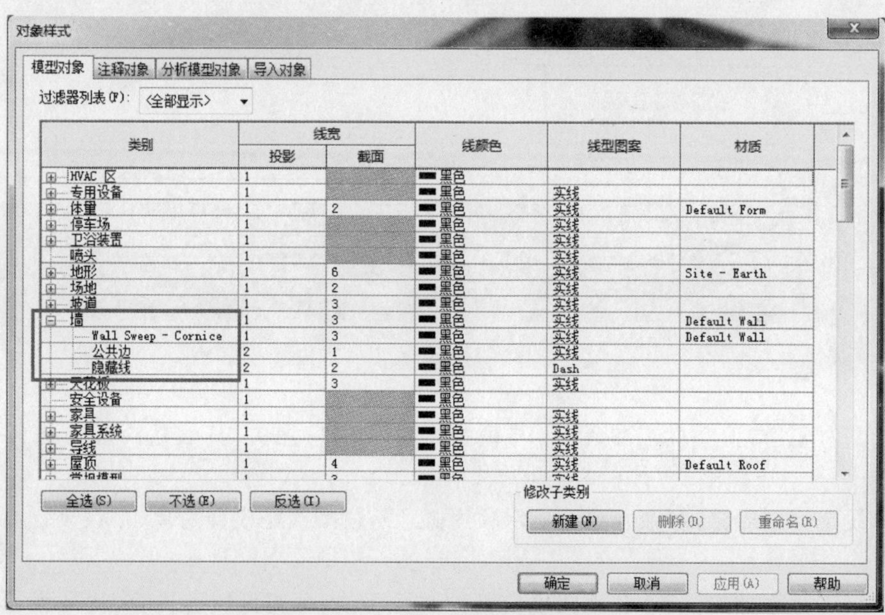

图 7－199

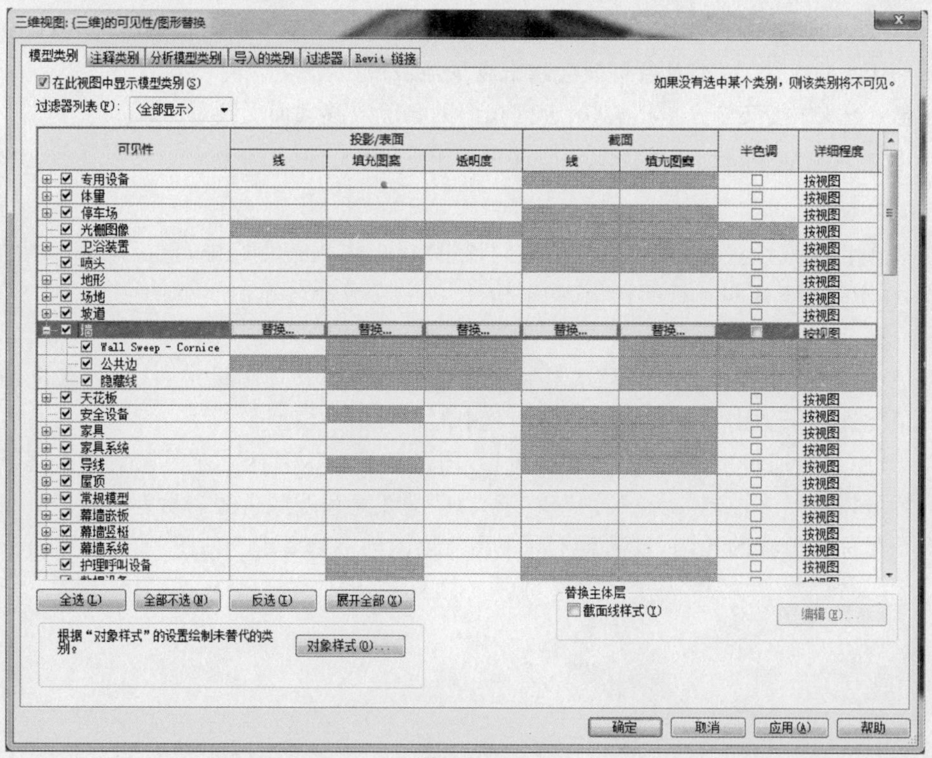

图 7－200

(1)项目样板设置的优先级。

在同一项目文件中,同一构件在不同设置的视图显示控制下,过滤器优先级别最高,然后是替换主体控制,再次为视图可见性设置,最后为默认对象样式。如图 7-201 所示。

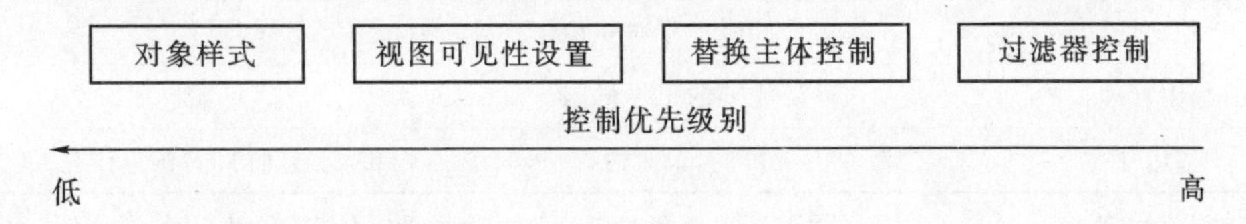

图 7-201

(2)视图范围设置。

每个平面和天花板投影平面视图都具有"视图范围"视图属性,该属性也称为可见范围。视图范围是可以控制视图中对象的可见性和外观的一组水平平面。水平平面为"顶部平面"、"剖切面"和"底部平面":顶剪裁平面和底剪裁平面表示视图范围的最顶部和最底部的部分,剖切面是确定视图中某些图元可视剖切高度的平面(默认值为 1200),这三个平面可以定义视图范围的主要范围。"视图深度"是主要范围之外的附加平面。可以设置视图深度的标高,以显示位于底裁剪平面下面的图元。默认情况下,该标高与底部重合。在协同工作时,结构视图剖切范围一定要比建筑高。如图 7-202 所示。

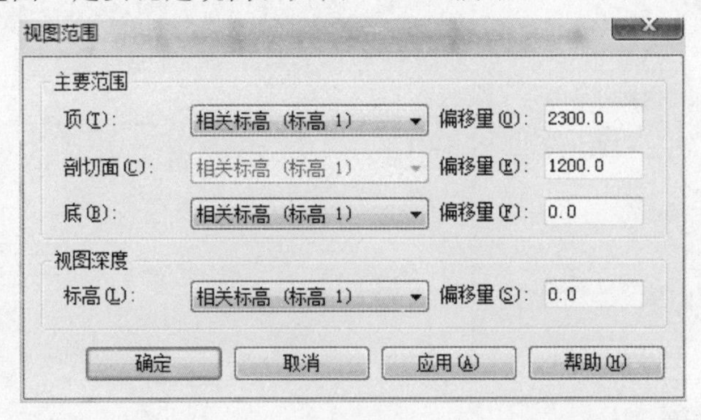

图 7-202

7.8.3 BIM 模型协同方式

在实际的协同工作中常常采用"链接文件协同"方式和"中心文件协同"方式,或者将两种方式混合。"链接文件协同"和"中心文件协同"方式各有优缺点,如表 7-4 所示。

表 7-4　链接文件协同和中心文件协同的比较

	中心文件协同	链接文件协同
项目文件	一个中心文件,多个本地文件	主文件与一个或多个文件链接
同步	双向、同步更新	单向同步
构件操作性	通过借用后可编辑	不可以
工作模版文件	同一模版	可采用不同模版

续表 7－4

	中心文件协同	链接文件协同
性能	大型文件缓冲时间长，对硬件要求高	大型文件缓冲时间相对较短
稳定性	较多人同时操作时不稳定	稳定
权限管理	需要完善的工作机制	无权限
适用性	专业内部协同，单体内部协同	专业之间协同，各单体之间协同

链接类似于 AutoCAD 中通过 CAD 文件之间的外部参照，使得专业间的数据得到可视化共享。在此模式中我们可以通过 Revit 中复制/监视、协调查阅的功能来实现不同模型文件间的信息沟通。如图 7－203 所示。

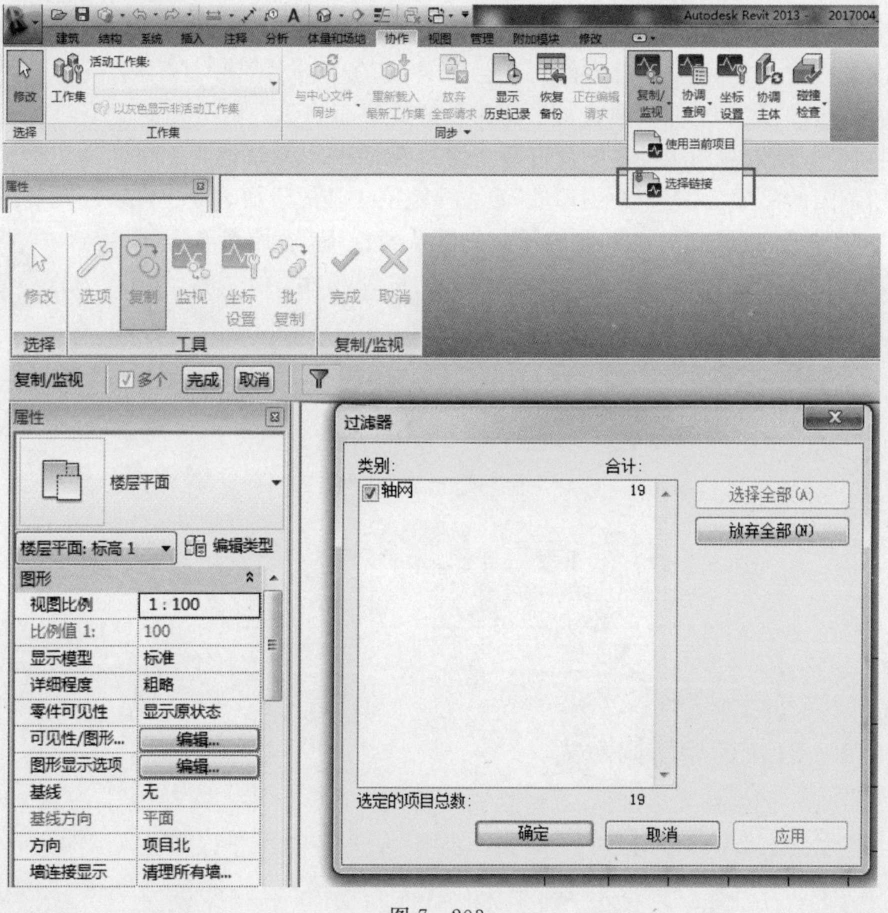

图 7－203

当在 Revit 中链接文件时，可以在“管理”选项卡中的“管理链接”工具中更改链接文件的参照类型，参照类型分为覆盖和附着两种。

(1)链接文件的覆盖类型。

当参照类型为覆盖时，不含链接其子模型的相关链接。如图 7－204 所示。

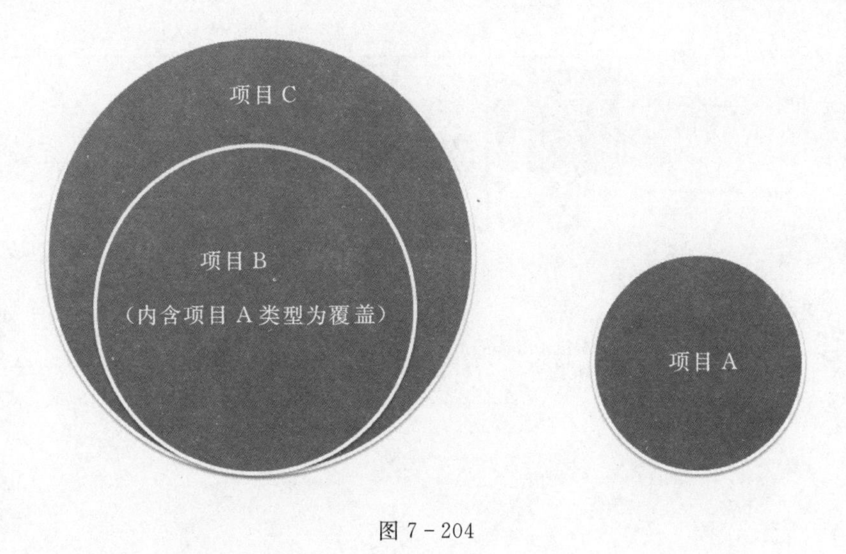

图 7 - 204

(2)链接文件的附着类型。

当参照类型为附着时，包含链接其子模型的相关链接。如图 7 - 205 所示。

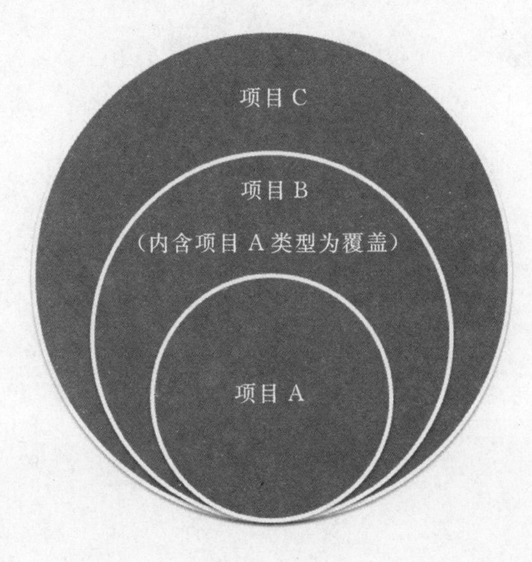

图 7 - 205

7.8.4 BIM 协同流程设计

BIM 是一个多维度的协同平台，通过集成模型上的基础信息，达到各个建筑方的协同管理与工作的目的。通过基础数据载体、过程中信息采集以及数据的分析处理，BIM 最终形成以建筑信息模型大数据库为核心。

1. 各专业模型的协同与整合

BIM 模型根据初模、中模、精模逐步深化设计，满足过程项目控制要求并使用 BIM 数据管理平台对室内、幕墙等分包设计模型进行协同与管控。如图 7 - 206 所示。

图 7-206

2. BIM 的应用流程

在开展项目前应预先制定 BIM 应用流程，参建单位人员可依据 BIM 应用流程独立完成其他 BIM 应用，也可指导其他项目人员进行 BIM 应用操作。如图 7-207 所示。

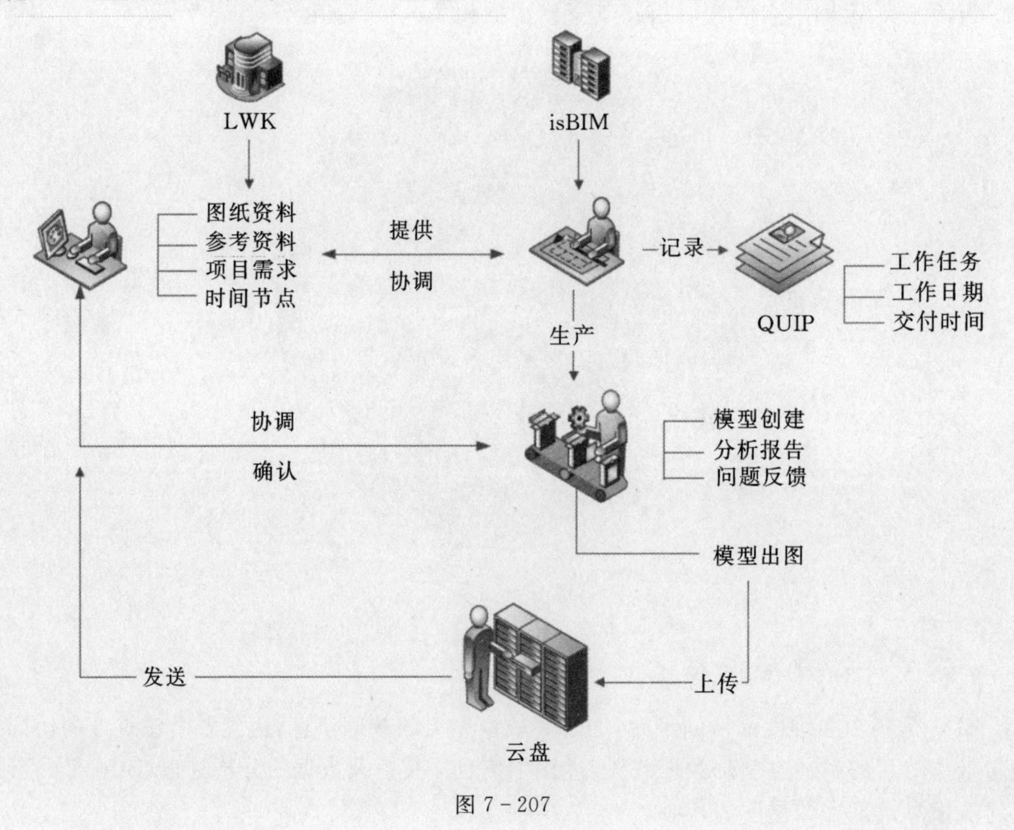

图 7-207

7.9 BIM数据可视化应用

7.9.1 实现BIM数据可视化的方法

1.BIM数据可视化定义

数据可视化是研究如何将数据以图片或图形的方式展现的科学。它主要专注于展现，以连贯和简短的形式把大量的信息展现出来。尽管数据可视化也能处理书面信息，但它的重点还是用图片和图像的形式向观众传递信息。信息的视觉表达是一种古老的思维和经验的分享方式，例如图表和地图就是一些早期数据可视化技术的重要例证。

数据可视化的优势是能够帮助人们更快地掌握数据。你可以把一大堆数据浓缩到一张图表里，这样人们也能更快地抓住关键点。

2.BIM数据可视化的方法

技术的发展已导致数据的爆炸，反过来又增加数据被展现的方式。通常来说，数据可视化主要分为两种不同的类型：探索(exploration)和解释(explanation)。探索类型可以帮助人们发现数据背后的故事，而解释类型把数据简单明了地解释给观众。

最常见的数据可视化方法包括以下几种：

(1)2D area：这种方法使用地理空间数据可视化技术，往往与事件在某块特定区域的位置相关。2D area数据可视化的一个例子如点分布图，该图可以显示某个区域中的共享单车。如图7－208所示。

图7－208

(2)Temporal：时间可视化是以线性展现数据。时间数据可视化的关键是有一个开始和一个结束的时间点。时间可视化的一个例子如连接的散点图，它可以展现诸如某一区域的温度等信息。如图7－209所示。

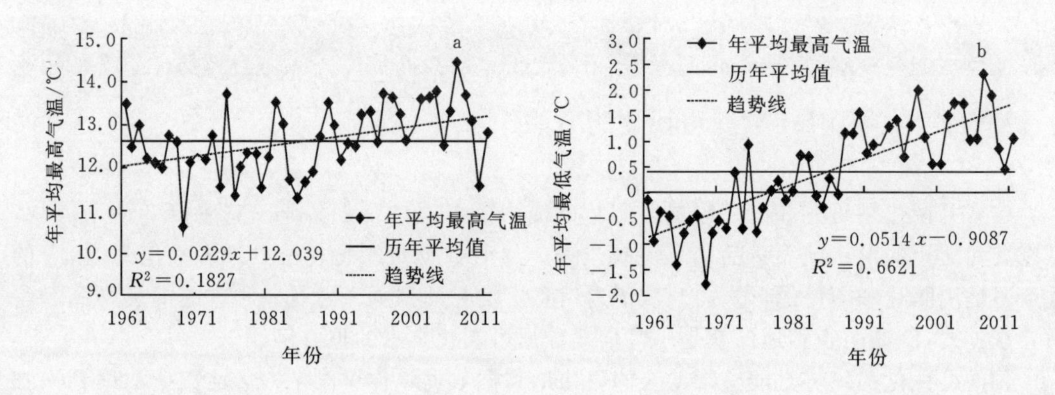

图 7-209

(3)Multidimensional:以多维方法将数据在两个或多个维度上展现。这是最常用的方法之一。多维可视化的一个例子如饼图,它可以展示如某村委会支出的信息。如图 7-210 所示。

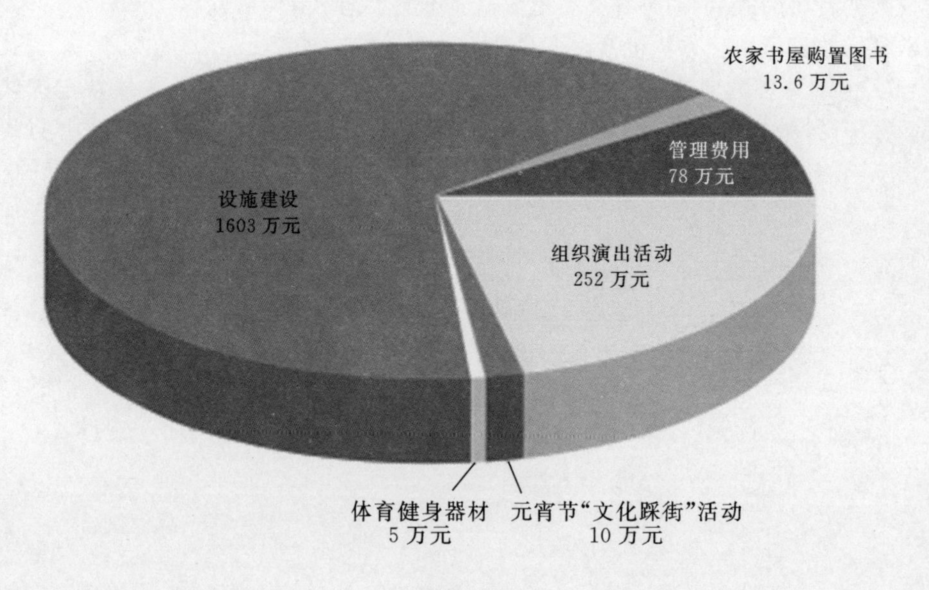

图 7-210

(4)Hierarchical:层次法被用于呈现多组数据。这些数据的可视化通常在大群体内嵌套小的群体。层次化数据可视化的一个例子如树图,它可以展示如语言组团等的信息。如图 7-211 所示。

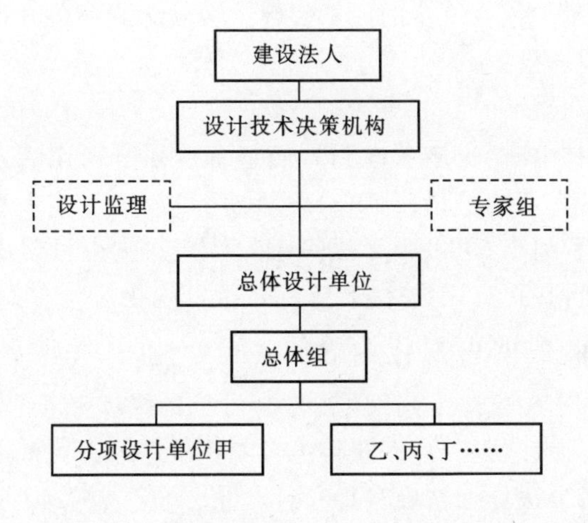

图 7-211

(5)Network:以相互关联的网络形式展现数据。这是另一种展现大量数据的常见方法。网络数据可视化方法的一个例子如冲积关系图,它可以展示如医疗行业的变化等信息。

3.实现数据可视化

(1)了解对象。

在展现数据之前,首先需要做的事情是了解谁将会看这些数据。了解你的对象是至关重要的,以便用正确的方法来展现数据。

虽然数据可视化是一种简化数据的方法,但观众对主题的知识层次千差万别,需要好好做准备。如果你是针对一群专业的人士,那么可以使用更多的专业方法和专业术语来解释数据。然而,对于相同的数据,普通听众可能需要更为通俗的方法来解释。

同样,知道他人对你的数据有何期望也非常重要。你需要知道他们想要从数据中获得什么关键点,以及你展示数据的主要目的是什么。

(2)足够理解数据。

除了掌握目标对象外,你还需要对数据了如指掌。若是不正确地理解数据,则很有可能不能把信息有效地传达给对方。然而你也无法顾及数据所包含的所有信息,所以要能够提取关键的信息,并条理清晰地展现它们。你还需要确保从数据中得到的关联信息是正确而不是虚构的,决不能用错误的数据做可视化。

(3)讲述一个故事。

数据可视化还应该描述出一个故事。若只是以一组信息的方式来展现则显得太单调,所以数据可视化应能够传递出数据使用背后的信息,这可以是不同的描述性介绍,或是为观众呈现一幅特定的图像。编造一个故事往往意味着观众从数据中获得更多的洞察力,它可以帮助观众了解新的关联和更深入的信息。为了使数据可视化成功地融入故事,上述提到的理解数据则是至关重要的一点。

(4)保持整洁。

近年来,数据可视化的发展很快,正如上面所提到的,涌现出很多工具和系统供人们使用。能够接触不同独特方法并不意味着都要用到它们,而且大量的数据也不意味着所有的信息都是必不可少的。不必刻意地使用过多的数据或使用过多的技巧,应保证数据可视化方法简单明了。数据展示中包含太多的元素实际上会破坏最终的成品，导致与数据脱节，无法突显出数据可视化的核心。

(5)合理区分展现平台。

在展现数据化可视技术时，也应考虑到人们查看数据可视化的方式与途径。除了考虑平台的界面选项外，还需要考虑可访问性(accessibility)问题。如果数据可视化允许视觉欠佳的人进行适当的放大和缩小，可以大大提高用户体验。你也可以考虑为色盲人群提供不同颜色选项。可访问性旨在提高用户体验，确保数据可视化对所有人适用。

7.9.2 进行 BIM 数据可视化的价值

BIM 可视化将较难反映的现象及问题转化为可见的模型和符号，将错综复杂的数据建立起联系和关联，发现规律和特征，从而获得更有商业价值的洞见和价值。三维模型表现数据，实际上比传统的分析方法更加精确和具有启发性。如图 7-212 所示。

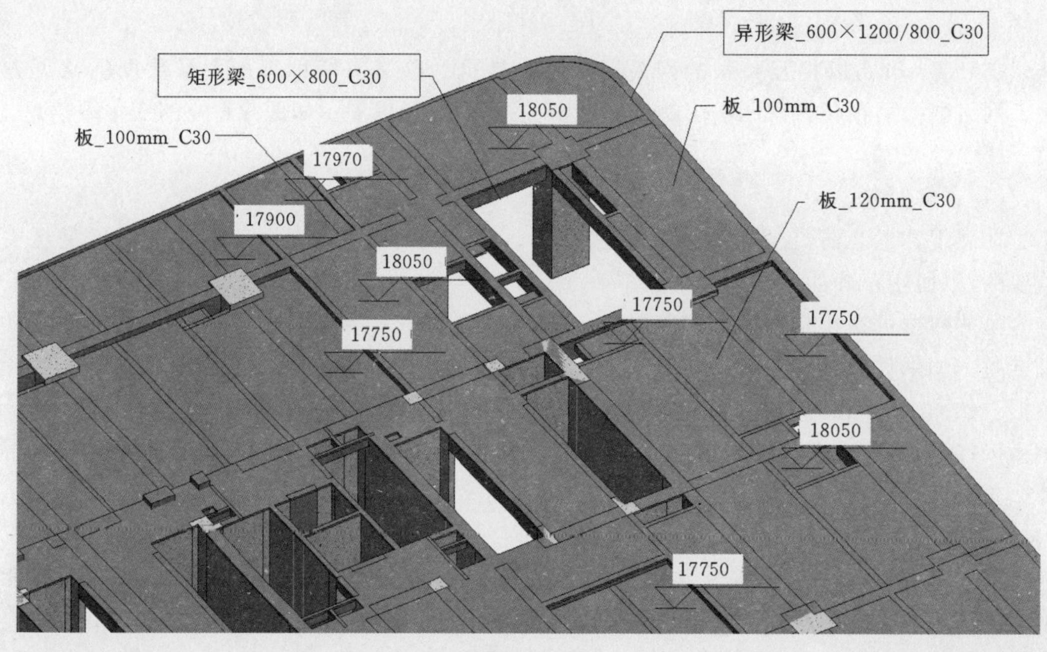

图 7-212

7.10 数字化交付

7.10.1 二维码数字化管理的价值

二维码作为一种宣传的新兴数字媒体，利用二维码技术打造新形势下的工程管理模式，用户通过使用智能手机上的各类二维码软件扫描二维码，可以使日常工程管理、档案管理、防汛物资管理、水政水法宣传、安全生产宣传更加多样化，管理将更加便捷。

1. 实时掌控施工进度

利用二维码进行记录和管理施工过程中的机械、物料等信息。

2. 实用性强

二维码是用特定的几何图形按一定规律在平面(水平、垂直二维方向)上记录数据信息，看上去像一个由双色图案相间组成的方形迷宫。

(1)二维码信息容量大,比普通条码信息容量约高几十倍。同时,二维码误码率不超过千万分之一,比普通条码信息低很多。另外,二维码编码范围广,可把图片、声音、文字、签字、指纹等可数字化的信息进行编码。

(2)二维码既可表达文字信息,又能整合图片、视频、音频等多元化的信息(可以将含有图片、视频及音频网站的网址编辑成二维码链接)。

(3)容错能力强,具有纠错功能。这使得二维码因穿孔、污损等引起局部损坏时,照样可以正确得到识读,损毁面积达50%仍可恢复信息。

(4)二维码制作过程简单,易操作。只需在网站里输入需要编辑的文字内容(文字和网址皆可),然后点生成即可在右侧生成需要的二维码。

3.二维码的核心价值

二维码可将虚拟化、自动化、智能化等多种技术集成于一系列创新方案之中,从资料的搜集整理、成果的应用方式等方面进行了深入细致的讨论,以提高工作的效率和效益。

(1)内置检索信息,查询所需信息方便。二维码具有"阅读引擎"功能,利用该功能可对资料袋上的二维码扫一扫,就能将资料袋里存放的信息目录显示在手机上,无须打开资料袋进行翻查。

(2)更新方便快捷,通过及时更新可保证信息的准确性、及时性。

(3)信息查询时,不受时间、空间的限制。二维码不单只有商业用途,在工程管理方面也有展示的作用。例如在建筑构件上印上二维码以方便信息的查询,如图7-213所示。

图7-213

7.10.2 二维码数字化管理的应用

1.二维码数字化的工艺流程

二维码在工程管理实施过程即为生成二维码,给实施对象赋码,然后扫码读取,如图7-214所示。

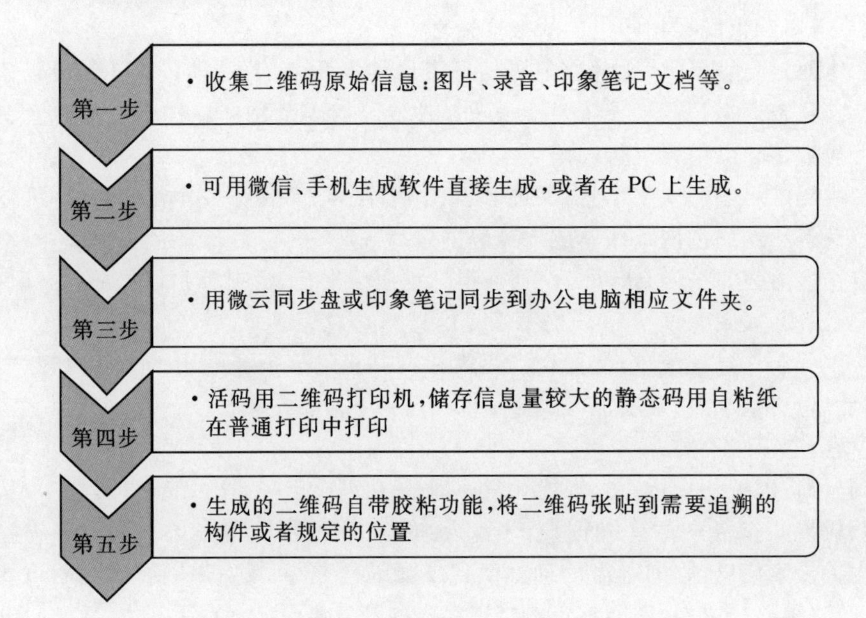

图7-214

2.基于二维码技术的异形构件物料跟踪及施工安装

随着项目的复杂性不断提高,异形构件的数量和种类也都越来越多,而异形构件形状特殊,安装位置各不相同,多采用厂家定制的方式生产,这对施工安装造成了安装位置不明确、工作效率低等问题。

采用二维码技术可以对异形构件进行构件识别和物料跟踪,为施工安装带来很大的便利。由施工管理人员向厂家提供与图纸对应各个构件的二维码,该二维码的生成依据为BIM模型上的构件ID。在厂家完成异形构件的预制加工后,工厂技术人员将二维码贴在异形构件上。二维码包含该异形构件的所有信息,包含安装楼层、位置、标高、连接点。当材料运送到现场后,施工管理人员根据从二维码获取的安装信息,将异形构件、设备等配送至安装楼层。这将使现场的配料、领料环节更加通畅,减少场内设备材料的二次搬运,提高异形构件的安装效率。

3.基于二维码的BIM模型与现场设备的联动

以二维码技术为桥梁,使BIM模型与现场设备一一对应并联动。通过直观的可视化三维模型,快速准确地定位出各设备、桥架、管线在建筑中的对应位置,以信息化的方式获取设备、构件的各项详细技术参数。这不仅节约了设备定位所耗费的时间和劳动力,还为进一步的调试、维修工作提供了技术支持。

(1)随施工进度逐步完善竣工模型,需对BIM模型中各智能化构件及设备的编号、尺寸、位置、型号、厂家信息、保养维修记录等属性数据进行信息录入,统一存储到BIM模型中。由于在模型中每个设备或构件都具有一个唯一识别的ID,因此可根据该ID生成二维码。

(2)设备到场后,将BIM模型生成的二维码贴在对应的构件或设备上。通过扫码可获得该设备的厂家资料、安装位置、标高等信息,方便现场人员对比安装位置,提高施工安装的精确性和效率。

(3)安装完成后,通过扫描二维码,对模型中的构件修改安装状态。并根据现场情况及时修改构件或设备的参数信息,保证其信息的有效性。

(4)在施工管理过程中,通过手机移动端、iPad 或专业扫码器扫描二维码,可快速定位到 BIM 模型中的相同构件,并高亮显示。通过扫码还可以快速获得设备编号、供货厂家等信息,做到 BIM 模型信息及现场信息实时查看。在巡检过程中,通过扫描二维码调出巡检记录单,填写设备情况并拍照上传,生成巡检记录。如图 7-215 所示。

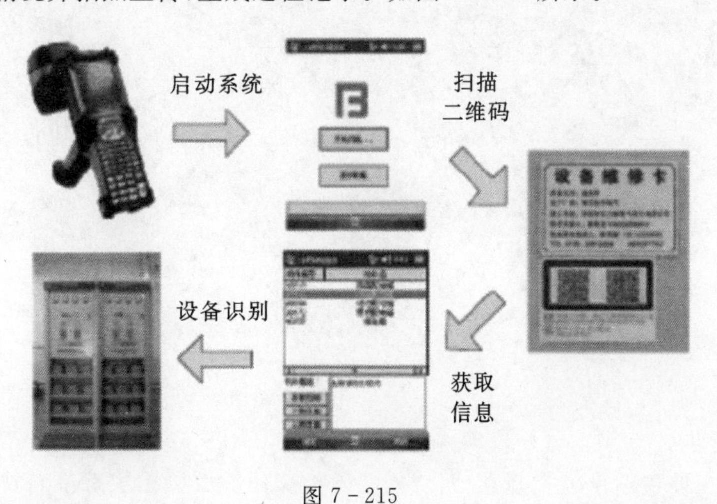

图 7-215

7.11 BIM 运维管理

7.11.1 BIM 运维管理的价值

1. BIM 运维管理的定义

BIM 运维的通俗理解即为运用 BIM 技术与运营维护管理系统相结合,对建筑的空间、设备资产等进行科学管理,对可能发生的灾害进行预防,降低运营维护成本。具体实施中通常将物联网、云计算技术等将 BIM 模型、运维系统与移动终端等结合起来应用,最终实现设备运行管理、能源管理、安保系统、租户管理等。

在运维阶段应用 BIM 技术,不但可以提高运维的效率和质量,而且可以降低运营维护费用,基于 BIM 的空间管理、资产管理、设施故障的定位排除、能源管理、安全管理等功能实现,在可视化、智能化、数据精确性和一致性方面都大大优于传统的运维软件。大数据、传感器、定位系统、移动互联、社交媒体、BIM 建筑等新技术的集成应用,也是智慧化运维的必然趋势。

2. BIM 运维管理的价值体现

(1)空间管理。

首先,空间管理主要应用在照明、消防等各系统和设备空间定位。获取各系统和设备空间位置信息,把原来编号或文字表示变成三维图形位置,直观形象且方便查找。如通过 RFID 获取大楼安保人员位置;消防报警时,在 BIM 模型上快速定位所在位置,并查看周边疏散通道和重要设备等。如图 7-216 所示。

其次，空间管理应用于内部空间设施可视化。传统建筑业信息都存在于二维图纸和各种机电设备操作手册上，需要使用时由专业人员去查找、理解信息，然后据此决策对建筑物进行一个恰当动作。利用BIM技术将建立一个可视化三维模型，所有数据和信息可以从模型中获取和调用。如装修时可快速获取不能拆除的管线、承重墙等建筑构件的相关属性。

图7-216

(2)设施管理。

设施管理主要包括设施装修、空间规划和维护操作。美国国家标准与技术协会(NIST)于2004年进行了一次研究，业主和运营商在持续设施运营和维护方面耗费的成本几乎占总成本的三分之二，这次统计反映了设施管理人员的日常工作烦琐费时。而BIM技术能够提供关于建筑项目协调一致、可计算的信息，因此该信息非常值得共享和重复使用，且业主和运营商可降低由于缺乏互操作性而导致的成本损失。此外，运用BIM技术还可对重要设备进行远程控制。如把原来商业地产中独立运行的各设备通过RFID等技术汇总到统一平台进行管理和控制。通过远程控制，可充分了解设备的运行状况，为业主更好地进行运维管理提供良好条件。

(3)隐蔽工程管理。

建筑设计时可能会对一些隐蔽管线信息不能充分重视，特别是随着建筑物使用年限的增加，这些数据的丢失可能会为日后的安全工作埋下很大的安全隐患。基于BIM技术的运维可管理复杂的地下管网，如污水管、排水管、电线及相关管井，并可在图上直接获得相对位置关系。当改建或二次装修时可避开现有管网位置，便于管网维修、更换设备和定位。内部相关人员可共享这些电子信息，有变化可随时调整，保证信息的完整性和准确性。如图7-217所示。

(4)应急管理。

基于BIM技术的管理能杜绝盲区的出现。公共、大型和高层建筑等作为人流聚集区域，突发事件的响应能力非常重要。传统突发事件处理仅仅关注响应和救援，而通过BIM技术的运维管理对突发事件的管理包括预防、警报和处理。如遇消防事件，该管理系统可通过喷淋感应器感应着火信息，在BIM信息模型界面中就会自动触发火警警报，着火区域的三维位置立即进行定位显示，控制中心可及时查询相应周围环境和设备情况，为及时疏散人

图 7-217

群和处理灾情提供重要信息。

(5)节能减排管理。

通过 BIM 结合物联网技术，日常能源管理监控变得更加方便。通过安装具有传感功能的电表、水表、煤气表，可实现建筑能耗数据的实时采集、传输、初步分析、定时定点上传等基本功能，并具有较强的扩展性。系统还可以实现室内温度、湿度的远程监测，分析房间内的实时温度、湿度变化，配合节能运行管理。在管理系统中可及时收集所有能源信息，并通过开发的能源管理功能模块对能源消耗情况进行自动统计分析，并对异常能源使用情况进行警告或标识。

7.11.2 BIM 运维管理软件知识基础

1. 常用的 BIM 运维管理软件

经美国国家 BIM 标准委员会分析，一个建筑物完整生命周期中的 75%成本发生在运营阶段(使用阶段)，而建设阶段(设计及施工)的成本只占 25%。因此可以看出，BIM 应用的主要推动力和核心服务目标将会是为建筑物运营管理阶段提供服务。在多款 BIM 运营管理软件中，ArchiBUS 是最有市场影响的软件之一，是传统上 CAFM 软件的代表，而FacilityONE也将提供有关帮助。如图 7-218 所示。

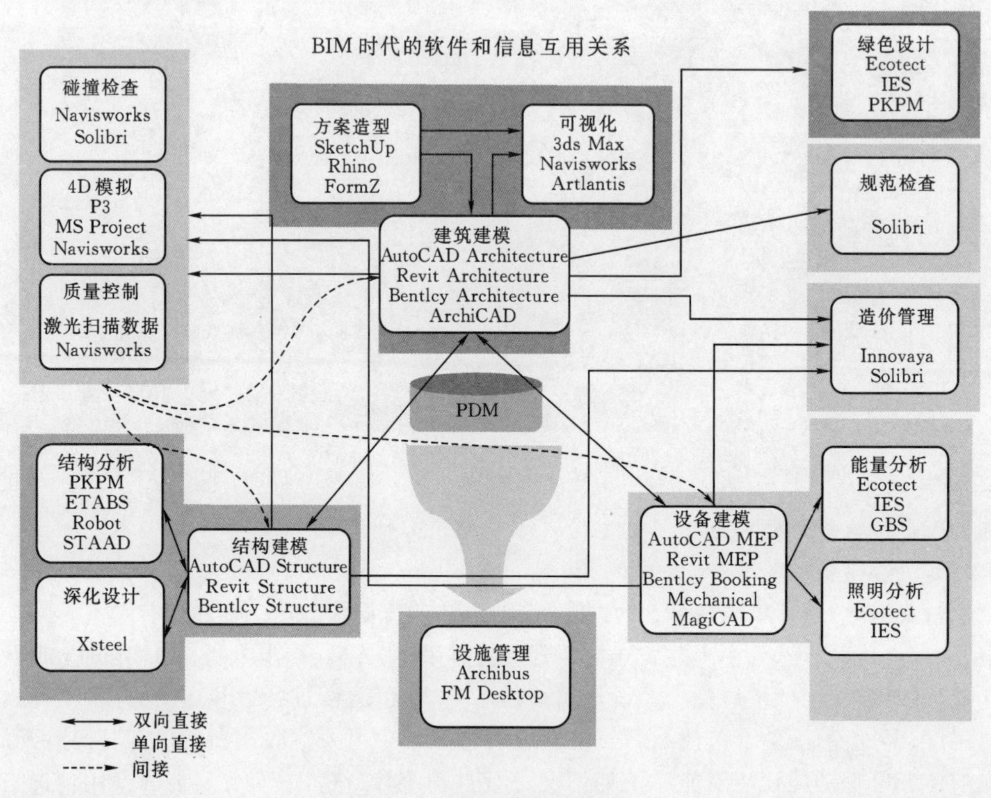

图 7－218

美国 ArchiBUS/FM 资产管理平台，是一套用于企业各项不动产与设施管理（corporate real estate and facility management）信息沟通的图形化整合性工具，举凡各项资产（土地、建物、楼层、房间、机电设备、家具、装潢、保全监视设备、IT 设备、电讯网络设备）、空间使用、大楼营运维护等皆为其主要管理项目。设施管理（facility management）依国际设施管理协会（IFMA）的定义观之，是整合企管与工程之管理服务工作，参与人员涵括各行政部门，是政府、法人组织或企业营运管理非常重要的一环。如图 7－219 所示。

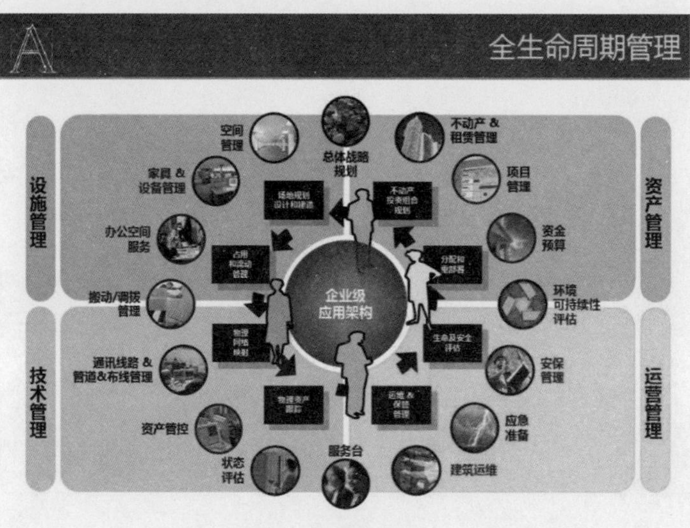

图 7－219

2. ArchiBUS 系统简介

BIM 建筑信息模型数据传递到 ArchiBUS 系统，针对三项系统功能：空间管理（space management）、家具与机电设备管理系统（furniture and equipment management）、建筑物营运与维修管理（building operations management）。

(1)空间管理。

①分析各部门的空间库存信息；

②产生空间库存与其毛面积、房间、服务面积、垂直穿透物；

③促成更佳的空间效率以至降低占用成本；

④按收费及报告需求使您的空间征收费用过程自动化；

⑤链接建筑图则与设施及基建数据，以确保信息的准确性；

⑥准确地分配空间使用及报告征费。

(2)家具与机电设备管理系统。

①家具及设备标准手册或财产卡；

②空间标准及设备手册；

③搬动工作单的搬动统计；

④设备分布报表；

⑤标准的设备库存数量；

⑥家具及设备报废数据；

⑦职员搬动工作单；

⑧建立搬动工作单表格。

(3)建筑物运营与维修管理。

①建立设备预防性维修编制；

②各设备的预防性维修编制；

③定期预防性维修编制；

④设备预防性维修工作单；

⑤设备维修历史；

⑥技能工作量；

⑦技术员工作量；

⑧技术员可用情况；

⑨技术员表现；

⑩程序、步骤及各项资源需求等。

3. 运维软件的价值及特性

ArchiBUS 是以设施管理理论(facility management)为基础的企业级不动产及设施管理整体解决方案，它为客户提供长远的价值。

ArchiBUS/TIFM 的 Overlay 是在 AutoCAD 基础上开发出来的一套工具，并与 AutoCAD 无缝集成，将 CAD 图形和数据库结合在一起，因此可以在一个环境中将设备、人员进行空间定位，真正实现对不动产设施的有效跟踪管理。如图 7－220 所示，其具体的特点有：

①提升内部及外部服务表现，编排工作优先次序，避免工作积压；

②能够评估工单要求，优化人工及物料使用，尽量降低运作成本；

③追踪预防性维修程序，核实开支及确保符合内部标准或条例要求；
④轻松查询历史数据，简化工作预测及预算程序；
⑤提供现场状况评估能力。

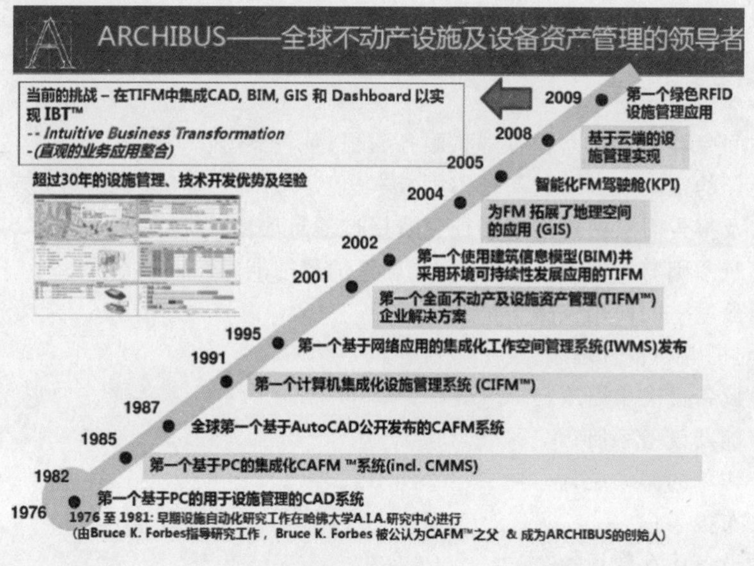

图 7-220

第 8 章　BIM 的专业化集成

教学导入

随着建筑安全性、智能化和节能性等要求的提高，管线安装空间越来越紧张。通过运用 BIM 技术，可以提高管线综合的效率，并合理布置管线。此外，利用 BIM 的可视化和碰撞检测，对管线进行调整，可以减少施工中不必要的返工。

通过调整后的 BIM 模型，进行信息录入，利用 BIM 模型的数据管理功能，可快速查找构件的尺寸、材料等相关信息，从而利用相关信息进行有效的资产管理。

本章讲述了对传统模式的综合管线和数字资产管理运用 BIM 所带来的影响，让读者了解综合管线和数字资产管理，并对 BIM 在综合管线和数字资产管理的应用架构提供了思路。

学习要点

- BIM 辅助管线深化与施工协作
- BIM 进行数字资产管理

8.1　BIM 下综合管线的深化与施工

8.1.1　传统模式下综合管线深化与施工

1. 传统模式下综合管线深化与施工的做法

综合管线深化与施工是一项系统性工作，且需要施工参与各方的协同配合。传统模式下，综合管线深化的做法是：

(1)设计方：根据业主提供建筑物功能要求和原始参数进行方案设计；在方案设计基础上进行初步设计，完成建筑及结构设计；设计计算各系统主要功能数据及负荷参数；设计各系统原始图；设计施工图纸(平面图、系统图、机房布置图、剖面图等)并正式出图。

(2)施工方：完善、深化施工图纸(确认需要深化图纸范围，根据工程进度制订深化出图计划并经审批；仔细阅读图纸和设计说明；理解设计原理和设计意图；熟悉现场，搜集图纸问题，进行图纸会审和图纸补充；获取设计单位各专业施工图电子版，绘制机电管线综合；解决管线交叉、与结构冲突、与装饰冲突、与防火卷帘等冲突问题；与设计等单位沟通协作，综合考虑并修整图纸后完成综合管线平面图和剖面图；根据调整后的综合管线图完成预留预埋图和大样图的绘制工作)，并经过设计单位、业主或管理公司的审批，各单位会签后执行。

2. 传统模式下综合管线深化与施工存在的风险

综合管线深化，是将施工图设计阶段完成的机电管线进一步综合排布，根据不同管线的不同性质、不同功能和不同施工要求，并结合建筑装修的要求，进行统筹的管线位置排布。

在传统模式下，对于设计复杂的建筑物，机电管线密集且种类繁多，施工难度更大，包括给排水、暖通、强弱电等各个专业和系统，多种管线交错排布，依靠施工图设计阶段的平面图纸、系统图纸和主要管廊的剖面图纸，难以满足机电施工的要求，经常会出现专业间交叉“打架”、拆改的现象，从而引发以下风险：

(1)工期风险，即造成局部的工程活动、分项工程或整个工程的工期延长，使工程不能及时投入使用。

(2)费用风险，包括财务风险、成本超支、报价风险。

(3)质量风险，包括材料、工艺、工程不合格，工程试生产不合格，评价工程质量未达标准等。

8.1.2 运用BIM对综合管线深化与施工的影响

1.与传统模式相比，运用BIM的优势

(1)减少隐藏于图纸内的管线冲突。

由于传统的检测方法是手动并以2D图纸为基础，不能完全去除管线的冲突，导致现场常为解决管线冲突而采取和图纸不同的方法，造成图纸与现场不符的状况，连带降低图面估算的准确度，进而影响采购和资源分配等计划。以BIM技术建立的3D可视化模型可以自动检测管线的实体冲突，将大幅减少因人为疏忽而隐藏图面内的管线冲突，使现场人员能按照图面施工，提高现场和图纸的一致性。

(2)运用BIM模型可视化辅助机电作业协同。

机电协调过程中，常需要根据图纸进行讨论，无论是检查管线冲突点或是施工顺序的规划，常常需要掘取图纸信息来沟通。因此，基于BIM模型的可视化功能，将有助于缩短机电与其他专业的协同时间，避免因为各专业间认知上的差异而衍生的工程问题。

(3)通过BIM施工模拟，定义机电、结构和建筑装修作业之间的关系。

机电、结构和建筑装修作业间存在着施工的顺序问题，有些顺序存在于机电系统间，有些存在于机电和结构或机电和建筑构件中，这时可以应用BIM施工模拟演示，清楚确立各个构件的施工逻辑关系和顺序，避免重复工作，减少人力和物料的浪费。这样可以在施工前确立作业间的关系，有利于物料的分配，从而准确有效地运用施工机械和工具。

(4)有利于建立机电模型构件的施工标准。

运用BIM系统建立BIM模型作为机电的图纸说明数据库与协调平台，则机电模型构件必须具备施工时需求的相关属性。通过BIM模型对机电构件的管件、线材、装配、设备等作出标准要求，可以提高施工的质量，且有利于施工规范。

(5)提高施工图面与数量表的一致性。

数量计算是成本估算、工期预测与资源分配的基础，尤其是机电材料种类繁多、系统复杂、变更设计时常发生，因此经常出现图面数量与计算结果不同的情形。BIM系统可以加强图面与数量表内容的一致性，将有助于机电设计人员比较变更设计前后差异，提高计价数量的准确度，并同时减轻负担。

2.BIM在综合管线深化与施工的应用

(1)协调配合。

对于参与到项目施工的各个专业，通过BIM软件建立模型后，可明确各专业负责的内容。通过建筑模型发现并找出各专业之间可能存在的一些问题，快速协商并找到解决办法。

(2)碰撞分析、深化设计。

使用BIM软件对原图纸进行三维建模，将各系统分别建立模型、进行整合、运行碰撞检测、找出碰撞点后，与各施工单位进行协商处理，优化设计。

(3)为构件预制加工提供模型参数。

通过BIM技术，依照BIM成果的深度和详细程度，为各专业的施工和安装提供准确的构建信息和定位尺寸的相关数据，最终达到指导施工、校验施工和降低施工成本的目的。

(4)现场施工指导。

运用BIM软件实施复杂节点剖面图的绘制，帮助施工员直观地理解图纸，缩短施工时间。

(5)现场交底。

使用BIM软件建立三维模型后，根据合同工期，使用软件排出进度计划，通过模拟施工动画，施工人员能直观地掌握每一个时间节点需要完成的工作内容，对于一些特殊的方案，可以通过模拟动画效果，对工人进行技术交底。

8.1.3 BIM管线深化与施工的工作流程

1.机电模型的建模标准

机电系统主要表现为风、火、水、电。风即为暖通(AC)，火为消防(FS)，水为排水(DR)和给水(PL)，电为电气(EL)。运用BIM进行机电深化的基础就是模型，而模型里面应包含项目所需的信息，这样才能为机电深化这一工作打下扎实的基础。以下讲述不同专业在建模过程中的标准。

(1)暖通。

暖通模型包含风管管道、暖通水管道、管件、设备和配件。

①风管管道(duct)。

风管管道模型创建采用“风管”构件，如图8-1所示。

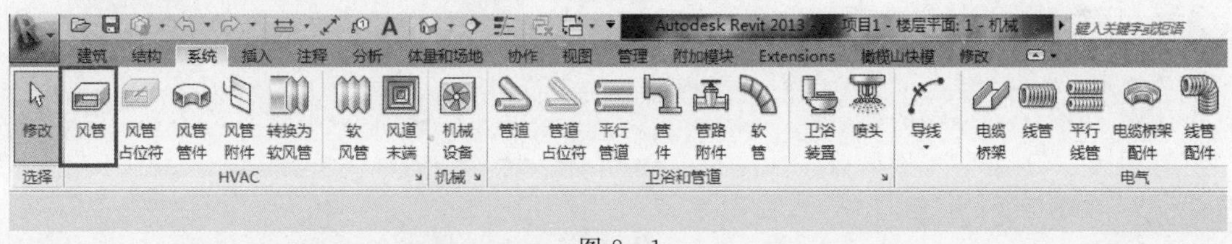

图8-1

风管分为矩形风管和圆形风管，风管命名的格式是“AC-×××”，例如：AC-SAD(管道名字由CAD图纸给出)。命令格式如图8-2所示。

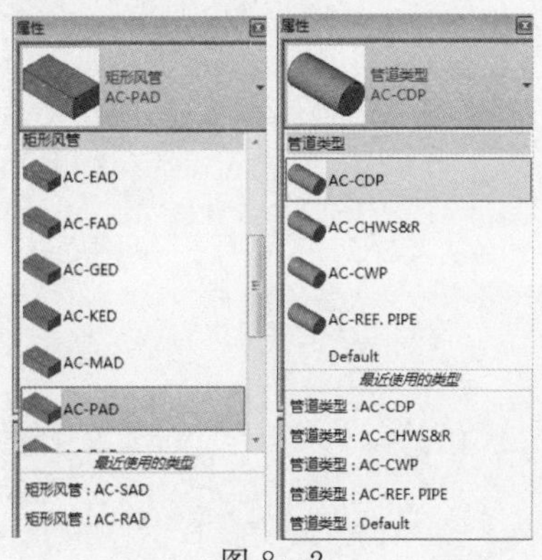

图8-2

②暖通水管道(pipes)。

暖通水管道模型创建采用“管道”构件,如图 8-3 所示。

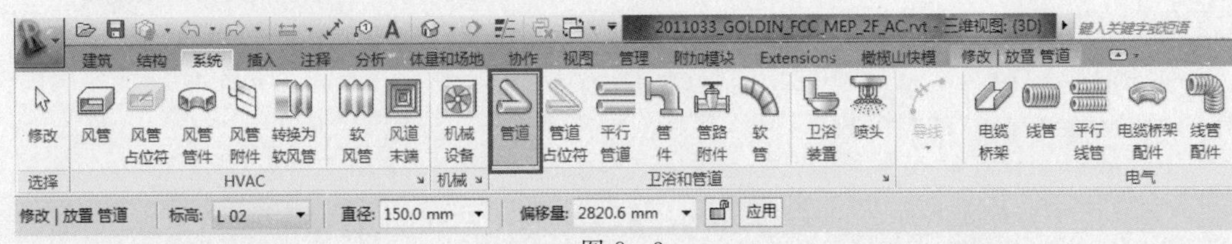

图 8-3

暖通水管道的命名格式和风管管道一样,不过在画图的时候要注意的是,CDP 属于排水管道,要加上坡度。

③管件(fittings)。

风管管件模型创建采用“风管管件”构件,如图 8-4 所示。

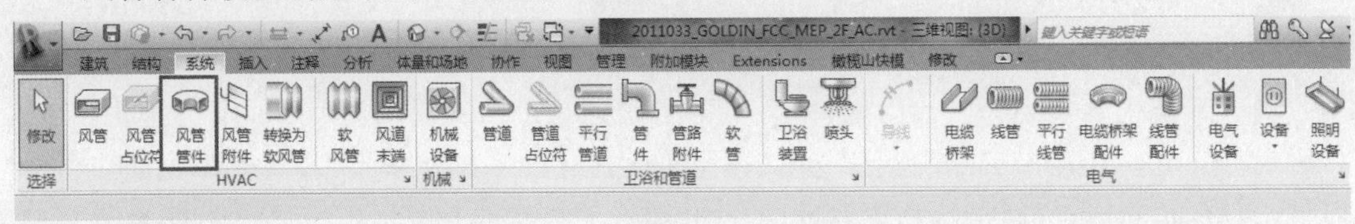

图 8-4

在绘制管道的时候,管件会自动创建,通常是软件默认管件的参数,在绘图时,要对管件进行参数的调节。

例如:以“AC-TED”为例,根据 CAD 给出的尺寸,对弯头的宽度、高度和半径进行调节,如图 8-5 所示。

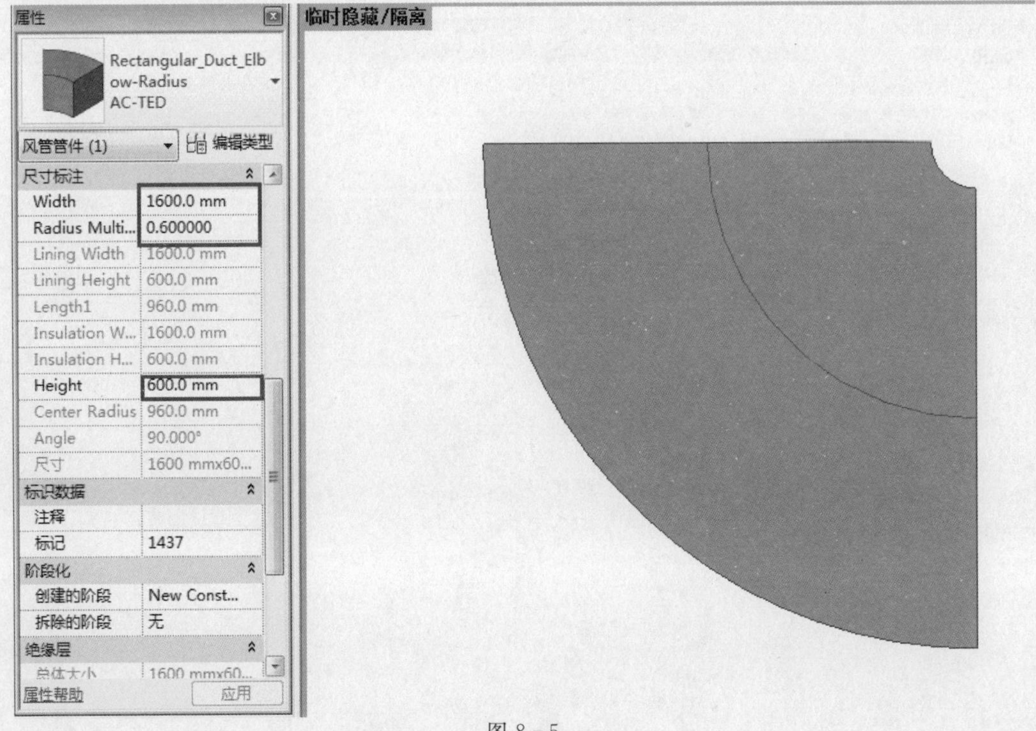

图 8-5

以“AC-TED”为例，根据CAD给出的尺寸，对变径的偏移宽度和偏移高度进行调节，如图8-6所示。

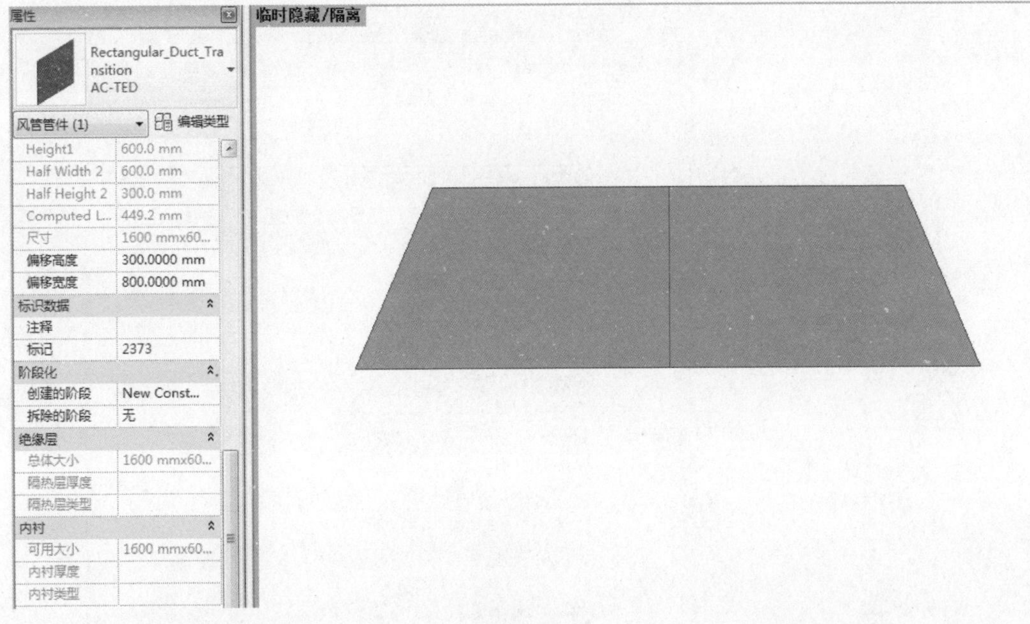

图8-6

当默认的管件找不到你想要的类型时，你可以复制一个或者进行重命名，如图8-7所示。

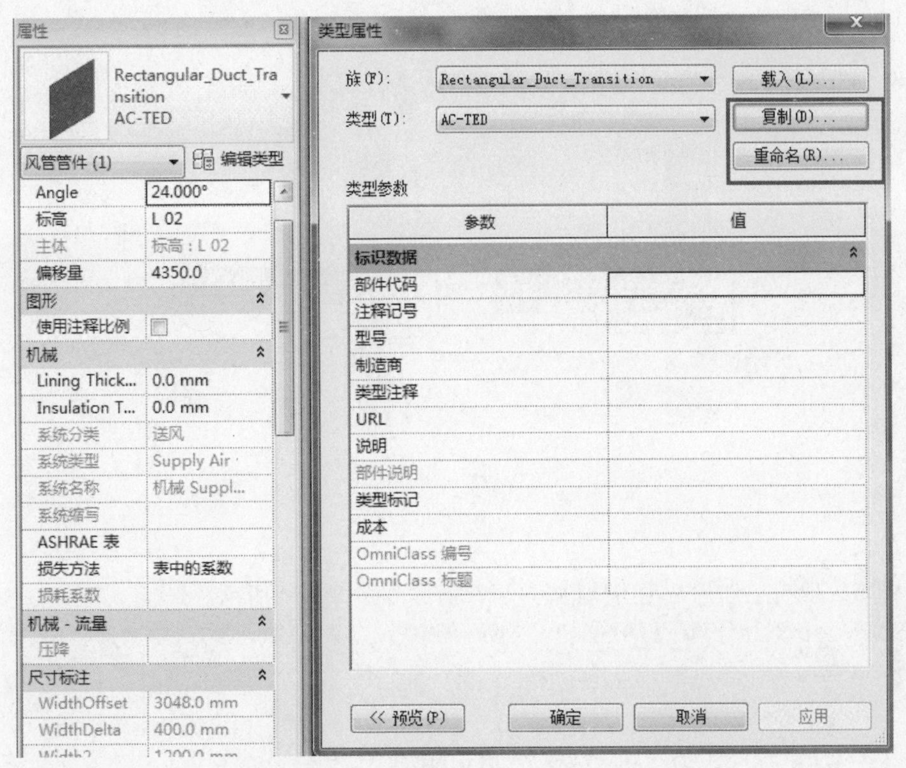

图8-7

风管的类型参数，称为管件，以“AC－SAD”为例，所选用的管件的名称都应改为与管道一致的名称，如图8－8所示。

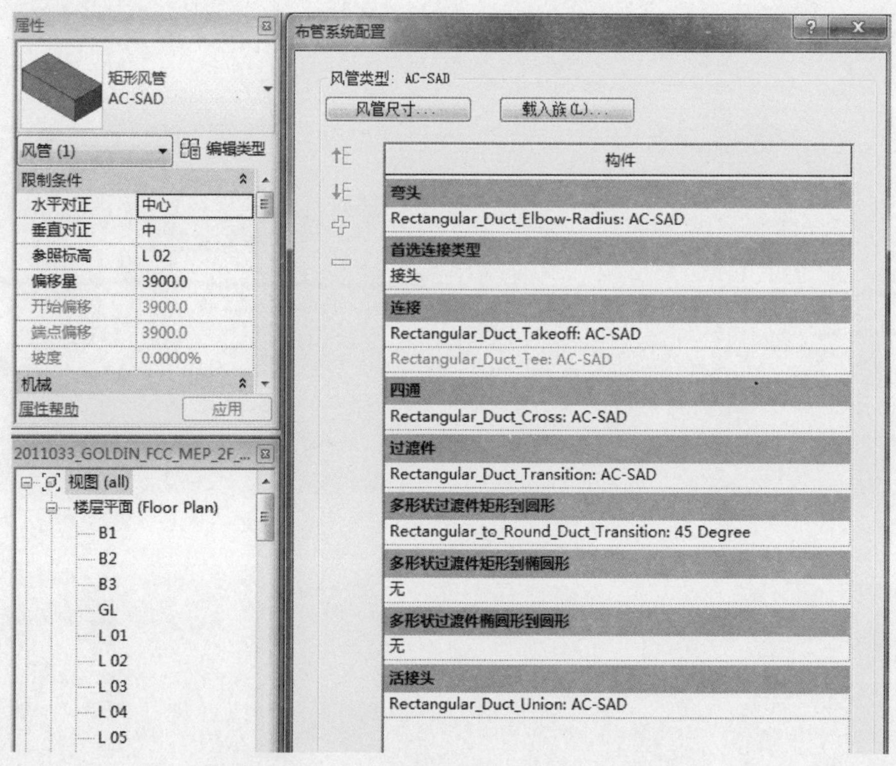

图8－8

另外，要根据不同的情况，替换不同的管件来进行使用。如图8－9所示。

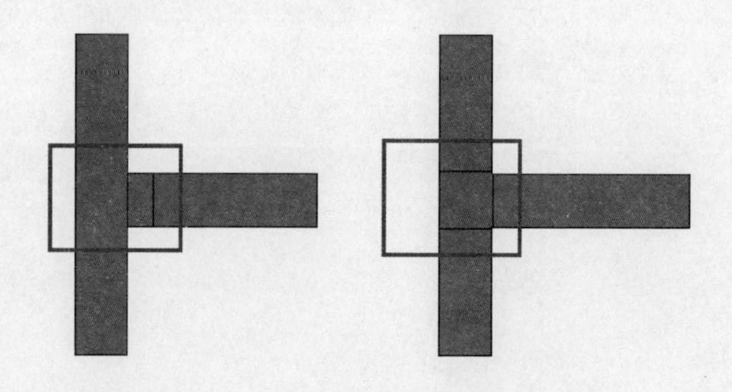

图8－9

④隔热层。

风管隔热层模型创建采用“添加隔热层”构件，如图8－10所示。

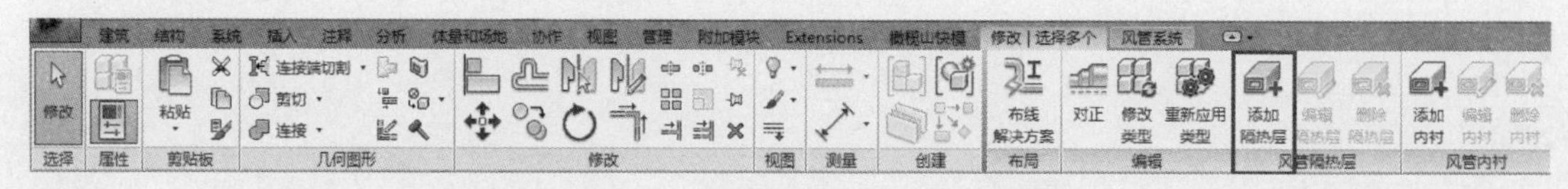

图8－10

AC模型里面的风管和管道，通常包含隔热层。选中所需要添加隔热层的管道，然后点击“添加隔热层”。如图8-11所示。

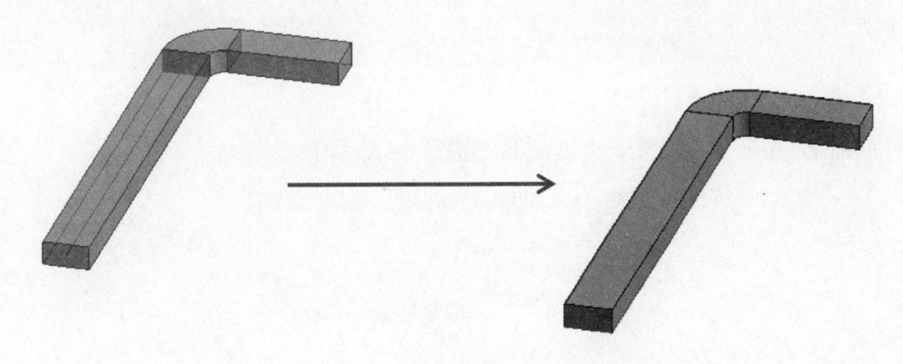

图8-11

⑤设备(equipment)。

设备模型创建采用“机械设备”构件，如图8-12所示。

图8-12

设备的命名按照CAD给出的名字进行命名，如图8-13所示。

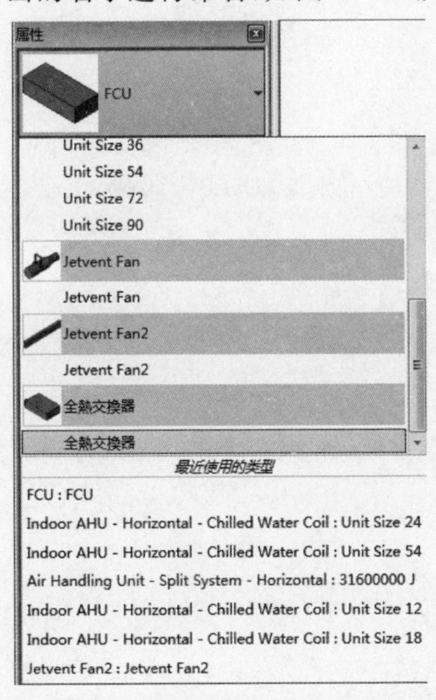

图8-13

⑥附件(accessories)。

附件模型创建采用“风管附件”构件，如图 8－14 所示。

图 8－14

附件的命名，按照 CAD 图纸给出的名字进行命名，如图 8－15 所示。

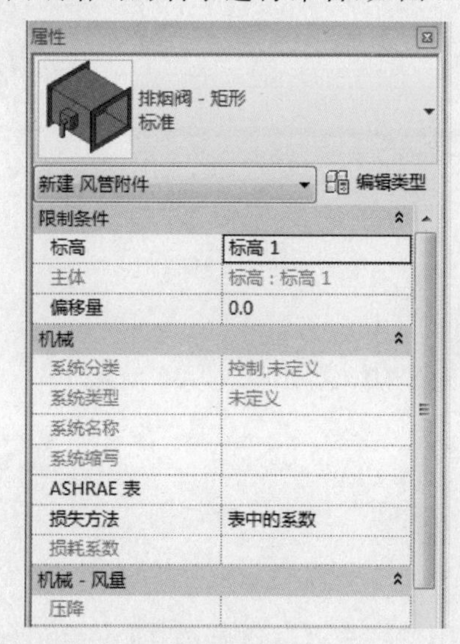

图 8－15

(2)消防。

①消防管道。

消防管道模型创建采用“管道”构件，如图 8－16 所示。

图 8－16

FS 管道的命名格式是“FS－×××PIPE”，以 SPR 为例，命名为“FS－SPR PIPE”，如图 8－17 所示。

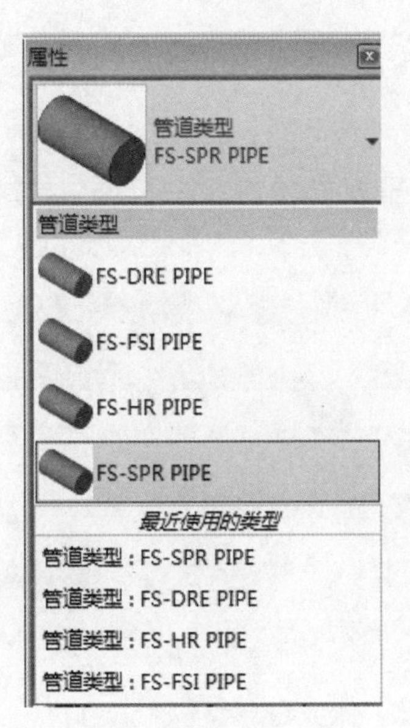

图 8－17

②消防管件。

消防管件模型创建采用“管件”构件，如图 8－18 所示。

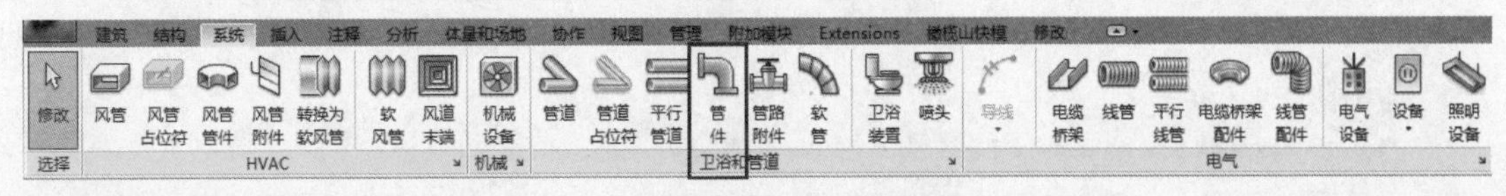

图 8－18

管件的命名与消防管道的命名一样，如图 8－19 所示。

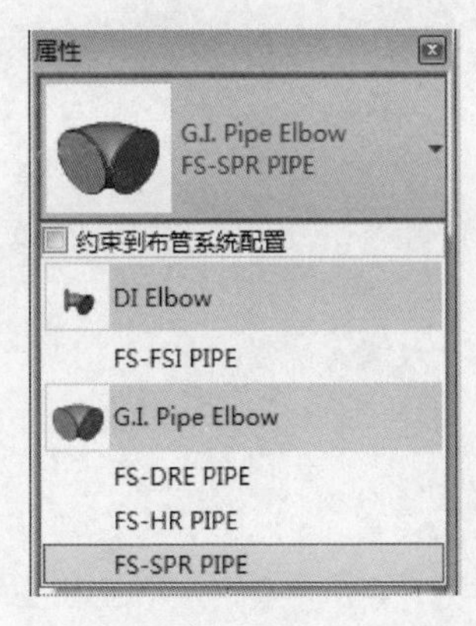

图 8－19

FS 管道的“布管系统配置”中，各管件的命名要一致，管件要选择适合消防管道使用的管件，如图 8－20 所示。

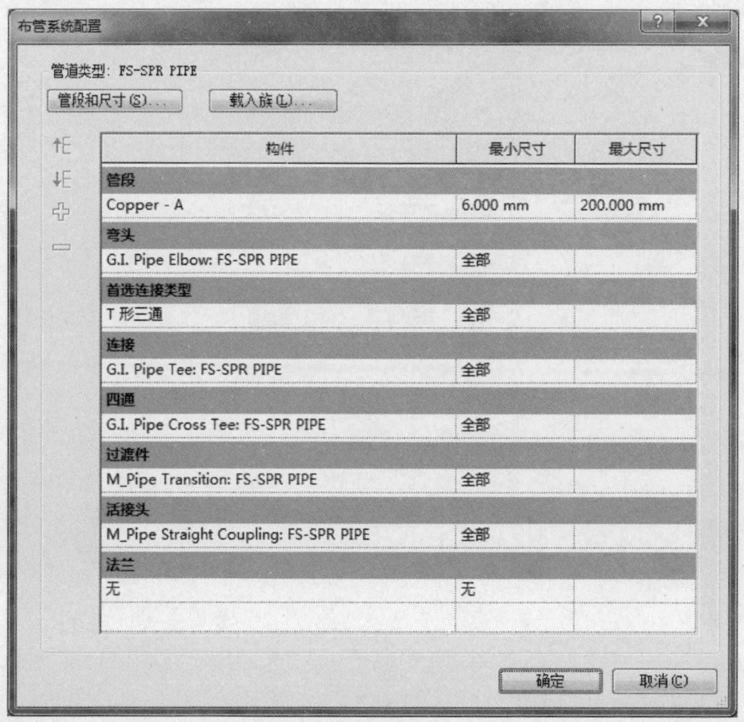

图 8－20

③消防设备。

消防设备的命名，按照 CAD 给出的名字来进行命名，如图 8－21 所示。

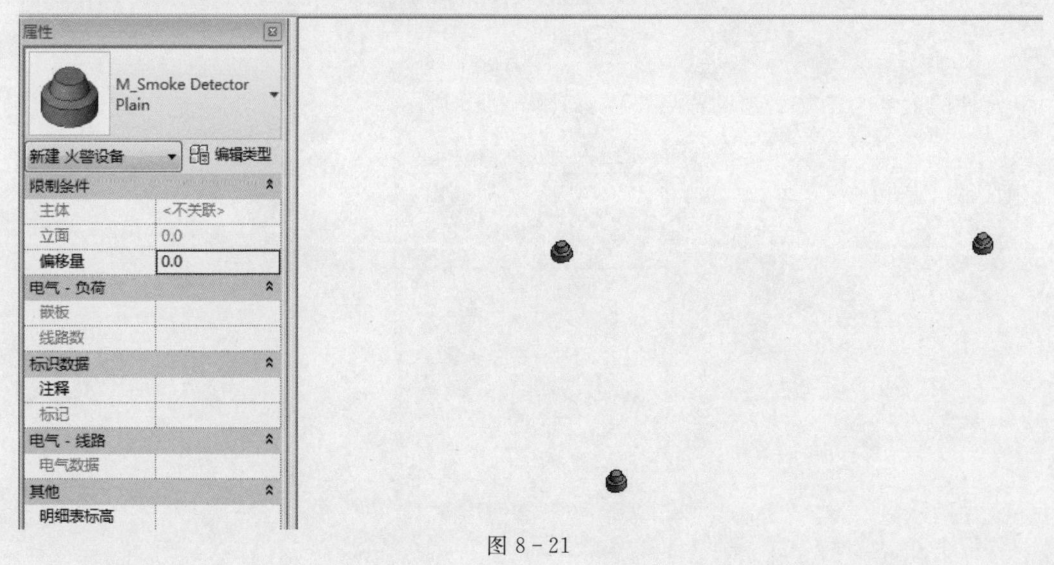

图 8－21

(3)排水。

①DR 排水管道。

排水管道模型创建采用“管道”构件，如图 8－22 所示。

图 8-22

DR 排水管的命名为"DR-×××(材质)",以排水的 RWP 管为例子,命名为"DR-RWP(Upvc)",如图 8-23 所示。

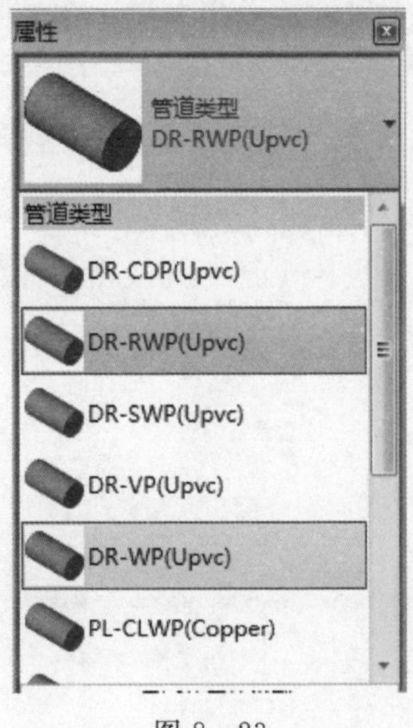

图 8-23

②DR 排水管件。

排水管件模型创建采用"管件"构件,如图 8-24 所示。

图 8-24

DR 排水管所使用的管件的命名和 DR 管的命名一样。DR 管使用的是 Upvc 材质,管件同样是使用 Upvc 材质的管件,如图 8-25 所示。

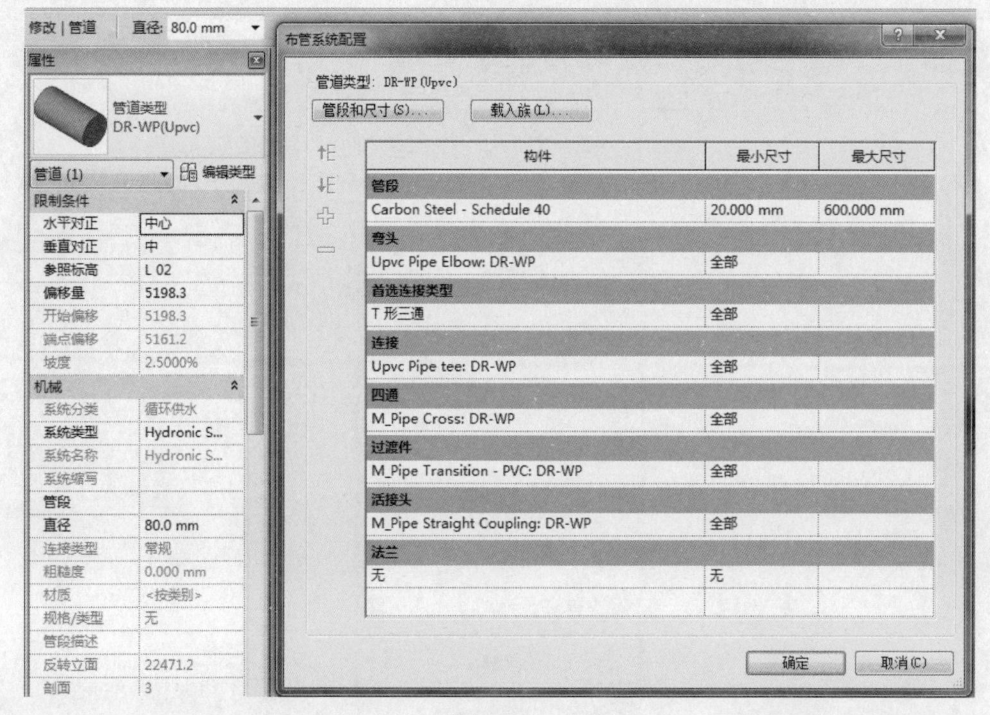

图 8-25

③排水(DR)管坡度。

DR 是排水管,排水管要加上坡度,不同的管径适应不同的坡度,坡度百分比见表 8-1。示例图如图 8-26 所示。

表 8-1 坡度百分比

管尺寸(mm)	坡度
等于或少于 100	1∶40(2.5%)
150	1∶70(1.428%)
225 或 250	1∶100(1%)
300 或 2350	1∶150(0.667%)

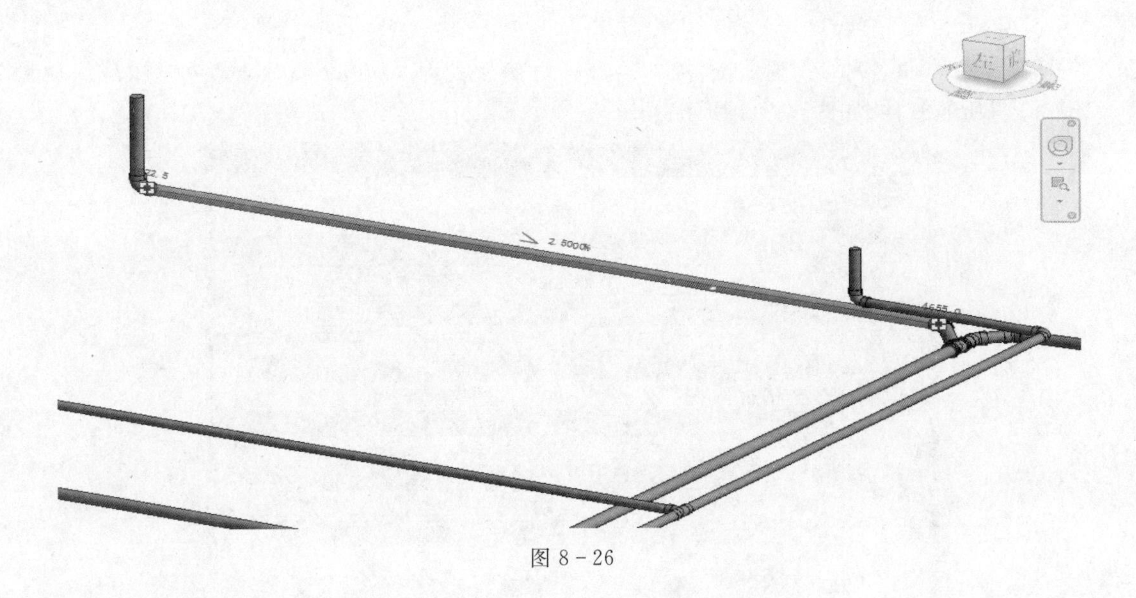

图 8-26

(4)给水。

①供水管道(PL)。

供水管道模型创建采用“管道”构件,如图 8-27 所示。

图 8-27

PL 管的命名格式为“PL-×××(材质)”,以供水管 CLWP 为例子,命名为 PL-CLWP(Copper),如图 8-28 所示。

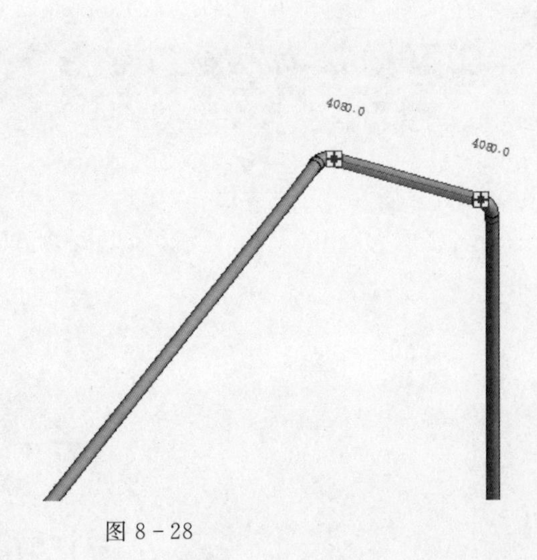

图 8-28

②(供水)PL 管件。

PL 管件的命名和 PL 管的命名一样,PL 管使用的是 Copper 材质,管件同样是使用 Copper 材质的管件,如图 8-29 所示。

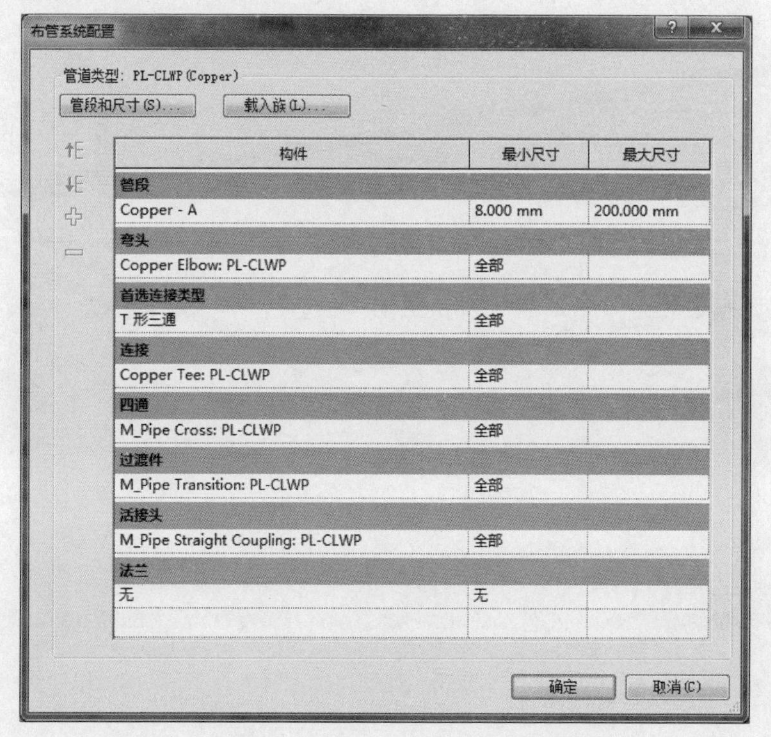
布管系统配置

管道类型: PL-CLWP (Copper)

构件	最小尺寸	最大尺寸
管段		
Copper - A	8.000 mm	200.000 mm
弯头		
Copper Elbow: PL-CLWP	全部	
首选连接类型		
T 形三通	全部	
连接		
Copper Tee: PL-CLWP	全部	
四通		
M_Pipe Cross: PL-CLWP	全部	
过渡件		
M_Pipe Transition: PL-CLWP	全部	
活接头		
M_Pipe Straight Coupling: PL-CLWP	全部	
法兰		
无	无	

图 8-29

(5)电气。

电气模型分为电缆槽(Cable Tray)和电线槽(Trunking)。

①电缆槽(Cable Tray)。

电缆槽模型创建采用“电缆桥架”构件,如图 8-30 所示。

图 8-30

电缆桥架的命名格式为“EL-CT-×××”,以桥架 AFA 为例,命名为“EL-CT-AFA”,如图 8-31 所示。

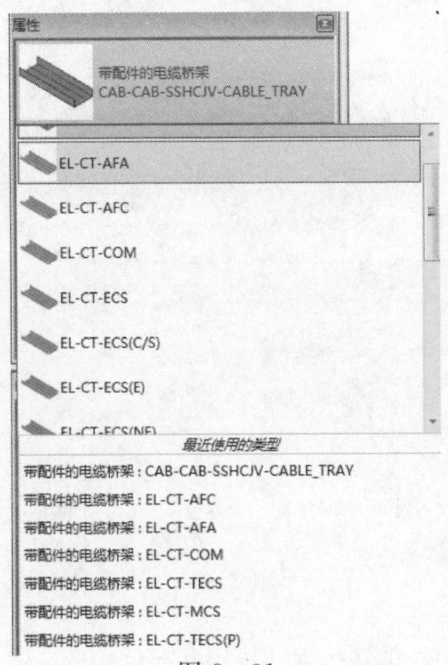

图 8-31

在绘制 Cable Tray 之前，要对桥架的类型属性加载适当的桥架族，如图 8-32 所示。

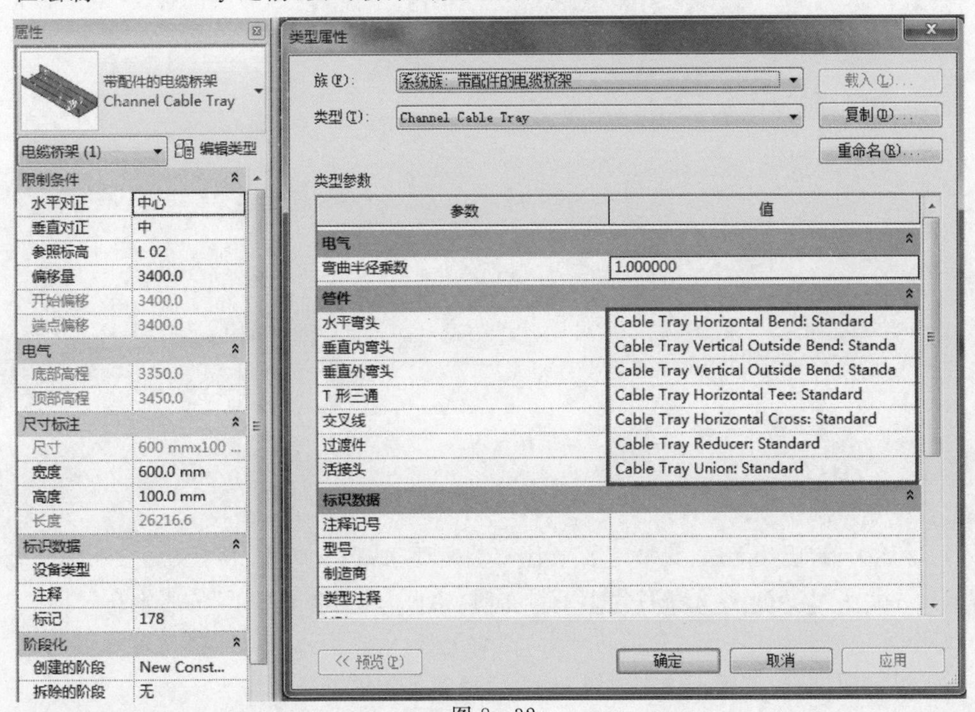

图 8-32

②电线槽(Trunking)。

电线槽模型创建采用“风管”构件，如图 8-33 所示。

图 8-33

电线槽的命名的格式是"EL－×××－Trunking"，以IT线槽为例子，命名为"EL－IT－Trunking"。如图8－34所示。

图8－34

Trunking所使用的管件，同样是使用风管的管件，但是命名要按照电线槽的命名来对线槽管件进行命名，如图8－35所示。

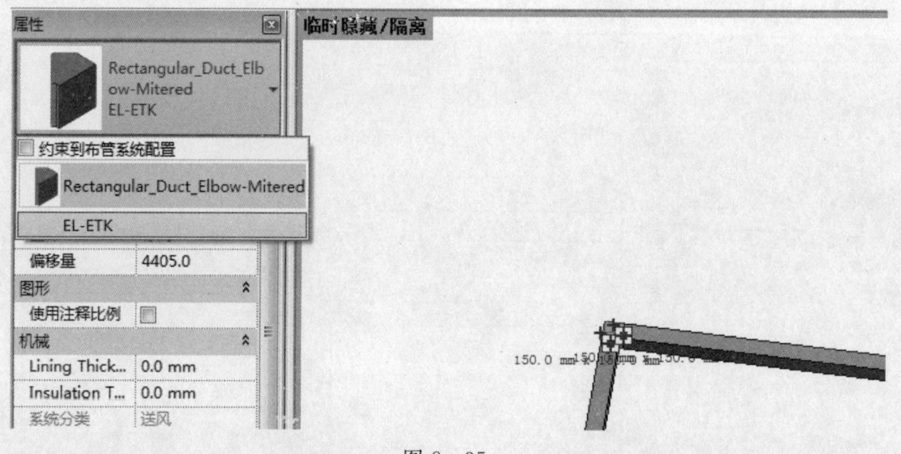

图8－35

2.管道布置总原则

(1)小让大，有压让无压，无坡度要求让有坡度要求；风管为主，桥架次之，水管为辅，各种管线优先水平紧凑布置，无条件需上下排布时，遵循"风上电中水下"的原则布置。

(2)车库内的通风排烟风管、消防干管、自喷干管、采暖干管及电气桥架等尽可能地布置在车位上方，并且贴墙或者是柱帽边缘布置，以便保证车道的净高要求。

(3)通风、排烟风管及消防给水管要贴梁底(梁柱结构)或板底(大板结构)敷设高度＋50mm；桥架遇梁贴梁底，过梁后上翻与顶板预留桥架高度＋50mm。

(4)排烟风管的高度控制在400高以上，风管宽高比可以控制在8∶1，排烟风口的排烟距离控制在25～30m，尽可能地缩短排烟风管的长度。

(5)若暗走道需要排烟，通过调整排烟风机房或排烟竖井的位置，走廊内尽量不走排烟风管。

(6)排风口首选不占用层高空间的单层百叶，若消防强制要求选择常闭多叶排烟口，要在风管侧面安装，禁止下装占用层高。

(7)主要干管管道及桥架要注明标高，管线密集处要纵断。要求设计院与总包单位均出具管线综合及纵断图。

(8)能设置在夹层或者屋顶等公共区域的管线及设备，严禁设置在商铺或者是储藏室内。

(9)设备及电气管线尽可能地集中合理布置，电气桥架和水管及风管的水平及垂直净距≥100mm，设备管道之间的净距≥50mm。商铺内的自喷淋消防采暖干管应在隔墙或外墙处贴梁底安装。

(10)合理安排安装施工顺序，本着风管—桥架—重力流管道(雨污水管)—有坡度要求管道(采暖、空调管及冷凝水管)—无坡度要求的管道(消防、给水管、电气桥架)的工序进行。

(11)风管、消防干管及电气桥架必须布置于商铺内时，要紧靠墙体并梁底敷设，便于后期局部吊顶，不得影响商铺主空间吊顶及视觉效果。

(12)管线应尽量避免直接穿越防火卷帘及挡烟垂壁，当无法避免时，可采取在防火卷帘两侧加建筑隔墙用于管线敷设等措施。在遇到因结构梁太高而管线在其下方敷设影响层高的情况下，机电专业可考虑梁高(在施工图阶段时，设计院结构专业应对机电专业做到警示提醒，机电专业穿梁应与结构专业协商解决)。

3.管道排布标准

(1)入户管线排布标准。

①住宅的入户管，公称直径不小于20mm；

②电缆在室外直接埋地敷设的深度不小于0.7m，穿越农田不小于1m；

③排水管道埋深浅于建筑物基础时，不小于2.5m，埋深深于建筑物基础时，不小于3m；

④给水管外壁距建筑物外墙的净距不小于1m；

⑤敷设在室外管廊(沟)内的给水管道，宜在热水、热力管道下方，冷冻管和排水管上方，给水管与各管道之间的净距不小于0.3m；

⑥室外消火栓的室外给水管道，管径不小于100mm；

⑦建筑物内埋地敷设的生活给水管与排水管之间的最小净距，平行埋设时不小于0.5m，交叉埋设时不小于0.15m，给水管应在排水管的上面；

⑧雨水检查井的最大间距如表8-2所示。

表8-2　雨水检查井的最大间距

管径(mm)	最大间距(m)
150(160)	30
200～300(200～315)	40
400(400)	50
大于等于500(500)	70

注：括号内数据为塑料管外径。

(2)配电间管线排布标准。

①配电室低压配电装置正面通道宽度，单列布置时应不小于1.5m，双列布置时应不小于2m；其背面通道不小于1m，特殊情况可减为0.8m；通道上方有裸露带电体时，高度应在

2.3m 以上,否则应加屏护,屏护的最低高度为 1.9m。

②室内安装变压器,与四壁应留有适当距离,1000kW 以下的为 0.6m,1250kW 以上的应不小于 0.8m,变压器到门的距离分别不小于 0.8m 和 1m;室外安装变压器,其外廓与周围围栏或建筑物间距不小于 0.8m。

③供电箱安装在墙、柱上时,强电箱距地面的高度宜为 1.3～1.5m,弱电箱距地面的高度宜为 0.3m。

④电缆桥架宜高出地表面 2.2m 以上敷设,桥架顶部距顶棚或其他障碍物不应小于 0.3m;桥架宽度不宜小于 0.1m, 槽盖开启面应保持 80mm 的垂直净空。

⑤垂直线槽布放缆线应每间隔 1.5m 固定在缆线支架上。

⑥桥架水平敷设时,支撑间距一般为 1.5～3m,垂直敷设时固定在建筑物构体上的间距宜小于 2m。

⑦金属线槽敷设时,在下列情况下设置支架或吊架:线槽接头处;间距 3m;离开线槽两端口 0.5m 处;转弯处。

⑧泵房内靠墙安装的落地式配电柜和控制柜前面通道宽度不宜小于 1.5m,挂墙式配电柜和控制柜前面通道宽度不宜小于 1m。

(3)电井管线排布标准。

①电井里配电箱距地高度如表 8-3 所示。

表 8-3 配电箱距地高度

配电箱高度	安装高度
600mm	1400mm
800mm	1200mm
1000mm	1000mm
1200mm	800mm
1200mm 以上的正常情况下做成落地式	

②电缆桥架、照明箱、封闭式母线槽之间净距应不小于 100mm,高压、低压或应急电源的电气线路相互之间应保持≥300mm 的间距;

③箱体前留有不小于 0.8m 的操作、维护距离。

(4)设备间管线排布标准。

①泵房。

a. 水泵房布置采用单行排列;

b. 机组的布置和通道宽度,应满足机电设备安装、运行、操作的要求;

c. 水泵机组基础间的净距不小于 1m;

d. 机组突出部分与墙壁的净距不小于 1.2m;

e. 主要通道宽度不小于 1.5m;

f. 配电箱前面通道宽度,低压配电时不小于 1.5m,高压配电时不小于 2m,当采用配电箱后面检修时,后面距墙的净距不小于 1m;

g. 有电动起重机的泵房内,应有吊运设备的通道;

h. 泵房内地面敷设管道时，通行处的管底距地面不小于 2m；

i. 水泵基础高出地面的高度不小于 0.1m，泵房内管道管外底距地面或管沟底面的距离，当管径小于等于 150mm 时，不小于 0.2m，当管径大于等于 200mm 时，不小于 0.25m。

②贮水池。

a. 池(箱)外壁与建筑物本体结构墙面或其他池壁之间的净距，无管道的侧面，净距不小于 0.7m，安装管道的侧面，净距不小于 1m，管外壁与建筑本体墙面之间的通道宽度不宜小于 0.6m，设有入孔的池顶，顶板面与上面建筑本体板底的净空不小于 0.8m。

b. 池(箱)底与地面板的净距，当有管道敷设时不小于 0.8m。

(5)管井管线排布标准。

①管道井若需维修，维修工作通道净宽不宜小于 0.6m；

②管外壁(或保温层外壁)距墙面≥0.1m，距梁、柱≥0.05m；

③管与管、与建筑构件之间的最少净距如表 8-4 所示。

表 8-4　管与管、与建筑构件之间的最少净距

引入管	1. 在平面上与排水管道间距不小于 100mm	
	2. 在排水管水平交叉时，不小于 150mm	
水平干管	1. 与排水管道的水平净距不小于 500mm	
	2. 与其他管道的净距不小于 100mm	
	3. 与墙、地沟壁的净距不小于 80～100mm	
	4. 与梁、柱、设备的净距不小于 50mm	
	5. 与排水管的交叉垂直净距不小于 100mm	
立管	1. 当 DN≤32，至墙的净距不小于 25mm	
	2. 当 DN32～DN50，至墙面的净距不小于 35mm	
	3. 当 DN70～DN100，至墙面的净距不小于 50mm	
	4. 当 DN125～DN150，至墙面的净距不小于 60mm	
管井与管道	敷设在管井内的管道	管道表面(有防结露保温时按保温层表面计)与周围墙面的净距不宜小于 50mm
水暖管离墙距离	给水、热水、采暖管(DN15～DN32)	中心起距墙表面 50mm
	DN40 以上	中心起距墙表面 60mm
	立管阀门安装	管外皮距墙表面 30mm
	排水管打口所需	承口距墙表面 50mm
排水柔性接口铸铁管离墙距离	管道沿墙或墙角敷设	道与墙体面层净距为40～60mm

续表 8-4

立管管外皮距建筑装饰面的间距(mm)(明装给水立管)	管径(DN)	间距(mm)
	32 以下	20～25
	32～50	25～30
	65～100	30～50
	125～150	60
立管之间距离	回水立管和供水立管管径≤32	两立管中心距为 80mm
	回水立管和供水立管管径≥40	两立管中心距为 130mm
建筑排水塑料管道距墙尺寸	室内的雨、污水立管离墙净距	20～50mm
	室外沿墙敷设的雨、污水管和空调凝结水管道离墙净距	不大于 20mm
	建筑给水复合管道距墙尺寸	
	管道公称直径为 10～25mm	小于或等于 40mm
	管道公称直径为 32～65mm	小于或等于 50mm

(6)走道管线排布标准。

①各种管线优先水平紧凑布置,如图 8-36 所示。

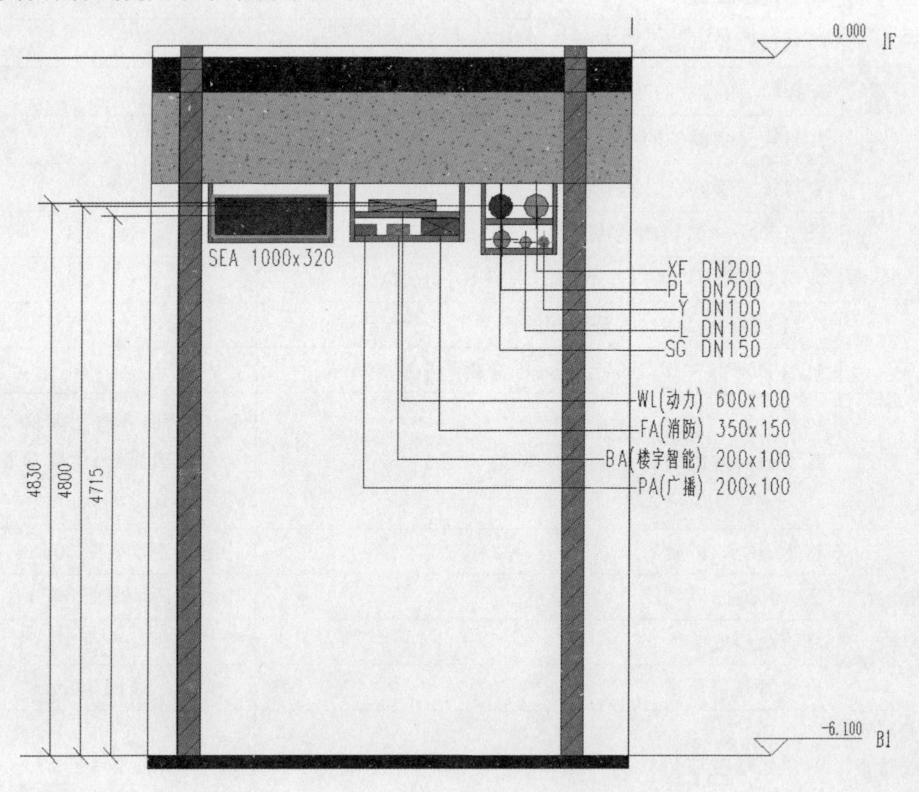

图 8-36

②风管和较大的母线桥架,安装在最上方,如图 8-37 所示。

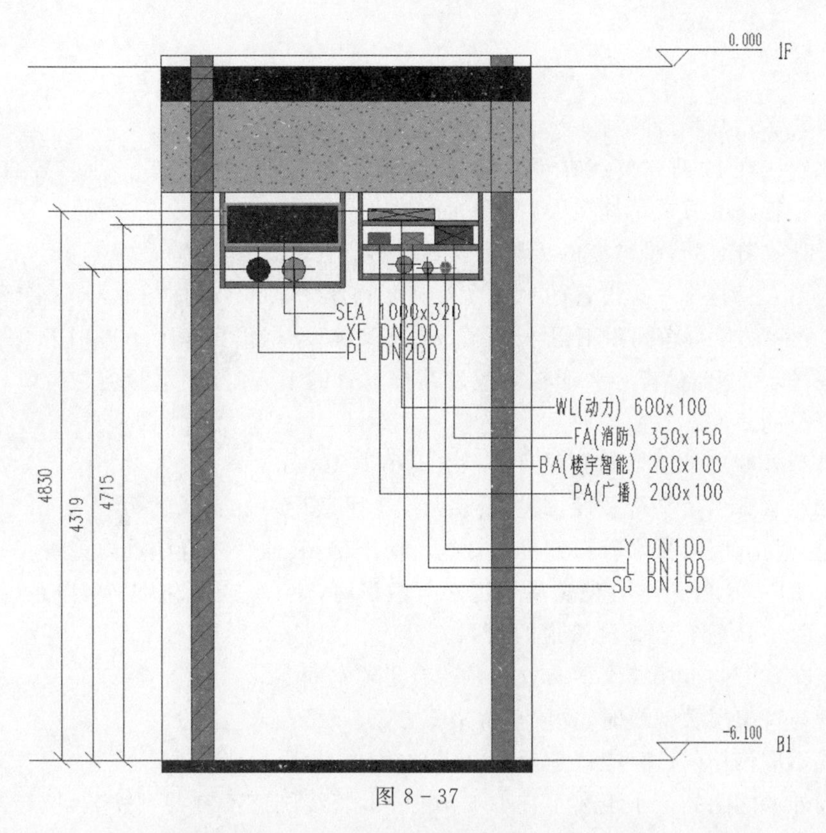

图 8－37

③无条件需上下排布时，遵循“风上电中水下”布置，如图 8－38 所示。

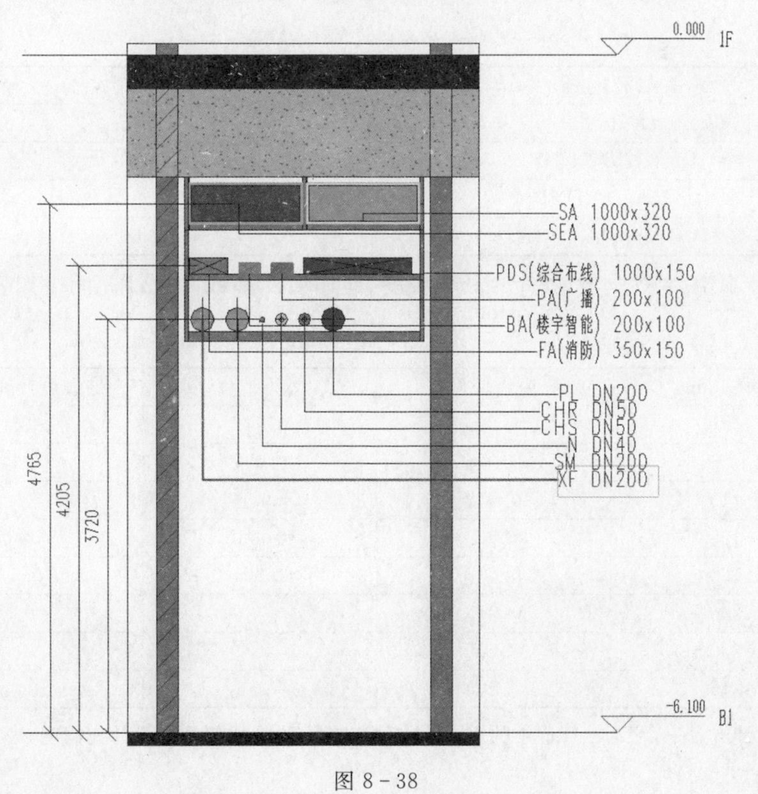

图 8－38

4.管道综合标准

(1)水专业。

①管线要尽量减少设置弯头。

②给水管线在上,排水管线在下。保温管道在上,不保温管道在下,小口径管路应尽量支撑在大口径管路上方或吊挂在大管路下面。

③除设计提升泵外,带坡度的无压水管绝对不能上翻。

④给水引入管与排水排出管的水平净距离不得小于 1m。室内给水与排水管道平行敷设时,两管之间的最小净间距不得小于 0.2m;交叉铺设时,垂直净距不得小于 0.15m;给水管应铺设在排水管上面,若给水管必须铺设在排水管的下方时,给水管应加套管,长度不得小于排水管径的 3 倍。

⑤喷淋管外壁离吊顶上部面层间距净空不小于 100mm。

⑥各专业水管尽量平行敷设,最多出现两层上下敷设。

⑦污排、雨排、废水排水等自然排水管线不应上翻,其他管线避让重力管线。

⑧给水 PP-R 管道与其他金属管道平行敷设时,应有一定保护距离,净距离不宜小于 100mm,且 PP-R 管宜在金属管道的内侧。

⑨桥架在水管的上层或水平布置时要留有足够空间。

⑩水管与桥架层叠铺设时,要放在桥架下方。

⑪管线不应该挡门、窗,应避免通过电机盘、配电盘、仪表盘上方。

⑫管线外壁之间的最小距离不宜小于 100mm,管线阀门不宜并列安装,应错开位置,若需并列安装,净距不宜小于 200mm;管线与墙面的净距如表 8-5 所示。

表 8-5 管线与墙面的净距

管径范围	与墙面的净距(mm)
$D\leqslant$DN32	≥25
DN32≤$D\leqslant$DN50	≥35
DN75≤$D\leqslant$DN100	≥50
DN125≤$D\leqslant$DN150	≥60

⑬建筑排水塑料管、排水横管的最小坡度、通用坡度和最大设计充满度如表 8-6 所示。

表 8-6 建筑排水塑料管、排水横管的最小坡度、通风坡度和最大设计充满度

外径(mm)	通用坡度	最小坡度	最大设计充满度
50	0.025	0.012	0.5
75	0.015	0.007	
110	0.012	0.004	
125	0.01	0.0035	
160	0.007	0.003	0.5
200	0.005		
250	0.005		
315	0.005		

注:在设计流量下,污水在管道中的水深 h 与管道直径 D 的比值称为设计充满度,表示为污水在管道的充满程度。

⑭卫生器具的安装高度如表 8－7 所示。

表 8－7　卫生器具的安装高度(单位:mm)

卫生器具名称	卫生器具边缘离地高度	
	居住和公共建筑	幼儿园
架空式污水盆(池)(至上边缘)	800	800
落地式污水盆(池)(至上边缘)	500	500
洗涤盆(池)(至上边缘)	800	800
洗手盆(至上边缘)	800	500
洗脸盆(至上边缘)	800	500
盥洗槽(至上边缘)	800	500
浴盆(至上边缘)	480	
按摩浴盆(至上边缘)	450	
沐浴盆(至上边缘)	100	
蹲、坐式大便器(从台阶面至高水箱底)	1800	1800
蹲式大便器(从台阶面至高水箱底)	900	900
坐式大便器(至低水箱底)		
外露排出管式[坐式大便器(至低水箱底)]	510	
虹吸喷射式	470	370
冲落式	510	
漩涡连体式	250	
坐式大便器(至上边缘)		
外露排出管式[坐式大便器(至上边缘)]	400	
漩涡连体式	360	
蹲便器(至上边缘)	320	
大便槽(从台阶面至冲洗水箱底)	不低于 2000	
立式小便器(至受水部分上边缘)	100	
挂式小便器(至受水部分上边缘)	600	450
小便槽(至台阶面)	200	150
化验盆(至上边缘)	800	
净身器(至上边缘)	360	
饮水器(至上边缘)	1000	

⑮卫生器具排水管与排水横管垂直连接,采用 90°斜三通;排水管道的横管与立管连接,采用 45°斜三通或 45°斜四通和顺水三通或顺水四通。

(2)暖通专业。

①应保证无压管(暖通专业仅冷疑水管)的重力坡度,并尽量避免无压管与其他管道交叉及叠加,以控制层高。

②风管和较大的母线桥架,一般安装在最上方;安装母线桥架后,一般将母线穿好;风管与桥架之间的距离要≥100mm。

③对于管道的外壁、法兰边缘及热绝缘层外壁等管路最突出的部位,距墙壁或柱边的净距应≥100mm。

④风管顶部距离梁底通常为 50～100mm 的间距。

⑤如遇到空间不足的管廊，可与设计师沟通，将断面尺寸改扁，便于提高标高。

⑥暖通的风管较多时，一般情况下，排烟管应高于其他风管；大风管应高于小风管；两个风管如果只是在局部交叉，可以安装在同一标高，交叉的位置小风管绕大风管。

⑦冷凝水应考虑坡度，吊顶的实际安装高度通常由冷凝水的最低点决定，冷凝水管从风机盘管至水平干管坡度不小于 0.01，冷凝水干管应按排水方向做不小于 0.008 的下行坡度。

⑧空调冷冻水管、乙二醇管、空调风管、吊顶内的排烟风管均需设置保温。风管法兰宽度一般可按 35mm 考虑。

⑨冷凝水排水管均有防结露层，厚度为 25mm。

(3)电气专业。

①电缆线槽、桥架宜高出地面 2.2m 以上；线槽和桥架顶部距顶棚或其他障碍物不宜小于 0.3m。

②电缆桥架应敷设在易燃易爆气体管和热力管道的下方，当设计无要求时，与管道的最小净距如表 8-8 所示。

表 8-8　电缆桥架与管道的最小净距

管道类别		平行净距(m)	交叉净距(m)
一般工艺管道		0.4	0.3
易燃易爆气体管道		0.5	0.5
热力管道	有保温层	0.5	0.3
	无保温层	1	0.5

③在吊顶内设置时，线槽盖开启面应保持 80mm 的垂直净空，与其他专业之间的距离最好保持在≥100mm。

④电缆桥架与用电设备交叉越过时，其间距不小于 0.5m。

⑤两组电缆桥架在同高度平行敷设时，其间距不小于 0.6m；当电缆桥架边沿距离墙、风管等水平物体侧净距不小于 0.6m 时(局部 1m 以下的柱子可不受影响)，该两组电缆桥架的平行间距可按照不小于 0.2m 处理(方便金属线管从桥架两侧穿出)；桥架距墙壁或柱边净距≥100mm。

⑥电缆桥架内侧的弯曲半径不应小于 0.3m。

⑦电缆桥架多层安装时，控制电缆间不小于 0.15m，电力电缆间不小于 0.25m，当电缆桥架为不小于 30°的夹角交叉时，该间距可适当减小 0.1m，弱电电缆与电力电缆间不小于 0.5m，如有屏蔽盖可减少到 0.3m，桥架上部距顶棚或其他障碍不小于 0.3m。

⑧电缆桥架不宜敷设在腐蚀性气体管道和热力管道的上方及腐蚀性液体管道的下方。

⑨通信桥架距离其他桥架水平间距至少 300mm，垂直距离至少 300mm，防止其他桥磁场干扰。

⑩桥架上下翻时要放缓坡，角度控制在 45°以下，桥架与其他管道平行间距≥100mm。

⑪桥架不宜穿楼梯间、空调机房、管井、风井等，遇到后尽量绕行。

⑫强电桥架要靠近配电间的位置安装，如果强电桥架与弱电桥架上下安装时，优先考虑强电桥架放在上方。

⑬当有高、低压桥架上下安装时，高压桥架应在低压桥架上方布置，且两者距离不小于 0.5m。

⑭弱电线槽之间间距不小于 100mm。

⑮弱电线槽与强电桥架之间间距不小于 300mm。

⑯如强电采用接地金属线槽，弱电线槽与强电线槽之间间距不小于 150mm。

5.管道穿梁

(1)管道穿梁在不同图纸中的表示。

①喷淋图纸中管道穿梁的表示，如表 8－39 所示。

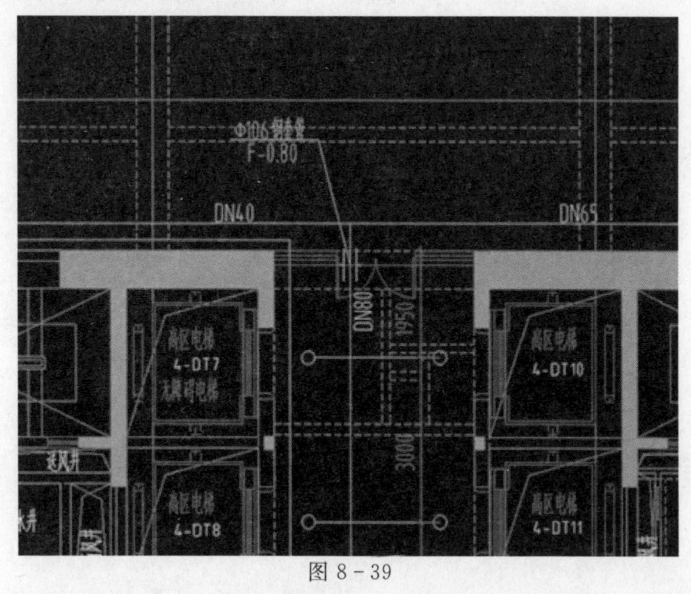

图 8－39

②在结构图纸中管道穿梁的表示，如图 8－40、图 8－41 所示。

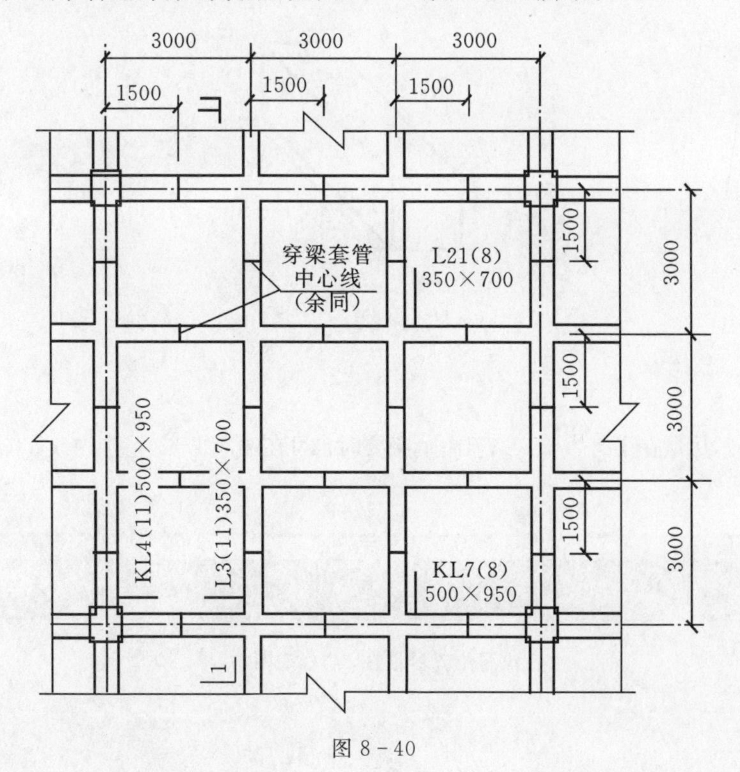

图 8－40

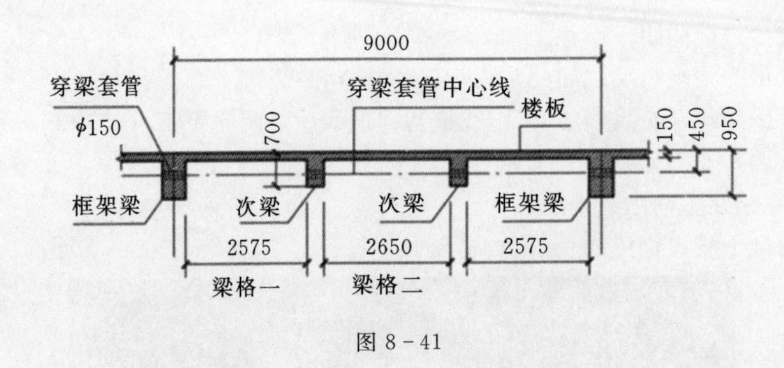

图 8-41

(2)在框架梁上开洞的要求。

①孔洞高度宜小于 1/6 梁高及 100mm，孔洞长度不要大于 1/3 梁高及 200mm。圆形洞不要大于 1/5 梁高及 150mm。如图 8-42 所示。

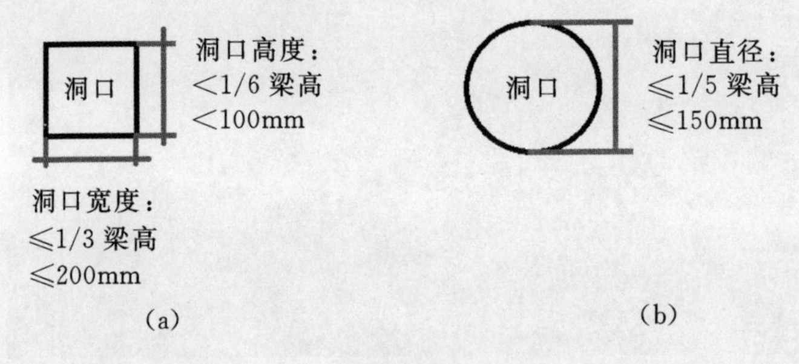

图 8-42

②孔洞大小：矩形洞长高比不能大于 4，最好不要超过 2.5。如图 8-43 所示。

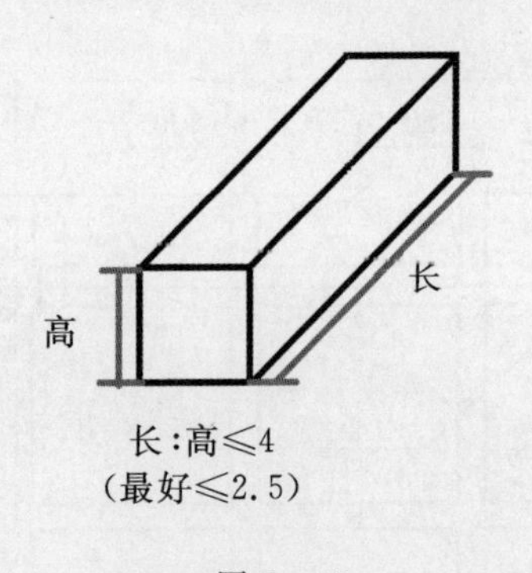

图 8-43

③孔洞位置，尽量在梁跨中 1/3L 范围内，必要时也可在端部 1/3L 范围内。如图 8-44 所示。

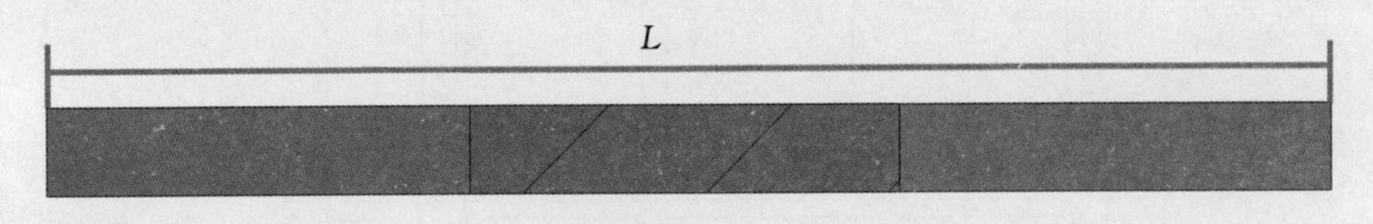

孔洞位置尽量在 1/3L 范围中

图 8-44

④空洞位置，梁底需要 100～150mm 厚的混凝土来满足梁底混凝土抗拉和保护钢筋避免钢筋外露，而梁顶部混凝土厚度则是越厚越好。如图 8-45 所示。

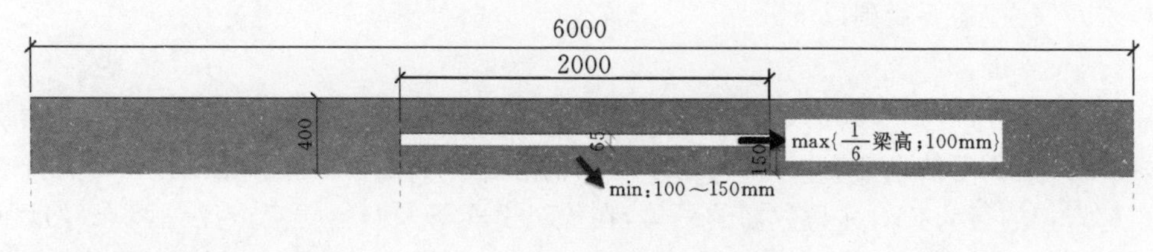

图 8-45

⑤受力图示如图 8-46 所示。

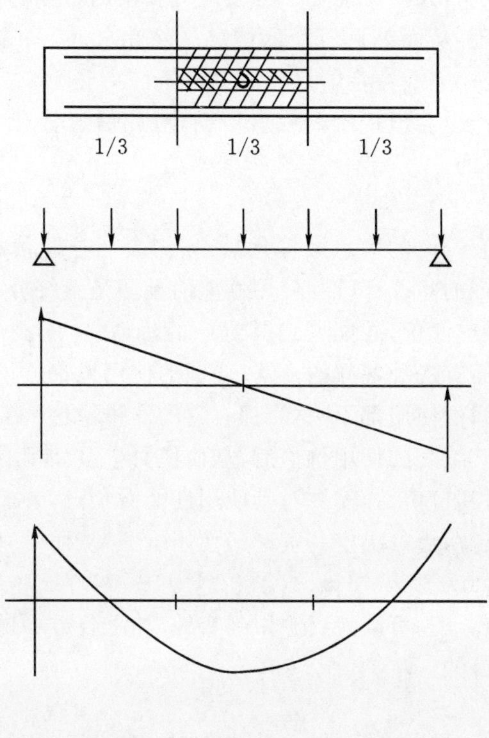

图 8-46

8.2 BIM 下物业管理的数字资产管理

8.2.1 传统模式下的物业管理的数字资产管理

1.数字资产管理的概念

在了解数字资产管理之前，需要先了解资产管理。资产管理是资产管理人接受了资产委托人的委托，依照委托人的意愿或请求，对委托的资产进行管理运作，以实现特定目标的行为，这种特定目标可以是资产保值、增值或其他的目的。

资产管理是对具体实物或空间等资产的使用过程和资产与资产间的逻辑管理，它是一种动态的管理，为此在资产管理中最重要的是设施和设备的管理和空间的管理。空间是一样经常会被忽略的资产，在建筑中最重要的就是空间，人们买房子，其实买的是生活的空间资产，租办公楼，其实是在租办公用的空间，所以空间是建筑的最大的资产。为了有效地管理这些资产，往往需要做到以下几点：

(1)信息管理。

需要先了解所有资产的信息，这些信息可以是设备的型号、规格、品牌和价格等，信息越多越好，不一定所有信息都需要用到，但了解的信息越多就会有更多筛选的余地。

了解资产的行为我们称为数据的采集，在传统模式下人们会对资产逐一清点，然后用笔和纸记录在案，但是这些纸质的数据记录很容易丢失或者损坏，计算机普遍了以后，为了更好地保存和调用这些数据，人们开始使用计算机对数据做记录。资产管理一步一步地走向了数字化。

有了这些数字化的数据，人们就能更加方便地对收集的数据进行筛选，从中调用有用的信息，更好地对资产作管理，从而掌握资产的情况。除此之外，筛选出的数据还需要进行分析、处理，从而使用这些资产完成特定的目标。

随着时间的推移，资产也会出现维护或者更新，对此信息管理中的重要一环，就是记录资产的维护时间和更新时间。

(2)系统分析方法。

在信息管理中，对所有资产的信息数据化后，人们会对这些信息做出分析，这是常见的管理方式之一，其中对资产的状况评价和使用性能的预测是系统分析重要的一环。

只有对资产的状况做出评价，才能明白其资产的价值，从而找出资产使用的最佳方法。比如有一个商业广场，里面有各种各样的商铺，商铺的使用也都不一样，有些是做餐饮的，有的是做卖商品的，每个空间的使用都不一样，都有它的安排。这些安排都是在对每个空间的状况做出了评价，了解了其空间的使用价值后，从而使每个空间都有最佳的用途。

在了解了资产状况及其价值后，就要对其使用性能做预测，预测资产的使用情况就可更好地预测资产所带来的收益，更好决定其资产的使用价值，从而带来最高的收益。

(3)优化管理方法。

通过对资源进行合理分配，可以将资源用到实处，加上各方面的综合管理就能使得资源利用最优化，更好的达到目的。

(4)计划与报表。

所有的事情都需要计划，资产管理也不例外，它也需要严密的计划安排。除此之外，一切都需要用数据说事，报表就是数据最好的体现。

综上所述，传统的数字化资产管理可以看作是将实体资产的信息数据化，然后通过各种分析和管理方式，使用其资产去完成收益等目标，其核心就是将有形的资产数字化。

2.数字资产管理的应用

(1)设备管理。

设备管理是数字资产管理中最重要的一环，可以对设备的信息进行记录并且管理，比如信号、设备的编号、放置的位置等，在了解了这些信息后就便于对日后设备的维护或者购买，还能分析和查找设备故障的原因，使得日后能做到主动维修甚至是延迟设备的寿命。

(2)主动性维护。

在设备管理中提到，假若我们能对其设备的使用情况数据化并加以分析，就能更有效地做出反应，及时对将要发生故障的设备进行处理，在日常使用时也会有针对性地保护设备。

(3)空间管理。

空间是建筑最重要的资产，对空间做出管理，能使得空间使用最优化，像日常的学校和酒店，其房间的登记和使用情况都是空间管理的体现。

(4)物资管理。

物资管理主要出现在特定的建筑上，比如厂房、仓库等，看上去也属于空间的管理，但是物资管理比空间管理更为复杂，它受更多因素的影响，比如库存量、订货量还有交货时间等，这些因素都会使得空间的使用发生变化，这些变化比学校或者酒店更复杂，其数据也很庞大，需要更为烦琐的分析。

(5)财务管理。

在对资产做信息收集时，往往也会记录其价值，资产变化的同时价值也会有所变化，这样当资产发生变化时就可以快速地了解财务的变化，更好地做出决策并管理好各资产的财务账目。

3.数字资产管理的传统工作模式

数字资产管理的传统工作模式为：信息采集→数据分析→计划安排→分类管理→报表输出。

①信息采集：对资产作统计，比对资产的信息做详细的记录，例如品牌、型号等，最后将这些数据记录在计算机上。

②数据分析：有了资产的数据之后，会对其数据作分析，然后将资产合理使用，将资产使用性能最大化。

③计划安排：对资产的使用做计划，并根据实际情况合理地修改计划。

④分类管理：资产投入使用后，会对其作各类管理，如设备管理、空间管理和财务管理等。

⑤报表输出：将资产的使用状况和性能数据化，通过报表的形式体现。

8.2.2 运用BIM对数字资产的影响

1.BIM有助于资产数据化

BIM即建筑信息模型，通过将各项的信息作为基础，建立三维的建筑模型，然后通过数字信息仿真模拟出建筑物所具有的各种的真实信息。为此BIM模型中就蕴含着各种各样的信息，比如，空间的面积、用途、净高、设备型号、功能、启用时间等。这些信息都能从模型中一一提取出来加以使用。

前一小节中提到，资产管理的信息收集需要很长的时间，往往也要到建筑落成后才能对某些资产作管理，而运用BIM可以有效地使资产数据化。其特点有：

(1)高效准确。

在建立BIM模型的时候，数据就在模型中，可以通过提取模型中的数据得到资产的各种数据。除此之外，模型都是依据真实信息建立的，其准确性非常高。

(2)同步性。

BIM模型与数据是在一起的，当模型修改时，数据也会随之修改，这对资产的维护与更新很有帮助。

(3)数据可视化。

在传统的资产管理中,会通过表格记录各种数据,这些数据一般是数字或者图片,但BIM模型除了记录这些数字或图片之外,还可将其三维信息甚至其他信息可视化,这样管理者就能更直观地知道其资产的外形和用途。

(4)表格输出。

BIM模型的数据可从模型中提取,并通过表格输出。

BIM模型的数据,使得资产的数据收集更加高效准确,其同步性有利于资产的维护和更新,这些都使得运用BIM对资产进行管理将比传统的资产管理有更大的优势。

2.BIM有助于数字资产管理

BIM模型对资产数据化,使得资产的数据采集更高效。与此同时,也可通过BIM模型进行各项分析,了解各种资产的情况和预测其性能使用情况。

资产管理者可通过将BIM模型与运维系统相结合,将模型加入到运维系统中作出一系列管理,而不是像传统模式一样将数据提取出来后再输入到运维系统当中。BIM模型中已含有大量的资产数据,只要将其数据规范化,与运维系统匹配,就可直接将BIM模型作为日后资产管理的一个媒介。基于BIM模型的资产管理有以下特点:

(1)资产可视化。

相比传统的数据资产,BIM的数据资产是以模型表现出来的,管理者可以直观地查看资产模型中的数据。

(2)预先分析优化资产。

传统的资产管理中管理的资产是已定型的资产,而BIM可以将未完成资产预先表现出来,管理者可以预先使用BIM模型分析资产的情况和使用性能,在资产未定型时修改资产,以达到未来资产性能最大化。

(3)便于资产采购。

通过BIM模型,可预先定下资产形式,然后提前购买,整理出完善的资产购买清单。

(4)资产管理系统化。

BIM模式下的资产管理,可以通过建立BIM模型,然后将BIM模型的资产信息与运维系统做衔接,运用BIM模型作为媒介,直接进行资产管理,其流程更为系统化。

8.2.3 BIM物业管理的数字资产管理的工作流程

1.BIM模型的创建

在BIM模型创建的时候,随着阶段性的变化,建筑的信息会越来越明确。在传统的建筑模式中,建筑的信息往往会到了施工阶段或者是竣工阶段才会很明确,在那时接收的信息是最多的,但在BIM的参与下,传统的建筑模式得到了很大的改变,在前期就已经可以知道大量的信息,为此在前期确定好设备的规格对于后期的物业管理有很大帮助。如图8-47所示。

正是如此,在BIM模型创建之前,需要确定对应的设备的型号和资料,如确定了一个水泵的型号,了解了水泵的尺寸,这样就可以按着这个水泵的资料和尺寸来创建对应的BIM模型了。下面就以水泵为例子,阐述如何创建水泵模型。

(1)选择对应的族样板文件。

在Revit菜单中点击,然后点击新建,点击族,在众多的族文件中,选择“公制常规模

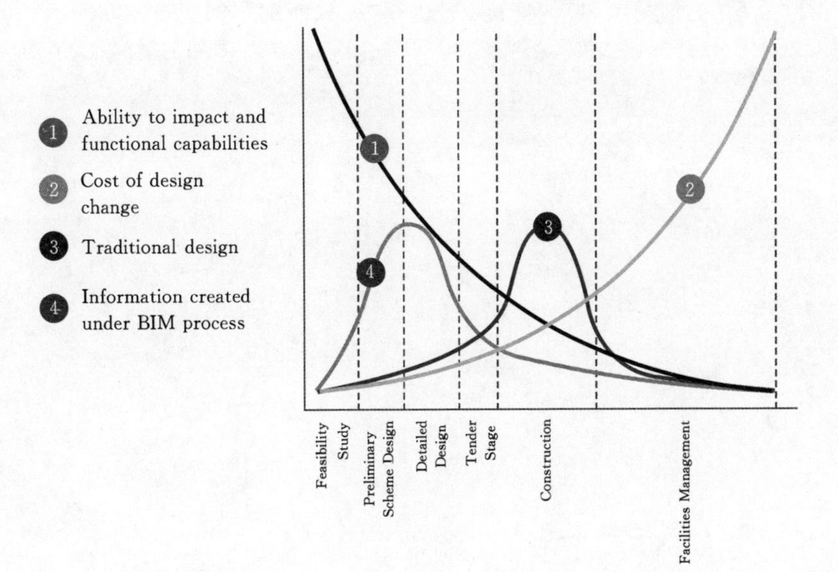

图 8-47

型"样板，如图 8-48 所示。

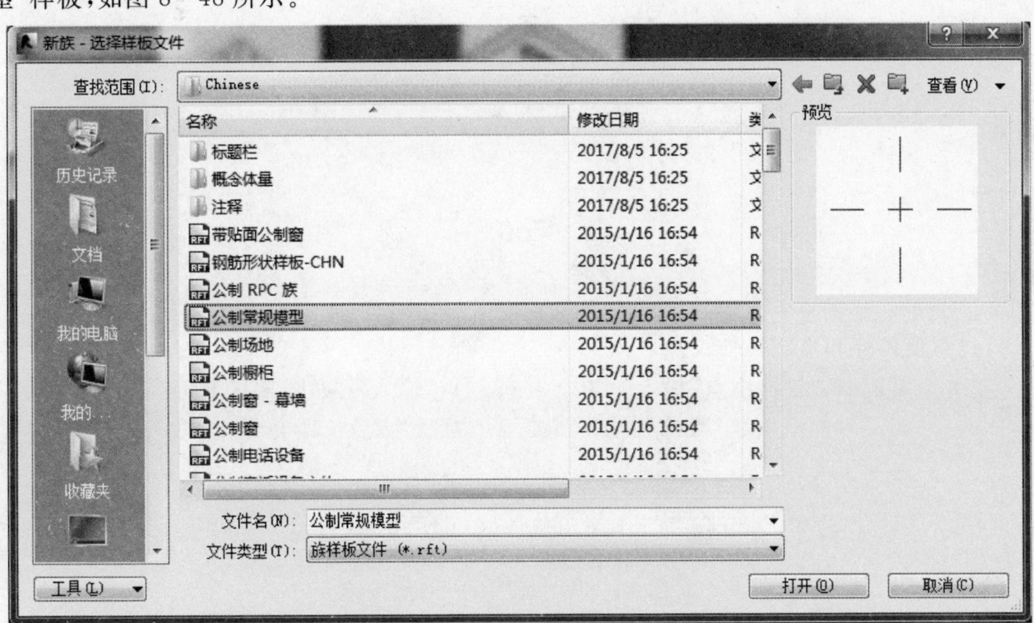

图 8-48

(2)打开“立面”的前视图,按快捷键 ZF 进行“缩放匹配”,如图 8-49 所示。

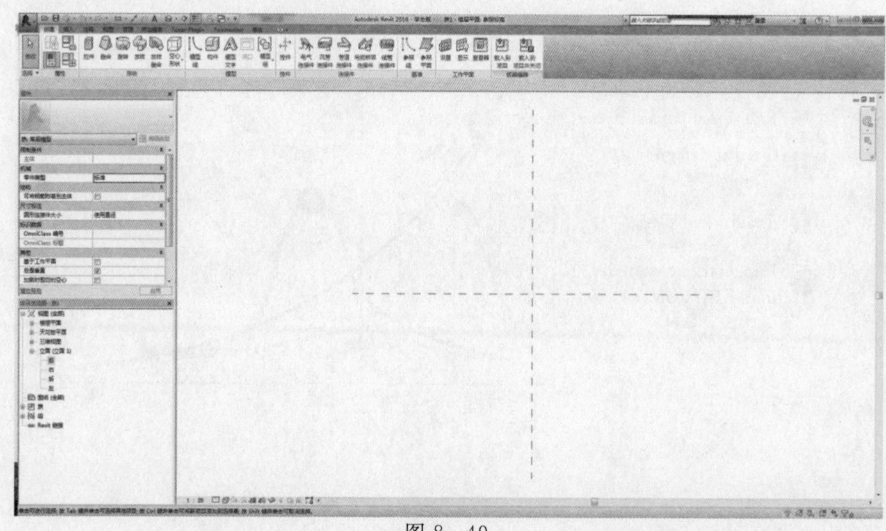

图 8-49

(3)点击创建面板中的“拉伸”,以参照平面交点为起点绘制以下尺寸的边界线,然后给对应线条一个尺寸标记,最后将其“锁上”,点击完成。如图 8-50 所示。

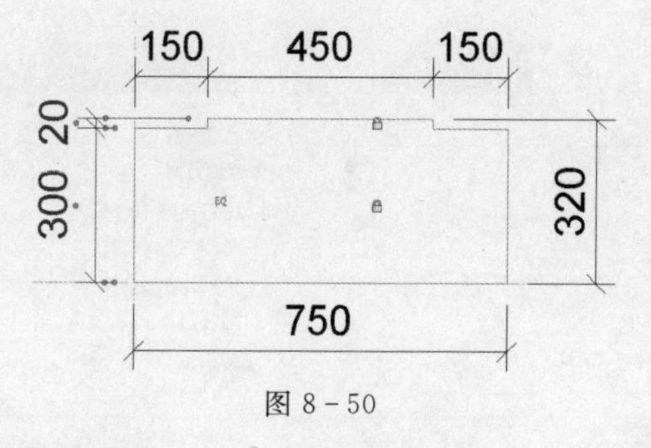

图 8-50

(4)调整拉伸起点和拉伸终点。

在属性面板中,“拉伸终点”输入 1140,“拉伸起点”输入 0,如图 8-51 所示。

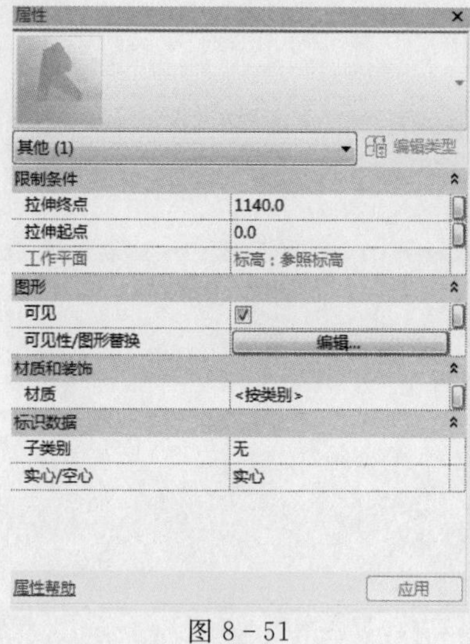

图 8-51

(5)绘制旋转轴线。

打开“楼层平面”的参照标高视图,按快捷键 ZF 进行“缩放匹配”。

点击创建面板中的“旋转”,以刚刚绘制的拉伸体中线绘制旋转轴线,如图 8－52、图 8－53所示。

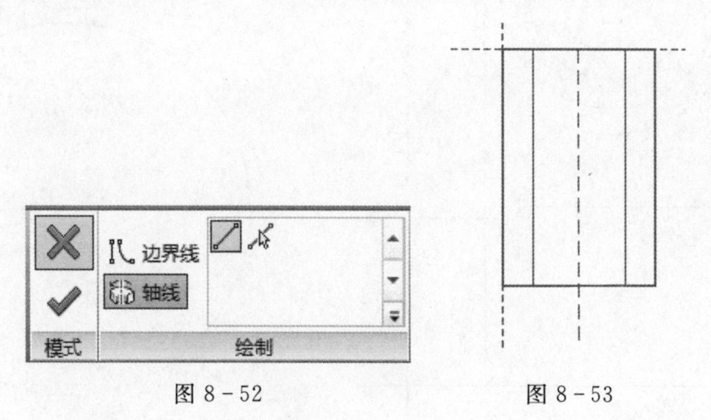

图 8－52　　　　图 8－53

(6)按图 8－54 绘制边界线,并给予尺寸标注后“锁上”,最后点击完成。

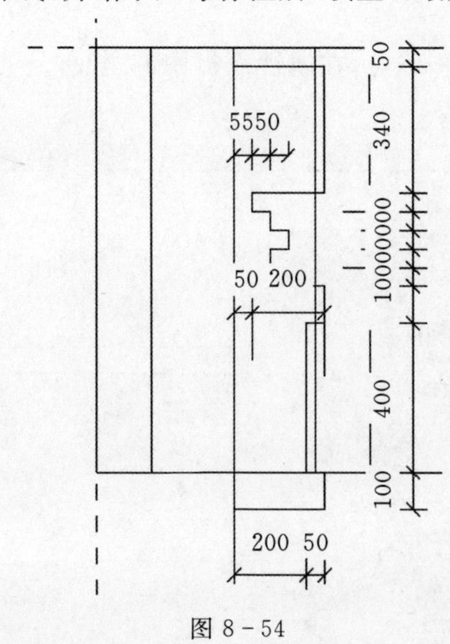

图 8－54

(7)打开“立面”的前视图,旋转刚刚创建的旋转体,按快捷键 MV,选择其中心点,向上移动 700mm,如图 8－55 所示。

(8)打开“立面”的前视图,点击创建面板中的“拉伸”,如图 8－56 绘制边界线,最后点击完成。

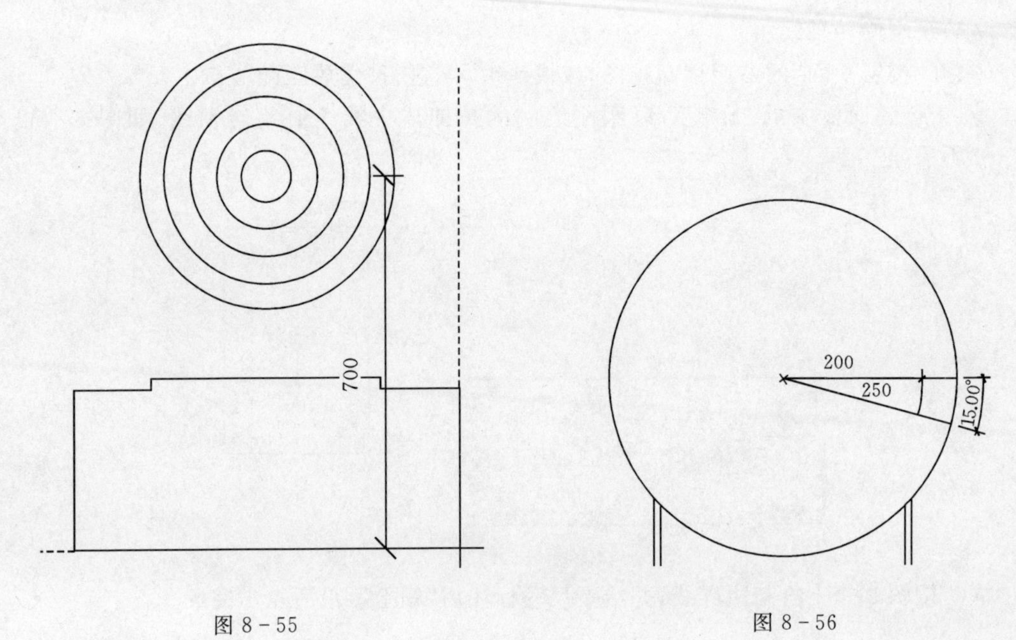

图 8－55　　　　　　　　　　　　　图 8－56

(9)调整其拉伸起点和拉伸终点,在属性面板中的“拉伸终点”输入 1140,“拉伸起点”输入 740,如图 8－57 所示。

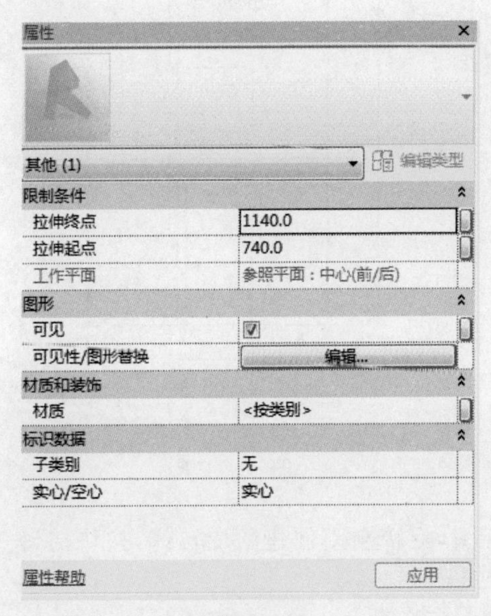

图 8－57

(10)完成创建上一步的拉伸体后,使用旋转阵列的命名将其以每 30 度旋转阵列 12 个,如图 8－58 所示。

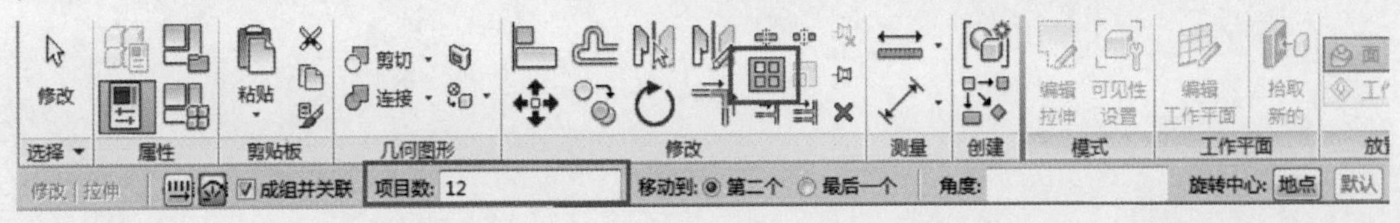

图 8－58

(11)打开“立面”的前视图，点击创建面板中的“拉伸”，如图 8－59 绘制边界线，点击完成，然后在属性面板中的“拉伸终点”输入 1140，“拉伸起点”输入 1090。

(12)打开“楼层平面”的参考标高视图，将第(11)步中创建的拉伸体复制，拉到距离 400mm 处，最后其三维效果如图 8－60 所示。

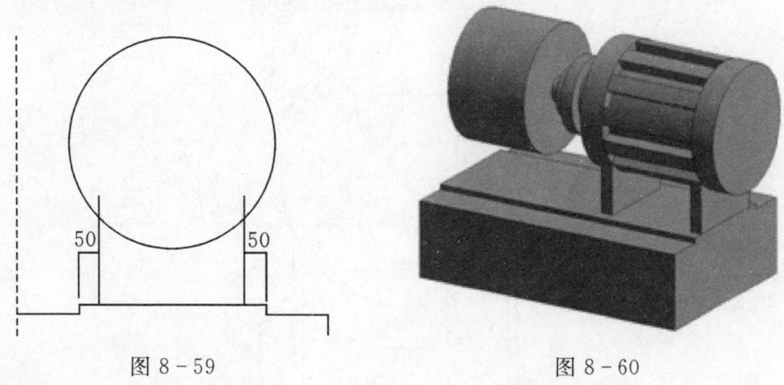

图 8－59　　　　图 8－60

(13)使用第(11)步的相同方法，绘制如图 8－61 所示的边界线，创建拉伸体，在属性面板中的“拉伸终点”输入 590，“拉伸起点”输入 440。

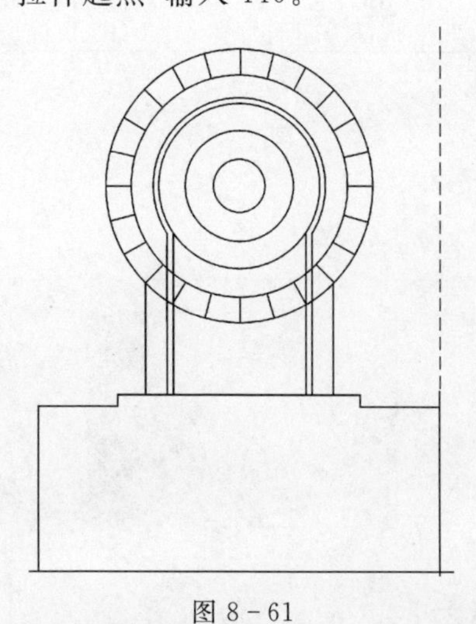

图 8－61

(14)最后绘制管道接入口。

打开“立面”的前视图，点击创建面板中的“放样”，按图 8－62 绘制放样线，打开“楼层平面”的参照标高视图，以轴线为中心绘制半径为 100 的圆形边界线，如图 8－63 所示。

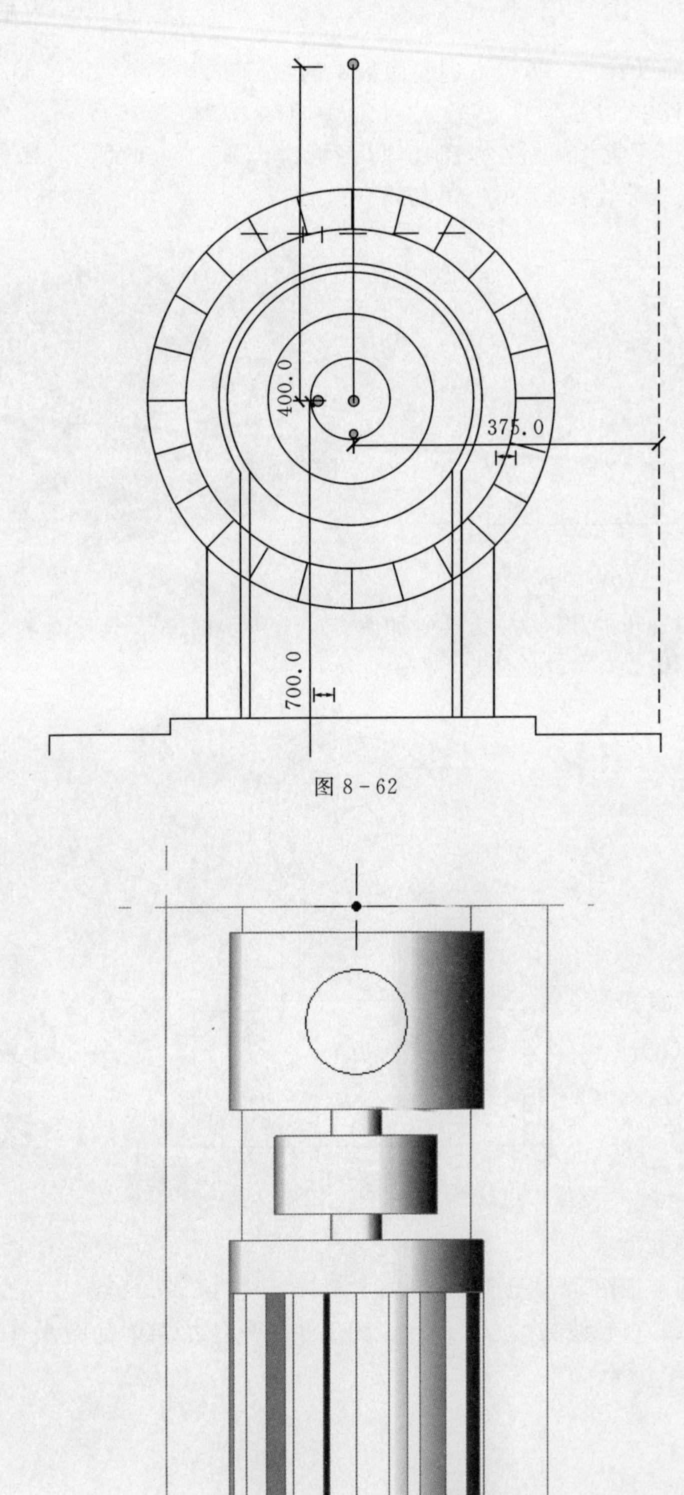

图 8-62

图 8-63

(15)根据上述的步骤,水泵模型就完成了,如图 8-64 所示。

图 8-64

根据已有的设备资料和尺寸,我们能对此创建其 BIM 模型,接下来的小节中会讲述 BIM 模型与资产数据的关联。

2.BIM 模型与资产数据的关联

在创建 BIM 模型的同时,可以给其模型设置对应的运维参数,但在设置参数时,需要先了解该设备有什么参数,其中哪些参数是需要的,哪些参数是不需要的,还缺什么参数,这些都需要很清楚,为此,在给 BIM 模型输入参数前,需要对输入的参数做一个列表,如表 8-9 所示。

表 8-9 需输入的参数

系统运维管理信息:系统编号、组成设备、使用环境(使用条件)、资产属性、管理单位、权属单位等
增加系统的维护保养信息:维护周期、维护方法、维护单位、保修期、使用寿命等
增加主要设施的运维管理信息:设备编号、所属系统、使用环境(使用条件)、资产属性、管理单位、权属单位等
增加主要设施设备的维护保养信息:维护周期、维护方法、维护单位、保修期、使用寿命等
增加系统、主要设施设备的文档存放信息:使用手册、说明手册、维护资料等

有了以上参数的列表,就可在 BIM 模型上设置对应的参数。在创建 BIM 模型时,除了模型自身的尺寸参数外,也可输入其对应的运维信息,如图 8-65 所示。

BIM 模型与资产数据的关联,在于 BIM 模型的参数如何与资产数据关联起来。BIM 模型蕴含着大量的信息,其模型是一个庞大的数据库,但需要对其数据规整。在创建 BIM 模型时,就需要准备好其资产的资料,将其转化为 BIM 模型的参数,这样其模型的参数就会与资产数据一样,两者从此有了关联。

3.BIM 模型中的资产数据转化

当 BIM 模型中有详细设备信息和空间信息时,该 BIM 模型已与资产数据有了关联,从此不需要像传统模式那样,用很多的时间去收集很多数据,有了 BIM 模型就可以作资产数据的收集并且可以管理资产。

BIM 模型中已有了大量的数据,比如其设备的三维尺寸、定位和其系统编号等的数据,但这些庞大的数据并不是所有都用得上,所以需要对 BIM 模型的资产数据做转化。

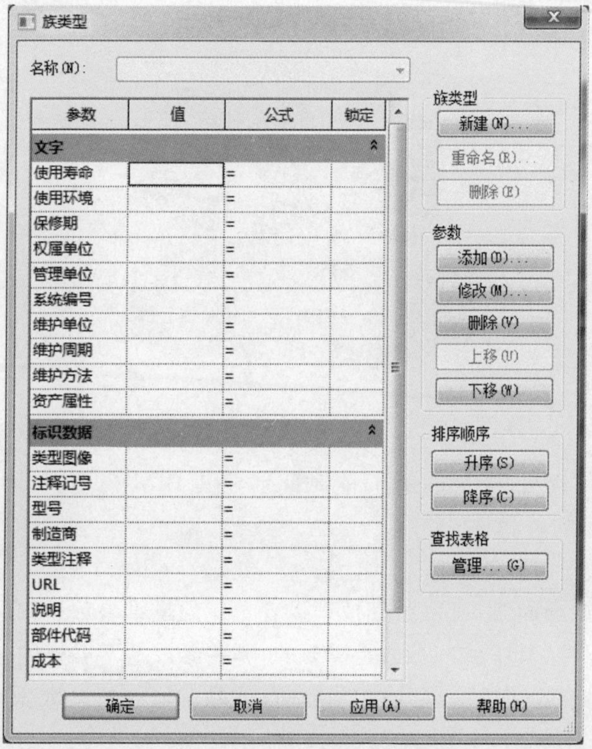

族类型

名称(N):

参数	值	公式	锁定
文字			
使用寿命		=	
使用环境		=	
保修期		=	
权属单位		=	
管理单位		=	
系统编号		=	
维护单位		=	
维护周期		=	
维护方法		=	
资产属性		=	
标识数据			
类型图像		=	
注释记号		=	
型号		=	
制造商		=	
类型注释		=	
URL		=	
说明		=	
部件代码		=	
成本		=	

族类型：新建(N)... 重命名(R)... 删除(E)

参数：添加(D)... 修改(M)... 删除(V) 上移(U) 下移(W)

排序顺序：升序(S) 降序(C)

查找表格：管理...(G)

确定 取消 应用(A) 帮助(H)

图 8-65

资产数据的转化首先需要将模型中的参数导出，并且其数据需要一同导出，一般使用Revit作为数据源时，会使用IFC格式为媒介，IFC格式记录的不只是模型的三维信息，也会将其数据记录下来，所以资产数据的转化的第一步，即是数据源的转化，简单来看即为格式的转化。

除了格式的转化之外，还需要注意数据的筛选，之前已提及过了，BIM模型是一个庞大的数据库，但资产管理所需的数据只是其中的一小部分，为此数据的筛选很有必要，因此筛选数据成为了数据转化的第二步。

数据经过了格式转化和筛选后，还需要最重要的一步，那就是数据的检验。资产数据转化，需要对其做抽样的检查，从而确保数据转化的过程没有丢失，若发现数据丢失，需要找到其原因来解决。

总之，当BIM模型已有庞大的数据后，需要对其数据源做转化，即格式的转化，然后对其数据做筛选并检验，这样才能完成资产数据的转化。

4. BIM数字资产管理平台

BIM数字资产管理平台，即是可以做到对资产进行信息化管理，可调用模型数据评估、改造和更新资产的费用，可以更新资产信息，生成资产报表，跟踪各类变化的平台。

BIM数字资产管理平台具有以下功能：

(1)形成运维和财务部门需要的可直观理解的资产管理信息源，实时提供有关的资产报表；

(2)生成企业的资产财务报告，分析模拟特殊资产更新和替代的成本测算；

(3)记录模型更新,动态显示建筑资产信息的更新、替换或维护过程,并跟踪各类变化;

(4)基于建筑信息模型的资产管理,财务部门可进行不同类型的资产分析。

BIM 数字资产管理平台要具有以上功能,还需要做到以下几点:

(1)对建筑信息模型中的数据做到准确的数据转化,能保证模型数据与属性数据的准确性;

(2)能将建筑信息模型加载到相应的资产管理模块中,如空间管理模块;

(3)除了满足资产管理的日常使用外,还可进一步对资产作更新、替换和维护等动态数据集成;

(4)能生成相关报表,如资产管理报表、资产财务报告和决策分析依据等。

5.BIM 在数字资产管理的运作

在建立了 BIM 数字资产管理平台后,BIM 在数字资产管理的运作上需要做到以下几点:

(1)平台账号的管理,只有建筑资产管理相关人员才能拥有账号,登入其平台做资产管理。

(2)资产管理者需要将模型对应的实际资产作数据的定期更新,如设备因损坏更换后,其资产的数据需要在平台作更新。

(3)相关的设备使用手册和安装手册,需要放置到相应的管理的云端位置,然后将其链接与模型关联,并做定期更新。

(4)除了设备的管理之外,空间上的管理更为重要,在资产管理的平台上还需要对其空间作管理,空间的日常使用情况都需要做登记,方便日后的数据统计分析。

BIM 在数字资产管理的运作,在国内还处于初步阶段,需要更多的探索和思考。数字资产管理的运作除了日常的资产管理外,还要做到定期更新、维护以及输出各类的报告,这样 BIM 将会不断进步,数字资产管理也会做得更加成熟。

综合实训篇

第9章　实训案例

教学导入

BIM 实训是培养学生综合能力的必要环节，也是企业培养和发现顶尖复合型人才的过程。将 BIM 理念贯彻到学生当中，加深对专业和行业变化的理解，营造学生学习专业知识、钻研专业技能、勤奋向上的学习氛围，促进熟练掌握基于 BIM 技术理念的集成应用技术，为就业打下良好基础。

本章通过实训案例的练习，使学生掌握 BIM 集成在项目各阶段中的应用流程，熟悉 BIM 软件在项目生命周期中的应用，并提前让学生认识项目中常出现的问题及解决问题的方法，从而通过实训项目吸收更多的实战经验，并学习建立团队协作理念，提高协同工作的组织、协调、配合、实施能力。

学习要点

- 通过实战应用稳固前 8 章的基础应用

9.1　项目概况

该项目为香港九龙半岛某商业综合体工程，位于尖沙咀天文台道旁。该工程为框架剪力墙结构，占地面积 1278.70m^2，净建筑面积 1238.59m^2，总建筑面积 18300m^2（其中地上 22 层，建筑面积 14584m^2；地下 3 层，建筑面积 3716m^2），建筑高度 81.600m。项目模型如图 9-1所示。

图 9-1

9.2 项目成果展示

1.创建工程三维模型

首先根据图纸要求创建建筑模型、结构模型和机电模型的标高和轴网的统一项目定位信息，然后分别按照各专业图纸创建相应的构建(如结构模型创建结构基础、结构墙、结构柱、结构梁、结构楼板、结构楼梯等；建筑模型创建建筑墙、建筑柱、建筑楼板、建筑楼梯、建筑屋面、门窗等；外立面模型创建幕墙玻璃及竖梃、幕墙门窗等；机电模型创建给排水构件、消防喷淋构件、暖通构件、强弱电构件等)，部分阶段性模型，如图 9-2 至图 9-5 所示。

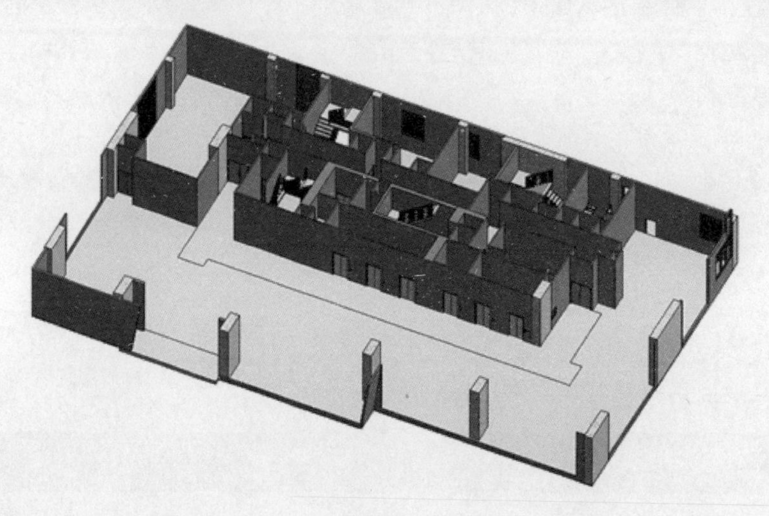

图 9-2

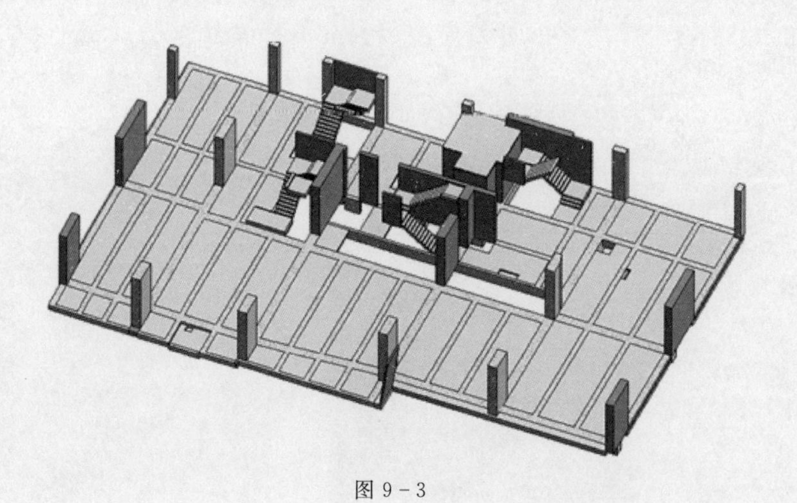

图 9-3

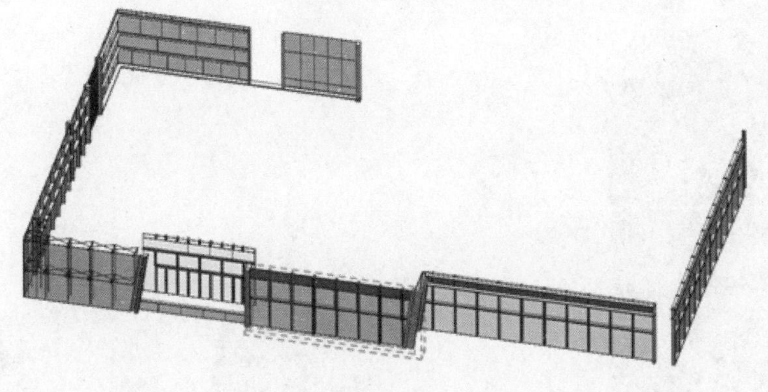

图 9－4

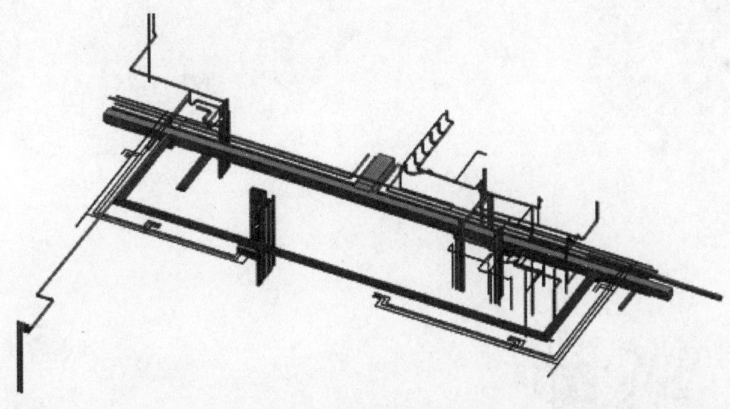

图 9－5

2.创建项目汇报模型(Navisworks 模型)

使用 Revit 的附加外接接口,把各专业模型导出成 NWC 格式文件,再使用 Navisworks 把 NWC 文件按照一定的规则创建 NWF&NWD 文件。文件架构及模型,如图 9－6 至图 9－11所示。

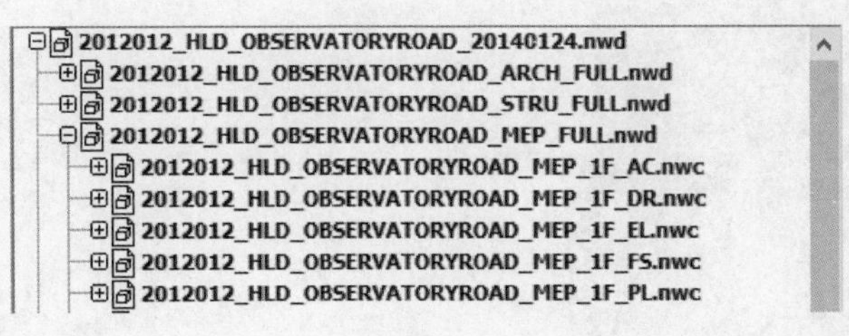

图 9－6

图 9－7

图 9－8

图 9－9

图 9－10

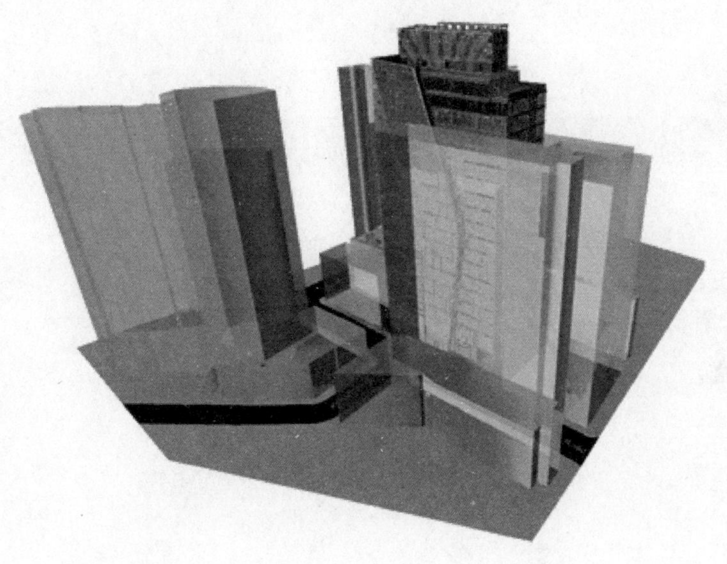

图 9-11

3.生成碰撞检查报告

在 Navisworks 中，使用 Clash Detective 功能进行简单的碰撞检测，生成主体结构模型与建筑门之间的碰撞报告并以 HTML 格式导出碰撞报告，如图 9-12、图 9-13 所示。

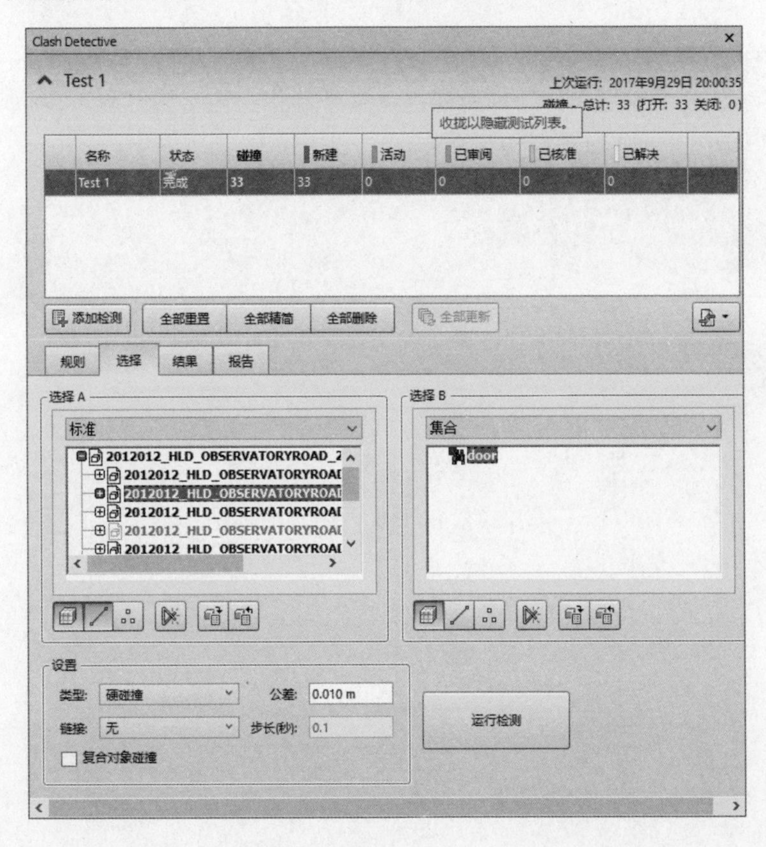

图 9-12

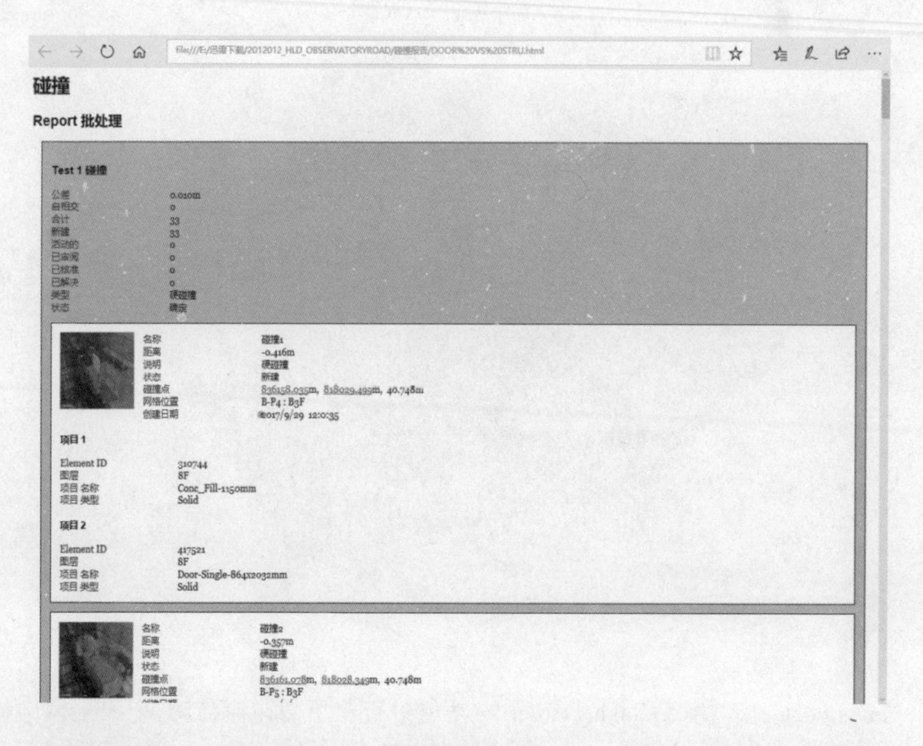

图 9 - 13

4.制作 4D 模拟动画

结合实际施工经验编制主体结构的施工计划及制作主体结构的施工模拟动画，以 AVI 格式输出动画，如图 9 - 14 至图 9 - 16 所示。

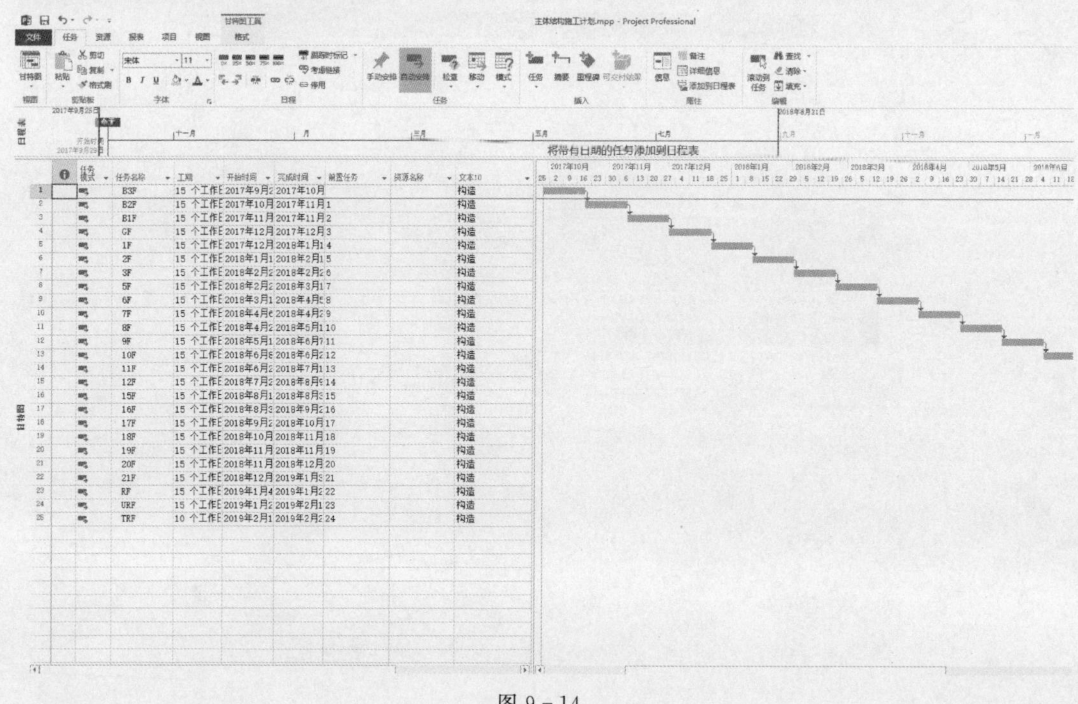

图 9 - 14

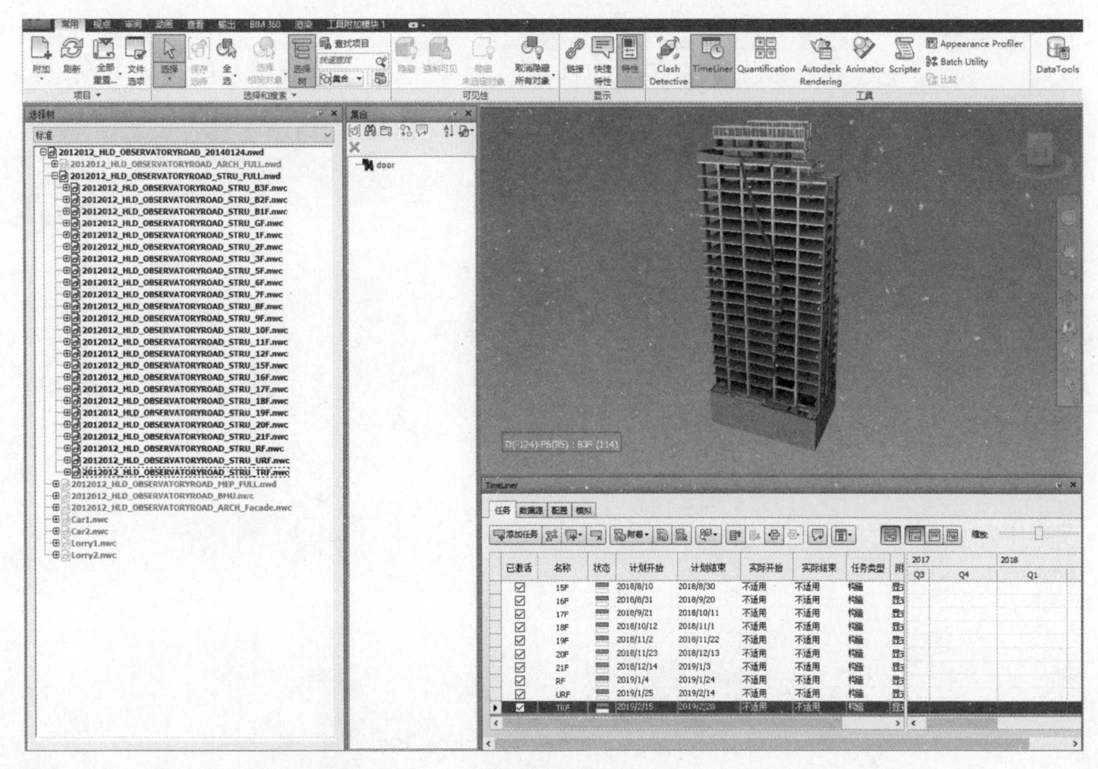

图 9-15

图 9-16

5.创建工程图纸

在 Revit 中，创建结构楼梯剖面视图，并输出三层结构楼梯图纸，如图 9-17、图 9-18所示。

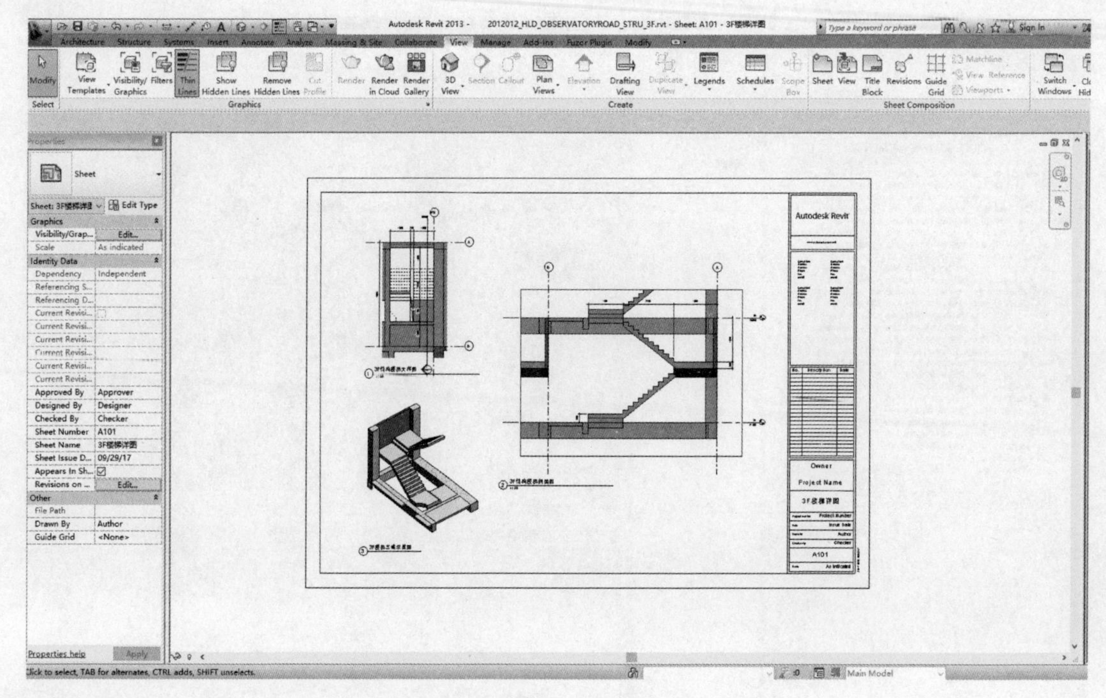

图 9－17

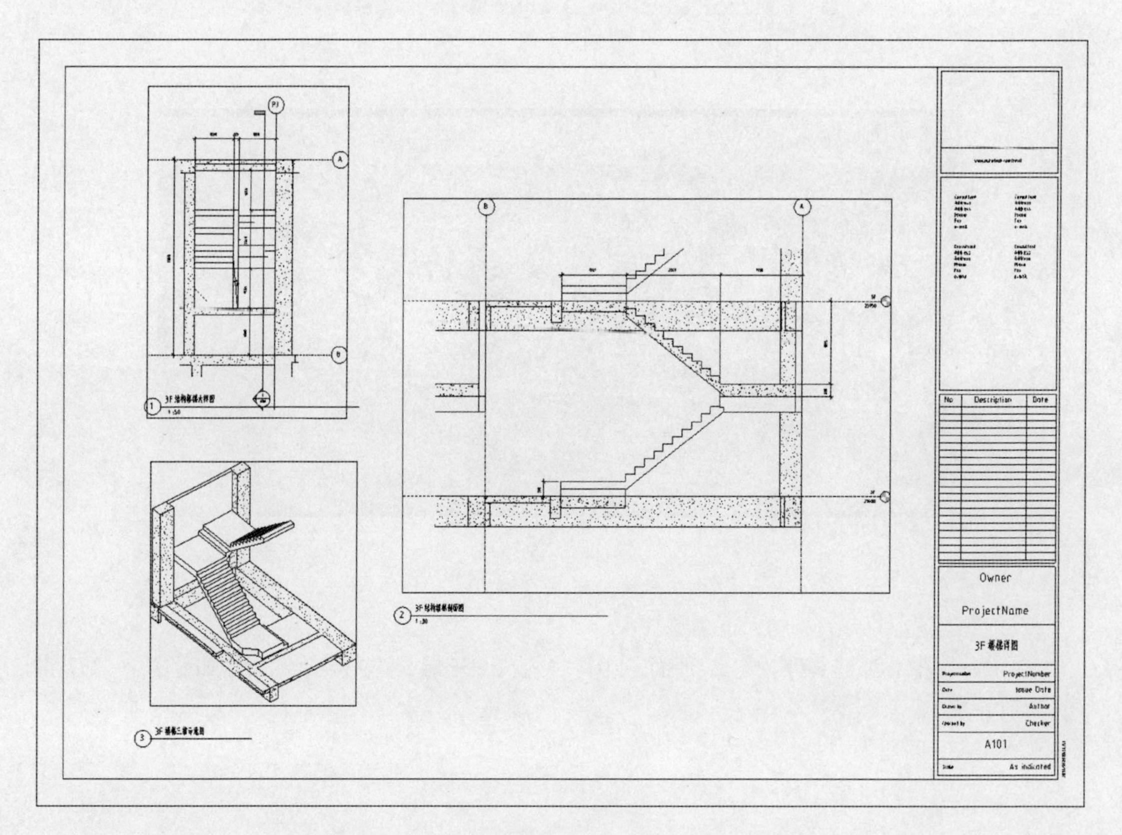

图 9－18

6.编制项目汇报文件

使用 Microsoft Office 软件，结合上述成果，编制项目汇报文件。

9.3 实训目标要求

通过案例实训，读者能够熟练掌握软件的基本功能与使用方法，熟悉 BIM 基础模型建立流程到实现项目汇报成果，掌握用 BIM 系列软件完成项目场地模型建立、4D/5D 模拟，同时了解到 BIM 集成的工作理念。

实训主要培养读者以下能力：

(1)巩固所学专业知识，培养读者运用理论知识和专业技能来解决实际工程各专业本身和各专业之间存在的问题的综合能力；

(2)培养读者应用 BIM 系列软件进行基础项目管理的能力；

(3)培养和提高读者的自学能力，以及运用 BIM 软件辅助解决项目管理相关问题的能力；

(4)培养和锻炼读者的沟通能力及团队协作能力。

9.4 提交成果要求

(1)模型成果图展示。如图 9-19 所示。

图 9-19

(2)碰撞检查。以 HTML 格式导出项目碰撞报告结果。

(3)4D 模拟动画。输出项目 4D 模拟动画。

(4)输出图纸。使用 Revit 的三维模型特点，制作辅助现场施工的三维模型节点图纸，作为原始图纸的补充说明。

(5)编制项目汇报文件。以小组 PPT 的形式展示该实训案例中的 BIM 集成成果，演讲时间控制在 15 分钟内。

(6)案例实训总结报告。要求学生不仅要对学习心得及成果进行总结，还要将 BIM 技术在工程应用中解决的难点和疑点进行重要说明，字数控制在3000字左右。

9.5 实训准备

(1)实训硬件要求，见表9-1。

表9-1 硬件要求

		最低配置	推荐配置
硬件要求	处理器	型号	型号
	主板	Intel Core i5	英特尔 i7 四核 3.5GHz 以上
	内存	华硕、微星等一线主板品牌	华硕、微星等一线主板品牌
	硬盘	8GB或以上	16GB或以上
	显卡	1TB以上机械硬盘	固态硬盘(SSD)128GB或以上，并备份硬盘
	显示器	现存2GB或以上	Nvidia GaForce GTX850Ti(现存4GB或以上)
	网络	14寸或以上1台	22寸液晶2台
		—	局域网千兆配备或互联网8兆以上转线接入

(2)实训软件要求，见表9-2。

表9-2 软件要求

	软件名称	功能
软件要求	Autodesk CAD	用于看图、图纸处理软件
	Autodesk Revit	参数化建模软件，能够导出多种数据格式
	Autodesk Navisworks	兼容多种数据格式，对模型进行查阅、漫游、标注、碰撞检测、4D精度模拟及动画制作
	Microsoft Project	用于绘制工程项目的施工进度计划甘特图
	Microsoft Office	用于成果展示

(3)主要图纸：建筑平面图、结构平面图、机电平面图。

9.6 实训步骤和方法

(1)团队搭建。

结合实训工作量及时间组建BIM实训小组，建议组建4～5人/组。

(2)搭建BIM模型。

①了解图纸，掌握项目情况；

②处理图纸并在Revit项目文件上导入CAD底图；

③分专业、分楼层创建项目三维模型；

④把RVT文件导出成NWC文件，根据商定的文件架构保存为NWF文件并另存为NWD文件。

(3)碰撞检查。

①采用Navisworks软件的碰撞检查功能，设置相应的检查规则；

②运行检查,生成检查报告;

③输出 HTML 格式的碰撞报告。

(4)4D 模拟动画。

①结合项目规模及周边环境特点,编制施工组织计划;

②细化施工组织计划,使用 Microsoft Project 编写 4D 模拟时间节点文件;

③时间节点文件导入 NWD 文件中并使其与对应图元关联起来;

④输出 4D 模拟动画。

(5)输出图纸。

①创建局部视图(平面大样图、剖面图、三维视图);

②添加必要标注;

③创建图纸并命名;

④添加视图并排版。

(6)编制项目汇报文件。

收集上述成果后,编制项目汇报文件。

9.7 实训总结

本书选用的实训案例难度中等,建议读者以小组的形式进行实操训练,并形成一定的成果。实训旨在让读者学以致用,了解实际工程中 BIM 的集成是如何实施的,为今后深度学习和工作打好基础。

附录　BIM 相关软件获取网址

序号	名称	网　　址
1	AutoCAD	http://www.Autodesk.com.cn/products/AutoCAD/free-trial
2	SketchUp	http://www.sketchup.com/zh-CN/download
3	3ds Max	http://www.Autodesk.com.cn/products/3ds-max/free-trial
4	Revit	http://www.Autodesk.com.cn/products/Revit-family/free-trial
5	ArchiCAD	https://myarchiCAD.com/
6	AutoCAD Architecture	http://www.Autodesk.com.cn/products/AutoCAD-architecture/free-trial
7	Rhino	http://www.Rhino3d.com/download
8	CATIA	http://www.3ds.com/zh/products-services/catia/
9	Tekla Structures	https://www.tekla.com/products
10	Bentley	www.bentley.com
11	PKPM	http://47.92.92.199/pkpm/index.php?m=content&c=index&a=lists&catid=35
12	天正软件	http://www.tangent.com.cn/download/shiyong/
13	斯维尔	http://www.thsware.com/
14	广联达 BIM	http://bim.glodon.com/
15	浩辰 CAD	http://www.gstarCAD.com/downloadall/index.html
16	鸿业科技	http://www.hongye.com.cn/
17	博超软件	http://www.bochao.com.cn/index.asp
18	广厦软件	http://www.gsCAD.com.cn/Downloads.aspx?type=0
19	探索者	http://www.tsz.com.cn/view/webjsp/sygm/zhichifuwu.jsp
20	鲁班软件	http://www.lubansoft.com/
21	译筑 EBIM 软件	http://www.ezbim.net/
22	晨曦 BIM	http://www.chenxisoft.com/CXBIM/Product/ProductCentre?menuIndex=2
23	品茗软件	www.pmddw.com

参考文献

[1]何关培. BIM 总论[M]. 北京:中国建筑工业出版社,2011.
[2]清华大学 BIM 课题组. 中国建筑信息模型标准框架研究[M]. 北京:中国建筑工业出版社,2011.
[3]金永超,张宇凡,等. BIM 与建模[M]. 成都:西南交通大学出版社,2016.
[4]叶雄进,金永超,等. BIM 建模应用技术[M]. 北京:中国建筑工业出版社,2016.
[5]李建成. BIM 概述[J]. 时代建筑,2013(02):10-15.
[6]Autodesk 公司. Autodesk Revit MEP 2012[M]. 上海:同济大学出版社,2012.
[7]李建成. BIM 应用总论[M]. 上海:同济大学出版社,2016.
[8]许蓁. BIM 应用设计[M]. 上海:同济大学出版社,2016.
[9]BIM 工程技术人员专业技能培训用书编委会. BIM 技术概述[M]. 北京:中国建筑工业出版社,2016.
[10]李云贵,何关培,邱奎宁. 建筑工程施工 BIM 应用指南 [M]. 2 版. 北京:中国建筑工业出版社,2017.
[11]柏慕进业. Autodesk Revit Architecture 官方标准教程[M]. 北京:电子工业出版社,2014.
[12]李云贵,邱奎宁. 我国建筑行业 BIM 研究与实践[J]. 建筑技术开发,2015,42(4).